高等学校"十四五"新形态教材

高等院校石油与天然气工程类专业系列教材

油藏数值模拟方法与应用

主编　李淑霞　谷建伟　王文东　黄朝琴　等

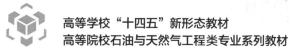

中国石油大学出版社
CHINA UNIVERSITY OF PETROLEUM PRESS

山东·青岛

图书在版编目（CIP）数据

油藏数值模拟方法与应用 / 李淑霞等主编. --青岛：
中国石油大学出版社，2024.7

ISBN 978-7-5636-7819-8

Ⅰ．①油… Ⅱ．①李… Ⅲ．①油藏数值模拟 Ⅳ．
①TE319

中国国家版本馆 CIP 数据核字（2023）第 059965 号

中国石油大学（华东）规划教材

书　　名：**油藏数值模拟方法与应用**
　　　　　YOUCANG SHUZHI MONI FANGFA YU YINGYONG

主　　编：李淑霞　谷建伟　王文东　黄朝琴　等

责任编辑：穆丽娜（电话　0532-86981531）
责任校对：张　廉（电话　0532-86981531）
封面设计：青岛友一广告传媒有限公司

出 版 者：中国石油大学出版社
　　　　　（地址：山东省青岛市黄岛区长江西路 66 号　邮编：266580）
网　　址：http://cbs.upc.edu.cn
电子邮箱：shiyoujiaoyu@126.com
排 版 者：青岛天舒常青文化传媒有限公司
印 刷 者：日照日报印务中心
发 行 者：中国石油大学出版社（电话　0532-86983440）
开　　本：787 mm×1 092 mm　1/16
印　　张：21.75
字　　数：556 千字
版 印 次：2024 年 7 月第 1 版　2024 年 7 月第 1 次印刷
书　　号：ISBN 978-7-5636-7819-8
定　　价：58.00 元

前言
Preface

　　油藏数值模拟是一门综合性很强的工程应用科学技术,它以用数学方法描述多孔介质中流体运移的主要物化机理为基础,采用数值计算方法进行各类数学方程求解,并以计算机语言实现最终计算。油藏数值模拟技术自20世纪50年代诞生至今,随计算机、应用数学和油气田开发理论的发展而不断发展,目前已成为油气田开发方案设计、油气藏动态分析和开发中后期方案调整的有力工具,在油气藏开发全生命周期中得到了广泛应用。

　　《油藏数值模拟方法与应用》前身是1989年陈月明教授编写的《油藏数值模拟基础》,2009年李淑霞、谷建伟丰富和完善了原有内容,并进行了再版。在以上两版教材的基础上,结合编者近年来从事油气藏数值模拟的教学和科研工作实践,充分参考国内外相关教材和文献,编写了《油藏数值模拟方法与应用》。与前两版教材相比,本教材突出了数值模拟技术的系统性和实用性,不仅丰富了各类油气藏的数值模拟理论,而且以行业软件为基础进行了操作应用示范;同时本教材还附有主要章节的讲解视频,可满足多层次读者的需求。

　　本教材重点阐述油藏数值模拟的基本原理,同时系统介绍数值模拟的应用技术。其中,基本原理部分主要介绍数学模型的建立、数值求解方法,单相流和两相流问题的数值模拟方法等;应用技术部分以黑油模型为例,介绍从数值地质模型的建立、历史拟合、结果分析到动态预测的整个操作过程,此外,还简要介绍页岩气、煤层气及天然气水合物等非常规气藏的数值模拟方法;最后以Petrel RE油藏数值模拟软件平台为例,详细介绍从数据准备、历史拟合到方案预测的整个油藏数值模拟的操作流程。

　　全书共10章,其中第一章由李淑霞、王文东编写,第二、第四、第六章由李淑霞

1

编写,第三、第五章由李淑霞、黄朝琴编写,第七、第八章由谷建伟编写,第九章由张先敏、王文东、李淑霞、沈新普等编写,第十章由王文东和斯伦贝谢数字与一体化集团高级油藏工程师刘静编写。全书由李淑霞统稿。

本教材由中国石油大学(华东)资助出版,编写过程中得到了学校教务处、研究生院和石油工程学院的大力支持,在此深表感谢! 同时,特别感谢斯伦贝谢数字与一体化集团对教材中软件示例部分提供的支持! 另外,编写过程中参考和引用了大量国内外文献以及相关的油田实例,在此谨向相关学者表示感谢。

本教材可作为石油高等院校石油工程专业本科生和研究生的教材,也可供从事油气田开发工作的科研、生产和管理人员参考。

由于作者水平有限,书中难免有不当之处,敬请读者批评指正。

目 录
Contents

第一章 油藏数值模拟简介

油气藏是在单一圈闭中具有同一个压力系统的油气聚集单元。在原始条件下,油气藏处于平衡状态,当受到干扰(如打井、生产)时,原来的平衡状态被打破,油气藏处于动态变化中。油气藏从投入开发到最后废弃是一个不断变化的动态过程,描述或实现这种油气藏动态变化的过程称为模拟(或仿真),而要描述或实现这一过程有两种方法:① 采用物理实体的方法,称为物理模拟;② 采用数学描述的方法,称为数学模拟。油藏数值模拟是利用数值方法来求解描述油藏中流体渗流特征的数学模型,是一门将计算机、应用数学、油藏工程等相结合的综合性工程应用科学,在油气田开发方案设计和动态分析中具有十分重要的作用。

第一节 油藏数值模拟在油田开发中的作用

1-1 油藏数值模拟的概念

一、油田开发的任务

简单地说,油田开发的任务就是从油田的客观实际出发,以最少的投资、最合适的速度获得最高的最终采收率,也就是要获得最大的效益。不同油藏的沉积类型、地质特征和流体性质等均不相同,即使是同一个油藏,在不同的开发阶段,油藏岩石物性、流体分布等也会存在较大差异,因此油田开发需要在不同的开发阶段应对不同的挑战。在油田开发的早期阶段,需要通过地质勘探来确定油田位置、规模和性质等,然后进行钻井开发;在油田开发的中期阶段,需要进行增产和注水等措施,以延长油田寿命和提高采收率;在油田开发的后期阶段,需要通过油藏精细描述研究确定合适的提高采收率设计方案,在考虑经济因素的基础上最大限度地提高油田最终采收率。

二、油藏客观实际的复杂性

油田开发所面对的是不同地质条件和动态不断变化的各种类型的油藏,是油藏岩石和孔隙结构的复杂性、流体组成和物性变化的复杂性以及开发动态变化的复杂性的综合。

(1)储层岩石类型多样,包括砂岩、碳酸盐岩等,而根据圈闭类型差异可分为构造油藏、地层油藏和岩性油藏等。

（2）油藏在整个开发过程中是动态变化的。油藏在投入开采以前处于原始静止平衡状态；投入开采后，油藏压力、流体分布等均处于动态变化之中，并且这一变化在油藏开发全生命周期是不断进行的。由于油藏的非均质性，特别是在油田开发后期，各种提高采收率方法的使用使得对上述动态变化的描述更加复杂。

（3）油藏岩石物性和孔隙结构复杂。油藏岩石有效厚度、孔隙度、渗透率等在平面和纵向上的分布呈现非均质性，部分油藏还需要考虑裂缝的大小、形态及分布特征，其描述更加复杂。

（4）油藏流体性质复杂。根据油藏所含油、气、水组分的不同，可以将其划分为常规油藏、气藏、凝析气藏、稠油油藏等。油藏流体在高温高压条件下，油气相态、体积系数、溶解气油比、黏度、密度等高压物性特征会发生较大变化，油层中所含流体与岩石相互作用产生的物理化学现象如毛管压力、相对渗透率、扩散、吸附等更加复杂。此外，在二次采油之后，各种提高采收率方法如热力采油、化学驱、混相驱等的使用，也使得对油藏开采过程的描述更加复杂。

总之，油藏的复杂性是客观存在的。为了合理地开发油藏，编制符合油藏实际的开发方案和调整方案，必须尽可能详细地对油藏进行描述。

三、油藏描述的研究方法

与地质上的油藏静态描述有所不同，这里所指的油藏描述主要是指油田开发后对油藏动态的认识，特别强调对剩余油饱和度的认识，以便提高开发效果。油藏描述的研究方法主要有两大类，即直接观察法和模拟法。

1. 直接观察法

直接观察法是指直接在油田上进行试验或取得资料，以便进行分析的方法。直接观察法包括钻观察井、直接测试、开辟生产试验区 3 类方法。

1）钻观察井

在勘探开发初期，直接从油层取芯了解油层结构和岩石物性，或在打加密井、更新井时直接对油层部位取芯，分析岩石孔隙结构、物性及流体在油层中的分布。

2）直接测试

直接测试法包括测井、井间地震、试井、井间示踪剂监测等测试方法，测试研究的范围可从微观的孔隙结构到宏观的井间连通情况。如 CT 测试、核磁共振、图像分析仪、微观驱油实验等研究油藏岩石的孔隙结构，精度可达微米级；实验室测油藏岩石的孔隙度、渗透率、孔道大小及分布等，研究精度为厘米级；各种 C/O 测井、生产测井、伽马测井、电阻率测井、核磁测井、随钻测井、成像测井、核孔隙度-岩性成像测井、核磁共振成像测井等技术测试研究的范围为测试井周围附近；井间地震、试井及井间示踪剂监测测试研究的范围较大，可达上百米的井间区域。

3）开辟生产试验区

对于大油田来讲，为了了解油田开发的全过程动态，在油田开发早期以及后期应用各种提高采收率措施时,应开辟生产试验区,以便指导今后整个油田的开发生产。我国大庆、胜利、吉林、辽河等各油田都开辟过生产试验区。一般试验区的井组采用小井距,以加快试验速度,有效地指导后期的开发生产。以大庆油田水驱开发为例,在开发早期进行了小井距试验,有 2 个三角形井网试验井组,每个井组 7 口井,其中注水井 3 口,生产井 1 口,平衡井 3 口,井距 75 m。试验区有 3 套主力油层,从上至下分别为萨 II^{7+8}、菊 I^{1-2}、菊 I^{4-7} 油层。试验由下而上逐层进行,分别进行单层注水和提高采收率试验。

4) 直接观察法的优、缺点

(1) 优点:① 直观(看得见,摸得着),所得结果易于被人接受;② 准确(客观存在的,避免了人为误差)。

(2) 缺点:① 有一定的局限性,不能代表整个非均质油藏,只代表局部;② 成本高、周期长;③ 不能重复进行。

2. 模拟法

模拟就是用模型来研究物理过程,油藏模拟就是用油藏模型来研究油藏的各种物理性质及各种流体在其中的流动规律。模拟法可分为两类,即物理模拟和数学模拟,简称双模。

1) 物理模拟

物理模拟是指根据同类现象或相似现象的一致性,利用某种模型来观察和研究其原型或原现象的规律性。用来进行物理模拟实验的实体模型就是物理模型,包括相似模型和单元模型两种。

(1) 相似模型。

相似模型是根据相似原理,把自然界中的原型按比例缩小,并使原型中所发生的物理过程按一定的相似关系在模型中再现,如水驱平板模型、蒸汽驱中的各种井网模型等。相似模型主要用于与数值模拟结果进行对比分析,研究数值模拟中难以确定的过程和现象,如高温或高压条件下流体与岩石、流体与流体的物化作用,观察各种驱动条件下的现象,如蒸汽超覆等,以研究影响驱油效率的因素,预测不同井网、完井方式、生产和注入动态下的开发指标,确定最佳方案。利用相似模型,通过短期小型实验,可以快速和直观地观察到油藏中的渗流过程,测定所需数据,从而指导油田的开发实践。为了使模型中的物理过程和原型相似,除了使模型的几何形态与所要模拟的油藏或区块相似以外,还必须从流体力学的理论出发,根据相似原理,提出相似准数,实现流体力学相似。这样,从理论上讲,模拟后所得的规律应该与原型的规律相似,相似模型所得的结果经过还原就可直接用于原型。但实际上,要在实验室内严格地满足所有相似条件是非常困难的,有时甚至是不可能的。因此,在进行模拟研究时,应根据所研究问题的性质,具体地加以分析,抓住主要矛盾,确定哪些相似准数起着主导的、决定性的作用,哪些准数是次要的,可以忽略。只要抓住主要矛盾,就可以在一定程度上真实地反映油藏流体的运动规律,从而加深对油藏动态的认识。

(2) 单元模型。

单元模型由实际的或模拟的油藏岩石和流体所构成,它在实验时不按相似关系进行模拟,因而所得的结果也不能直接推广到实际油田中。但这种模型可用来研究油藏内各种物理现象的机理,所以单元模型研究也是实验室经常采用的研究方法,如驱替岩芯、填砂管模型等。

此外,物理模拟根据研究目的的不同还可以分为定性物理模拟和定量物理模拟。定性物理模拟的目的是了解油层中所发生的各种现象,如蒸汽驱过程中的蒸汽超覆现象、混相驱过程中的弥散现象等。定量物理模拟是为了得到油田开发过程中的有关定量参数,如采油速度、注采比、采收率等。

2) 数学模拟

数学模拟是指用数学模型进行研究,即通过求解某一物理过程的数学方程组来研究这个物理过程变化规律的方法。自然界的物理现象常常可以用某一数学方程组来进行描述,这种方程组称为原现象的数学模型。因此,所谓的数学模型,并不是一个实体模型,而是从物理现象中抽象出来的、能够描述该现象物理本质的一组数学方程组。数学模型的核心问题是把地层流体在孔隙介质中的渗流机制描述清楚,并施加一定的初始、边界条件,相应地求出地下流体的压力、饱和度等参数,从而认识地下流体运动的规律。数学模型分为水电相似模型、解析模型和数值模型 3 类。

(1) 水电相似模型。

水电相似模型是根据多孔介质中的渗流过程与导电介质中电的流动过程相似的原理来进行模拟研究。简单地说,在多孔介质中,牛顿流体层状渗流时流量与压差成正比,与渗流阻力成反比。同样,在导电介质中,电流与电压差成正比,与电阻成反比。这两者是相似的,服从同一数学规律,在数学上属于同一类方程。因此,虽然水电相似模拟看起来似乎是物理模拟,但实质上却是一种数学模拟方法。由于电模型的制作和测量要比渗流物理模型容易得多,因此人们就用各种电模型如电网模型、电解模型等来研究渗流问题。但近年来,由于计算机的飞速发展,以及用电模型模拟渗流问题所能考虑的因素有限等,这些模型在油藏模拟方面的应用已越来越少。

(2) 解析模型。

用数学方法求解数学模型是最常用的方法。长期以来,人们一直用经典的数学解析方法来求数学模型的解析解,也就是精确解。由于该方法能直接求出各种物理量之间的数学函数关系,所以易于得到比较明确的物理概念,这是解析方法的一个很大的优点。但是,解析方法只能解一些比较简单的渗流问题,而对于考虑各种复杂因素的渗流问题,如油层复杂的非均质变化及多维多相多组分等的渗流问题,它就无法解决了。对于油田开发中使用的各种提高采收率方法(如火烧油层、注蒸汽、注化学剂等)的驱油过程,就更无法用解析方法来求得各种复杂过程的精确解了。因此,20 世纪 50 年代以来,随着电子计算机的发展及数值求解技术的广泛应用,人们开始使用数值模型来求解渗流问题。

(3) 数值模型。

用数值方法求解数学方程式是一种近似的求解方法。用解析方法求得的解是用公式表达的各物理量间的函数关系。用数值方法求得的解不是一个数学函数关系,而是分布在足够多的点上的一系列离散数值,以这些数值来近似地解答问题。虽然这只是一种近似的求解方法,但是只要所求解的点数足够多,就可以以足够的精度逼近解析解,更重要的是它可以使复杂的偏微分方程的求解成为可能,从而在满足工程问题所需精度的情况下解决用传统的解析方法所不能解决的问题。

因此,用数值方法来求解描述油藏中流体渗流特征的数学模型,从而形成了油藏数学模拟中最重要的分支——油藏数值模拟。近年来,大型快速电子计算机的发展为油藏数值模拟的发展提供了强有力的保障,使其成为现代油藏工程中不可缺少的研究工具。现在,油藏数值模拟方法已用于解决大量的复杂油藏工程问题,如砂岩油藏中考虑油层中各种非均质变化以及重力、毛管压力、弹性力等各种作用力的三维三相多井系统的渗流问题,考虑多相、多组分间相平衡关系和传质现象的多相、多组分三维渗流问题,底水锥进问题,碳酸盐岩的双重介质渗流问题等;在注蒸汽、火烧油层、注聚合物、注胶束溶液、混相注气等包括各种复杂的物理化学过程的渗流问题研究中,数值模拟方法也已取得了显著效果。数值模拟方法不仅在理论上用于探讨各种复杂渗流问题的规律和机理,而且普遍用于油藏开发设计、动态预测、油层参数识别、工程技术问题的优化设计以及重大开发技术政策的研究等。目前已经发展了成套的数值模拟软件,可用于各种类型油气藏的开发研究。近年来油藏数值模拟方法更朝着向量化、集成化、模块化和智能化的方向发展,用以解决大型油田的模拟问题。

解析方法和数值方法是油藏数学模拟中使用的两种不同的方法,不能偏废。对于一些比较简单的工程技术问题,一般应用解析方法的成果就已足够,而且这种方法物理概念明确,比较简单,易为广大技术人员所掌握,因此仍有广阔的应用范围。但是对于许多复杂的、解析方法无法解决的问题,就要用数值模拟方法。在许多实际问题中,这两种方法也可以结合使用。

3)双模的关系

物理模拟和数学模拟都是研究油藏渗流规律的重要手段,两者各有优缺点。物理模拟的主要优点是能够保持和模拟原型的物理本质,这是其他方法所不能代替的。特别是对那些渗流机理还不够清楚的问题,首先要利用物理模型进行研究,才能正确地从中抽象和提炼出反映其物理本质的数学关系,建立数学模型。即使对于已建立的数学模型及所求出的数值解,也常要利用物理模型进行检验、改进和完善。因此,可以说物理模拟是数学模拟的基础。但是,由于实际油田的渗流问题十分复杂,如考虑各种非均质因素的多维、多井等问题,要用物理模型进行完全严格的模拟是不可能的,而且物理模拟往往要花费大量的人力、物力,试验周期比较长,测量技术方面存在不少困难。所以,现在很少用大型的物理模型来模拟复杂的地质条件。而数学模拟恰恰在这方面有优势,它费用低、速度快,对于地质条件十分复杂的渗流问题,也可以在短时间内进行多种方案的运算和对比。因此,物理模拟和数学模拟两者是相辅相成的,在油藏的开发和动态分析中都是必不可少的,不能互相取代。物理模拟多用来进行物理机理的研究,并为数学模拟提供必要的参数,验证数学模拟的结果,提出新的更完善的数学模型等;而物理模拟中的某些计算往往又要依靠数学模拟方法。目前,解决大量的、需考虑多种复杂因素的实际问题时,主要使用数学模拟。

4)模拟法的优缺点

(1)优点:① 能重复进行,即所谓的"多次开发",特别是数学模拟;② 时间短、成本低;③ 可以模拟各种非均质情况。

(2)缺点:① 模型有一定的假设条件,与真实情况有差别;② 模拟依赖油藏的静、动态资料;③ 受计算机计算能力的限制(对数值模拟而言)。

1-2 油藏数值
模拟的用途

四、油藏数值模拟在油气田开发中的作用

1. 油藏数值模拟的用途

通过油藏数值模拟计算,可以对油藏进行正确的认识和描述,研究油藏的各种驱替机理和渗流规律,此外还可以对油藏未来的各种开发方案进行动态预测。

1)油藏描述

油藏描述是油田开发的基础,是多学科各种方法联合研究的结果。油藏描述综合应用地质、地震、测井和油藏工程等资料,研究全油田的构造面貌、储集层的几何形态和岩性岩相、储层微观特征、流体性质和分布规律,定量描述储层参数的空间分布规律、储层非均质性,计算油气地质储量,建立油藏地质模型,进行油藏评价,研究油田开发过程中油藏基本参数的变化,从而实现对全油藏进行静态和动态的详细描述。目前,油藏描述的技术和方法主要有细分沉积微相研究技术、高分辨率层序地层学应用技术、储层物性动态变化空间分布规律研究技术、流动单元空间结构研究技术、油藏数值模拟技术等。

在开展油藏数值模拟时,首先要建立能够反映油藏实际状况的地质模型,包括油藏构造、几何形态、储层基本性质、流体性质及分布等,然后输入油藏的实际生产动态资料数据进行拟合计算。若计算结果与实际生产动态不吻合,则修改前面输入的地质模型后重新计算,直到计算结果与实际动态相吻合,则前面修正的地质模型即对油藏的正确描述。

2)驱替机理和渗流规律

利用室内实验资料和渗流力学的基本原理,可以认识各种驱替现象和过程,利用数值模拟手段可以将基本的渗流机理和现象描述得更加形象和直观。利用数值模拟计算描述油水渗流的机理,首先需要构建反映地层情况的数值地质模型,在给定各种限制条件的情况下计算油水的运动规律和动态。例如,要研究厚油层中的油水分布特征,首先需要建立反映厚油层特征的地质模型。比较常见的模型为正韵律和反韵律地层模型。地层的韵律性需要从地层渗透率在纵向上的分布反映出来,可以建立一个多层的地层模型,如果模型中地层的平均渗透率从底部向上部依次增加,则反映地层具有反韵律特征;反之,如果地层的渗透率从底部向上部依次降低,则反映地层具有正韵律特征。平均渗透率在垂向上的变化规律符合哪种特征需要根据具体的油藏特征来确定,不同的垂向上渗透率的变化规律也会决定地层中不同的剩余油分布模式。由于油水之间存在密度差,注入水倾向于向地层底部突进。对于正韵律地层,纵向上渗透率的变化更加强化了这种特征,因此正韵律厚油层底部水淹比较严重,而上部水淹比较轻。对于反韵律地层,由于油水密度差的影响与渗透率的影响趋势相反,反韵律地层的水淹相对于正韵律地层比较均质,在相同的开发阶段内反韵律地层的开发效果要好于正韵律地层。利用数值模拟方法可以轻松地计算出以上韵律性地层的水驱动态,不同地层的水驱特征明显。图 1-1-1 所示为正反韵律油藏的水驱特征。

对于油田开发过程中所涉及的各种油水运动规律和特征,一般都可以利用数值模拟方法进行研究和分析。

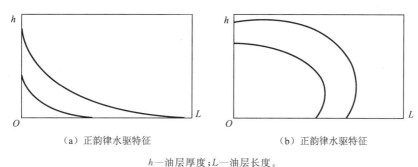

（a）正韵律水驱特征　　　　　　　　　　（b）正韵律水驱特征

h—油层厚度；L—油层长度。

图 1-1-1　不同韵律性油藏的水驱特征

3）动态预测

在对开发历史进行拟合的基础上，通过油藏数值模拟可以预测油藏今后的生产动态，如油藏含水率的变化、最终采收率等，从而为油藏管理人员提供决策依据。动态预测是油藏数值模拟中非常有意义的工作，对于大多数油藏而言，进行数值模拟的目的最终都是要对油藏未来的动态做出预测。它可以预测某一油藏在不同开发条件下的动态，也可以预测同一油藏在不同描述下的动态，使人们在油藏开发之前就能了解到某口井、井组甚至整个油藏在不同开发方式下的生产动态情况，从而选出最佳实施方案。

2. 油藏数值模拟在油藏开发阶段的作用

随着计算机和计算技术的发展及数值模拟软件的发展和完善，油藏数值模拟目前已发展为一种比较成熟的技术，被油藏工程师广泛用于油藏开发的各个阶段。在油藏开发的不同阶段，油藏数值模拟具有不同的特点，并都能发挥其重要作用。

1）油藏开发前期评价阶段

当油藏地质储量已初步确定并打了少量评价井后，油田准备投入开发但尚未开发时，油藏开发要进入前期评价阶段。因为此时只有少数评价井的资料，这些资料尚未达到做正式开发方案的要求，所以这一阶段首先要评价经济开采的可行性，然后确定是否需要再打评价井。同时，对于经济上的边际油藏，油层埋藏深的油藏和海域、沙漠等环境条件差的油藏，也需要在评价开采的经济可行性后决定是否需要打足够多的评价井。

这一阶段数值模拟工作面临的主要困难是资料不充分。有些人认为该阶段数值模拟输入参数不准确，计算结果必然不能用，因此对在这一阶段做数值模拟工作持否定态度。这种看法有片面性，因为无论在哪一个开发阶段，资料的"齐全"都是相对的，都只能依据油藏局部的实测资料来推测全部的油藏情况。同时，任何一种方法或技术都只能从某一角度研究油藏，在综合各方面的研究成果后，才可能较全面地认识油藏。当然，资料不充分必然影响数值模拟结果的准确性，但对油藏的认识只能逐步深化。在油藏早期评价阶段，如果能充分分析、利用已有资料，则数值模拟工作的意义不仅体现在能获得模拟计算结果上，更重要的是通过对模拟结果的分析，可以提出要深入研究的问题，进而提出对下一步工作的建议。因此，在油藏开发前期，利用油藏数值模拟可以评价油藏经济开采的可行性，并进行油藏开发的初步方案规划。

在油藏开发前期评价阶段，数值模拟工作应注意以下几点：

（1）要和地球物理学家、地质学家密切配合，具体了解地质建模过程，了解各种资料的可信程度，要重视不同的地质认识。

（2）要抓住重点，有针对性地做数值模拟工作。这一阶段一般不需要也没有条件做全部的数值模拟工作，只要根据急需解决的问题做一些研究性的工作即可，例如：① 拟合测试或试采过程。试井解释方法以解析解为基础，为了求解，必须简化油藏条件。采用数值模拟方法拟合，可以比较全面地反映井筒附近的油藏特征（非均质性、垂向渗透率与水平渗透率的差异和层间的差异等），以提高试井解释参数的精度。② 用单井径向模型模拟底水油藏在不同射开程度下的含水上升规律和单井累积产量。对边部油井还可用三维径向模型模拟边、底水共同作用下的油井动态。③ 用单井或井组模型预测产能及产量变化规律。进行其中的 ② 类、③ 类模拟工作，常常能得到边际油藏能否经济开采的初步认识，这在油藏前期评价阶段是十分重要的。

（3）在地质认识有分歧的情况下，有时需要按不同意见分别建立模型进行模拟，以了解不同地质认识所表达的地质情况对今后油藏开发的影响。

（4）根据对模拟结果的分析，提出所模拟油藏经济开发的可行性，如有可能开发，则提出下一步工作意见和待取资料要求。

2）油藏开发方案编制阶段

油藏开发前期评价以后，部分井已投入生产（试采）并获得工业性油流，这时可利用数值模拟进行油田开发方案的编制。在开发方案中要明确油藏的开发指标，包括注采井网形式、采油速度、转注时机、层系划分等。对这些指标的优化，都可以通过数值模拟计算不同开发方式的开发指标，再结合经济评价确定最合理的开发方式。在这一点上，充分利用了数值模拟可以"多次重复、成本低"的特点，可以设定多种条件来模拟计算不同开发方案下的开发效果，以得到最优的决策。目前在编制油藏开发方案时，数值模拟已成为一种不可缺少的手段，在实施方案的可行性评价，选择开发层系、井网密度、最佳井位，选择注水方式，进行合理的配产配注，对比不同开发方式的开发效果，进行不同方案的效果预测等方面，具有其他方法无法相比的优势。数值模拟方法应用最广的是优选方案，计算方案指标时应注意以下几点：

（1）方案编制阶段的资料仍然不够充足，应研究对方案指标敏感参数的可能变化范围，需要时应该计算不同方案指标的可信度。

（2）要明确数值模拟可以解决的问题和不敏感的问题（如采油速度对采收率的影响等），不要轻易根据数值模拟结果对不敏感的问题下结论。

（3）一般应做整个油藏的三维模拟，以考虑油藏的几何形态以及井间和层间干扰等问题。

3）油藏管理及油藏开发方案调整阶段

概括地说，油藏管理就是要通过各学科的协同工作，尽可能地增加油藏的经济可采储量，从而提高经济效益。在油藏管理工作中，数值模拟工作是其重要的组成部分。对于一些重要油藏，在开发过程中应定期做数值模拟研究，若生产比较正常，2 年左右做一次即可；但若出现问题，则应及时进行油藏描述和数值模拟工作。这一阶段数值模拟工作的关键是历史拟合。这是因为尽管编制油藏开发方案时预测了油藏开发动态，但那时不可能深入、全面地认识油藏,因此实施过程中往往会出现一些意想不到的问题。有了生产动态资料,就应该综合地质研究、数值模拟等多种方法,修正对油藏的认识,并在历史拟合的基础上做不同操作条件下的动态预测,以指导生产管理。

油藏开发方案调整是油藏管理工作的一部分。油藏投入开发一定时间以后,要根据对油藏地质实际情况的认识以及生产动态过程中所暴露出来的各种各样的开发矛盾,进行油藏开发方案的调整。常规调整措施主要有井网调整、层系调整、周期注水、调剖堵水、降压开采、改向注水等。具体采取哪种调整措施,取决于地层中的油水分布规律和特征。在利用数值模拟方法编制调整方案时,首先要对已实施的开采过程做历史拟合,然后模拟计算不同调整方案的效果,以便从技术、经济角度选择最优方案。

4)油藏开发后期提高采收率阶段

当油藏开发经过多次开发调整,提出改善开发效果和提高采收率的问题以后,油藏开发进入后期。改善油田开发效果主要应用水动力学的方法,如打加密井、完善井网、调剖堵水、强注强采、脉冲注水、周期注水等。提高采收率方法是指除天然能量开采和注水、注气(非混相)开采以外的提高采收率的三次采油方法的总称,主要包括热力采油、混相驱、化学驱等。

改善开发效果和三次采油机理比较复杂,在开采过程中不同方法有其各自的物理化学过程,因此在油藏开发后期利用数值模拟来优选各种改善开发效果和三次采油方案时,需要有与各种方法相对应的数值模拟软件,目前有黑油模型、裂缝模型、热力采油模型、组分模型和化学驱模型等数值模拟软件。与黑油模型相比,其他软件技术的成熟性和可靠性要差些,但它们对基础资料的要求却比黑油模型高。因此,在开采后期做数值模拟工作时,要特别重视实验室和现场试验资料。如果一批实验结果有较大差别,那么要认真分析原因,弄清楚是油藏客观条件(不同层位、不同区块的样品分析结果或现场试验结果)的反映,还是取样或实验本身有问题,必要时应重新做实验。切不可在原因未查清前,选用所谓"有代表性"的结果做数值模拟,以免造成误导。在决策是否实施较大规模化学驱开采时,必须要有工业化现场试验结果做决策依据,不能仅仅根据化学驱数值模拟结果就决策实施,这样做风险很大。

总之,油藏各开发阶段数值模拟工作的重点、做法及能起到的作用是有区别的,一个合格的油藏工程师必须具备油藏工程的基础知识,并且熟悉所研究的油藏,才能根据各开发阶段的特点,抓住重点,做好数值模拟工作,并能正确地分析和评价模拟计算结果,使数值模拟技术发挥应有的作用。

第二节　油藏数值模拟的主要内容和操作过程

一、油藏数值模拟的主要内容

油藏数值模拟的主要内容可概括为三大部分,即建立数学模型(mathematical model)、数值模型(numerical model)和计算机模型(computer model)。

建立数学模型,就是要建立一套描述油藏中流体渗流的偏微分方程组。此外,还有相应的辅助方程、定解条件(初始条件、边界条件),它们与偏微分

1-3 油藏数值模拟的主要内容和操作过程

方程组一起构成一个完整的数学模型。

建立数值模型,即对所建立的数学模型进行数值求解,一般要经过以下 3 个步骤:① 离散化,将连续的偏微分方程组转换成离散的有限差分方程组,即将连续函数变为离散函数;② 线性化,将有限差分方程组中的非线性系数项线性化,从而得到线性代数方程组;③ 对线性代数方程组进行求解,包括直接求解法和迭代求解法。

建立计算机模型,就是将各种数学模型的数值求解过程编制成计算机程序,以便通过计算机计算得到所需要的结果。计算机模型中包括资料(静、动态)输入、系数矩阵和常数项的形成、多种解法和结果的输出等。工业性应用的计算机模型称为计算机软件。

下面详细介绍上述模型的建立过程。

1. 建立数学模型

建立数学模型是进行数值模拟的基础。为了建立一个数学模型,首先要对所研究的物理过程有清楚的认识,然后利用自然界中物理现象普遍遵循的规律(如质量守恒定律和能量守恒定律),以及油藏内渗流的基本规律(如 Darcy 定律等),写出描述这一过程的数学方程。在对一些复杂问题建立数学模型时,为了使问题易于求解,还常常对物理过程做一定的简化和假设。一个好的数学模型,应该使所作出的简化和假设尽可能地符合实际情况。只有这样,才能使数学模型和它的解比较真实地反映原物理过程的本质。在建立数学模型的过程中,为了认识原物理过程本质,还常常借助物理模型。

数学模型中的基本方程式所描述的通常是某一类物理过程所普遍遵循的基本规律。但对一个具体过程来说,仅有基本方程式是不够的,还要包括规定该过程的特定条件,即边界条件和初始条件。这类条件在数学上统称为定解条件。基本方程式加上定解条件就构成了描述某一具体物理过程的完整的数学模型。

对于一些经常遇到的油藏工程问题,如油田的衰竭式开采、注水、注气以及气田和凝析气田的开发等都已经建立了比较成熟的数学模型。在解决这类问题时,只要选择一种合适的模型,再加上具体的边界条件和初始条件就可以进行求解了。

本书第二章将较系统地介绍油藏工程中常用的几个数学模型。

2. 数学模型的离散化

数学模型建立后,对模型进行数值求解的第一步是将偏微分方程离散化。所谓离散化,就是将偏微分方程近似地转化成比较容易求解的代数方程组。换句话说,就是将渗流方程中微分意义上连续的物理关系近似地表示成有限个、相互联系的、具有一定体积和时间单位的单元体(或节点)间的物理关系,以便进行数值计算。

有限差分法(或称差分法)是油藏数值模拟中应用最早,也是迄今为止应用最广的一种离散化方法。这种方法的基本原理就是以差商近似代替偏导数,从而以差分方程代替微分方程。目前来看,无论是单相渗流还是多相渗流、单组分流动还是多组分流动、一维流动还是三维流动问题的处理,有限差分法都是一种比较成功和有效的方法。

目前在工程问题中应用的其他数值方法还有有限单元法、变分法、有限边界元法等。有限单元法最初是为了研究和解决结构力学问题而提出的,目前在结构分析、流体力学、材料力学计算等方面已经成为广泛应用的有效方法。在油藏数值模拟研究中,有限单元法虽在前缘追踪等问题上有所应用,但远没有有限差分法的应用广泛和成熟。

本书所讨论的离散化方法主要采用目前油藏模拟中应用最广泛的有限差分法,同时也对有限单元法进行简单介绍。利用有限差分法和有限单元法对数学模型进行离散化的具体方法将在第三章中介绍。

3. 建立线性代数方程组

用有限差分法把偏微分方程式(组)离散化以后,所得的代数方程组称为差分方程组。一般来说,如果这些偏微分方程式(组)本来就是线性的,那么离散化以后所得到的差分方程组也是线性的,可以直接求解。但油藏模拟中的多相渗流方程组常常是非线性的。也就是说,偏微分方程组的各项系数本身就是未知变量(即所求的解)的函数。因此,这种非线性偏微分方程式(组)离散化以后,所得的仍然是一个非线性差分方程组,需要采用某种线性化处理方法,将非线性差分方程组线性化,使之成为线性差分方程组,或者用某种迭代方法进行求解。在油藏数值模拟中,常用的线性化处理方法有显式方法、半隐式方法、全隐式方法等。采用什么样的线性化方法,不仅对计算工作量产生很大的影响,对解的性质也会产生很大的影响。因此,线性化处理方法是油藏数值模拟中较为复杂的问题。关于各种线性化处理方法,本书将在第六章中介绍。

4. 求解线性代数方程组

对数学模型离散化并线性化的结果,是在每一个求解点即网格节点上得到一个(对于单相)或多个(对于多相、多组分)线性代数方程,每个方程除含有本节点上的未知变量外,一般还含有相邻节点上的未知变量。因此,为了求得线性方程组的解,需要将各节点上的方程联立,形成线性代数方程组。这样,在实际油藏数值模拟中,要进行求解的往往是几百乃至几万、几百万甚至上千万阶的线性代数方程组。用计算机求解时,需占用大量的内存并耗费大量的计算时间。如何寻求一种更有效的方法,充分利用有限的计算机设备完成尽可能多的工作,就成为求解线性代数方程组时所必须考虑的重要问题。

求解线性代数方程组所用的方法有直接法和迭代法两大类。直接法常用的有高斯消去法、LU 分解法等,迭代法常用的有交替方向隐式方法、超松弛方法、强隐式方法等。本书将在第四章中系统地介绍这些方法。

5. 编写计算机程序

在完成了上述各步骤之后,下一步要进行的就是借助计算机来完成上述数值求解的过程。为此,研究者必须利用程序设计语言编写计算机程序,将上述全部运算过程用程序语言表示出来,也就是写成计算机模型或软件。

计算机程序设计工作是一项技巧性很强的工作。设计者不仅要熟知程序设计语言,还要具备一定的计算机应用及操作系统的知识。一个好的计算机程序不仅应该考虑提高计算速度和合理利用内存的问题,还要尽量使用户使用方便。因此,下面几点是程序设计者应该注意的:① 输入方便,输出清楚、直观;② 便于在不同的计算机上实现;③ 可以重新启动;④ 便于进行错误查询和修改。输入方便,要求设计者考虑不同用户的需要,使数据可以以不同的方式输入,同时还可以减少那些对某些用户来说不必要的数据输入。为了使程序能够在不同的计算机上实现,要求设计者尽量避免和减少只有某种特定的计算机才能实现的程序和指令。重新启动功能是指可以让程序在任何一个时间阶段停止计算,并且可以从该阶段重新启动继续计算,或者在计算过程完成后,在已经算过的某时间点上开始重新计算,这就要求程序设计者对计算机的文件管理系统有一定的了解。错误查询主要是指程序对不合理的输入数据自动给出信息,便于用户改正。

油藏数值模拟工作者应当密切关注程序设计语言的发展情况,在模拟中选用功能强、便于使用的语言。关于程序语言与程序设计的具体技术问题已超出本书范围,这里不再详述。

在实际工作中,一个好的软件的编制并不是一次就可以完成的,而是要经过大量的反复调试和应用,并在此过程中不断地发现问题和解决问题,从而使软件不断完善。即使一个软件已经投入了实际使用,在使用过程中仍要不断地根据所发现的问题进行改进和完善。另外,考虑到不同用户的需要,一个软件中往往包含几种解法,对不同的问题可选用最合适的解法。

二、油藏数值模拟的操作过程

对一个油藏进行综合数值模拟研究,往往要花费较大的精力和较长的时间,同时对计算机硬件和油藏工程技术人员也有很高的要求。在不同的油藏数值模拟项目中,面对的问题会千差万别,但大多数油藏数值模拟的基本研究过程是一样的。为了使读者一开始就对数值模拟工作的整体有一个清楚的概念,下面简要介绍一般情况下油藏数值模拟的操作过程。

1. 明确数值模拟研究的对象和目的

开展油藏数值模拟工作的第一步是确定研究的对象和目的,给本次数值模拟研究一个明确的定位。首先要确定数值模拟的区域大小和层数,明确本次模拟要解决的主要问题是什么,需要研究哪些油藏动态特性,这些项目的完成能够为油藏经营管理者提供什么有效信息等。

2. 收集、校正和整理油藏数据

一旦确定了研究对象,就要收集油藏地质、流体及生产动态数据。把数据收集起来以后,必须对这些来自不同渠道的数据进行鉴别,再反复核实和检查,确定所收集的数据是否都符合要求。只有符合研究对象实际情况的数据才可以应用到油藏模型中。这是由于油藏地质情况是复杂多变的,在油田开发的任何一个阶段,油藏的参数都带有相当大的不确定性,所以油藏工程师必须对这些来自地质、地震、钻井、岩芯分析、测井、生产测试等各方面的资料的可靠性和可信度仔细地做出分析和判断,去粗取精,去伪存真,选取最能反映油藏实际的资料,做好油藏描述,这样才能以此为基础进行正确的模拟。输入了错误的参数,即使用再好的模拟软件,也只会得到错误的结论。这里强调了参数选取的重要性,但并不是说在资料不准确的情况下不应该做油藏数值模拟工作,因为资料的准确程度总是相对的。相反,在资料不多的情况下,分析一些参数的不确定范围,做一些敏感性分析,并找出对开发效果最敏感的参数,以便进一步做好工作,取得资料,应该说也是很有意义的。

3. 选择模拟模型并建立油藏地质模型

确定了研究目标,并收集了研究所必需的数据后,接下来的工作就是对模拟模型进行选择,即确定哪种模拟模型对研究问题和对象最有效。并不是在所有的情况下都需要对油藏进行整体模拟,例如在研究锥进、指进、超低产量问题时,应采用单井、剖面或平面模型,这样会大大节省计算成本。在选择模拟模型时,要根据油藏的实际情况(如油藏、气藏和凝析气藏等)和所要解决的问题的要求(如开发前期可行性研究、初期方案编制、后期提高采收率方案预测等)进行选择。在数据收集、校正和选定模拟模型之后,需要建立油藏地质模型。这里首先要设计出一套合适的网格模型。网格模型的设计受到油藏的开发方式、非均质油藏中液体运动的复杂性、选定的研究目标、油藏描述的精确程度以及允许的计算时间和成本预算等因素的影响。网格数目越多,模拟得到的单井动态就越精细;但网格数目越多,计算时间就越长,成本越高,有时甚至高到令人无法接受。因此,需要在研究目标所确定的总框架下,根据允许的计算时间和成本限制来设计网格模型。在这一步中,油藏被划分成网格单元,如图 1-2-1 和图 1-2-2 所示,地层性质如油层顶部深度、有效厚度、孔隙度、方向渗透率等被赋给了这些网格单元。不同的网格单元可能具有不同的油藏性质,但同一网格单元中的油藏性质被假定为均一的。

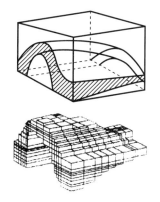 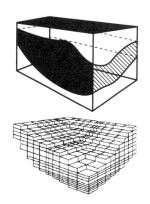

图 1-2-1　一个背斜油藏的三维网格排列　　　图 1-2-2　变厚度油藏的三维网格排列

4. 进行模拟计算和历史拟合

一旦建立了模拟模型,就必须按有效的生产数据进行调试,或进行历史拟合,这是油藏模拟的一项极其重要的工作。这是由于一个典型模拟模型中的大量数据并不都是确定的,而是经过油藏工程师和地质工程师解释的。尽管这些数据通常都是对有效数据最好的解释,但它们仍然带有主观因素,而且可能需要进一步校正。只有将生产和注入的历史数据输入模型并运行模拟软件,再将计算的结果与油藏的实际动态相对比,才能确定模型中采用的油藏描述是否有效。若计算获得的动态与油藏实际动态差别甚远,就必须调整输入模型的基本数据,直到模拟计算得到的动态与油藏的实际动态达到令人满意的拟合为止,这就是历史拟合工作。历史拟合是一个反问题,即已知结果来反求原始数据。这种问题具有多解性,所以历史拟合是一个非常复杂的问题:一方面与计算机程序质量有关,另一方面与工作人员的经验和对实际情况的掌握程度有关。因此,必须与油藏工程师和地质工程师共同讨论来确定哪种解是正确的。由于历史拟合调整油藏参数的目的是把真实油藏描述得尽可能精确,所以它是油藏模拟中不能缺少的重要步骤。历史拟合能帮助人们发现和修改油藏描述数据的错误,以使模型更加完善,并验证油藏描述的可靠性。如果修正后的模型模拟计算动态与油藏过去的历史动态能达到一致,且油藏描述又是合理的,那么应当说历史拟合本身就是一种有效的油藏描述方法。

5.动态预测

历史拟合之后,油藏数值模拟的最后一步就是进行油藏动态预测。在历史拟合的基础上预测油藏未来的生产动态,预测的内容包括:油、气、水产量,采油、采气速度,油藏压力的动态变化,气油比与油水比的动态变化,驱替前缘位置,采出程度,油气藏最终采收率等。预测的结果将成为油田开发与管理决策的重要依据。应该指出的是,动态预测的准确性明显取决于所采用模型的正确性和油藏描述的准确性与完整性。因此,花一定的时间与精力对模拟的结果进行评估,判断它是否达到了预期的研究目的是十分必要的。

对于绝大多数油田而言,进行油藏数值模拟研究的目的最终都是要对油田未来的动态做出预测。它预测的可以是某一油藏在不同开发条件下的动态,也可以是同一油藏在不同描述下的动态。动态预测是数值模拟中非常有意义的部分,它可以使人们在油田开采前就能了解某口井、井组甚至整个油田在不同开发方式下的生产动态情况;可以通过计算得到许多方案,然后从中选出一个最适合的方案作为实施方案。此外,动态预测还为人们提供了展示新方案的潜在效益的可能性。

6.形成报告

数值模拟研究的最后一步是将计算出的结果进行系统整理,得出明确的结论,形成一个清楚、简明的报告。根据研究目的的不同,报告的格式可以是一份简单的专题报告,也可以是一套具有大量文字、数据、图表及多幅彩色附图的多卷报告。无论报告的形式和长短如何,它们都应当以恰当的篇幅、充分的论据,清楚地陈述研究所使用的模型、计算的依据以及得到的主要结果与结论。

在整个油藏数值模拟的操作过程中,历史拟合是目前花费时间和精力最多的一项工作,但油藏数值模拟的最终目的绝不是历史拟合,而是通过历史拟合正确地认识油藏,并对油藏进行准确描述,从而对今后的生产动态进行预测,以便于及早采取措施来调整油田的生产开发。

第三节 油藏数值模拟的发展概况和方向

一、油藏数值模拟的发展历史

油藏开发中的数值模拟是从20世纪50年代以后发展起来的,它是随油藏工程渗流理论、计算数学理论和电子计算机技术的发展而形成的一门学科,在国内外都取得了迅速的发展和广泛的应用。20世纪60年代初期研究了多维多相的黑油模型;70年代初期研究了组分模型、混相模型和热力采油模型;70年代末期研究了各种化学驱模型;80年代出现了各种综合性的多功能模型;90年代以来,随着计算机和计算技术的发展,数值模拟技术更是不断地发展和完善。目前,黑油、混相、热力采油、化学驱模型等都已经投入工业性应用,并成为商业性软件,油藏数值模拟技术已经成为油藏工程师进行油田开发方案设计和油田开发动态分析等工作不可缺少的有力工具。

数值模拟技术诞生于 1953 年,G. H. Bruce 和 D. W. Peaceman 模拟了一维气相不稳定径向流和线性流,首次将数值方法用于求解地下流体渗流问题,标志着数值模拟技术的起步。但受当时计算机能力及解法的限制,数值模拟技术只是初步应用于求解一维单相问题。1955 年,D. W. Peaceman 与 H. H. Rachford 研发的交替方向隐式解法(ADI)是数值模拟技术的重大突破,该方法的成功之处在于它将复杂的多维问题简化为一系列简单的一维问题。ADI 解法比当时的全隐式解法快 7 倍,比当时的显式解法快 25 倍,并且该解法非常稳定,所以迅速在石油、核物理、热传导等领域得到广泛应用。1958 年,Douglas Jim 和 P. M. Blair 第一次进行了考虑毛管压力的水驱模拟。1959 年,Douglas Jim 和 D. W. Peaceman 第一次进行了二维两相模拟,这标志着现代数值模拟技术的开始,他们的模型全面考虑了相对渗透率、黏度、密度、重力及毛管压力的影响。

20 世纪 60 年代,数值模拟技术的发展主要体现在数值解法方面。第一个有效的数值模拟解法是 1968 年 H. L. Stone 推出的 SIP(strong implicit procedure),该解法可以很好地模拟非均质油藏和形状不规则油藏。另一个突破是时间隐式求解方法,该方法可以有效地求解高速流动问题,如锥进问题。1967 年,K. H. Coats 和 R. L. Nielsen 首次进行了三维两相模拟,并且提出了垂向平衡和拟相对渗透率及毛管压力方法。1968 年,E. A. Breitenbach 提出了三维三相模拟解法。20 世纪 60 年代,K. H. Coats 等发表了《气相或溶解气驱油藏分析》《油藏和气藏中三维二相流动模拟》,模拟的采油方法基本上为递减或压力保持,也考虑了重力、黏度和毛管压力存在时的流体流动规律。此阶段以黑油模型为主,但由于当时计算机的速度只有每秒几万到十几万次,实际上只能做些简单的科学运算。

20 世纪 70 年代,H. L. Stone 发表了三相相对渗透率模型,由油水和油气两相相对渗透率计算油、气、水三相流动时的相对渗透率,该技术至今仍广为应用。该时期另一项主要成就是 D. W. Peaceman 提出的由网格压力确定井底流压的校正方法,即现在通用的 Peaceman 方程。在解法方面,开始采用正交加速的近似分解法。除此之外,在组分和热采模拟方面也取得了很大进展。1973 年,J. S. Nolen 提出了考虑油气中间组分分布的组分模拟;1974 年,R. E. Cook 提出了变黑油模拟来进行组分模拟。N. D. Shutler 在 1970 年发表了对二维三相模型的蒸汽注入模拟。另外,提高采收率(EOR)方面的数值模拟亦取得了极大进展。同时,20 世纪 70 年代有了大型标量机,计算速度达到每秒 100 万~500 万次,内存也增至约 16 兆字节。随着计算速度和内存的迅速增大,新的数值模拟模型和技术得到发展,如锥进模型、组分模型、拟函数技术。此阶段的突出代表作有《数值锥进模型》《油层中组分现象的数值模拟》。数值求解方式以隐式压力显式饱和度法(IMPES)和半隐式为主,在解法上以点松弛迭代、D_4 排序直接解法为主。在该阶段,黑油模型的理论和方法趋于成熟,D. W. Peaceman 的《油藏数值模拟基础》以及 K. Aziz 的《油藏模拟》等著作都是在这个阶段出版的。但是由于仍然受到计算机速度和内存的限制,该阶段只能解决中小型油藏的模拟应用问题。

20 世纪 80 年代,数值模拟技术最大的成就是 J. R. Appleyard 和 I. M. Cheshire 发表了嵌套因式分解法,该解法非常稳定且速度快,是后来应用最为广泛的解法。正是基于该解法,I. M. Cheshire 于 1981 年同 J. R. Appleyard 和 Jon Holmes 成立了 ECL 公司,开始研发后来主导数值模拟软件市场的 ECLIPSE 软件。20 世纪 80 年代的另一个主要发展是组分模型,虽然组分模型在 20 世纪 60 年代就已经推出,但当时很不稳定。20 世纪 80 年代提出的体积平衡和 Yong-Stephenson 方程解决了组分模型的稳定性问题,使组分模型得到广为应用。D. K. Ponting 提出了角点网格技术,角点网格克服了正交网格的不灵活性,可以方便地模拟断层、边界、尖灭,从而更真实地描述油藏。20 世纪 80 年代是油藏数值模拟技术飞跃发展的年代,超级向量机的诞生使计算速度达到亿次,甚至 100 亿次,内存高达 10 亿~20 亿字节,各种型号的小巨型机、并行机以及高性能工作站相继涌现,且性价比越来越高,为油藏模拟技术的发展和推广提供了极为有利的设备条件。与之相应的是,油藏模拟软件也有了惊人的发展。从模型来看,组分模型、裂缝模型、热力采油模型、聚合物驱模型、三元复合驱模型等得到了进一步的发展和完善;从模型的解法来看,全隐式方法、自适应隐式方法、预处理共轭梯度法等逐渐成为数值模拟的主流算法;从计算机处理技术来看,发展了局部网格加密技术、矢量化技术、工作站前后处理技术等。20 世纪 80 年代的油藏数值模拟在计算机软件和硬件的快速发展下,快速发展为一门成熟的技术,开始进入工业化应用阶段,模型朝着多功能、多用途、大型一体化方向发展,应用范围逐步扩大。

20 世纪 90 年代,数值模拟技术的进展主要体现在网格粗化、并行计算、PEBI 网格等方面。Zoltan E. Heinemann 提出了 PEBI 网格,PEBI 网格结合正交网格和角点网格的优点,逐渐发展成主流数值模拟软件中的一种网格体系。随着油藏数值模拟模型规模及网格节点数的增大,利用多处理机进行并行计算是 20 世纪 90 年代油藏数值模拟的主要进展之一。VIP 软件于 1994 年推出并行算法,ECLIPSE 软件于 1996 年推出并行算法,CMG 软件于 2001 年推出并行算法。另外,根据地震和测井解释建立的精细油藏描述的地质模型网格节点数远超过油藏数值模拟可接受的计算机存储量与计算速度的要求,因此需要通过网格粗化将地质模型的密集网格数据合理地转换到较粗的数值模拟模型的网格上,网格粗化技术的难点在于渗透率的粗化,基于流动计算进行的渗透率粗化可以较真实地反映地质模型。同时,各种新的粗化技术也在发展中。20 世纪 90 年代油藏数值模拟软件的主要特点体现在:① 工作站软件一体化。由于工作站的内存和计算速度大大增加,可以对油藏模型进行前、后处理并进行一体化的模拟计算。② 数值模拟软件模块化和集成化。即把黑油模型、组分模型、热力采油模型、化学驱模型等以模块的形式集合到一个软件中,形成所谓的多功能软件系列。在油田开发中,有时会遇到对同一油藏的不同区块采用不同方式开采的情况,或者对同一油藏先后采用不同的方法开采,如先注水后注化学剂进行三次采油等。在这些情况下,集成化软件的不同功能就可以有机地结合起来,共同或依次完成模拟计算。③ 软件横向整合。将地震、测井、试井、油藏描述、采油工艺、地面集输、经济评价等软件与油藏数值模拟软件横向整合并集成,形成全行业的综合软件平台,使油田开发的整体研究水平大大提高。④ 网格精确化。如角点网格、PEBI 网格等,可以准确地描述油藏的边界形态。⑤ 数值解法标准化。用于求解大型、稀疏矩阵的预处理共轭梯度法,由于其稳定性和有效性,已经在油藏数值模拟中得到广泛应用。⑥ 并行计算技术。并行计算可以大幅度地提高求解速度,使数值模拟技术得到了长足发展。⑦ 水平井模拟技术。随着水平井钻井技术的发展和应用,水平井开采动态的模拟技术也得到了不断的完善和发展。

进入 21 世纪后,油藏数值模拟经过多年的发展,目前国内外油藏数值模拟软件已经发展得相对比较成熟,主要分为以下四大类:

(1) 石油服务公司专供各大石油公司和咨询公司购买使用的商业油藏模拟软件。该类商业油藏模拟软件是市场的主流,主要有斯伦贝谢的 ECLIPSE,加拿大的 Computer Model-

ling Group(CMG)和俄罗斯软件公司 Rock Flow Dynamics（RFD）的 tNavigator 等。其中，以 ECLIPSE 和 CMG 应用最广，tNavigator 作为后起之秀也已经应用于全球多家油气公司。

（2）中国石油、埃克森美孚、壳牌等大型石油公司自主研发的油藏模拟软件，主要面向油田开发所需要的特殊问题，直接为油田现场服务。中国石油勘探开发研究院人工智能研究中心通过 10 年的攻关，自主研发了多功能一体化的油藏数值模拟软件 HiSim4.0，该软件在一体化复杂渗流数学模型、多元化学驱数学模型、复杂裂缝建模与模拟、大规模高效求解技术方面处于国际领先水平，在陆相沉积油藏模拟方面具有优势。

（3）国内外高校及科研院所各自研制的小规模油藏模拟软件，如美国劳伦斯伯克利实验室开发的 TOUGH2 系列模拟软件、UTAustin 研发的 UTCHEM、斯坦福大学研发的 GPRS 以及代尔夫特理工大学研发的 DARTS 等。这类模拟器都是由高校或研究机构经过多年的研究积累而开发出的具有开创意义的典型模拟器，更加专注于一些新的流体运移、机理表征或者全新算法的探索和应用。该类学术前沿模拟软件具有很强的理论基础作为支撑，其中经过现场充分验证的部分还会被移植到商业模拟软件中。

（4）开源模拟软件逐步被广大科研工作者关注。该类模拟软件对以编程为基础的数值模拟初学者具有很好的教学意义。MATLAB Reservoir Simulation Toolbox(MRST)是由挪威 SINTEF 公司计算地球科学小组开发的基于 MATLAB 的开源油藏模拟软件包，旨在为油气领域的专业人员和学者提供高效、灵活、可扩展和易于使用的数值模拟工具。MRST 易于学习和使用，可扩展性高，用户可以自定义模型和算法，支持多种数值方法和求解器，包含多种流体模型、岩石物理模型和边界条件，具有可视化和后处理功能，主要应用领域包括油气田开发、储层评价、二氧化碳地质封存等。Open Porous Media(OPM)是由挪威科技大学和国际合作伙伴共同开发的一款开源油藏模拟软件，旨在提供一个开放、可扩展、模块化的框架，以便油藏模拟领域的研究人员可以轻松地实现其研究目标。OPM 的使用范围涵盖了各种不同的油藏模拟应用，包括油藏开发、储气库、CO_2 捕集和储存、地下水管理等领域。其他知名开源模拟软件还有计算流体力学软件平台 OpenFOAM、基于有限单元和有限体积框架的开源多相流体模拟软件 DuMuX、开源三维可视化油藏模拟软件 ResInsight 等，每个软件都有其独特的特点和应用领域，需要根据具体问题和需求选择合适的软件。

二、油藏数值模拟的技术现状

自 20 世纪 50 年代开始出现以来，油藏数值模拟技术已经发展了半个多世纪，特别是在 20 世纪 80 年代以后，随着计算机、应用数学和油藏工程学科的快速发展，油藏数值模拟技术得到了不断的提升和广泛的应用，具体体现在降低模型复杂程度和提高计算机计算效率两个方面。降低模型复杂程度又包括简化物理过程、网格粗化处理技术以及多尺度模拟技术，提高计算效率方面包括高性能计算、GPU 加速、云计算等。同时，随着近年来人工智能技术的兴起，数据处理与解释、建模与优化、自动化与智能化方面与油藏数值模拟进一步融合，更好地支持油藏开发和管理中的决策制定，提高油藏开采效率和经济效益。

1.高性能大规模计算模拟技术

为了更好地指导实际油田开发生产，现场更加注重储层的精细化描述和模拟表征，高效的数值计算和大规模并行计算技术已成为提高计算效率的重要手段，这使得数千万甚至数亿个网格单元的大规模油藏模拟成为可能。在并行计算方面,随着计算机硬件和软件技术的不断发展,多核心、分布式、云计算等并行计算技术已经得到广泛应用,提高了数值模拟的计算效率和准确性。例如,斯伦贝谢与雪佛龙和道达尔公司协作开发的 INTERSECT 新一代高性能数值模拟软件采用 CPR-AMG 预处理求解技术,可以显著加速线性方程迭代收敛求解过程,同时引入 ParMETIS 全三维非结构化并行区域剖分技术,实现了基于"物性特征"的并行运算,通过与集群相结合,充分保证每一个节点的计算速度及节点间的负载平衡,极大地提高并行计算效率。道达尔公司使用 INTERSECT 模拟软件成功完成了 10 亿有效网格、11 个组分、近 20 年生产历史的复杂油藏数值模拟研究(IPTC 17648)。同时,通过进一步研发 Multiscale SFI、机器学习等先进算法并支持 GPU 加速,数值模拟计算速度得以进一步提升。INTERSECT 同时支持 Python 代码嵌入,可将油藏研究的独特构思与理论研究成果通过 Python 代码无缝嵌入,实现自定义功能(如相渗时变等),极大地拓展了科研生产的应用范围。

随着油藏数值模型不断复杂化且网格数不断增加,传统计算机的处理能力已经捉襟见肘,而将复杂大模型粗化后得到的模型的精确性又不能保证。云平台恰恰可以提供无限的计算资源和储存空间。用户只需要按需租用计算节点即可,不必购置和维护。现有 3 种云服务模式:基础设施服务模式(IaaS)、平台服务模式(PaaS)、软件服务模式(SaaS)。对于软件服务模式,供应商提供软件应用和基础设施应用,以及通过云平台实现的优化性能。基于云计算的油藏数值模拟服务正在逐渐成熟,为石油工业提供了便利和高效的解决方案。云计算不但可以节省时间成本,还可以降低资本费用和运营费用。因其低成本、高安全性的优势,油气公司在云服务领域的投资呈指数级增长,云计算正在改变着油气行业的运行规则和价值周期。例如,斯伦贝谢的 DELFI 勘探开发认知环境依托石油技术专业群体,通过整合他们的知识为行业内各种复杂的挑战提供可靠的解决方案。DELFI 环境提供的认知方法能够强化专家的经验知识,通过自动化任务、学习系统以及多学科数据支持快速准确地进行决策。另外,哈里伯顿 DecisionSpace 365 云应用平台下的全尺度数值模拟解决方案(full-scale asset simulation)可以帮助油藏工程师实现大型精细模型计算以及大批量不确定性分析方案计算的需求,实现模型大小无限制、计算能力和储存能力无限制的数值模拟工作。

2. 多尺度数值模拟技术

多尺度数值模拟技术是近年来的一个研究热点,旨在通过将不同尺度下的油藏特征和过程进行耦合,以更准确地预测油藏开采效果。例如,缝洞型碳酸盐岩油气藏的储集空间类型丰富,包括孔、缝、洞等,而且洞、缝的空间尺度从几微米到几十米跨越了多个数量级,具有强烈的非均质性和多尺度性。此类油藏中的流体流动既有多孔介质渗流,又有大空间的自由流动,是一个复杂的耦合流动。因此,其油藏模拟的主要困难在于储层多尺度表征以及复杂耦合流动,模拟的精度很大程度上取决于地质模型的精度。一般的油藏地质模型可达数百万甚至数亿个网格单元,因计算量巨大,很难在相同的计算机技术条件下实现油藏数值模拟。网格粗化虽然可大大减少计算量,但粗化后的大尺度油藏数值模拟不能充分捕捉储层小尺度特征。对此,部分学者提出了多网格方法、多尺度有限单元法(MsFEM)、非均质多尺度法(HMM)等来解决该类问题。不同于网格粗化方法,多尺度方法是以具有原分辨率的全局问题为目标在粗网格上进行求解,在降低计算量的同时还能充分地捕捉到小尺度特征,具有计算量小、计算精度高等优点,目前已用于处理复杂地层以及多相渗流等问题。

3. 复杂油气藏数值模拟技术

随着复杂油气藏及非常规油气的逐渐开发,油气藏开采过程中涉及更多的渗流机理及相关方程,以往只考虑主要渗流机理的数值模拟越来越不能适用于日渐复杂的油气藏开采,需要在数学模型中考虑新的机理及相关方程,以达到精确描述油气藏开发过程的目的。例如,当前非常规油气已成为重要的接替资源,数学模型中需要考虑流体相互作用、吸附解吸、非线性渗流机理等,而这些都需要结合物理模拟首先对其特殊渗流机理进行新的认识和数学表征,并在此基础上嵌入数学模型和数值模拟中。目前,针对煤层气、页岩气、地热、天然气水合物等非常规能源的数值模拟研究已经取得了较大的进展,部分研究已经嵌入商业模拟软件并在现场取得了广泛的应用。

4. 数值模拟中的人工智能技术

机器学习、深度学习、人工智能等方法的发展为油藏数值模拟带来了新的思路和方法。将油藏数值模拟与决策系统相结合,可帮助工程师更好地制定开发方案和风险控制策略,为油藏开发和管理提供更准确的数据支持。未来人工智能与油藏数值模拟深度结合将是一个非常有前景的发展方向,包括智能数据处理、智能辅助模型构建、模型驱动智能反演与参数优化、产量智能预测等。下面就人工智能与油藏数值模拟结合的两个典型方面进行介绍。

1)智能代理模型

为了克服实际应用时网格数巨大导致的数值模拟计算代价高、历史拟合和生产优化难的问题,智能代理模型在油藏数值模拟中被广泛应用。它是一个基于真实模型数据训练的模型,可以帮助加速数值模拟过程并减少计算成本。在油藏数值模拟中,代理模型通常是一个简化的模型,可以用于代替更为复杂的数值模拟模型,提高数值模拟的计算效率。智能代理模型可以基于机器学习和人工智能技术来构建,可以从海量的数据中学习模型的行为和特征。例如,可以使用深度学习算法从数值模拟数据中学习模型的特征,然后使用代理模型来预测模型在不同条件下的响应。在油藏数值模拟中,代理模型可以用于模拟不同开发策略的效果,如不同注采方案、不同井网布置方案等。代理模型可以快速生成预测结果,从而可以更快速地评估不同方案的优劣,并指导实际生产。另一种代理模型是基于物理知识嵌入的油藏数值模拟方法,即将物理知识融入油藏数值模拟过程中,通过对储层物理特性的理解来指导模拟结果。传统的油藏数值模拟方法主要基于物理方程和数学模型来描述油、气、水在储层中的流动和传输过程,而物理知识嵌入技术可以在数值模拟过程中加入储层的物理知识,从而提高模拟的准确性和可靠性。

2)自动历史拟合与智能优化

我国陆上老油田地质条件复杂,且多数已进入开发后期,各种工艺措施调整频繁,需要快速、动态、准确地更新油藏地质模型以指导剩余油的深化认识和开发方案的优化。然而,传统的油藏地质模型更新及历史拟合方法主要通过人工方式开展,对人的经验依赖多,耗时长,模型跟踪及矿场应用时效性差,制约了油藏数值模拟对油田生产的指导作用。近年来,国内外学者对基于油藏数值模拟的自动(或称辅助)历史拟合开展了较为深入的研究,尤其是最优化算法从传统的梯度类算法、进化类算法逐渐向神经网络法、集合卡尔曼滤波法及各种混合法过渡,智能算法越来越多地应用到自动历史拟合研究中,使得油藏模型的智能更新逐渐从理论探索走向了实际应用阶段。在智能优化方面,智能井控技术和注采开发调控一体化智能优化技术是实现油田智能化开发的关键,它通过实时监测井底情况、控制井底操作并反馈调控信息到地面来实现油田智能化管理和优化生产。油藏数值模拟可以为智能井控技术提供基础数据和模型支持,因此需建立更加高效精确的油藏数值模拟方法,实现油藏数值模拟与智能井控、注采调控、井网以及压裂措施等一体化优化技术的有机融合。

三、油藏数值模拟的发展方向

油藏数值模拟技术发展体现在以下几个方面:① 一体化模拟技术,数值模拟将不只是对油藏的模拟,而是对油藏、井筒、地面设备、管网以及油气处理等进行一体化模拟,从而最优化管理油田;② 定量进行属性不确定性分析,即定量分析属性不确定性对计算结果的影响;③ 大型、精细地质模型建模数模一体化研究,精准描述地质状况及剩余油分布规律;④ 对生产年限长的油气田,岩石结构及物性参数随时间发生变化,需要动态更新地质模型及参数,同时对于大型、长期油藏模拟,采用分阶段历史拟合实现生产和模拟的吻合;⑤ 对不确定的地质或开发参数,采用计算机辅助历史拟合技术,高效地处理计算精度和速度;⑥ 油气藏开发中的多物理场耦合作用是准确分析生产动态的关键,主要涉及渗流场、热力场及力学场的相互作用,其中渗流场拓展到多尺度及尺度升级问题;⑦ 数值计算中的非线性更强,发展了很多快速、稳定、准确的求解方法;⑧ 非常规油气藏(煤层气、页岩气、水合物、地热等)的多物理场、多相流、多尺度模拟成为油藏数值模拟的新的研究热点。

1. 多物理场耦合数值模拟技术

多物理场耦合模拟技术用于研究油藏中复杂的物理现象和过程,将不同的物理场耦合在一起,包括力学场、渗流场、温度场、化学场等,考虑多个物理场之间的相互耦合作用,能够更准确地模拟油藏中复杂的流体运动和相互作用,提高模拟的真实性和精度。最新的研究已经将多物理场耦合模拟应用于天然气水合物的开采,模型中考虑了天然气水合物分解过程中的化学场、渗流场、温度场以及水合物开采过程中的力学场,并考虑了孔隙度、渗透率、导热系数、杨氏模量等多个物理场的主要参数受多场耦合的动态演变,建立了上述热、流、固、化四场耦合的数学模型,实现了对天然气水合物开采较为准确的模拟。随着今后能源资源勘探和开采的不断深入,油气藏开采物理过程的复杂性会越来越高,多物理场耦合模拟技术已经成为油藏数值模拟的热点和难点,这是一个涉及多物理场耦合(流、热、固、化),多相(气、液、固)、多组分(甲烷、水、盐、二氧化碳、氮气等)、多区域(储层改善区、非改造区)、多重介质(孔隙、裂缝、溶洞)、多尺度(微尺度、孔隙尺度、岩芯尺度、矿场尺度)、多流动模式(线性渗流-自由流和线性渗流-努森扩散、表面扩散、分子扩散、温度热扩散、压差扩散)共存的复杂渗流过程。多物理场耦合模拟技术成为未来油藏数值模拟发展的重要方向,将在今后的发展过程中逐步发展和完善。

2. 油藏-井筒-地面一体化数值模拟技术

近年来国际油价波动明显,各个石油公司都尽可能地降低开发成本,对石油开采中的各个环节进行一体化的运行是降低综合成本的有效途径。数值模拟作为油气田开发决策的重要工具,也必须具有能进行一体化模拟的功能。数值模拟软件不仅要能精细地刻画表征油藏地质特征,还要能精细模拟油气藏各个开发阶段从油藏到井筒、地面设备、地面管网,一直到炼厂的油气分离处理环节,将油藏模型、井筒流动模型、地面管网模型、油气处理模型完整地耦合在一起,实现真正的地质-工程-集输-加工一体化模拟。

3. 油藏数值模拟加速能源转型

党的二十大报告指出,要加快发展方式绿色转型。推动经济社会发展绿色化、低碳化是实现高质量发展的关键环节。应加快推动产业结构、能源结构、交通运输结构等调整优化;应发展绿色低碳产业,加快节能降碳先进技术研发和推广应用,推动形成绿色低碳的生产方式和生活方式。

随着向零碳能源转型的推进,油藏数值模拟将发挥越来越重要的作用,它可以应用于零碳能源开采(地热、氢能生产)、可再生能源技术循环能量存储(太阳能和风能)以及“能源废弃物”的埋存场所(CO_2封存)等多种场景。针对地下储层信息较强的不确定性,油藏数值模拟能够将不同尺度的信息进行整合,建立通用的数值模拟框架,从而进行不确定性量化、风险分析和产量优化。油藏数值模拟将为零碳能源转型提供重要的理论指导和技术支撑。

习　题

1. 油藏描述的方法有哪些? 如何认识油藏数值模拟在油藏描述中的地位和作用?
2. 如何认识物理模拟、数学模拟以及二者之间的关系?
3. 如何认识油藏数值模拟在油田开发中的作用?
4. 试述油藏数值模拟的主要内容和操作过程。

第二章 基本数学模型

由第一章可知,数值模拟的主要内容是建立数学模型、数值模型和计算机模型。因此,要用数值模拟的方法研究油田开发问题,必须首先根据油藏的实际渗流情况建立数学模型,即建立基本渗流方程组及相应的定解条件,形成一个完整的数学方程组。

对于一个油藏来说,当多相流体在孔隙介质中同时流动时,多相流体受到重力、毛管压力及黏滞力的作用,而且相与相之间(特别是油相和气相之间)会发生质量交换。因此,数学模型要很好地描述油藏中流体的流动规律,就必须考虑上述各种力及相间质量交换的影响。此外,数学模型还应考虑油藏的非均质性和油藏的几何形状等。

本章首先给出数学模型的基本构成和建立步骤,然后建立单相流、两相流的数学模型,并得出数学模型的一般式,在此基础上建立多组分问题的数学模型和黑油模型,最后简单介绍数学模型的定解条件。

第一节 数学模型的构成及建立步骤

2-1 数学模型
的构成与建立

一、数学模型的构成

建立描述油藏中流体渗流基本特征的数学模型时,需要用到运动方程、状态方程、质量守恒方程、能量守恒方程等。图 2-1-1 所示为数学模型的基本构成方程。

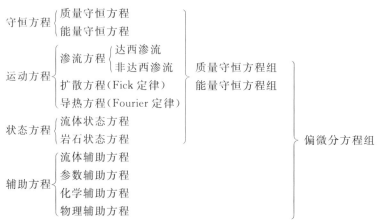

图 2-1-1 数学模型的基本构成方程

1. 守恒方程

数学模型中的守恒包括质量守恒和能量守恒,二者的基本原理是相似的。下面以质量守恒为例进行说明。

质量守恒定律可以描述如下:在地层中任取一个微小的单元体,如果在单元体内没有源和汇存在,那么包含在单元体封闭表面内的液体质量变化应等于同一时间间隔内液体流入质量与流出质量之差。用质量守恒定律建立起来的方程称为质量守恒方程或连续性方程。用数学公式表示为:

$$\boxed{\begin{array}{c}\text{同一时间间隔内流入}\\\text{单元体内的流体质量}\end{array}} - \boxed{\begin{array}{c}\text{同一时间间隔内流出}\\\text{单元体内的流体质量}\end{array}} = \boxed{\begin{array}{c}\text{同一时间间隔内单元体内}\\\text{流体质量的变化量}\end{array}}$$

2. 运动方程

一般情况下,流体在油藏中的渗流满足流体力学中的层流运动,即油藏中的流体渗流符合达西定律。

单相一维渗流时的达西定律可表示为:

$$v = \frac{Q}{A} = -\frac{k}{\mu}\frac{\mathrm{d}p}{\mathrm{d}x} \tag{2-1-1}$$

式中,v 为流速,m/s;Q 为流体体积流量,m³/s;A 为流体渗流的截面积,m²;k 为油藏多孔介质的绝对渗透率,m²;μ 为流体黏度,Pa·s;p 为压力,Pa;x 为长度,m;$\dfrac{\mathrm{d}p}{\mathrm{d}x}$ 为沿 x 方向的压力梯度,Pa/m。

式(2-1-1)中的负号表明沿流动方向的压力是下降的。

在三维空间情况下,可以把上述微分形式的达西定律加以推广,此时渗流速度 v 是一个空间向量,它在 x,y 和 z 方向的分量为:

$$v_x = -\frac{k_x}{\mu}\frac{\partial p}{\partial x}, \quad v_y = -\frac{k_y}{\mu}\frac{\partial p}{\partial y}, \quad v_z = -\frac{k_z}{\mu}\frac{\partial p}{\partial z} \tag{2-1-2}$$

式中,k_x,k_y,k_z 分别为 x,y 和 z 方向上的渗透率,m²。

如果考虑重力作用,根据渗流力学中势的定义,上述达西方程中的压力梯度应该变为势梯度。

$$\boldsymbol{v} = -\frac{\boldsymbol{k}}{\mu}(\nabla p - \rho g \nabla D) \tag{2-1-3}$$

式中,$\boldsymbol{k}$ 为渗透率张量,m²;ρ 为流体密度,kg/m³;g 为重力加速度,m/s²;D 为深度,由某一基准面算起的垂直方向深度,垂直向下为正,向上为负,m;∇ 为 Hamilton 算子,表示取其后面的量的梯度。

当 x 和 y 在同一水平面时,$\dfrac{\partial D}{\partial x}=0$,$\dfrac{\partial D}{\partial y}=0$,此时坐标轴 z 和 D 在同一平面内,所以 z 方向向上时,$\dfrac{\partial D}{\partial z}=-1$,$z$ 方向向下时,$\dfrac{\partial D}{\partial z}=1$。

三维流动时,考虑重力作用,渗流速度在 x,y,z 3 个方向上的分量为:

$$v_x = -\frac{k_x}{\mu}\left(\frac{\partial p}{\partial x} - \rho g\,\frac{\partial D}{\partial x}\right) \tag{2-1-4}$$

$$v_y = -\frac{k_y}{\mu}\left(\frac{\partial p}{\partial y} - \rho g\,\frac{\partial D}{\partial y}\right) \tag{2-1-5}$$

$$v_z = -\frac{k_z}{\mu}\left(\frac{\partial p}{\partial z} - \rho g\,\frac{\partial D}{\partial z}\right) \tag{2-1-6}$$

同理，对于三维柱坐标系，渗流速度在 r,θ,z 3 个方向的分量为：

$$v_r = -\frac{k_r}{\mu}\left(\frac{\partial p}{\partial r} - \rho g\,\frac{\partial D}{\partial r}\right) \tag{2-1-7}$$

$$v_\theta = -\frac{k_\theta}{\mu}\left(\frac{\partial p}{\partial \theta} - \rho g\,\frac{\partial D}{\partial \theta}\right) \tag{2-1-8}$$

$$v_z = -\frac{k_z}{\mu}\left(\frac{\partial p}{\partial z} - \rho g\,\frac{\partial D}{\partial z}\right) \tag{2-1-9}$$

式中，k_r,k_θ,k_z 分别为 r,θ 和 z 方向上的渗透率。

对于实际油藏中的多相渗流，达西定律的扩展形式为：

$$\boldsymbol{v}_l = -\frac{\boldsymbol{k}k_{rl}}{\mu_l}\left(\nabla p_l - \rho_l g\,\nabla D\right) \tag{2-1-10}$$

式中，下标 l 分别代表 o,g 或 w，表示油、气或水相；μ_l,ρ_l 和 k_{rl} 分别表示 l 相流体的黏度、密度和相对渗透率。

在多数情况下，油藏流体渗流符合达西线性渗流，但对非牛顿流体或当渗流速度很高时，渗流不符合达西定律。非达西渗流时渗流速度的表达式见有关渗流力学方面的参考书，在此不做详细介绍。另外，若考虑渗流过程中所发生的各种扩散、传热等复杂的物理化学现象时，需要利用扩散定律及传热方程等来描述。

3. 状态方程

状态方程是描述液体、气体、岩石的状态参数随压力变化规律的数学方程。渗流是一个运动过程，也是一个状态参数不断变化的过程。

1）液体的状态方程

由于液体具有压缩性，随着压力的降低，液体体积膨胀，同时释放弹性能量，可以用以下方程来表示：

$$C_1 = -\frac{1}{V_1}\frac{\mathrm{d}V_1}{\mathrm{d}p} \tag{2-1-11}$$

式中，C_1 为液体的弹性压缩系数，表示当压力改变 10^{-1} MPa 时，单位体积液体体积的变化率，$(10^{-1}\,\text{MPa})^{-1}$；$V_1$ 为液体体积，m^3；$\mathrm{d}V_1$ 为压力改变时液体体积的变化量，m^3。

根据质量守恒原理，弹性压缩或膨胀时液体质量 m 是不变的，即

$$m = \rho V_1 \tag{2-1-12}$$

于是，有：

$$V_1 = \frac{m}{\rho} \tag{2-1-13}$$

对式（2-1-13）取微分，得：

$$\mathrm{d}V_1 = -\frac{m}{\rho^2}\mathrm{d}\rho \tag{2-1-14}$$

将式(2-1-13)和式(2-1-14)代入式(2-1-11),得:

$$C_l = \frac{1}{\rho} \frac{d\rho}{dp}$$

分离变量,C_l 取常数,并设 $p = p_0$ 时,$\rho = \rho_0$,对上式积分得:

$$\rho = \rho_0 e^{C_l(p-p_0)} \tag{2-1-15}$$

将上式按麦克劳林级数展开,取前两项(已有足够的精确性)得:

$$\rho = \rho_0 [1 + C_l(p - p_0)] \tag{2-1-16}$$

式中,p_0 为大气压力(或初始压力),10^{-1} MPa;ρ_0 为压力 p_0 时的液体密度,kg/m³。

式(2-1-16)就是弹性液体的状态方程。实际上,C_l 是一个变量,它与温度、压力和液体中溶解的气体量有关。地层水的压缩系数数值范围为 $(3.7 \sim 5.0) \times 10^{-4}$ MPa^{-1},地层油的压缩系数数值范围为 $(10 \sim 140) \times 10^{-4}$ MPa^{-1}。在建立数学模型时,当油藏流体为弹性液体时,应考虑液体的状态方程。

2)气体的状态方程

气体的压缩性比液体大得多。表示一定质量的气体的体积、温度和压力之间变化关系的方程,称为气体的状态方程。

理想气体是指:① 气体分子无体积;② 气体分子之间无作用力。

对于理想气体,状态方程为:

$$pV = nRT \tag{2-1-17}$$

式中,p 为气体压力,MPa;T 为气体温度,K;V 为气体体积,m³;n 为气体物质的量,mol;R 为通用气体常数,对于不同性质的气体 R 值不同,MPa·m³/(kmol·K)。

天然气不是理想气体,不遵循理想气体状态方程。天然气分子之间存在作用力,有体积,只有在低压下才遵循理想气体状态方程,高压时必须对上式进行修正。工程上常用的修正方法是引入一个系数因子 Z,称为天然气的压缩因子,则其状态方程为:

$$pV = ZnRT \tag{2-1-18}$$

式中,Z 为天然气的压缩因子,表示在给定压力和温度下实际气体所占有的体积与理想气体所占有的体积之比,其求解方法见《油层物理》等教科书。

3)岩石的状态方程

油藏岩石也存在弹性或压缩性。由于岩石的压缩性,当压力变化时,岩石的固体骨架体积也发生变化,同时反映在孔隙体积的变化上。因此,可以把岩石的压缩性看成孔隙度随压力发生变化,用压缩系数表示。岩石压缩系数是指在等温条件下,单位体积岩石中孔隙体积随油藏压力的变化率。岩石压缩系数的公式为:

$$C_f = \frac{1}{V_f} \left(\frac{dV_p}{dp} \right)_T = \frac{d\phi}{dp} \tag{2-1-19}$$

式中,C_f 为岩石压缩系数,MPa^{-1};V_f 为岩石总体积,cm³;V_p 为岩石孔隙体积,cm³;p 为油藏压力,MPa;$\left(\dfrac{dV_p}{dp} \right)_T$ 为等温条件下岩石孔隙体积随油藏压力的变化值,cm³/MPa;ϕ 为孔隙度。

将式(2-1-19)分离变量,取 C_f 为常数,并设 $p = p_0$ 时,$\phi = \phi_0$,积分得:

$$\phi = \phi_0 + C_f(p - p_0) \tag{2-1-20}$$

式(2-1-20)即弹性孔隙介质的状态方程,它描述了孔隙介质在符合弹性状态变化范围内孔隙度随压力的变化规律。

当油藏压力下降时,孔隙缩小,将孔隙原有体积中的部分流体排挤出去,推向井底,岩石压缩性成为驱动流体的弹性能量。由于岩石的性质不同,所以不同岩石的压缩系数是不同的。地层岩石的压缩系数变化不大,一般在$(1.5\sim3.0)\times10^{-4}$ MPa^{-1}之间。

如果岩石的弹性变形超过一定的限度,将会产生塑性变形,研究这种情况下的渗流规律时应考虑用塑性变形孔隙介质的状态方程。

二、数学模型的建立步骤

1. 确定所要求解的问题

建立数学模型时,首先要确定所要求解的问题是什么,即确定方程的未知量是什么? 自变量是什么? 在油藏数值模拟问题中,通常所要求解的问题有:① 压力 p 的分布;② 多相流时饱和度 S 的分布,特别是剩余油饱和度的分布,可用于指导后期开发生产;③ 非等温渗流时温度 T 的分布;④ 组分模型中的组分变化,即组分质量分数的变化。

数学模型中的自变量一般是空间变量(x,y,z 或 r,θ,z)和时间变量(t)。在建立数学模型时,要根据具体问题的地质状况、生产条件确定渗流空间的维数。一维问题的自变量是(x,t)或(r,t),二维问题的自变量是(x,y,t)或(r,θ,t),三维问题的自变量是(x,y,z,t)或(r,θ,z,t)。此外,在数学模型中还有零维模型,即与空间变量无关的模型,如物质平衡方程。

在数学模型中,除因变量和自变量之外,还会出现一些系数,其中有油层物性参数(如渗透率、孔隙度、弹性压缩系数等)和流体物性参数(如黏度、密度、体积系数等),它们又可以根据是否随压力或其他物性参数变化而分为常系数和变系数两种。

2. 确定未知量的使用条件

数学模型中所用到的物理量总是受到某些实际条件的限制,因此在使用这些物理量时,要考虑到这些限制,并用适当的数学方法表达。例如,对于平面流、径向流问题,认为油层厚度 h 与平面长度 r 的比值很小,可以不考虑流体的垂向流动。油藏在开采过程中,随油藏压力的变化,可能会发生从两相到三相或从三相到两相的相态变化。另外,还要分析油藏流体是等温渗流还是非等温渗流,是单组分还是多组分,是线性渗流还是非线性渗流等。经过分析,在建立数学模型时,就可考虑选用适当的方程。

3. 建立数学模型

构成数学模型的基本方程中,运动方程和状态方程都只是孤立地描述了渗流过程各物理现象的侧面,只有守恒方程(连续性方程)能够表达渗流过程的基本特征。因此,选连续性方程为综合方程,将其他方程都代入连续性方程中,最后得到描述渗流过程全部物理现象的微分方程组。

建立的数学模型应具有封闭性,即未知量个数等于方程个数。根据研究问题的不同,有时需利用饱和度归一化关系式、毛管压力关系式、相态平衡关系式和化学反应动力学关系式等写出相应的辅助方程。

4. 写出定解条件

前面建立的描述油藏中流体渗流特征的偏微分方程或方程组是对同类物理现象所做的一般定性描述,可能有无数个解,每个解代表这类现象的一种特殊情况。因此,对于一个具体的物理问题,还要限定其具体情况,即给出定解条件,这样才有对具体问题的唯一解。因此,一个完整的数学模型,应该由偏微分方程、辅助方程和定解条件组成。定解条件包括初始条件和边界条件,本章第七节中将详细介绍。

5. 分析量纲

根据量纲分析原则来检查所建立的方程组的量纲是否一致。但需注意:量纲一致只是数学模型正确的必要条件,而不是充分条件,量纲正确并不一定保证数学模型没有错误。

6. 检查数学模型的适定性

应该指出,任何数学模型的求解都应首先研究其适定性,即数学模型的解是否存在、是否唯一、是否稳定。同时满足以上 3 点的数学模型是适定的,否则是不适定的。严格来说,应该检查数学模型的适定性,但事实上,油藏数值模拟的数学模型由于问题的复杂性和多因素性,其适定性几乎是不可证明的。一般来说,只要我们建立的数学模型符合物理过程的实际情况,那么模型通常是适定的,模型的解就能够反映实际物理问题的动态变化。

2-2　单相流
数学模型

第二节　单相流的数学模型

单一的均匀流体在多孔介质中的渗流称为单相渗流。本节首先根据达西定律和质量守恒方程推导出直角坐标系中单相流数学模型(考虑多孔介质的可压缩性、重力的影响以及多孔介质本身的非均质性等因素),并对不同情况下单相流数学模型进行简化,然后建立柱坐标系下的单相流数学模型,最后建立非等温渗流的能量守恒方程和考虑对流扩散的质量守恒方程。

一、直角坐标系中三维单相流的数学模型

1. 数学模型的推导

为了推导出三维情况下流体渗流过程中的质量守恒方程,可在整个渗流场中取一个微小体积单元来进行具体分析。所取的微小体积单元为一个六面体,单元体的长为 Δx,宽为 Δy,高为 Δz。流体从单元体的左面流入,右面流出;从前面流入,后面流出;从底面流入,顶面流出,如图 2-2-1 所示。

流体在 x,y,z 方向上的速度分别是 v_x,v_y,v_z,流体密度为 ρ,则在 Δt 时间内流体在 x,y,z 方向上流入和流出的质量就可以确定。

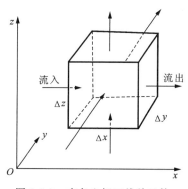

图 2-2-1　直角坐标三维单元体

首先研究 x 方向,即左右两个侧面流入和流出的流体质量。流体质量流量等于质量流速乘以单元体的截面积,而左侧面的面积是 $\Delta y \Delta z$,所以 Δt 时间内由左侧面流入单元体的流体质量为:

$$(\rho v_x) |_x \Delta y \Delta z \Delta t \tag{2-2-1}$$

Δt 时间内由右侧面流出单元体的流体质量为:

$$(\rho v_x) |_{x+\Delta x} \Delta y \Delta z \Delta t \tag{2-2-2}$$

式中,$(\rho v_x) |_x$,$(\rho v_x) |_{x+\Delta x}$ 分别为左侧面和右侧面处 x 方向的质量流速。

于是,在 x 方向上,Δt 时间内流入、流出单元体的质量之差为:

$$(\rho v_x) |_x \Delta y \Delta z \Delta t - (\rho v_x) |_{x+\Delta x} \Delta y \Delta z \Delta t = -[(\rho v_x) |_{x+\Delta x} - (\rho v_x) |_x] \Delta y \Delta z \Delta t \tag{2-2-3}$$

同理,可求得在 y 方向和 z 方向上 Δt 时间内流入、流出单元体的质量之差分别为:

$$-[(\rho v_y) |_{y+\Delta y} - (\rho v_y) |_y] \Delta x \Delta z \Delta t \tag{2-2-4}$$

$$-[(\rho v_z) |_{z+\Delta z} - (\rho v_z) |_z] \Delta x \Delta y \Delta t \tag{2-2-5}$$

如果多孔介质及流体是可压缩的,那么 Δt 时间内单元体中的流体质量的变化应表现为单元体内孔隙体积和流体密度的变化。因此,在 Δt 时间内,流体在单元体中的累积质量增量为:

$$(\rho \phi \Delta x \Delta y \Delta z) |_{t+\Delta t} - (\rho \phi \Delta x \Delta y \Delta z) |_t = [(\rho \phi) |_{t+\Delta t} - (\rho \phi) |_t] \Delta x \Delta y \Delta z \tag{2-2-6}$$

根据质量守恒原理,在 Δt 时间内,单元体内的累积质量增量应等于 Δt 时间内在 x,y,z 方向上流入、流出单元体的流体质量差之和。于是可得:

$$-[(\rho v_x) |_{x+\Delta x} - (\rho v_x) |_x] \Delta y \Delta z \Delta t - [(\rho v_y) |_{y+\Delta y} - (\rho v_y) |_y] \Delta x \Delta z \Delta t -$$
$$[(\rho v_z) |_{z+\Delta z} - (\rho v_z) |_z] \Delta x \Delta y \Delta t = [(\rho \phi) |_{t+\Delta t} - (\rho \phi) |_t] \Delta x \Delta y \Delta z \tag{2-2-7}$$

上式两端同除以 $\Delta x \Delta y \Delta z \Delta t$,得:

$$-\frac{(\rho v_x) |_{x+\Delta x} - (\rho v_x) |_x}{\Delta x} - \frac{(\rho v_y) |_{y+\Delta y} - (\rho v_y) |_y}{\Delta y} - \frac{(\rho v_z) |_{z+\Delta z} - (\rho v_z) |_z}{\Delta z}$$
$$= \frac{(\rho \phi) |_{t+\Delta t} - (\rho \phi) |_t}{\Delta t} \tag{2-2-8}$$

当 $\Delta x,\Delta y,\Delta z,\Delta t$ 趋于 0 时,对上式取极限,得:

$$-\frac{\partial}{\partial x}(\rho v_x) - \frac{\partial}{\partial y}(\rho v_y) - \frac{\partial}{\partial z}(\rho v_z) = \frac{\partial}{\partial t}(\rho \phi) \tag{2-2-9}$$

方程(2-2-9)即直角坐标系下三维单相渗流的连续性方程。

将考虑重力作用的运动方程 v_x,v_y,v_z 的表达式(2-1-3)~(2-1-5)代入上式,得:

$$\frac{\partial}{\partial x}\left[\rho \frac{k_x}{\mu}\left(\frac{\partial p}{\partial x} - \rho g \frac{\partial D}{\partial x}\right)\right] + \frac{\partial}{\partial y}\left[\rho \frac{k_y}{\mu}\left(\frac{\partial p}{\partial y} - \rho g \frac{\partial D}{\partial y}\right)\right] + \frac{\partial}{\partial z}\left[\rho \frac{k_z}{\mu}\left(\frac{\partial p}{\partial z} - \rho g \frac{\partial D}{\partial z}\right)\right] = \frac{\partial}{\partial t}(\rho \phi)$$
$$\tag{2-2-10}$$

当考虑单元体中有注入(或采出)情况时,方程(2-2-10)可以写为:

$$\frac{\partial}{\partial x}\left[\rho \frac{k_x}{\mu}\left(\frac{\partial p}{\partial x} - \rho g \frac{\partial D}{\partial x}\right)\right] + \frac{\partial}{\partial y}\left[\rho \frac{k_y}{\mu}\left(\frac{\partial p}{\partial y} - \rho g \frac{\partial D}{\partial y}\right)\right] + \frac{\partial}{\partial z}\left[\rho \frac{k_z}{\mu}\left(\frac{\partial p}{\partial z} - \rho g \frac{\partial D}{\partial z}\right)\right] + q = \frac{\partial}{\partial t}(\rho \phi)$$
$$\tag{2-2-11}$$

式中,q 为注入(或采出)项,也称源(或汇)项,注入为正,采出为负,它指的是地层条件下单位体积岩石中注入或采出流体的质量流量。

将式(2-2-11)写为微分算子的形式,即

$$\nabla \cdot \left[\frac{\boldsymbol{k}}{\mu}(\nabla p - \rho g \ \nabla D) \right] + q = \frac{\partial}{\partial t}(\rho \phi) \qquad (2\text{-}2\text{-}12)$$

式中的"$\nabla \cdot$"表示取其后面的量的散度。关于散度的数学及物理意义以及使用可参考数学及场论方面的书。

方程（2-2-12）为地层条件下的质量守恒方程。求解实际问题时，需要将该方程转换为地面标准状况下的体积守恒方程。

考虑流体体积系数的定义：

$$B = \frac{V_r}{V_{sc}} = \frac{m/\rho_r}{m/\rho_{sc}} = \frac{\rho_{sc}}{\rho_r}$$

式中，B 为流体体积系数；V 为流体体积，m^3；m 为流体质量，kg；下标 r 为油层条件；下标 sc 为地面标准状况。

由上式得：

$$\rho = \rho_r = \frac{\rho_{sc}}{B} \qquad (2\text{-}2\text{-}13)$$

将方程（2-2-13）代入方程（2-2-12），得：

$$\nabla \cdot \left[\frac{\rho_{sc} \boldsymbol{k}}{\mu B}(\nabla p - \rho g \ \nabla D) \right] + q = \frac{\partial}{\partial t}\left(\frac{\rho_{sc} \phi}{B}\right) \qquad (2\text{-}2\text{-}14)$$

上式两边同除以 ρ_{sc}，得：

$$\nabla \cdot \left[\frac{\boldsymbol{k}}{\mu B}(\nabla p - \rho g \ \nabla D) \right] + q_v = \frac{\partial}{\partial t}\left(\frac{\phi}{B}\right) \qquad (2\text{-}2\text{-}15)$$

其中：

$$q_v = \frac{q}{\rho_{sc}}$$

式中，q_v 为地面标准条件下单位体积岩石中注入或采出流体的体积流量。

方程（2-2-15）就是直角坐标系下三维单相渗流的数学模型。

2. 数学模型的简化

前面建立了三维单相流的数学模型，其中没有特别说明流体是可压缩、微可压缩或不可压缩的。实际应用时，可以根据流体的压缩性，即密度与压力之间的变化关系来进一步简化上面的数学模型。

1）不可压缩流体的数学模型

当不考虑油藏流体和岩石的压缩性时，岩石孔隙度 $\phi =$ 常数，流体体积系数 $B = 1$，因此方程（2-2-15）的右端为：

$$\frac{\partial}{\partial t}\left(\frac{\phi}{B}\right) = 0$$

则方程（2-2-15）可以简化为：

$$\nabla \cdot \left[\frac{\boldsymbol{k}}{\mu}(\nabla p - \rho g \ \nabla D) \right] + q_v = 0 \qquad (2\text{-}2\text{-}16)$$

当不考虑重力作用和源汇项时，上式可以进一步简化为：

$$\nabla \cdot \left(\frac{\boldsymbol{k}}{\mu} \ \nabla p \right) = 0 \qquad (2\text{-}2\text{-}17)$$

式(2-2-17)是一个椭圆形偏微分方程,是研究不可压缩流体(即刚性流体)渗流问题的一般方程。

如果地层是均质的,而且流体的黏度等于常数,则式(2-2-17)可进一步简化为:

$$\nabla^2 p = 0 \tag{2-2-18}$$

方程(2-2-18)称为 Laplace 方程,是单相渗流方程的最简单形式,表示不可压缩流体在没有源汇项和重力作用的情况下,在均质、各向同性多孔介质中流动时流动区域内的压力分布情况。

2)微可压缩流体的数学模型

当油藏流体为油或水等微可压缩流体,岩石也微可压缩时,方程(2-2-11)的右端项为:

$$\frac{\partial(\rho\phi)}{\partial t} = \phi\frac{\partial\rho}{\partial t} + \rho\frac{\partial\phi}{\partial t} = \phi\frac{\partial\rho}{\partial p}\frac{\partial p}{\partial t} + \rho\frac{\partial\phi}{\partial p}\frac{\partial p}{\partial t} \tag{2-2-19}$$

由本章第一节流体的压缩系数 C_l 的定义式(2-1-14)可知,对于微可压缩流体,压缩系数 C_l 可以看作常数,因此:

$$\frac{\partial\rho}{\partial p} = \rho C_l \tag{2-2-20}$$

如果岩石也微可压缩,根据本章第一节岩石的压缩系数 C_f 的定义式(2-1-19),可得:

$$\frac{\partial\phi}{\partial p} = C_f \tag{2-2-21}$$

将式(2-2-20)和式(2-2-21)代入式(2-2-19),可得:

$$\frac{\partial(\rho\phi)}{\partial t} = \phi\rho C_l\frac{\partial p}{\partial t} + \rho C_f\frac{\partial p}{\partial t} = \rho(C_f + \phi C_l)\frac{\partial p}{\partial t} \tag{2-2-22}$$

令油层综合压缩系数为:

$$C_t = C_f + \phi C_l \tag{2-2-23}$$

式中,C_t 为油层岩石和流体的综合压缩系数;C_l 为油层流体的压缩系数;C_f 为油层岩石的压缩系数。

则方程(2-2-11)的右端项变为:

$$\frac{\partial(\rho\phi)}{\partial t} = \rho C_t\frac{\partial p}{\partial t} \tag{2-2-24}$$

不考虑重力作用,方程(2-2-11)左端第一项中,根据复合函数求导有:

$$\begin{aligned}
\frac{\partial}{\partial x}\left(\frac{\rho k_x}{\mu}\frac{\partial p}{\partial x}\right) &= \rho\frac{\partial}{\partial x}\left(\frac{k_x}{\mu}\frac{\partial p}{\partial x}\right) + \frac{k_x}{\mu}\frac{\partial\rho}{\partial x}\frac{\partial p}{\partial x} \\
&= \rho\frac{\partial}{\partial x}\left(\frac{k_x}{\mu}\frac{\partial p}{\partial x}\right) + \frac{k_x}{\mu}\frac{\partial\rho}{\partial p}\frac{\partial p}{\partial x}\frac{\partial p}{\partial x} \\
&= \rho\frac{\partial}{\partial x}\left(\frac{k_x}{\mu}\frac{\partial p}{\partial x}\right) + \frac{k_x}{\mu}\rho C_l\left(\frac{\partial p}{\partial x}\right)^2
\end{aligned} \tag{2-2-25}$$

同理,可得方程(2-2-11)左端第二项、第三项的结果:

$$\frac{\partial}{\partial y}\left(\frac{\rho k_y}{\mu}\frac{\partial p}{\partial y}\right) = \rho\frac{\partial}{\partial y}\left(\frac{k_y}{\mu}\frac{\partial p}{\partial y}\right) + \frac{k_y}{\mu}\rho C_l\left(\frac{\partial p}{\partial y}\right)^2 \tag{2-2-26}$$

$$\frac{\partial}{\partial z}\left(\frac{\rho k_z}{\mu}\frac{\partial p}{\partial z}\right) = \rho\frac{\partial}{\partial z}\left(\frac{k_z}{\mu}\frac{\partial p}{\partial z}\right) + \frac{k_z}{\mu}\rho C_l\left(\frac{\partial p}{\partial z}\right)^2 \tag{2-2-27}$$

将式(2-2-24)~式(2-2-27)代入式(2-2-11),可得:

$$\rho \frac{\partial}{\partial x}\left(\frac{k_x}{\mu}\frac{\partial p}{\partial x}\right)+\frac{k_x}{\mu}\rho C_1\left(\frac{\partial p}{\partial x}\right)^2+\frac{\partial}{\partial x}\left[\frac{\rho k_x}{\mu}\left(-\rho g\frac{\partial D}{\partial x}\right)\right]+$$

$$\rho \frac{\partial}{\partial y}\left(\frac{k_y}{\mu}\frac{\partial p}{\partial y}\right)+\frac{k_y}{\mu}\rho C_1\left(\frac{\partial p}{\partial y}\right)^2+\frac{\partial}{\partial y}\left[\frac{\rho k_y}{\mu}\left(-\rho g\frac{\partial D}{\partial y}\right)\right]+$$

$$\rho \frac{\partial}{\partial z}\left(\frac{k_z}{\mu}\frac{\partial p}{\partial z}\right)+\frac{k_z}{\mu}\rho C_1\left(\frac{\partial p}{\partial z}\right)^2+\frac{\partial}{\partial z}\left[\frac{\rho k_z}{\mu}\left(-\rho g\frac{\partial D}{\partial z}\right)\right]+q$$

$$=\rho C_t \frac{\partial p}{\partial t} \tag{2-2-28}$$

由于微可压缩流体压缩系数 C_1 很小,同时 $\frac{\partial p}{\partial x},\frac{\partial p}{\partial y},\frac{\partial p}{\partial z}$ 也很小,因此上式中偏导数的平方项可略去不计,所以方程(2-2-28)可写为:

$$\frac{\partial}{\partial x}\left[\frac{\rho k_x}{\mu}\left(\frac{\partial p}{\partial x}-\rho g\frac{\partial D}{\partial x}\right)\right]+\frac{\partial}{\partial y}\left[\frac{\rho k_y}{\mu}\left(\frac{\partial p}{\partial y}-\rho g\frac{\partial D}{\partial y}\right)\right]+$$

$$\frac{\partial}{\partial z}\left[\frac{\rho k_z}{\mu}\left(\frac{\partial p}{\partial z}-\rho g\frac{\partial D}{\partial z}\right)\right]+q=\rho C_t \frac{\partial p}{\partial t} \tag{2-2-29}$$

将方程(2-2-13)代入方程(2-2-29),得:

$$\frac{\partial}{\partial x}\left[\frac{\rho_{sc} k_x}{\mu B}\left(\frac{\partial p}{\partial x}-\rho g\frac{\partial D}{\partial x}\right)\right]+\frac{\partial}{\partial y}\left[\frac{\rho_{sc} k_y}{\mu B}\left(\frac{\partial p}{\partial y}-\rho g\frac{\partial D}{\partial y}\right)\right]+$$

$$\frac{\partial}{\partial z}\left[\frac{\rho_{sc} k_z}{\mu B}\left(\frac{\partial p}{\partial z}-\rho g\frac{\partial D}{\partial z}\right)\right]+q=\frac{\rho_{sc}}{B}C_t \frac{\partial p}{\partial t} \tag{2-2-30}$$

两端同除以 ρ_{sc},得:

$$\frac{\partial}{\partial x}\left[\frac{k_x}{\mu B}\left(\frac{\partial p}{\partial x}-\rho g\frac{\partial D}{\partial x}\right)\right]+\frac{\partial}{\partial y}\left[\frac{k_y}{\mu B}\left(\frac{\partial p}{\partial y}-\rho g\frac{\partial D}{\partial y}\right)\right]+$$

$$\frac{\partial}{\partial z}\left[\frac{k_z}{\mu B}\left(\frac{\partial p}{\partial z}-\rho g\frac{\partial D}{\partial z}\right)\right]+q_v=\frac{C_t}{B}\frac{\partial p}{\partial t} \tag{2-2-31}$$

写成微分算子的形式,即

$$\nabla \cdot \left[\frac{\boldsymbol{k}}{\mu B}(\nabla p-\rho g\nabla D)\right]+q_v=\frac{C_t}{B}\frac{\partial p}{\partial t} \tag{2-2-32}$$

方程(2-2-32)即三维单相微可压缩流体渗流的数学模型。

当不考虑源汇项,不考虑重力作用,油藏均质且各向同性,流体黏度和体积系数均为常数时,方程(2-2-32)可简化为:

$$\nabla^2 p=\frac{\mu C_t}{k}\frac{\partial p}{\partial t} \tag{2-2-33}$$

方程(2-2-33)称为热传导方程或 Fourier 方程,是研究单相弹性渗流的基本方程。

3)可压缩流体的数学模型

前面研究了不可压缩流体及微可压缩流体的渗流方程,但对于气体的渗流问题,由于气体的压缩性要比液体大得多,所以不能将其压缩系数作为常数处理,而气体的重力项很小,可以忽略不计。因此,对应于渗流方程(2-2-12),气体的渗流方程为:

$$\nabla \cdot \left(\frac{\rho_g \boldsymbol{k}}{\mu_g}\nabla p\right)+q=\frac{\partial}{\partial t}(\rho \phi) \tag{2-2-34}$$

下面推导气体渗流方程在均质地层中的简化形式。假设:① 渗透率均质且各向同性;② 岩石孔隙度为常数。

当不考虑源汇项时,式(2-2-34)可写为:

$$\nabla \cdot \left(\frac{\rho_g}{\mu_g} \nabla p \right) = \frac{\phi}{k} \frac{\partial \rho_g}{\partial t} \qquad (2\text{-}2\text{-}35)$$

对于真实气体,根据气体状态方程,有:

$$\rho_g = \frac{pM}{ZRT} \qquad (2\text{-}2\text{-}36)$$

将式(2-2-36)代入式(2-2-35),得:

$$\nabla \cdot \left(\frac{p}{\mu_g Z} \nabla p \right) = \frac{\phi}{k} \frac{\partial}{\partial t} \left(\frac{p}{Z} \right) \qquad (2\text{-}2\text{-}37)$$

为简化起见,先考虑一维问题,则上式为:

$$\frac{\partial}{\partial x} \left(\frac{p}{\mu_g Z} \frac{\partial}{\partial x} p \right) = \frac{\phi}{k} \frac{\partial}{\partial t} \left(\frac{p}{Z} \right) \qquad (2\text{-}2\text{-}38)$$

对于理想气体,压缩因子 $Z = 1$,黏度 μ_g 为常数,则上式简化为:

$$\frac{\partial}{\partial x} \left(p \frac{\partial p}{\partial x} \right) = \frac{\mu_g \phi}{k} \frac{\partial p}{\partial t} \qquad (2\text{-}2\text{-}39)$$

由于 $\frac{\partial p^2}{\partial x} = 2p \frac{\partial p}{\partial x}$,$\frac{\partial p^2}{\partial t} = 2p \frac{\partial p}{\partial t}$,因此式(2-2-39)可写为:

$$\frac{\partial^2 p^2}{\partial x^2} = \frac{\mu_g \phi}{k} \frac{1}{p} \frac{\partial p^2}{\partial t} \qquad (2\text{-}2\text{-}40)$$

对理想气体,$C_g = \frac{1}{p}$,因此:

$$\frac{\partial^2 p^2}{\partial x^2} = \frac{\phi \mu_g C_g}{k} \frac{\partial p^2}{\partial t} \qquad (2\text{-}2\text{-}41)$$

这是压力平方项扩散方程的一维形式。同样,对于三维流动,当不考虑源汇项,渗流介质为均质且各向同性,气体近似为理想气体时,单相可压缩气体的渗流方程可简化为:

$$\frac{\partial^2 p^2}{\partial x^2} + \frac{\partial^2 p^2}{\partial y^2} + \frac{\partial^2 p^2}{\partial z^2} = \frac{\phi \mu_g C_g}{k} \frac{\partial p^2}{\partial t} \qquad (2\text{-}2\text{-}42)$$

即

$$\nabla^2 p^2 = \frac{\phi \mu_g C_g}{k} \frac{\partial p^2}{\partial t} \qquad (2\text{-}2\text{-}43)$$

这种形式的可压缩流体渗流方程应用于低压(通常为 500 psi,1 psi≈6.9 kPa)气藏中,可以较好地表示真实气体的渗流动态。

二、柱坐标系中单相流的数学模型

在柱坐标系中取一个微小体积单元体,如图 2-2-2 所示。单元体沿 r 方向长 Δr,沿 z 方向高 Δz,沿弧度方向为 $\Delta \theta$,流体的流动方向如图 2-2-2 中的箭头所示。

流体在 r, θ, z 方向上的速度分别是 v_r, v_θ, v_z,流体密度为 ρ。单元体沿 r 方向流动的截面积 $A_r = r \Delta \theta \cdot \Delta z$,沿弧度方向 θ 流动的截面积 $A_\theta = \Delta r \cdot \Delta z$,沿高度方向 z 流动的截面积 $A_z = \Delta r \cdot r \Delta \theta$,单元体的体积为 $V_b = \Delta r \cdot r \Delta \theta \cdot \Delta z$。

Δt 时间内沿 r 方向流入单元体的流体质量为:

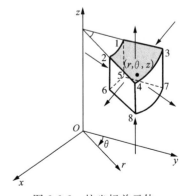

图 2-2-2　柱坐标单元体

$$(\rho v_r \cdot A_r)|_r \cdot \Delta t = (\rho v_r \cdot r\Delta\theta \cdot \Delta z)|_r \cdot \Delta t \tag{2-2-44}$$

Δt 时间内沿 r 方向流出单元体的流体质量为：

$$(\rho v_r \cdot A_r)|_{r+\Delta r} \cdot \Delta t = (\rho v_r \cdot r\Delta\theta \cdot \Delta z)|_{r+\Delta r} \cdot \Delta t \tag{2-2-45}$$

Δt 时间内沿 θ 方向流入单元体的流体质量为：

$$(\rho v_\theta \cdot A_\theta)|_\theta \cdot \Delta t = (\rho v_\theta \cdot \Delta r \cdot \Delta z)|_\theta \cdot \Delta t \tag{2-2-46}$$

Δt 时间内沿 θ 方向流出单元体的流体质量为：

$$(\rho v_\theta \cdot A_\theta)|_{\theta+\Delta\theta} \cdot \Delta t = (\rho v_\theta \cdot \Delta r \cdot \Delta z)|_{\theta+\Delta\theta} \cdot \Delta t \tag{2-2-47}$$

Δt 时间内沿 z 方向流入单元体的流体质量为：

$$(\rho v_z \cdot A_z)|_z \cdot \Delta t = (\rho v_z \cdot \Delta r \cdot r\Delta\theta)|_z \cdot \Delta t \tag{2-2-48}$$

Δt 时间内沿 z 方向流出单元体的流体质量为：

$$(\rho v_z \cdot A_z)|_{z+\Delta z} \cdot \Delta t = (\rho v_z \cdot \Delta r \cdot r\Delta\theta)|_{z+\Delta z} \cdot \Delta t \tag{2-2-49}$$

在 Δt 时间内，流体在单元体中的累积质量增量为：

$$(\rho\phi \cdot V_b)|_{t+\Delta t} - (\rho\phi \cdot V_b)|_t = [(\rho\phi)|_{t+\Delta t} - (\rho\phi)|_t] \cdot \Delta r \cdot r\Delta\theta \cdot \Delta z \tag{2-2-50}$$

根据质量守恒原理，在 Δt 时间内，单元体内的累积质量增量应等于 Δt 时间内在 r,θ,z 方向流入、流出单元体的质量流量差之和。于是可得：

$$-[(\rho v_r \cdot r\Delta\theta \cdot \Delta z)|_{r+\Delta r} - (\rho v_r \cdot r\Delta\theta \cdot \Delta z)|_r] \cdot \Delta t -$$
$$[(\rho v_\theta \cdot \Delta r \cdot \Delta z)|_{\theta+\Delta\theta} - (\rho v_\theta \cdot \Delta r \cdot \Delta z)|_\theta] \cdot \Delta t -$$
$$[(\rho v_z \cdot \Delta r \cdot r\Delta\theta)|_{z+\Delta z} - (\rho v_z \cdot \Delta r \cdot r\Delta\theta)|_z] \cdot \Delta t =$$
$$[(\rho\phi)|_{t+\Delta t} - (\rho\phi)|_t] \cdot \Delta r \cdot r\Delta\theta \cdot \Delta z \tag{2-2-51}$$

上式两端同除以 $r\Delta r\Delta\theta\Delta z\Delta t$，得：

$$-\frac{(r\rho v_r)|_{r+\Delta r} - (r\rho v_r)|_r}{r\Delta r} - \frac{(\rho v_\theta)|_{\theta+\Delta\theta} - (\rho v_\theta)|_\theta}{r\Delta\theta} - \frac{(\rho v_z)|_{z+\Delta z} - (\rho v_z)|_z}{\Delta z} =$$
$$\frac{(\rho\phi)|_{t+\Delta t} - (\rho\phi)|_t}{\Delta t} \tag{2-2-52}$$

当 $\Delta r, \Delta\theta, \Delta z, \Delta t$ 趋于 0 时，对上式取极限，得：

$$-\frac{1}{r}\frac{\partial}{\partial r}(r\rho v_r) - \frac{1}{r}\frac{\partial}{\partial\theta}(\rho v_\theta) - \frac{\partial}{\partial z}(\rho v_z) = \frac{\partial}{\partial t}(\rho\phi) \tag{2-2-53}$$

当不考虑重力作用时，柱坐标系下单相流的达西方程为：

$$v_r = -\frac{k_r}{\mu}\frac{\partial p}{\partial r} \tag{2-2-54}$$

$$v_\theta = -\frac{k_\theta}{\mu}\frac{\partial p}{r\partial\theta} \tag{2-2-55}$$

$$v_z = -\frac{k_z}{\mu}\frac{\partial p}{\partial z} \tag{2-2-56}$$

将上述运动方程的表达式(2-2-54)～(2-2-56)代入连续性方程(2-2-53)，得：

$$\frac{1}{r}\frac{\partial}{\partial r}\left(r\rho\frac{k_r}{\mu}\frac{\partial p}{\partial r}\right) + \frac{1}{r}\frac{\partial}{\partial\theta}\left(\rho\frac{1}{r}\frac{k_\theta}{\mu}\frac{\partial p}{\partial\theta}\right) + \frac{\partial}{\partial z}\left(\rho\frac{k_z}{\mu}\frac{\partial p}{\partial z}\right) = \frac{\partial}{\partial t}(\rho\phi) \tag{2-2-57}$$

即

$$\frac{1}{r}\frac{\partial}{\partial r}\left(r\rho\frac{k_r}{\mu}\frac{\partial p}{\partial r}\right) + \frac{1}{r^2}\frac{\partial}{\partial\theta}\left(\rho\frac{k_\theta}{\mu}\frac{\partial p}{\partial\theta}\right) + \frac{\partial}{\partial z}\left(\rho\frac{k_z}{\mu}\frac{\partial p}{\partial z}\right) = \frac{\partial}{\partial t}(\rho\phi) \tag{2-2-58}$$

当考虑注入(或采出)时，方程(2-2-58)可以写为：

$$\frac{1}{r}\frac{\partial}{\partial r}\Big(r\rho\frac{k_r}{\mu}\frac{\partial p}{\partial r}\Big)+\frac{1}{r^2}\frac{\partial}{\partial\theta}\Big(\rho\frac{k_\theta}{\mu}\frac{\partial p}{\partial\theta}\Big)+\frac{\partial}{\partial z}\Big(\rho\frac{k_z}{\mu}\frac{\partial p}{\partial z}\Big)+q=\frac{\partial}{\partial t}(\rho\phi) \tag{2-2-59}$$

方程(2-2-59)即柱坐标系下单相流的数学模型。

当只存在径向渗流时,上式可简化为一维径向单相流的数学模型:

$$\frac{1}{r}\frac{\partial}{\partial r}\Big(r\rho\frac{k_r}{\mu}\frac{\partial p}{\partial r}\Big)+q=\frac{\partial}{\partial t}(\rho\phi) \tag{2-2-60}$$

三、非等温渗流的能量守恒方程

当考虑非等温渗流时,数学模型中除了要建立流动过程中的质量守恒方程外,还需要建立能量守恒方程。

1. 能量守恒关系

取一维变截面单元体,如图 2-2-3 所示。

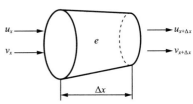

热流体从单元体的左侧流入、右侧流出。流入端的横截面积为 $A|_x$,流出端的横截面积为 $A|_{x+\Delta x}$,单元体的平均横截面积为 $\overline{A}$。

图 2-2-3　一维变截面单元体

单元体上能量守恒关系为:

$$\boxed{\text{流入单元体的热量}}-\boxed{\text{流出单元体的热量}}+\boxed{\text{注入单元体的热量}}=\boxed{\text{单元体内热量增量}}$$

单元体内能量的变化包括三部分:热对流、热传导和内部热源。单元体与周围环境的能量交换方式为热对流和热传导。

Δt 时间内流入单元体的热量为:

$$(Au_x)|_x\Delta t+(A\rho_1 H_1 v_x)|_x\Delta t$$

Δt 时间内流出单元体的热量为:

$$(Au_x)|_{x+\Delta x}\Delta t+(A\rho_1 H_1 v_x)|_{x+\Delta x}\Delta t$$

Δt 时间内单元体内注入(或采出)的热量为:

$$\overline{A}\Delta xe\Delta t$$

Δt 时间内单元体内热量增量为:

$$\overline{A}\Delta x[\phi\rho_1 H_1+(1-\phi)\rho_r C_r T]|_{t+\Delta t}-\overline{A}\Delta x[\phi\rho_1 H_1+(1-\phi)\rho_r C_r T]|_t$$

则能量守恒方程可以表示为:

$$(Au_x)|_x\Delta t+(A\rho_1 H_1 v_x)|_x\Delta t-(Au_x)|_{x+\Delta x}\Delta t+(A\rho_1 H_1 v_x)|_{x+\Delta x}\Delta t+\overline{A}\Delta xe\Delta t$$

$$=\overline{A}\Delta x[\phi\rho_1 H_1+(1-\phi)\rho_r C_r T]|_{t+\Delta t}-\overline{A}\Delta x[\phi\rho_1 H_1+(1-\phi)\rho_r C_r T]|_t \tag{2-2-61}$$

式(2-2-61)两端同除以 $\Delta x\Delta t$,并取 $\Delta x\to 0$ 和 $\Delta t\to 0$ 的极限情况,得:

$$-\frac{\partial(Au_x)}{\partial x}-\frac{\partial(A\rho_1 H_1 v_x)}{\partial x}+\overline{A}e=\overline{A}\frac{\partial}{\partial t}[\phi\rho_1 H_1+(1-\phi)\rho_r C_r T] \tag{2-2-62}$$

式中,ρ_1 为流体密度,kg/m³;ρ_r 为岩石密度,kg/m³;H_1 为流体比焓,kcal/kg(1 kcal=4.186 8 kJ);H_r 为岩石比焓,kcal/kg;C_r 为岩石比热容,kcal/(kg·℃);u_x 为导热速度,kcal/(m²·h);e 为单位时间、单位体积热源产热量,kcal/(h·m³);T 为温度,℃。

2. 热传导方程和渗流方程

热传导方程为：

$$u_x = -\lambda \frac{\partial T}{\partial x} \tag{2-2-63}$$

渗流方程为：

$$v_x = -\frac{k}{\mu} \frac{\partial p}{\partial x} \tag{2-2-64}$$

式中，λ 为导热系数，$kcal/(℃ \cdot m \cdot h)$；v_x 为渗流速度，m/s。

3. 能量守恒方程

将热传导方程(2-2-63)和渗流方程(2-2-64)代入式(2-2-62)，并令 $A=$ 常数，得：

$$\lambda \frac{\partial^2 T}{\partial x^2} + \frac{\partial}{\partial x}\left(\rho_1 H_1 \frac{k}{\mu} \frac{\partial p}{\partial x}\right) + e = \frac{\partial}{\partial t}(\phi \rho_1 H_1) + \frac{\partial}{\partial t}\left[(1-\phi)\rho_r C_r T\right] \tag{2-2-65}$$

若岩石无孔隙度（$\phi=0$）和渗透率（$k=0$），则单元体中不存在热对流项且无热源，式(2-2-65)可以简化为：

$$\frac{\partial^2 T}{\partial x^2} = \frac{\rho_r C_r}{\lambda} \frac{\partial T}{\partial t} \tag{2-2-66}$$

若 $\dfrac{\rho_r C_r}{\lambda}=1$，则式(2-2-66)可以进一步简化为：

$$\frac{\partial^2 T}{\partial x^2} = \frac{\partial T}{\partial t} \tag{2-2-67}$$

可以看出，式(2-2-66)和式(2-2-33)在形式上是相同的，都是热传导方程或 Fourier 方程。

四、考虑对流扩散的质量守恒方程

当流动过程中存在对流扩散现象时，数学模型中需建立能够考虑对流扩散作用的质量守恒方程。

1. 连续性方程

与图 2-2-3 所示的单元体相同，若流体由多种物质组成，其中第 i 种物质的质量分数为 c_i，这种物质可以扩散，且扩散速度为 w_i，则 Δt 时间内流入单元体的第 i 种物质质量为：

$$(A\rho c_i v_x)|_x \Delta t + (A\rho \phi w_{ix})|_x \Delta t$$

Δt 时间内流出单元体的第 i 种物质质量为：

$$(A\rho c_i v_x)|_{x+\Delta x} \Delta t + (A\rho \phi w_{ix})|_{x+\Delta x} \Delta t$$

Δt 时间内单元体中注入（或采出）的第 i 种物质质量为：

$$c_i \overline{A} q \Delta x \Delta t$$

Δt 时间内单元体中第 i 种物质的质量增量为：

$$\overline{A} \Delta x(\rho c_i \phi)|_{t+\Delta t} - \overline{A} \Delta x(\rho c_i \phi)|_t$$

第 i 种物质的质量平衡方程可以表示为：

$$(A\rho c_i v_x)|_x \Delta t + (A\rho \phi w_{ix})|_x \Delta t - (A\rho c_i v_x)|_{x+\Delta x} \Delta t - (A\rho \phi w_{ix})|_{x+\Delta x} \Delta t + c_i \overline{A} q \Delta x \Delta t$$
$$= \overline{A} \Delta x(\rho c_i \phi)|_{t+\Delta t} - \overline{A} \Delta x(\rho c_i \phi)|_t \tag{2-2-68}$$

式(2-2-68)两端同除以 $\Delta x\Delta t$，并取 $\Delta x \rightarrow 0$ 和 $\Delta t \rightarrow 0$ 的极限情况，得：

$$-\frac{\partial(A\rho c_i v_x)}{\partial x} - \frac{\partial(A\rho\phi w_{ix})}{\partial x} + \overline{A}c_i q = \overline{A}\frac{\partial(\rho c_i \phi)}{\partial t} \tag{2-2-69}$$

对于等截面渗流问题，$A=$ 常数，式(2-2-69)变为：

$$-\frac{\partial(\rho c_i v_x)}{\partial x} - \frac{\partial(\rho\phi w_{ix})}{\partial x} + c_i q = \frac{\partial(\rho c_i \phi)}{\partial t} \tag{2-2-70}$$

式中，w_{ix} 为第 i 种物质在 x 方向上的扩散速度，m/s；q 为单位时间、单位体积的单元体中注入（或采出）的流体质量，kg。

2. 渗流方程和扩散方程

渗流方程为：

$$v_x = -\frac{k_x}{\mu}\frac{\partial p}{\partial x} \tag{2-2-71}$$

扩散方程为：

$$w_{ix} = -d_{ix}\frac{\partial c_i}{\partial x} \tag{2-2-72}$$

式中，d_{ix} 为第 i 种物质在 x 方向上的扩散系数，m^2/s。

3. 对流扩散方程

将渗流方程(2-2-71)和扩散方程(2-2-72)代入式(2-2-70)得：

$$\frac{\partial}{\partial x}\left(\rho c_i \frac{k_x}{\mu}\frac{\partial p}{\partial x}\right) + \frac{\partial}{\partial x}\left(\rho\phi d_{ix}\frac{\partial c_i}{\partial x}\right) + c_i q = \frac{\partial(\rho c_i \phi)}{\partial t} \tag{2-2-73}$$

方程(2-2-73)即考虑对流扩散现象时的质量守恒方程。

2-3 两相流
数学模型

第三节　两相流的数学模型

本节根据质量守恒原理和达西定律来推导一维油水两相渗流和二维气水两相渗流的数学模型。

一、一维油水两相流的数学模型

对于具有边、底水的油藏或进行人工注水开发的油藏，当油藏压力 p 大于泡点压力 p_b 时，可以忽略气相的流动，将油藏中的渗流近似为油水两相流。由此而进行的室内水驱油实验研究就属于典型的一维油水两相流问题。室内水驱油实验的基本示意图如图 2-3-1 所示。

一维水驱油实验的物理模拟过程如下：首先将干燥岩芯饱和地层水，进行油驱水实验，建立岩芯的束缚水饱和度。油驱水实验结束时记录岩芯两端的压差 Δp_{ow} 和流量 Q_o，根据达西定律计算出束缚水饱和度下的油相有效渗透率 k_{oe} 或油相相对渗透率 k_{ro}。然后进行水驱油过程，岩芯的输出端加回压阀或敞口式输出。在水驱油过程中记录不同时刻注入端的压力、采出端的压力和产液量。记录水驱油过程结束时岩芯两端的压差 Δp_{wo} 和流量 Q_w，根据

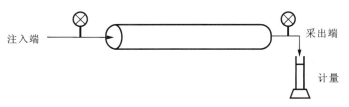

图 2-3-1　一维水驱油实验示意图

达西定律计算出残余油饱和度下的水相有效渗透率 k_{we} 或水相相对渗透率 k_{rw}。

进行一维水驱油问题的数值模拟研究时,首先取一微小单元体,假设单元体是均质的且油水两相之间不发生质量交换,考虑岩石和流体均是微可压缩的,流体从单元体的左端流入、右端流出,如图 2-3-2 所示。

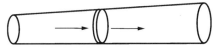

图 2-3-2　一维流动单元体

单元体长为 Δx,流入端面积为 $A|_x$,流出端面积为 $A|_{x+\Delta x}$,平均面积为 $\overline{A}$,油、水在流入端的速度分别为 $v_{ox}|_x$,$v_{wx}|_x$,流出端的速度分别为 $v_{ox}|_{x+\Delta x}$,$v_{wx}|_{x+\Delta x}$,油、水的密度分别为 ρ_o,ρ_w,相对渗透率分别为 k_{ro},k_{rw},含油饱和度和含水饱和度分别为 S_o,S_w。

以油相为例,Δt 时间内流入单元体的质量为:

$$(\rho_o v_{ox} A)\big|_x \Delta t \tag{2-3-1}$$

Δt 时间内流出单元体的质量为:

$$(\rho_o v_{ox} A)\big|_{x+\Delta x} \Delta t \tag{2-3-2}$$

Δt 时间内单元体中的质量增量为:

$$(\rho_o S_o \phi)\big|_{t+\Delta t} \overline{A} \Delta x - (\rho_o S_o \phi)\big|_t \overline{A} \Delta x \tag{2-3-3}$$

根据质量守恒原理,可得:

$$(\rho_o v_{ox} A)\big|_x \Delta t - (\rho_o v_{ox} A)\big|_{x+\Delta x} \Delta t = (\rho_o S_o \phi)\big|_{t+\Delta t} \overline{A} \Delta x - (\rho_o S_o \phi)\big|_t \overline{A} \Delta x \tag{2-3-4}$$

方程两端同除以 $\Delta x \Delta t$,并取 $\Delta x \rightarrow 0$,$\Delta t \rightarrow 0$ 的极限情况,得:

$$-\frac{\partial (A\rho_o v_{ox})}{\partial x} = \overline{A}\frac{\partial}{\partial t}(\phi \rho_o S_o) \tag{2-3-5}$$

方程(2-3-5)即一维油相渗流的连续性方程。

同理,可得一维水相渗流的连续性方程为:

$$-\frac{\partial (A\rho_w v_{wx})}{\partial x} = \overline{A}\frac{\partial}{\partial t}(\phi \rho_w S_w) \tag{2-3-6}$$

考虑到重力作用下两相流的达西定律:

$$\left.\begin{aligned}
v_{ox} &= -\frac{k_x k_{ro}}{\mu_o}\left(\frac{\partial p_o}{\partial x} - \rho_o g \frac{\partial D}{\partial x}\right) \\
v_{wx} &= -\frac{k_x k_{rw}}{\mu_w}\left(\frac{\partial p_w}{\partial x} - \rho_w g \frac{\partial D}{\partial x}\right)
\end{aligned}\right\} \tag{2-3-7}$$

将方程(2-3-7)分别代入式(2-3-5)和式(2-3-6),可得:

$$\frac{\partial}{\partial x}\left[A\rho_{\mathrm{o}}\frac{k_x k_{\mathrm{ro}}}{\mu_{\mathrm{o}}}\left(\frac{\partial p_{\mathrm{o}}}{\partial x}-\rho_{\mathrm{o}}g\frac{\partial D}{\partial x}\right)\right]=\overline{A}\frac{\partial}{\partial t}(\phi\rho_{\mathrm{o}}S_{\mathrm{o}})$$
$$\frac{\partial}{\partial x}\left[A\rho_{\mathrm{w}}\frac{k_x k_{\mathrm{rw}}}{\mu_{\mathrm{w}}}\left(\frac{\partial p_{\mathrm{w}}}{\partial x}-\rho_{\mathrm{w}}g\frac{\partial D}{\partial x}\right)\right]=\overline{A}\frac{\partial}{\partial t}(\phi\rho_{\mathrm{w}}S_{\mathrm{w}})$$

(2-3-8)

若考虑到源汇项,则方程组(2-3-8)可写为:

$$\frac{\partial}{\partial x}\left[A\rho_{\mathrm{o}}\frac{k_x k_{\mathrm{ro}}}{\mu_{\mathrm{o}}}\left(\frac{\partial p_{\mathrm{o}}}{\partial x}-\rho_{\mathrm{o}}g\frac{\partial D}{\partial x}\right)\right]+\overline{A}q_{\mathrm{o}}=\overline{A}\frac{\partial}{\partial t}(\phi\rho_{\mathrm{o}}S_{\mathrm{o}})$$
$$\frac{\partial}{\partial x}\left[A\rho_{\mathrm{w}}\frac{k_x k_{\mathrm{rw}}}{\mu_{\mathrm{w}}}\left(\frac{\partial p_{\mathrm{w}}}{\partial x}-\rho_{\mathrm{w}}g\frac{\partial D}{\partial x}\right)\right]+\overline{A}q_{\mathrm{w}}=\overline{A}\frac{\partial}{\partial t}(\phi\rho_{\mathrm{w}}S_{\mathrm{w}})$$

(2-3-9)

方程组(2-3-9)即油层条件下质量守恒形式的一维油水两相流的数学模型。

利用流体在油层条件下和地面标准状况下的密度关系式(2-2-13),代入上式并化简,可得地面标准状况下体积守恒形式的一维油水两相流的数学模型为:

$$\frac{\partial}{\partial x}\left[A\frac{k_x k_{\mathrm{ro}}}{B_{\mathrm{o}}\mu_{\mathrm{o}}}\left(\frac{\partial p_{\mathrm{o}}}{\partial x}-\rho_{\mathrm{o}}g\frac{\partial D}{\partial x}\right)\right]+\overline{A}q_{\mathrm{ov}}=\overline{A}\frac{\partial}{\partial t}\left(\frac{\phi S_{\mathrm{o}}}{B_{\mathrm{o}}}\right)$$
$$\frac{\partial}{\partial x}\left[A\frac{k_x k_{\mathrm{rw}}}{B_{\mathrm{w}}\mu_{\mathrm{w}}}\left(\frac{\partial p_{\mathrm{w}}}{\partial x}-\rho_{\mathrm{w}}g\frac{\partial D}{\partial x}\right)\right]+\overline{A}q_{\mathrm{wv}}=\overline{A}\frac{\partial}{\partial t}\left(\frac{\phi S_{\mathrm{w}}}{B_{\mathrm{w}}}\right)$$

(2-3-10)

其中,$q_{\mathrm{ov}}=\dfrac{q_{\mathrm{o}}}{\rho_{\mathrm{osc}}}$,$q_{\mathrm{wv}}=\dfrac{q_{\mathrm{w}}}{\rho_{\mathrm{wsc}}}$,分别代表地面标准状况下单位体积岩石中注入或采出油和水的体积流量;ρ_{osc},ρ_{wsc}分别表示地面标准状况下油和水的密度。

方程组(2-3-10)中有 4 个未知量,分别为 p_{o},p_{w},S_{o},S_{w},因此还需要两个辅助方程,即油水饱和度关系式和毛管压力关系式:

$$S_{\mathrm{o}}+S_{\mathrm{w}}=1 \tag{2-3-11}$$
$$p_{\mathrm{cow}}=p_{\mathrm{o}}-p_{\mathrm{w}} \tag{2-3-12}$$

式中,p_{cow}为油水两相之间的毛管压力。

二、二维气水两相流的数学模型

首先取一个二维单元体,如图 2-3-3 所示。单元体长为 Δx,宽为 Δy,变高为 $H(x,y)$,平均高度为 $\overline{H}$,假设单元体是均质的,并假设气水两相渗流,相间没有质量交换。流体从单元体前面流入,后面流出;从左面流入,右面流出。气、水的密度分别为 ρ_{g} 和 ρ_{w},黏度分别为 μ_{g} 和 μ_{w},在 x 方向的速度分别为 $v_{\mathrm{g}x}$ 和 $v_{\mathrm{w}x}$,在 y 方向的速度分别为 $v_{\mathrm{g}y}$ 和 $v_{\mathrm{w}y}$,含气饱和度和含水饱和度分别为 S_{g} 和 S_{w}。下面分析 Δt 时间内单元体的流入、流出量及质量变化量。

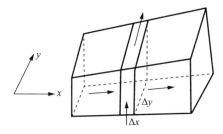

图 2-3-3 二维单元体

以气相为例,Δt 时间内沿 x 方向流入、流出单元体的质量差为:

$$-\left[(H\rho_{\mathrm{g}}v_{\mathrm{g}x})\big|_{x+\Delta x}-(H\rho_{\mathrm{g}}v_{\mathrm{g}x})\big|_{x}\right]\Delta y\Delta t \tag{2-3-13}$$

同理,Δt 时间内沿 y 方向流入、流出单元体的质量差为:

$$-\left[(H\rho_{\mathrm{g}}v_{\mathrm{g}y})\big|_{y+\Delta y}-(H\rho_{\mathrm{g}}v_{\mathrm{g}y})\big|_{y}\right]\Delta x\Delta t \tag{2-3-14}$$

Δt 时间内,单元体中气相的质量增量为:

$$(\rho_g S_g \phi)\big|_{t+\Delta t}\overline{H}\Delta x\Delta y - (\rho_g S_g \phi)\big|_t \overline{H}\Delta x\Delta y \tag{2-3-15}$$

根据质量守恒原理,可得:

$$-\left[(H\rho_g v_{gx})\big|_{x+\Delta x} - (H\rho_g v_{gx})\big|_x\right]\Delta y\Delta t - \left[(H\rho_g v_{gy})\big|_{y+\Delta y} - (H\rho_g v_{gy})\big|_y\right]\Delta x\Delta t$$

$$= \left[(\rho_g S_g \phi)\big|_{t+\Delta t} - (\rho_g S_g \phi)\big|_t\right]\overline{H}\Delta x\Delta y \tag{2-3-16}$$

方程两边同除以 $\Delta x\Delta y\Delta t$,并取 $\Delta x\to 0$,$\Delta y\to 0$,$\Delta t\to 0$ 的极限情况,得:

$$-\frac{\partial}{\partial x}(H\rho_g v_{gx}) - \frac{\partial}{\partial y}(H\rho_g v_{gy}) = \overline{H}\frac{\partial}{\partial t}(\rho_g S_g \phi) \tag{2-3-17}$$

同理,可得水相的连续性方程为:

$$-\frac{\partial}{\partial x}(H\rho_w v_{wx}) - \frac{\partial}{\partial y}(H\rho_w v_{wy}) = \overline{H}\frac{\partial}{\partial t}(\rho_w S_w \phi) \tag{2-3-18}$$

考虑到重力作用下两相流的达西定律:

$$\left.\begin{aligned}
v_{gx} &= -\frac{k_x k_{rg}}{\mu_g}\left(\frac{\partial p_g}{\partial x} - \rho_g g\frac{\partial D}{\partial x}\right)\\
v_{gy} &= -\frac{k_y k_{rg}}{\mu_g}\left(\frac{\partial p_g}{\partial y} - \rho_g g\frac{\partial D}{\partial y}\right)\\
v_{wx} &= -\frac{k_x k_{rw}}{\mu_w}\left(\frac{\partial p_w}{\partial x} - \rho_w g\frac{\partial D}{\partial x}\right)\\
v_{wy} &= -\frac{k_y k_{rw}}{\mu_w}\left(\frac{\partial p_w}{\partial y} - \rho_w g\frac{\partial D}{\partial y}\right)
\end{aligned}\right\} \tag{2-3-19}$$

将达西方程(2-3-19)分别代入式(2-3-17)和式(2-3-18),可得:

$$\frac{\partial}{\partial x}\left[H\rho_g\frac{k_x k_{rg}}{\mu_g}\left(\frac{\partial p_g}{\partial x} - \rho_g g\frac{\partial D}{\partial x}\right)\right] + \frac{\partial}{\partial y}\left[H\rho_g\frac{k_y k_{rg}}{\mu_g}\left(\frac{\partial p_g}{\partial y} - \rho_g g\frac{\partial D}{\partial y}\right)\right] = \overline{H}\frac{\partial}{\partial t}(\rho_g S_g \phi) \tag{2-3-20}$$

$$\frac{\partial}{\partial x}\left[H\rho_w\frac{k_x k_{rw}}{\mu_w}\left(\frac{\partial p_w}{\partial x} - \rho_w g\frac{\partial D}{\partial x}\right)\right] + \frac{\partial}{\partial y}\left[H\rho_w\frac{k_y k_{rw}}{\mu_w}\left(\frac{\partial p_w}{\partial y} - \rho_w g\frac{\partial D}{\partial y}\right)\right] = \overline{H}\frac{\partial}{\partial t}(\rho_w S_w \phi) \tag{2-3-21}$$

若考虑源汇项,则方程(2-3-20)和方程(2-3-21)可写为:

$$\frac{\partial}{\partial x}\left[H\rho_g\frac{k_x k_{rg}}{\mu_g}\left(\frac{\partial p_g}{\partial x} - \rho_g g\frac{\partial D}{\partial x}\right)\right] + \frac{\partial}{\partial y}\left[H\rho_g\frac{k_y k_{rg}}{\mu_g}\left(\frac{\partial p_g}{\partial y} - \rho_g g\frac{\partial D}{\partial y}\right)\right] + \overline{H}q_g = \overline{H}\frac{\partial}{\partial t}(\rho_g S_g \phi) \tag{2-3-22}$$

$$\frac{\partial}{\partial x}\left[H\rho_w\frac{k_x k_{rw}}{\mu_w}\left(\frac{\partial p_w}{\partial x} - \rho_w g\frac{\partial D}{\partial x}\right)\right] + \frac{\partial}{\partial y}\left[H\rho_w\frac{k_y k_{rw}}{\mu_w}\left(\frac{\partial p_w}{\partial y} - \rho_w g\frac{\partial D}{\partial y}\right)\right] + \overline{H}q_w = \overline{H}\frac{\partial}{\partial t}(\rho_w S_w \phi) \tag{2-3-23}$$

方程(2-3-22)和方程(2-3-23)即油层条件下质量守恒形式的二维气水两相流数学模型。

若考虑方程(2-2-13),将 $\rho_g = \dfrac{\rho_{gsc}}{B_g}$,$\rho_w = \dfrac{\rho_{wsc}}{B_w}$ 代入方程(2-3-22)和方程(2-3-23)并化简,可得地面标准状况下体积守恒形式的二维气水两相流的数学模型:

$$\frac{\partial}{\partial x}\left[\frac{Hk_x k_{rg}}{B_g\mu_g}\left(\frac{\partial p_g}{\partial x} - \rho_g g\frac{\partial D}{\partial x}\right)\right] + \frac{\partial}{\partial y}\left[\frac{Hk_y k_{rg}}{B_g\mu_g}\left(\frac{\partial p_g}{\partial y} - \rho_g g\frac{\partial D}{\partial y}\right)\right] + \overline{H}q_{gv} = \overline{H}\frac{\partial}{\partial t}\left(\frac{\phi S_g}{B_g}\right) \tag{2-3-24}$$

$$\frac{\partial}{\partial x}\left[\frac{Hk_x k_{rw}}{B_w\mu_w}\left(\frac{\partial p_w}{\partial x} - \rho_w g\frac{\partial D}{\partial x}\right)\right] + \frac{\partial}{\partial y}\left[\frac{Hk_y k_{rw}}{B_w\mu_w}\left(\frac{\partial p_w}{\partial y} - \rho_w g\frac{\partial D}{\partial y}\right)\right] + \overline{H}q_{wv} = \overline{H}\frac{\partial}{\partial t}\left(\frac{\phi S_w}{B_w}\right) \tag{2-3-25}$$

其中，$q_{gv} = \dfrac{q_g}{\rho_{gsc}}$，$q_{wv} = \dfrac{q_w}{\rho_{wsc}}$，分别代表地面标准状况下单位体积岩石中注入或采出气和水的体积流量；ρ_{gsc} 和 ρ_{wsc} 分别表示地面标准状况下气体和水的密度。

方程（2-3-24）和方程（2-3-25）中有 4 个未知量，分别为 p_g，p_w，S_g，S_w，因此还需要两个辅助方程，即油水饱和度关系式和毛管压力关系式：

$$S_g + S_w = 1 \tag{2-3-26}$$

$$p_{cgw} = p_g - p_w \tag{2-3-27}$$

式中，p_{cgw} 为气水两相之间的毛管压力。

第四节 数学模型的一般式

首先对上一节推导的三维单相、一维两相、二维两相流的数学模型的连续性方程总结如下：

三维单相流的连续性方程为：

$$-\frac{\partial}{\partial x}(\rho v_x) - \frac{\partial}{\partial y}(\rho v_y) - \frac{\partial}{\partial z}(\rho v_z) + q = \frac{\partial}{\partial t}(\rho \phi) \tag{2-4-1}$$

一维油水两相流的连续性方程为：

$$\left.\begin{array}{l} -\dfrac{\partial}{\partial x}(A\rho_o v_{ox}) + \overline{A}q_o = \overline{A}\dfrac{\partial}{\partial t}(\phi\rho_o S_o) \\[3mm] -\dfrac{\partial}{\partial x}(A\rho_w v_{wx}) + \overline{A}q_w = \overline{A}\dfrac{\partial}{\partial t}(\phi\rho_w S_w) \end{array}\right\} \tag{2-4-2}$$

二维气水两相流的连续性方程为：

$$\left.\begin{array}{l} -\dfrac{\partial}{\partial x}(H\rho_g v_{gx}) - \dfrac{\partial}{\partial y}(H\rho_g v_{gy}) + \overline{H}q_g = \overline{H}\dfrac{\partial}{\partial t}(\phi\rho_g S_g) \\[3mm] -\dfrac{\partial}{\partial x}(H\rho_w v_{wx}) - \dfrac{\partial}{\partial y}(H\rho_w v_{wy}) + \overline{H}q_w = \overline{H}\dfrac{\partial}{\partial t}(\phi\rho_w S_w) \end{array}\right\} \tag{2-4-3}$$

对比上面的连续性方程，引入几何因子 α：

一维 $\qquad\qquad\qquad \alpha(x,y,z) = A(x)$

二维 $\qquad\qquad\qquad \alpha(x,y,z) = H(x,y)$

三维 $\qquad\qquad\qquad \alpha(x,y,z) = 1$

并引入 l 表示相，$l = o, w, g$ 分别表示油、水、气相。于是可得上述连续性方程的一般通式为：

$$-\frac{\partial}{\partial x}(\alpha\rho_l v_{lx}) - \frac{\partial}{\partial y}(\alpha\rho_l v_{ly}) - \frac{\partial}{\partial z}(\alpha\rho_l v_{lz}) + \bar{\alpha}q_l = \bar{\alpha}\frac{\partial}{\partial t}(\phi\rho_l S_l) \tag{2-4-4}$$

将上式用微分算子表示，即

$$-\nabla \cdot (\alpha\rho_l \boldsymbol{v}_l) + \bar{\alpha}q_l = \bar{\alpha}\frac{\partial}{\partial t}(\phi\rho_l S_l) \tag{2-4-5}$$

将运动方程 $\boldsymbol{v}_l = -\dfrac{kk_{rl}}{\mu_l}(\nabla p_l - \rho_l g \nabla D)$ 代入上式，得：

$$\nabla \cdot \left[\frac{\alpha \rho_l \boldsymbol{k} k_{rl}}{\mu_l} (\nabla p_l - \rho_l g \ \nabla D) \right] + \bar{\alpha} q_l = \bar{\alpha} \frac{\partial}{\partial t} (\phi \rho_l S_l) \tag{2-4-6}$$

方程(2-4-6)即油层条件下质量守恒形式的数学模型的一般式。

考虑到 $\rho_l = \dfrac{\rho_{lsc}}{B_l}$，代入式(2-4-6)中并化简，可得地面标准状况下体积守恒形式的数学模型的一般式为：

$$\nabla \cdot \left[\frac{\alpha \boldsymbol{k} k_{rl}}{B_l \mu_l} (\nabla p_l - \rho_l g \ \nabla D) \right] + \bar{\alpha} q_{lv} = \bar{\alpha} \frac{\partial}{\partial t} \left(\frac{\phi S_l}{B_l} \right) \tag{2-4-7}$$

$$q_{lv} = \frac{q_l}{\rho_{lsc}}$$

式中，q_{lv} 为地面标准状况下单位体积岩石中注入或采出的 l 相流体的体积流量，ρ_{lsc} 为地面标准状况下 l 相的密度。

第五节　多组分模型

到目前为止，对数学模型的讨论都是以相为基础进行的，相内为均一组成。但实际上，油藏内的碳氢化合物是由多种化学组分组成的混合物，几乎包括了 $C_1 \sim C_n$ 间所有的化合物。在油藏条件下，具有化学稳定性的每一种化合物称为一种组分。由于混合物的相态主要取决于化合物的组成，其次是系统的温度和压力，因此组成油藏流体的混合物既可以是液相，又可以是气相，或两相共存，同一种化合物可以同时存在于气相和液相中。当系统的压力和温度发生变化时，各相中化合物组成比例发生变化，例如，当系统压力升高时，某一组分在气相中的比例减少，在液相中的比例增大，这种情况称为相间质量交换。相间质量交换可以是中等质量组分的凝析和挥发，也可以是轻质组分的溶解和分离。

油藏流体渗流一般为油、气、水三相同时渗流，在流动过程中，各相中的各组分有可能发生质量交换。因此，在建立数学模型时，必须对系统内每一流动相的组分进行研究，建立组分模型。也就是说，要把前面对相的质量守恒的研究深入到对组分的质量守恒的研究，进而描述油藏内所发生的各种物理现象。

一、多组分模型的推导

假设所研究的油藏中有油、气、水三相，N 种化学组分，其中组分用 $i = 1, 2, 3, \cdots, N$ 来表示，组分 i 存在于各相中。为了研究任一种化学组分 i 的质量守恒，首先引入下列符号：c_{ig} 表示气相中 i 组分的质量分数，c_{io} 表示油相中 i 组分的质量分数，c_{iw} 表示水相中 i 组分的质量分数。

各相的质量流速（单位时间内通过单位面积的质量流量）分别为：

$$\rho_g \boldsymbol{v}_g, \quad \rho_o \boldsymbol{v}_o, \quad \rho_w \boldsymbol{v}_w \tag{2-5-1}$$

组分 i 的质量流速为：

$$c_{ig}\rho_g \boldsymbol{v}_g + c_{io}\rho_o \boldsymbol{v}_o + c_{iw}\rho_w \boldsymbol{v}_w \tag{2-5-2}$$

组分 i 在单位孔隙体积内的质量为：

$$\phi(c_{ig}\rho_g S_g + c_{io}\rho_o S_o + c_{iw}\rho_w S_w) \tag{2-5-3}$$

根据上节连续性方程的一般式(2-4-5)：

$$-\nabla \cdot (\alpha\rho_l \boldsymbol{v}_l) + \bar{\alpha}q_l = \bar{\alpha}\frac{\partial}{\partial t}(\phi\rho_l S_l)$$

用 i 组分来代替 l 相，将式(2-5-1)～式(2-5-3)代入上式，可得组分 i 的质量守恒方程为：

$$-\nabla \cdot [\alpha(c_{ig}\rho_g \boldsymbol{v}_g + c_{io}\rho_o \boldsymbol{v}_o + c_{iw}\rho_w \boldsymbol{v}_w)] + \bar{\alpha}q_i = \bar{\alpha}\frac{\partial}{\partial t}[\phi(c_{ig}\rho_g S_g + c_{io}\rho_o S_o + c_{iw}\rho_w S_w)]$$

$$\tag{2-5-4}$$

式中，q_i 为组分 i 的注入(或采出)项。

考虑重力作用下多相流的达西定律：

$$\left.\begin{array}{l} \boldsymbol{v}_g = -\dfrac{\boldsymbol{k}k_{rg}}{\mu_g}(\nabla p_g - \rho_g g \nabla D) \\[3mm] \boldsymbol{v}_o = -\dfrac{\boldsymbol{k}k_{ro}}{\mu_o}(\nabla p_o - \rho_o g \nabla D) \\[3mm] \boldsymbol{v}_w = -\dfrac{\boldsymbol{k}k_{rw}}{\mu_w}(\nabla p_w - \rho_w g \nabla D) \end{array}\right\} \tag{2-5-5}$$

将达西方程(2-5-5)代入连续性方程(2-5-4)，可得：

$$\nabla \cdot \left[\frac{\alpha c_{ig}\rho_g \boldsymbol{k}k_{rg}}{\mu_g}(\nabla p_g - \rho_g g \nabla D) + \frac{\alpha c_{io}\rho_o \boldsymbol{k}k_{ro}}{\mu_o}(\nabla p_o - \rho_o g \nabla D) + \right.$$
$$\left. \frac{\alpha c_{iw}\rho_w \boldsymbol{k}k_{rw}}{\mu_w}(\nabla p_w - \rho_w g \nabla D)\right] + \bar{\alpha}q_i = \bar{\alpha}\frac{\partial}{\partial t}[\phi(c_{ig}\rho_g S_g + c_{io}\rho_o S_o + c_{iw}\rho_w S_w)] \tag{2-5-6}$$

方程(2-5-6)即组分 i 的质量守恒方程。

若考虑 $\rho_l = \dfrac{\rho_{lsc}}{B_l}$，则方程(2-5-6)为：

$$\nabla \cdot \left[\frac{\alpha c_{ig}\rho_{gsc}\boldsymbol{k}k_{rg}}{B_g \mu_g}(\nabla p_g - \rho_g g \nabla D) + \frac{\alpha c_{io}\rho_{osc}\boldsymbol{k}k_{ro}}{B_o \mu_o}(\nabla p_o - \rho_o g \nabla D) + \right.$$
$$\left. \frac{\alpha c_{iw}\rho_{wsc}\boldsymbol{k}k_{rw}}{B_w \mu_w}(\nabla p_w - \rho_w g \nabla D)\right] + \bar{\alpha}q_i = \bar{\alpha}\frac{\partial}{\partial t}\left[\phi\left(\frac{c_{ig}\rho_{gsc}S_g}{B_g} + \frac{c_{io}\rho_{osc}S_o}{B_o} + \frac{c_{iw}\rho_{wsc}S_w}{B_w}\right)\right] \tag{2-5-7}$$

二、未知量及辅助方程分析

1. 未知量分析

如果所研究的油藏中有 N 种化学组分，根据组分 i 的质量守恒方程(2-5-6)或(2-5-7)，可以写出 N 个质量守恒方程($i = 1, 2, 3, \cdots, N$)。方程组中的未知量共有 $3N+6$ 个，分别为 $c_{ig}, c_{io}, c_{iw}, p_o, p_w, p_g, S_o, S_w, S_g$，组分模型中的未知量分析见表2-5-1。

表 2-5-1 N 组分模型的未知量分析

未知量	数 目
c_{ig}	N
c_{io}	N
c_{iw}	N
p_o, p_w, p_g	3
S_o, S_w, S_g	3
总 计	$3N+6$

2. 辅助方程分析

（1）由于油藏孔隙完全被流体所饱和，因此各相流体的饱和度之和等于 1。

$$S_g + S_o + S_w = 1 \tag{2-5-8}$$

（2）每一种流体相中各组分的质量分数之和应等于 1，因此对油相、气相、水相分别有：

$$\sum_{i=1}^{N} c_{ig} = 1 \tag{2-5-9}$$

$$\sum_{i=1}^{N} c_{io} = 1 \tag{2-5-10}$$

$$\sum_{i=1}^{N} c_{iw} = 1 \tag{2-5-11}$$

（3）当油相、气相、水相中存在 N 种化学组分时，平衡关系式有 $2N$ 个：

$$\frac{c_{ig}}{c_{io}} = k_{igo}(T, p_g, p_o, c_{ig}, c_{io}) \tag{2-5-12}$$

$$\frac{c_{ig}}{c_{iw}} = k_{igw}(T, p_g, p_w, c_{ig}, c_{iw}) \tag{2-5-13}$$

式中，k_{igo}，k_{igw} 为组分 i 在气油和气水相中分配时的相平衡常数。

另外，$\dfrac{c_{io}}{c_{iw}} = k_{iow} = \dfrac{k_{igo}}{k_{igw}}$，该式可以由前两个方程得到，故不能作为一个独立的关系式。

（4）当油藏中存在油、气、水三相时，毛管压力关系如下：

$$p_{cgo} = p_g - p_o \tag{2-5-14}$$

$$p_{cow} = p_o - p_w \tag{2-5-15}$$

式中，p_{cgo} 为气油两相之间的毛管压力。

另外，$p_{cgw} = p_g - p_w = p_{cgo} + p_{cow}$，该式可以由前两个方程得到，故不能作为一个独立的关系式。

上述 $2N+6$ 个辅助方程与 N 个组分的质量守恒方程一起构成了组分模型的数学方程组。组分模型的关系式分析见表 2-5-2。

组分模型在实际油藏模拟中有广泛的应用，如凝析气田在开发过程中所发生的油组分的挥发和反凝析现象，混相驱向油藏中注入多种烃类或非烃类气体如二氧化碳、氮气时相间发生的复杂传质现象等。对于这些相间传质问题，都需要用组分模型来研究。

表 2-5-2　N 组分模型的关系式分析

关系式	数　目	方程式
i 组分的质量守恒方程	N	(2-5-6)
饱和度方程	1	(2-5-8)
质量分数之和	3	(2-5-9)～(2-5-11)
相平衡常数	$2N$	(2-5-12)和(2-5-13)
毛管压力方程	2	(2-5-14)和(2-5-15)
总　计	$3N+6$	

石油是由碳原子数 $n=1\sim N$ 的烃类组成的,理论上讲可以按碳原子数来划分组分,但实际上是做不到的,这是因为一方面同一碳原子数的分子存在同分异构体,另一方面碳原子数相差不大的分子物性相差很小,因此在实际应用过程中,采用拟组分划分方法,把不同碳原子数的分子(这些分子具有相似或相近的物理性质,如沸点、密度、黏度等)组合在一起,形成一个拟组分或假组分。由此形成的模型称为拟组分模型或有限组分模型。拟组分的划分与组合通常取决于实际问题的需要,一般情况下可以将油藏中的烃类划分为 C_1,$C_2\sim C_3$,$C_4\sim C_6$ 和 C_7^+,也可以划分为 C_1,$C_2\sim C_6$ 和 C_7^+。

烃类组成中 $C_2\sim C_6$ 可以作为一个拟组分,这一拟组分为中等质量组分,它在油藏条件下可以汽化成气,也可以凝析为油,因此当油藏压力和温度发生变化时,中等质量组分易于汽化或凝析而产生相间质量交换。不同类型的油气藏中 $C_2\sim C_6$ 比例差异较大,如挥发性油藏和凝析油气藏中 $C_2\sim C_6$ 中等质量组分所占比例较大,相间质量交换主要表现为凝析和挥发;而黑油油藏中 $C_2\sim C_6$ 中等质量组分所占比例较小,相间质量交换主要表现为轻质组分的溶解和分离。因此,不同类型的油气藏应采用不同的模型进行研究。

第六节　黑油模型

2-5　黑油模型

黑油是相对于油质极轻的挥发性油而言的,属于非挥发性原油,其油质较重且色泽较深,因此黑油模型是指非挥发性原油的模型。用于描述这类油藏中流体渗流特征的数学模型称为黑油模型。黑油模型是目前油藏数值模拟中发展最完善、最成熟的模型,常规注水开发的油藏都可以用该模型进行模拟,所以它也是应用最为广泛、最有代表性的基本模型。黑油模型是对组分模型的具体应用,属于三维三相三组分模型。

黑油模型的基本假设条件如下:

(1)油藏中的渗流是等温渗流。

(2)油藏中有油、气、水三相,各相流体的渗流均符合达西定律。

(3)油藏中的碳氢化合物可以简化为两个组分,即油组分和气组分。油组分是地层原油在地面标准状况下经分离后所残存的液体,而气组分是指分离出来的全部天然气。因此,模型中考虑油组分、气组分、水组分 3 个组分。

(4)气组分在油、气相间发生质量交换。当压力增大时,气组分可以溶解在油相中,以溶解气的形式存在;当压力降低时,溶解在油相中的气组分可以从油相中分离出来,以自由气的形式存在。因此,气组分由自由气(在气相中)和溶解气(在油相中)组成。

(5) 气体的溶解和分离是瞬间完成的,即认为油气两相在瞬间达到相平衡。

(6) 水组分只存在于水相中,与油、气相之间没有质量交换。

(7) 油藏岩石微可压缩,渗透率具有各向异性。

(8) 油藏流体可压缩,且考虑渗流过程中重力、毛管压力的影响。

下面利用组分模型来推导黑油模型。

一、黑油模型的推导

为了区分这里的组分和相,用大写字母 G,O,W 表示气、油、水三组分,用小写字母 g,o,w 表示气、油、水三相。首先分析各相中各组分的质量分数。

气相中只存在气组分,因此:

$$c_{Gg} = 1, \quad c_{Og} = 0, \quad c_{Wg} = 0$$

水相中只存在水组分,因此:

$$c_{Gw} = 0, \quad c_{Ow} = 0, \quad c_{Ww} = 1$$

油相中既有油组分,又有气组分,因此:

$$c_{Go} \neq 0, \quad c_{Oo} \neq 0, \quad c_{Wo} = 0$$

下面利用溶解气油比 R_{so}、油的体积系数 B_o 的概念来推导 c_{Go},c_{Oo} 的表达式。

原油体积系数定义为:

$$B_o = \frac{V_{or}}{V_{osc}} = \frac{\dfrac{m_O + m_G}{\rho_o}}{\dfrac{m_O}{\rho_{osc}}} = \frac{(m_O + m_G)\rho_{osc}}{m_O \rho_o} \tag{2-6-1}$$

式中,V_{or},V_{osc} 为原油在油层条件和地面标准状况下的体积;ρ_o,ρ_{osc} 为原油在油层条件和地面标准状况下的密度;m_O,m_G 为油相中油组分、气组分的质量。

可得:

$$m_O + m_G = \frac{B_o m_O \rho_o}{\rho_{osc}} \tag{2-6-2}$$

溶解气油比为:

$$R_{so} = \frac{V_{gsc}}{V_{osc}} = \frac{\dfrac{m_G}{\rho_{gsc}}}{\dfrac{m_O}{\rho_{osc}}} = \frac{m_G \rho_{osc}}{m_O \rho_{gsc}} \tag{2-6-3}$$

式中,V_{gsc} 为气体在地面标准状况下的体积;ρ_{gsc} 为气体在地面标准状况下的密度。

可得:

$$m_G = \frac{R_{so} m_O \rho_{gsc}}{\rho_{osc}} \tag{2-6-4}$$

式(2-6-4)除以式(2-6-2),可得:

$$c_{Go} = \frac{m_G}{m_G + m_O} = \frac{R_{so} \rho_{gsc}}{B_o \rho_o} \tag{2-6-5}$$

由式(2-6-2)可得：

$$c_{Oo} = \frac{m_O}{m_O + m_G} = \frac{\rho_{osc}}{\rho_o B_o} \tag{2-6-6}$$

于是,利用多组分问题的数学模型(2-5-6)可以写出油、气、水三组分的质量守恒方程。

对于气组分($i=G$)：

$$\nabla \cdot \left[\frac{\alpha c_{Gg} \rho_g kk_{rg}}{\mu_g}(\nabla p_g - \rho_g g \nabla D) + \frac{\alpha c_{Go} \rho_o kk_{ro}}{\mu_o}(\nabla p_o - \rho_o g \nabla D) + \right.$$
$$\left. \frac{\alpha c_{Gw} \rho_w kk_{rw}}{\mu_w}(\nabla p_w - \rho_w g \nabla D) \right] + \bar{\alpha} q_G = \bar{\alpha} \frac{\partial}{\partial t}\left[\phi(c_{Gg}\rho_g S_g + c_{Go}\rho_o S_o + c_{Gw}\rho_w S_w) \right] \tag{2-6-7}$$

分别将气组分在气、油、水三相中的质量分数 c_{Gg}, c_{Go}, c_{Gw} 的关系式代入上式,就可以得到气组分的微分方程：

$$\nabla \cdot \left[\frac{\alpha \rho_g kk_{rg}}{\mu_g}(\nabla p_g - \rho_g g \nabla D) + \frac{\alpha R_{so}\rho_{gsc} kk_{ro}}{B_o \mu_o}(\nabla p_o - \rho_o g \nabla D) \right] + \bar{\alpha} q_G$$
$$= \bar{\alpha} \frac{\partial}{\partial t}\left[\phi\left(\rho_g S_g + \frac{R_{so}\rho_{gsc}}{B_o}S_o \right) \right] \tag{2-6-8}$$

同理,可得油组分的微分方程($i=O$)：

$$\nabla \cdot \left[\frac{\alpha \rho_{osc} kk_{ro}}{B_o \mu_o}(\nabla p_o - \rho_o g \nabla D) \right] + \bar{\alpha} q_O = \bar{\alpha} \frac{\partial}{\partial t}\left(\frac{\phi \rho_{osc}}{B_o}S_o \right) \tag{2-6-9}$$

水组分的微分方程($i=W$)：

$$\nabla \cdot \left[\frac{\alpha \rho_w kk_{rw}}{\mu_w}(\nabla p_w - \rho_w g \nabla D) \right] + \bar{\alpha} q_W = \bar{\alpha} \frac{\partial}{\partial t}(\phi \rho_w S_w) \tag{2-6-10}$$

方程(2-6-8)～(2-6-10)即油层条件下质量守恒形式的黑油模型。

考虑 $\rho_g = \dfrac{\rho_{gsc}}{B_g}, \rho_w = \dfrac{\rho_{wsc}}{B_w}$,代入方程(2-6-8)～(2-6-10)并化简,可得地面标准状况下体积守恒形式的黑油模型：

气组分($i=G$)

$$\nabla \cdot \left[\frac{\alpha kk_{rg}}{B_g \mu_g}(\nabla p_g - \rho_g g \nabla D) + \frac{\alpha R_{so} kk_{ro}}{B_o \mu_o}(\nabla p_o - \rho_o g \nabla D) \right] + \bar{\alpha} \frac{q_G}{\rho_{gsc}} = \bar{\alpha} \frac{\partial}{\partial t}\left[\phi\left(\frac{S_g}{B_g} + \frac{R_{so}S_o}{B_o} \right) \right] \tag{2-6-11}$$

油组分($i=O$)

$$\nabla \cdot \left[\frac{\alpha kk_{ro}}{B_o \mu_o}(\nabla p_o - \rho_o g \nabla D) \right] + \bar{\alpha} \frac{q_O}{\rho_{osc}} = \bar{\alpha} \frac{\partial}{\partial t}\left(\frac{\phi S_o}{B_o} \right) \tag{2-6-12}$$

水组分($i=W$)

$$\nabla \cdot \left[\frac{\alpha kk_{rw}}{B_w \mu_w}(\nabla p_w - \rho_w g \nabla D) \right] + \bar{\alpha} \frac{q_W}{\rho_{wsc}} = \bar{\alpha} \frac{\partial}{\partial t}\left(\frac{\phi S_w}{B_w} \right) \tag{2-6-13}$$

上述黑油模型的假设条件中,只考虑了气组分在油相中的溶解和分离,如果还考虑气组分在水相中的溶解和分离,假设溶解气水比为 R_{sw},则可得地面标准状况下体积守恒形式的黑油模型为：

气组分($i=G$)

$$\nabla \cdot \left[\frac{\alpha kk_{rg}}{B_g \mu_g}(\nabla p_g - \rho_g g \nabla D) + \frac{\alpha R_{so} kk_{ro}}{B_o \mu_o}(\nabla p_o - \rho_o g \nabla D) + \right.$$

$$\frac{\alpha R_{sw}\boldsymbol{k}k_{rw}}{B_w\mu_w}(\nabla p_w - \rho_w g \nabla D)\Big] + \bar{\alpha}\frac{q_G}{\rho_{gsc}} = \bar{\alpha}\frac{\partial}{\partial t}\Big[\phi\Big(\frac{S_g}{B_g} + \frac{R_{so}S_o}{B_o} + \frac{R_{sw}S_w}{B_w}\Big)\Big] \quad (2\text{-}6\text{-}14)$$

油组分$(i=O)$

$$\nabla \cdot \Big[\frac{\alpha\boldsymbol{k}k_{ro}}{B_o\mu_o}(\nabla p_o - \rho_o g \nabla D)\Big] + \bar{\alpha}\frac{q_O}{\rho_{osc}} = \bar{\alpha}\frac{\partial}{\partial t}\Big(\frac{\phi S_o}{B_o}\Big) \quad (2\text{-}6\text{-}15)$$

水组分$(i=W)$

$$\nabla \cdot \Big[\frac{\alpha\boldsymbol{k}k_{rw}}{B_w\mu_w}(\nabla p_w - \rho_w g \nabla D)\Big] + \bar{\alpha}\frac{q_W}{\rho_{wsc}} = \bar{\alpha}\frac{\partial}{\partial t}\Big(\frac{\phi S_w}{B_w}\Big) \quad (2\text{-}6\text{-}16)$$

二、未知量及辅助方程分析

黑油模型中的未知量有 $p_o, p_w, p_g, S_o, S_w, S_g$，共 6 个，而油组分、气组分、水组分的渗流微分方程共 3 个，因此还需要 3 个辅助方程：

$$\left.\begin{array}{l} S_o + S_w + S_g = 1 \\ p_{cgo} = p_g - p_o \\ p_{cow} = p_o - p_w \end{array}\right\} \quad (2\text{-}6\text{-}17)$$

另外，黑油模型的渗流方程中含有 $\rho_o, \rho_w, \rho_g, \mu_o, \mu_w, \mu_g, k_{ro}, k_{rw}, k_{rg}$ 等系数，这些系数本身又是未知量的函数，称为非线性系数。因此，黑油模型在求解时需要对这些非线性系数进行处理。处理方法有显式处理、半隐式处理和隐式处理等，将在本书第六章一维油水两相流的数值模拟中详细讲述。

第七节 定解条件

要构成一个完整的数学模型，除了前面介绍的描述渗流特征的基本偏微分方程、辅助方程之外，还要有针对具体问题的定解条件。这是因为前面几节中描述数学模型的偏微分方程是对同类物理现象所做的一般的定性描述，有无数个解。因此，对具体问题还需要限定具体情况，这样才能得出唯一解（针对该具体问题的唯一解）。定解条件包括初始条件和边界条件。

一、初始条件

初始条件(initial condition)是指油气藏在投入开采的初始时刻或某一时刻起，油藏内部各点的压力、各相饱和度及温度分布情况。

1. 初始压力

油藏在投入开采之前，油层中的流体处于原始的静止平衡状态。在单相流动区，只要给出某一基准深度处的压力，即可根据液柱重力梯度计算出初始压力分布。在油水或油气过渡带，各相的压力按各相本身的重力梯度计算，同一油藏点处不同流体相之间的压力差即该点的毛管压力。

油藏中各点的初始压力表示为：

$$p_l(x,y,z,t)\big|_{t=0} = p^0(x,y,z) \tag{2-7-1}$$

若已知油藏中油气界面和油水界面的压力分别为 p_{GOC} 和 p_{WOC}，深度分别为 D_{GOC} 和 D_{WOC}，当过渡带很小时，油藏中各点的初始压力可采用压力平衡化算法得到，具体计算方法将在本书第七章第二节中详细介绍。

2. 初始饱和度

对于多相渗流问题，需要指定油藏的初始饱和度分布。在单相区，饱和度为定值；在油水或油气过渡带，各相的流体饱和度需要根据过渡带内各点的毛管压力值，由毛管压力曲线求得。油藏中各点的初始饱和度表示为：

$$S_l(x,y,z,t)\big|_{t=0} = S_l^0(x,y,z) \tag{2-7-2}$$

式中，$S_l^0(x,y,z)$ 为油藏某一点 (x,y,z) 处 l 相的初始饱和度。

3. 初始温度

对于等温渗流问题，一般不需要给出初始温度分布；但对于热力采油等非等温渗流问题，则需要指定油藏的初始温度分布。确定油藏初始温度分布时，需要给出某一基准深度的温度，然后根据地温梯度计算出初始温度分布。油藏中各点的初始温度表示为：

$$T(x,y,z,t)\big|_{t=0} = T^0(x,y,z) \tag{2-7-3}$$

式中，$T^0(x,y,z)$ 为油藏某一点 (x,y,z) 处的初始温度。

二、边界条件

油藏数值模拟中的边界条件（boundary condition）分为外边界条件和内边界条件。外边界条件是指油藏外边界所处的状态，内边界条件是指油藏中的生产井或注入井所处的状态。

1. 外边界条件

一个实际油藏的外边界可以有 3 种形式：定压外边界、定流量外边界和混合外边界。

1）定压外边界

油藏外边界的压力为某一已知函数，可表示为：

$$p\big|_\Gamma = f_1(x,y,z,t) \tag{2-7-4}$$

式中，Γ 表示边界；$f_1(x,y,z,t)$ 为已知函数。这种边界条件在数学上称为第一类边界条件，或称 Dirichlet（狄利克里）边界条件。例如，当油藏具有较大的天然供水区或注水保持边界上的压力不变时，可以认为边界压力为一定值，表示为：

$$p\big|_\Gamma = C \tag{2-7-5}$$

2）定流量外边界

油藏的边界上有流量通过，且流量为已知函数时，可表示为：

$$\frac{\partial p}{\partial n}\bigg|_\Gamma = f_2(x,y,z,t) \tag{2-7-6}$$

式中,n 表示边界的法线方向;$f_2(x,y,z,t)$ 为已知函数。这种边界条件在数学上称为第二类边界条件,或称 Neumann(纽曼)边界条件。最简单且最常见的定流量边界条件是封闭边界,即油藏边界上无流量通过,如油藏尖灭边界、封闭断层边界和规则注采井网的对称线等均可看成封闭边界条件。封闭边界可表示为:

$$\frac{\partial p}{\partial n}\bigg|_{\Gamma} = 0 \tag{2-7-7}$$

3)混合外边界

混合外边界是指油藏边界条件是压力和压力导数的线性组合形式,这种边界条件又称为第三类边界条件,可表示为:

$$\left(\frac{\partial p}{\partial n} + \alpha p\right)\bigg|_{\Gamma} = f_3(x,y,z,t) \tag{2-7-8}$$

式中,$f_3(x,y,z,t)$ 为已知函数。

对于具有边、底水的油藏,油水边界处的条件在整个开发过程中是不断变化的,既不定压,也不定流量,称为混合外边界条件,但 $f_3(x,y,z,t)$ 的具体形式不易直接表达出来。对于实际问题,这种边界条件在某一特定的时间内可以近似为第一类或第二类边界条件,因此混合外边界条件在油藏数值模拟中比较少见。

2. 内边界条件

在油藏数值模拟中,内边界条件又称为井点条件。井点条件通常有定产量(或定注入量)条件和定井底流压条件。

1)定产量(或定注水量)

由于井的半径与井距相比很小,所以在油藏数值模拟中可以把井作为点源或点汇来处理。当井的产量或注入量 Q_l 给定时,渗流方程中只需要加入源汇质量项(注意对注入井为正值,对生产井为负值),即

$$Q_l(x,y,z,t)\big|_{x=x_{\mathrm{w}},y=y_{\mathrm{w}},z=z_{\mathrm{w}}} = Q_l(t) \tag{2-7-9}$$

当油藏中存在多相渗流时,对注入井可以直接给定注入量,而生产井所给产量可以是某一相的产量,也可以是总产液量。当给定总产液量时,各相的产量需根据井点饱和度所对应的分流量值得到。需要指出的是,无论是对生产井还是注入井,所给的定产量值都是完井层的总和,因此各小层对应的分值需要根据各自的注采指数计算出来,这些处理方法将在本书第七章黑油模型中详细讲述。

2)定井底流压

另一种内边界条件为定井底流压 p_{wf},可以表示为:

$$p(x,y,z,t)\big|_{x=x_{\mathrm{w}},y=y_{\mathrm{w}},z=z_{\mathrm{w}}} = p_{\mathrm{wf}}(t) \tag{2-7-10}$$

当多层同时生产时,因为各层之间会发生干扰,所以只能给定井筒内与各层处于动态平衡时的井底压力,需要由所给定的井底压力求出各小层的地层压力,具体求解方法将在本书第七章黑油模型中详细讲述。

习 题

1. 当只存在径向渗流时,试推导一维径向单相流的数学模型:

$$\frac{1}{r}\frac{\partial}{\partial r}\left(r \cdot \rho \frac{k_r}{\mu}\frac{\partial p}{\partial r}\right) + q = \frac{\partial}{\partial t}(\rho\phi)$$

2. 试根据数学模型的一般式建立三维油水两相流的数学模型,并分析未知量,写出辅助方程。

3. 什么是黑油模型? 试根据组分模型建立黑油模型的完整数学模型。

第三章　数值求解方法

上一章已经推导了描述不同条件下各种渗流问题的数学模型,即基本渗流微分方程及其各种初始、边界条件。要了解流体在油层中的渗流特征,定量地认识渗流区域内压力、饱和度在不同井点、不同位置上随时间的变化状况,就必须结合边界条件及初始条件对基本渗流微分方程进行求解。由第二章可知,描述油藏内流体渗流的偏微分方程是比较复杂的非线性方程,用解析方法求解这类问题一般是不可能的。目前,求解这类复杂偏微分方程的通用方法是将方程及其定解条件离散化,然后采用数值法求解。

工程中应用的数值方法主要有有限差分法、有限单元法、变分法及有限边界元法等。在油藏数值模拟问题中,有限差分法是应用较广的一种方法,其有关理论和方法也比其他数值方法成熟,因此本章重点讲述有限差分法,此外对有限单元法进行简单介绍。

用有限差分法来求解描述油藏内流体渗流的偏微分方程时,首先必须把偏微分方程所表示的连续问题离散化,即以差商来代替偏导数,从而将偏微分方程转化为差分方程,在求解区域内的有限个点上形成相应的代数方程组,然后对代数方程组进行求解。本章的主要内容就是将偏微分方程离散化为相应的代数方程。

第一节　基本有限差分

3-1 基本有限差分

一、离散化的概念

由第二章可知,描述油藏内流体渗流的数学模型一般式为:

$$\nabla \cdot \left[\frac{\alpha \rho_l k k_{rl}}{\mu_l}(\nabla p_l - \rho_l g \ \nabla D) \right] + \bar{\alpha} q_l = \bar{\alpha} \frac{\partial(\phi \rho_l S_l)}{\partial t} \tag{3-1-1}$$

其中,未知量为压力 p_l 和饱和度 S_l,它们均是空间和时间的函数。以图 3-1-1 所示二维油藏为例,其函数关系分别为 $p_l(x,y,t)$ 和 $S_l(x,y,t)$。如果能用解析法对方程(3-1-1)求解,则可以求得图 3-1-1 所示油藏范围内任意一点在任意时刻的压力和饱和度;但若用解析方法不能求解,则只能采用数值解法,即将实际油藏的连续求解区域划分为若干个离散点(图 3-1-2),将这些有限个离散点上的压力和饱和度近似视为实际油藏问题的解。于是,将连续的问题分开变成可以数值计算的若干离散点的问题,这种方法称为离散化。

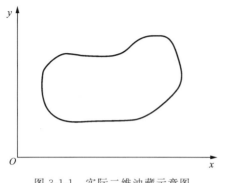

图 3-1-1　实际二维油藏示意图

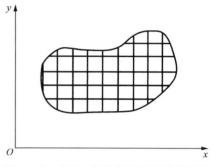

图 3-1-2　实际二维油藏的离散化示意图

离散化包括空间离散和时间离散,下面分别予以简单介绍。

1. 空间离散

　　所谓空间离散,就是在所研究的油藏空间范围内,将连续的求解区域按一定的网格系统剖分成有限个单元或网格(图 3-1-2),通常采用矩形单元,每一个小单元的各种地层性质都是均质的,不同小单元的性质可以不同。这样就可以将形状不规则的非均质油藏问题转化成容易计算、形状规则的均质油藏问题。单元划分得越小,油藏描述的精度就越高,相应的计算工作量也就越大。

　　空间离散的程度要根据所研究的油藏实际问题确定。图 3-1-3 是一维、二维、三维油藏模型的空间离散示意图。单元大小要根据实际油藏的大小以及所要解决问题的精度要求划分,另外还要考虑计算机的速度和容量。

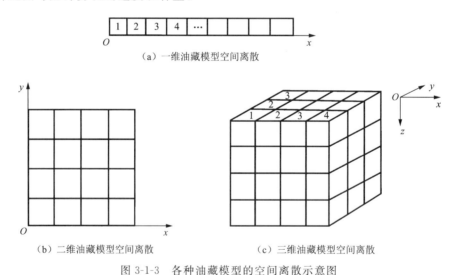

（a）一维油藏模型空间离散

（b）二维油藏模型空间离散　　　　　　（c）三维油藏模型空间离散

图 3-1-3　各种油藏模型的空间离散示意图

2. 时间离散

　　所谓时间离散,就是在所研究的时间范围内,把时间离散成一定数量的时间段,在每一个时间段内对问题进行求解以得到有关参数的新值。时间步长的大小取决于所要解决的特定问题。一般来说,时间步长越小,解的稳定性就越好,相应的计算工作量也就越大。图 3-1-4 所示为时间离散的示意图。

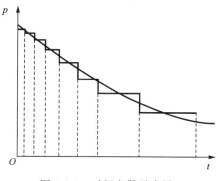

图 3-1-4　时间离散示意图

二、网格系统

总的来说,油藏的空间离散和时间离散都是将整体划分为若干个小的单元。对空间离散,这些小的单元就是网格;对于时间离散,这些小的单元就是时间步长。为了更好地进行表示,首先引入下列记号:

对于一维问题,坐标为 x。网格节点用整数 i 作标号,Δx 为步长,则节点 i 处的坐标为 $x_i = i\Delta x$。

对于二维问题,坐标为 x, y。y 方向网格节点用整数 j 作标号,Δy 为步长,则 $y_j = j\Delta y$;x 方向与一维问题相同。

对于三维问题,坐标为 x, y, z。z 方向网格节点用整数 k 作标号,Δz 为步长,则 $z_k = k\Delta z$;x, y 方向与二维问题相同。

对于时间离散,坐标为 t,时间步数用整数 n 作标号,Δt 为时间步长,则 $t_n = n\Delta t$。

另外,将空间标记作为下标,时间标记作为上标。如对于二维问题,用 (i, j) 来表示点 (x_i, y_j),则 $p^n_{i,j}$ 代表在点 (x_i, y_j) 处第 n 时刻时的压力值。

油藏数值模拟中常用的网格系统有两种,即块中心网格和点中心网格。下面分别介绍这两种网格系统。

1. 块中心网格

块中心网格就是把研究区域剖分成小块(各块的大小可以不同)以后,把小块的几何中心作为节点,如图 3-1-5 所示。取出其中的一小块来看它与邻块的关系,把坐标 (x_i, y_j) 看成是块 (i, j) 的中心,则其上、下、左、右邻块的中心分别是 $(i, j+1)$、$(i, j-1)$、$(i-1, j)$、$(i+1, j)$,它们的坐标分别为 (x_i, y_{j+1})、(x_i, y_{j-1})、(x_{i-1}, y_j)、(x_{i+1}, y_j)。块 (i, j) 的左、右边界分别为 $i - \frac{1}{2}$,$i + \frac{1}{2}$,相应的坐标值为 $x_{i-\frac{1}{2}}$,$x_{i+\frac{1}{2}}$;上、下边界分别为 $j + \frac{1}{2}$,$j - \frac{1}{2}$,相应的坐标值为 $y_{j+\frac{1}{2}}$,$y_{j-\frac{1}{2}}$。

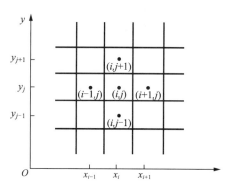

图 3-1-5　块中心网格示意图

2. 点中心网格

点中心网格与块中心网格的不同之处是把网格线的交点作为节点,如图 3-1-6 所示。这时网格块 (i, j) 的上、下、左、右相邻的节点仍然表示为 $(i, j+1)$、$(i, j-1)$、$(i-1, j)$、$(i+1, j)$,其坐标值的表示方法也与块中心网格相同。此时网格块边界的位置取为两个相邻节点的中点,网格块的位置如图 3-1-6 中虚线所示,网格块边界的表示方法也与块中心网格相同。

不管是块中心网格系统还是点中心网格系统,在后面建立差分方程时,所得的差分方程都是一样的。两种网格系统的不同之处有两点:一是对于同一油藏问题,点中心网格系统所得的离散点数目比块中心网格多;二是两种网格系统在处理边界条件时有所不同,如边界上有流量通过(即第二类边界条件)时,用块中心网格较合适,而边界上给定压力条件(即第一类边界条件)时,用点中心网格较好,这将在本章第五节进行介绍。

在实际油藏数值模拟中,所要求解的油藏形状一般是不规则的,进行油藏网格剖分时常把不规则区域近似表示成一个由阶梯形折线所圈成的区域,如图 3-1-7 所示。

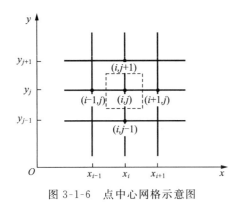
图 3-1-6 点中心网格示意图

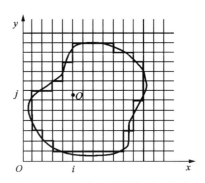
图 3-1-7 不规则边界的处理方法

三、一阶差商和二阶差商

对一阶偏导数和二阶偏导数用泰勒级数展开并进行适当的数学处理后,便可得到一阶差商和二阶差商的近似表达式。

1. 一阶差商

函数 $p(x+\Delta x)$ 的泰勒级数展开式可写为:

$$p(x + \Delta x) = p(x) + \Delta x p'(x) + \frac{\Delta x^2}{2!} p''(x) + \frac{\Delta x^3}{3!} p'''(x) + \frac{\Delta x^4}{4!} p^{(4)}(x) + \cdots$$

$$(3\text{-}1\text{-}2)$$

上式整理后得:

$$p'(x) = \frac{p(x + \Delta x) - p(x)}{\Delta x} + O(\Delta x) \tag{3-1-3}$$

其中:

$$O(\Delta x) = -\left[\frac{\Delta x}{2!} p''(x) + \frac{\Delta x^2}{3!} p'''(x) + \frac{\Delta x^3}{4!} p^{(4)}(x) + \cdots \right] \tag{3-1-4}$$

为截断误差,也称余项。由高等数学知识可知,该截断误差对 Δx 来说是一阶的,写为 $O(\Delta x)$。若忽略该截断误差,则式(3-1-3)可写为:

$$p'(x) = \frac{p(x + \Delta x) - p(x)}{\Delta x} \tag{3-1-5a}$$

或

$$\frac{\partial p}{\partial x} = \frac{p(x + \Delta x) - p(x)}{\Delta x} \tag{3-1-5b}$$

若用节点位置表示,可写为:

$$\frac{\partial p}{\partial x} = \frac{p_{i+1} - p_i}{\Delta x} \tag{3-1-5c}$$

方程(3-1-5a)~(3-1-5c)称为一阶前差商。

函数 $p(x - \Delta x)$ 的泰勒级数展开式可以表示为:

$$p(x - \Delta x) = p(x) - \Delta x p'(x) + \frac{\Delta x^2}{2!} p''(x) - \frac{\Delta x^3}{3!} p'''(x) + \frac{\Delta x^4}{4!} p^{(4)}(x) - \cdots \tag{3-1-6}$$

上式整理后得:

$$p'(x) = \frac{p(x) - p(x - \Delta x)}{\Delta x} + O(\Delta x) \tag{3-1-7}$$

其中:

$$O(\Delta x) = \frac{\Delta x}{2!} p''(x) - \frac{\Delta x^2}{3!} p'''(x) + \frac{\Delta x^3}{4!} p^{(4)}(x) - \cdots \tag{3-1-8}$$

若忽略该截断误差,则式(3-1-7)可写为:

$$p'(x) = \frac{p(x) - p(x - \Delta x)}{\Delta x} \tag{3-1-9a}$$

或

$$\frac{\partial p}{\partial x} = \frac{p(x) - p(x - \Delta x)}{\Delta x} \tag{3-1-9b}$$

或

$$\frac{\partial p}{\partial x} = \frac{p_i - p_{i-1}}{\Delta x} \tag{3-1-9c}$$

方程(3-1-9a)~(3-1-9c)称为一阶后差商。

如果用式(3-1-2)减去式(3-1-6),可得:

$$p(x + \Delta x) - p(x - \Delta x) = 2\Delta x p'(x) + \frac{2\Delta x^3}{3!} p'''(x) + \cdots \tag{3-1-10}$$

上式两端同除以 $2\Delta x$,整理得:

$$p'(x) = \frac{p(x + \Delta x) - p(x - \Delta x)}{2\Delta x} + O(\Delta x^2) \tag{3-1-11}$$

其中:

$$O(\Delta x^2) = -\left[\frac{\Delta x^2}{3!} p'''(x) + \frac{\Delta x^4}{5!} p^{(5)}(x) + \cdots \right] \tag{3-1-12}$$

若截断误差 $O(\Delta x^2)$ 忽略不计,则上式可写为:

$$p'(x) = \frac{p(x + \Delta x) - p(x - \Delta x)}{2\Delta x} \tag{3-1-13a}$$

或

$$\frac{\partial p}{\partial x} = \frac{p(x + \Delta x) - p(x - \Delta x)}{2\Delta x} \tag{3-1-13b}$$

或

$$\frac{\partial p}{\partial x} = \frac{p_{i+1} - p_{i-1}}{2\Delta x} \tag{3-1-13c}$$

方程(3-1-13a)～(3-1-13c)称为一阶中心差商。

一阶导数与一阶前差商、一阶后差商和一阶中心差商的关系如图 3-1-8 所示。可以看出,一阶前差商相当于弦 BC 的斜率,一阶后差商相当于弦 AB 的斜率,一阶中心差商相当于弦 AC 的斜率,而一阶导数相当于点 B 处切线的斜率。当 Δx 非常小时,弦 BC、弦 AB 和弦 AC 的斜率趋近于点 B 处切线的斜率,而且可以看出,用一阶中心差商来近似一阶导数的精度最高。

另外,一阶中心差商还可以表示为:

$$\frac{\partial p}{\partial x} = \frac{p\left(x + \frac{\Delta x}{2}\right) - p\left(x - \frac{\Delta x}{2}\right)}{\Delta x} \tag{3-1-14a}$$

或

$$\frac{\partial p}{\partial x} = \frac{p_{i+\frac{1}{2}} - p_{i-\frac{1}{2}}}{\Delta x} \tag{3-1-14b}$$

可以证明,其截断误差为 $O(\Delta x^2)$。

由上面的分析可以看出,一阶偏导数的差商表达式有 3 种,即一阶前差商、一阶后差商和一阶中心差商。由于用一阶前差商、一阶后差商近似一阶偏导数的截断误差为 $O(\Delta x)$,而用一阶中心差商近似一阶偏导数的截断误差为 $O(\Delta x^2)$,这就意味着用一阶中心差商来逼近偏导数,当 Δx 非常小时,是一种比前两种差商逼近更为精确的方法。但是,在具体求解一个微分方程时,不仅要考虑差商导数的逼近精度,更重要的是把差分方程作为一个整体来考虑。正是由于这个原因,虽然中心差商逼近一阶偏导数的精度更高些,但在油藏数值模拟中也不总是用它来逼近一阶偏导数。

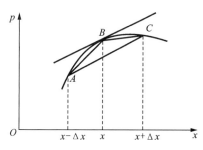

图 3-1-8　一阶差商与一阶导数的关系示意图

对于实际油藏数值模拟中经常遇到的未知量 $p(x,y,z,t)$,可以用同样的方法求出它对各个未知量的一阶偏导数的不同形式的差商逼近。如 $p(x,y,z,t)$ 对 y 求偏导数,其各种差商形式如下:

一阶前差商

$$\frac{\partial p}{\partial y} = \frac{p(x,y+\Delta y,z,t) - p(x,y,z,t)}{\Delta y} \tag{3-1-15a}$$

或

$$\frac{\partial p}{\partial y} = \frac{p_{i,j+1,k} - p_{i,j,k}}{\Delta y} \tag{3-1-15b}$$

其截断误差为 $O(\Delta y)$。

一阶后差商

$$\frac{\partial p}{\partial y} = \frac{p(x,y,z,t) - p(x,y-\Delta y,z,t)}{\Delta y} \tag{3-1-16a}$$

或

$$\frac{\partial p}{\partial y} = \frac{p_{i,j,k} - p_{i,j-1,k}}{\Delta y} \tag{3-1-16b}$$

其截断误差为 $O(\Delta y)$。

一阶中心差商

$$\frac{\partial p}{\partial y} = \frac{p(x, y+\Delta y, z, t) - p(x, y-\Delta y, z, t)}{2\Delta y} \tag{3-1-17a}$$

或

$$\frac{\partial p}{\partial y} = \frac{p_{i,j+1,k} - p_{i,j-1,k}}{2\Delta y} \tag{3-1-17b}$$

其截断误差为 $O(\Delta y^2)$。

2. 二阶差商

将方程(3-1-2)与方程(3-1-6)相加,可得:

$$p(x+\Delta x) + p(x-\Delta x) = 2p(x) + \Delta x^2 p''(x) + \frac{\Delta x^4}{12} p^{(4)}(x) + \cdots \tag{3-1-18}$$

上式两端同除以 Δx^2,整理得:

$$p''(x) = \frac{p(x+\Delta x) - 2p(x) + p(x-\Delta x)}{\Delta x^2} + O(\Delta x^2) \tag{3-1-19}$$

如果截断误差 $O(\Delta x^2)$ 忽略不计,则上式可写为:

$$p''(x) = \frac{p(x+\Delta x) - 2p(x) + p(x-\Delta x)}{\Delta x^2} \tag{3-1-20a}$$

或

$$\frac{\partial^2 p}{\partial x^2} = \frac{p(x+\Delta x) - 2p(x) + p(x-\Delta x)}{\Delta x^2} \tag{3-1-20b}$$

或

$$\frac{\partial^2 p}{\partial x^2} = \frac{p_{i+1} - 2p_i + p_{i-1}}{\Delta x^2} \tag{3-1-20c}$$

方程(3-1-20a)~(3-1-20c)称为二阶差商。由上面的分析可以看出,二阶差商的截断误差对 Δx 来说是二阶的,写为 $O(\Delta x^2)$。

上面的讨论中均假设网格是等距的,但对于实际问题,所划分的网格往往是不等距的。另外,在油藏渗流问题中常出现形如 $\frac{\partial}{\partial x}\left[k(x)\frac{\partial p}{\partial x}\right]$ 和 $\frac{\partial}{\partial y}\left[k(y)\frac{\partial p}{\partial y}\right]$ 等带有系数的二阶偏导数。下面讨论不等距网格情况下二阶偏导数的差商逼近。

以 $\frac{\partial}{\partial x}\left[k(x)\frac{\partial p}{\partial x}\right]$ 为例,x 方向的不等距网格划分如图 3-1-9 所示。

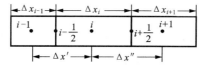

图 3-1-9   一维不等距网格划分

将二阶偏导数 $\frac{\partial}{\partial x}\left[k(x)\frac{\partial p}{\partial x}\right]$ 看成一阶偏导数的一阶偏导数,并分别采用一阶中心差商来

逼近。

令：

$$G = k(x) \frac{\partial p}{\partial x} \tag{3-1-21}$$

则：

$$\frac{\partial}{\partial x}\left[k(x) \frac{\partial p}{\partial x}\right] = \frac{\partial G}{\partial x} \tag{3-1-22}$$

对$\frac{\partial G}{\partial x}$取一阶中心差商，得：

$$\frac{\partial G}{\partial x} = \frac{G_{i+\frac{1}{2}} - G_{i-\frac{1}{2}}}{\Delta x_i} = \frac{k(x)_{i+\frac{1}{2}}\left(\frac{\partial p}{\partial x}\right)_{i+\frac{1}{2}} - k(x)_{i-\frac{1}{2}}\left(\frac{\partial p}{\partial x}\right)_{i-\frac{1}{2}}}{\Delta x_i} \tag{3-1-23}$$

又

$$\left(\frac{\partial p}{\partial x}\right)_{i+\frac{1}{2}} = \frac{p_{i+1} - p_i}{\Delta x''} \tag{3-1-24}$$

$$\left(\frac{\partial p}{\partial x}\right)_{i-\frac{1}{2}} = \frac{p_i - p_{i-1}}{\Delta x'} \tag{3-1-25}$$

其中：

$$\Delta x'' = \frac{1}{2}(\Delta x_i + \Delta x_{i+1})$$

$$\Delta x' = \frac{1}{2}(\Delta x_i + \Delta x_{i-1})$$

将式(3-1-24)和式(3-1-25)代入式(3-1-23)，得：

$$\frac{\partial}{\partial x}\left[k(x) \frac{\partial p}{\partial x}\right] = \frac{k(x)_{i+\frac{1}{2}} \frac{p_{i+1} - p_i}{\Delta x''} - k(x)_{i-\frac{1}{2}} \frac{p_i - p_{i-1}}{\Delta x'}}{\Delta x_i} \tag{3-1-26}$$

如果系数$k(x) \equiv 1$，则由上式可得二阶偏导数$\frac{\partial^2 p}{\partial x^2}$在不等距网格情况下的差商逼近为：

$$\frac{\partial^2 p}{\partial x^2} = \frac{\partial}{\partial x}\left(\frac{\partial p}{\partial x}\right) = \frac{\frac{p_{i+1} - p_i}{\Delta x''} - \frac{p_i - p_{i-1}}{\Delta x'}}{\Delta x_i} \tag{3-1-27}$$

如果上面的不等距网格变为等距离网格，则方程(3-1-27)可进一步简化为：

$$\frac{\partial^2 p}{\partial x^2} = \frac{\partial}{\partial x}\left(\frac{\partial p}{\partial x}\right) = \frac{\frac{p_{i+1} - p_i}{\Delta x} - \frac{p_i - p_{i-1}}{\Delta x}}{\Delta x} = \frac{p_{i+1} - 2p_i + p_{i-1}}{\Delta x^2} \tag{3-1-28}$$

方程(3-1-28)与前面推导的二阶偏导数的差商表达式(3-1-20c)完全相同。可以证明，不等距网格情况下二阶偏导数的截断误差仍为$O(\Delta x^2)$。

方程(3-1-26)在油藏数值模拟中经常用到。同理，可以求出$\frac{\partial}{\partial y}\left[k(y) \frac{\partial p}{\partial y}\right]$等二阶偏导数在不等距网格下的差分格式，这里不再详述。

第二节　差分方程组的建立

3-2　差分方程组的建立

上节已经介绍了有限差分的一些基础知识,本节将以简化的三维单相微可压缩流体的数学模型为例来说明建立差分方程组的方法。

由第二章可知,三维单相微可压缩流体的数学模型为:

$$\nabla \cdot \left[\frac{\boldsymbol{k}}{B\mu}(\nabla p - \rho g \ \nabla D) \right] + q_{\mathrm{v}} = \frac{C_{\mathrm{t}}}{B} \frac{\partial p}{\partial t} \tag{3-2-1}$$

若忽略重力作用,不考虑源汇项,并假设地层是均质的,不考虑各系数的影响,则上面方程可以简化为:

$$\nabla \cdot (\nabla p) = \frac{\partial p}{\partial t} \tag{3-2-2a}$$

即

$$\nabla^2 p = \frac{\partial p}{\partial t} \tag{3-2-2b}$$

对于一维情况,式(3-2-2b)可表示为:

$$\frac{\partial^2 p}{\partial x^2} = \frac{\partial p}{\partial t} \tag{3-2-3}$$

对于二维情况,式(3-2-2b)可表示为:

$$\frac{\partial^2 p}{\partial x^2} + \frac{\partial^2 p}{\partial y^2} = \frac{\partial p}{\partial t} \tag{3-2-4}$$

方程(3-2-3)和(3-2-4)为抛物型方程。下面讨论方程(3-2-3)和(3-2-4)所表示的一维、二维问题的差分格式。

一、一维等距离网格的差分格式

1. 显式差分格式

对于式(3-2-3)所示的一维抛物型方程,利用未知量 $p(x,t)$ 关于 t 的一阶向前差商和关于 x 的二阶差商,写出方程(3-2-3)在第 i 节点、n 时刻[简称点 (i,n) 处]的差分方程:

$$\frac{p_{i+1}^n - 2p_i^n + p_{i-1}^n}{\Delta x^2} = \frac{p_i^{n+1} - p_i^n}{\Delta t} \tag{3-2-5}$$

方程左端差商对原偏导数的逼近误差为 $O(\Delta x^2)$,方程右端差商对原偏导数的逼近误差为 $O(\Delta t)$,所以用差分方程(3-2-5)逼近原偏微分方程(3-2-3)的截断误差为 $O(\Delta x^2 + \Delta t)$。截断误差是衡量一个差分方程对原微分方程偏离程度的指标,是在微分方程离散化的过程中把泰勒级数展开式截断,取前面几项而略去后面的高阶偏导数项造成的。这些被略去的余项构成以差分方程代替微分方程时所产生的截断误差。

整理方程(3-2-5)得:

$$p_i^{n+1} = \frac{\Delta t}{\Delta x^2}(p_{i+1}^n - 2p_i^n + p_{i-1}^n) + p_i^n$$

合并同类项得:

$$p_i^{n+1} = \left(1 - 2\,\frac{\Delta t}{\Delta x^2}\right)p_i^n + \frac{\Delta t}{\Delta x^2}(p_{i+1}^n + p_{i-1}^n) \tag{3-2-6}$$

令 $\delta = \dfrac{\Delta t}{\Delta x^2}$,则:

$$p_i^{n+1} = (1-2\delta)p_i^n + \delta(p_{i+1}^n + p_{i-1}^n) \tag{3-2-7}$$

方程(3-2-7)是一个线性代数方程,其求解过程如下:

令 $n=0$(即初始时刻),得:

$$p_i^1 = (1-2\delta)p_i^0 + \delta(p_{i+1}^0 + p_{i-1}^0) \quad (i=1,2,\cdots,N) \tag{3-2-8}$$

式中,p_i^0,p_{i+1}^0,p_{i-1}^0 分别用已知的初始条件代入。依次令 $i=1,2,3,\cdots,N$,求出新时刻(即 $n=1$)$p_i^1(i=1,2,\cdots,N)$。再将 p_i^1 代入式(3-2-8)右端,用同样的方法求得 p_i^2,以此类推。如果已经求出第 n 时刻(本步时间)的 p_i^n,就可以求得第 $n+1$ 时刻(下步时间)的 p_i^{n+1}。

这种求解方法可以用图 3-2-1 形象地表示。其中,图中的纵坐标为时间坐标,横坐标为空间坐标。由方程(3-2-8)可知,在点 (i,n) 处列方程时,要用到 (i,n),$(i+1,n)$,$(i-1,n)$,$(i,n+1)$ 4 个点,如图 3-2-1 所示,其中"○"表示所需求解的 $n+1$ 时刻的未知量,"△"表示已经求解的 n 时刻的已知值。可以看出,任何一个节点的未知函数值仅与本节点及邻节点在上一时刻(即 n 时刻)的已知函数值有关,而与其他节点在 $n+1$ 时刻的未知函数值无关。这种差分格式是显式的。在显式差分格式中,只有一

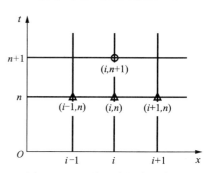

图 3-2-1　显式差分格式示意图

个未知数 p_i^{n+1},由一个方程式就可以求出。显式差分格式求解微分方程的优点是求解过程非常简单,但通过本章后面的分析将会看到,显式差分方法在使用时其时间步长要受到严格的限制。因此,在油藏数值模拟实践中显式差分格式实际上没有什么应用价值。

2. 隐式差分格式

对于方程(3-2-3),利用 $p(x,t)$ 关于 t 的一阶后差商和关于 x 的二阶差商,就可以写出方程(3-2-3)在第 i 节点、$n+1$ 时刻,即点 $(i,n+1)$ 处的差分方程:

$$\frac{p_{i+1}^{n+1} - 2p_i^{n+1} + p_{i-1}^{n+1}}{\Delta x^2} = \frac{p_i^{n+1} - p_i^n}{\Delta t} \tag{3-2-9}$$

用该式逼近原偏微分方程时,其截断误差仍为 $O(\Delta x^2 + \Delta t)$。

令 $\delta = \dfrac{\Delta t}{\Delta x^2}$,则式(3-2-9)可简化为:

$$-\delta p_{i-1}^{n+1} + (1+2\delta)p_i^{n+1} - \delta p_{i+1}^{n+1} = p_i^n \tag{3-2-10}$$

写成一般式,即

$$c_i p_{i-1}^{n+1} + a_i p_i^{n+1} + b_i p_{i+1}^{n+1} = d_i^n \tag{3-2-11}$$

其中:
$$a_i = 1 + 2\delta, \quad b_i = c_i = -\delta, \quad d_i = p_i$$

这也是一个线性代数方程,但它与方程(3-2-7)不同。方程(3-2-11)除含有本节点的未知量 p_i^{n+1} 外,还含有相邻节点的未知变量 p_{i+1}^{n+1} 与 p_{i-1}^{n+1}。因此,这样的方程在求解时不能像显

式差分格式那样逐节点依次求解。但是如果一个网格系统有 N 个节点,每一个节点上都有一个压力未知量,那么总共有 N 个未知量,对每一个节点都可以写出式(3-2-11)所示的方程,因此共可以写出 N 个这样的方程,与未知量的个数相等。将所有节点的这些方程联立起来,就可以得到一个封闭的线性代数方程组,解这个方程组就可以求得所有节点的未知量。这种通过求解一个联立方程组来同时得到一组未知量的求解方式称为隐式求解,相应的差分格式称为隐式差分格式。

隐式差分格式的具体求解过程如下:假设所研究的问题为一维点中心网格,如图 3-2-2 所示,p_0 和 p_5 为边界上的已知函数值,所需求解的内部区域的网格数为 4 个(即 $i=1,2,3,4$ 共 4 个节点)。

图 3-2-2 一维点中心网格

首先令 $n=0$,依次列出 $i=1,2,3,4$ 共 4 个节点对应于方程(3-2-11)的差分方程,形成一个线性代数方程组:

$$
\left.
\begin{aligned}
i=1 \text{ 时}, \quad & c_1 p_0^1 + a_1 p_1^1 + b_1 p_2^1 = d_1^0 \\
i=2 \text{ 时}, \quad & c_2 p_1^1 + a_2 p_2^1 + b_2 p_3^1 = d_2^0 \\
i=3 \text{ 时}, \quad & c_3 p_2^1 + a_3 p_3^1 + b_3 p_4^1 = d_3^0 \\
i=4 \text{ 时}, \quad & c_4 p_3^1 + a_4 p_4^1 + b_4 p_5^1 = d_4^0
\end{aligned}
\right\}
\tag{3-2-12}
$$

在方程组(3-2-12)中,p_0^1, p_5^1 为边界上的已知函数值,则方程组(3-2-12)可化为:

$$
\left.
\begin{aligned}
a_1 p_1^1 + b_1 p_2^1 &= d_1^0 - c_1 p_0^1 \\
c_2 p_1^1 + a_2 p_2^1 + b_2 p_3^1 &= d_2^0 \\
c_3 p_2^1 + a_3 p_3^1 + b_3 p_4^1 &= d_3^0 \\
c_4 p_3^1 + a_4 p_4^1 &= d_4^0 - b_4 p_5^1
\end{aligned}
\right\}
\tag{3-2-13}
$$

写成矩阵方程的形式,即

$$
\begin{pmatrix}
a_1 & b_1 & & \\
c_2 & a_2 & b_2 & \\
& c_3 & a_3 & b_3 \\
& & c_4 & a_4
\end{pmatrix}
\begin{pmatrix}
p_1^1 \\
p_2^1 \\
p_3^1 \\
p_4^1
\end{pmatrix}
=
\begin{pmatrix}
d_1^0 - c_1 p_0^1 \\
d_2^0 \\
d_3^0 \\
d_4^0 - b_4 p_5^1
\end{pmatrix}
\tag{3-2-14}
$$

或

$$
\boldsymbol{AP} = \boldsymbol{D} \tag{3-2-15}
$$

可以看出,系数矩阵 $\boldsymbol{A}$ 为三对角阵,除中间的 3 条对角线上有非零元素外,其余元素均为零。这种矩阵称为带状矩阵,数学上属于稀疏矩阵。

方程组(3-2-14)是一个三对角的线性方程组,右端 $d_i^0 (i=1,2,3,4)$ 为初始时刻的条件,是已知的。通过对方程组(3-2-14)进行求解,可以求得 $n=1$ 时刻的函数值 $p_i^1 (i=1,2,3,4)$。然后令 $n=1$,用同样的方法将 $p_i^1 (i=1,2,3,4)$ 代入方程组(3-2-14)的右端,解方程组可以求得 $p_i^2 (i=1,2,3,4)$。这样一直解下去,就可得到任意时刻的 p_i。

由隐式差分格式(3-2-11)可以看出,在点 $(i,n+1)$ 处列方程时,需要用到 $(i,n+1)$、$(i-1,n+1)$、$(i+1,n+1)$、(i,n) 4 个点,其差分格式可用图 3-2-3 表示。

采用隐式差分格式时,计算过程的每一时间步都要用联立方程组求解,所以与显式差分格式相比,计算量明显增加。但是它在解的稳定性方面具有显式差分格式不可比拟的优势(见本章第四节),因此这种差分格式在油藏数值模拟中应用很广泛。

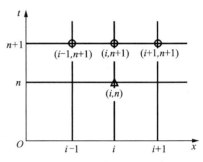

图 3-2-3　隐式差分格式示意图

3. 克兰克-尼克森(Crank-Nicolson)格式

对于方程(3-2-3),利用 $p(x,t)$ 关于 t 的一阶中心差商和关于 x 的二阶差商,经过适当的转化,就可以写出点 $\left(i,n+\dfrac{1}{2}\right)$ 处的差分方程。

关于 t 的一阶中心差商为:

$$\left(\frac{\partial p}{\partial t}\right)_{i,n+\frac{1}{2}} = \frac{p_i^{n+1} - p_i^n}{\Delta t} \tag{3-2-16}$$

由泰勒公式得:

$$\left(\frac{\partial^2 p}{\partial x^2}\right)_{i,n+1} = \left(\frac{\partial^2 p}{\partial x^2}\right)_{i,n+\frac{1}{2}} + \frac{\Delta t}{2}\left(\frac{\partial^3 p}{\partial x^2 \partial t}\right)_{i,n+\frac{1}{2}} + \frac{\Delta t^2}{8}\left(\frac{\partial^4 p}{\partial x^2 \partial t^2}\right)_{i,n+\frac{1}{2}} + \cdots \tag{3-2-17}$$

$$\left(\frac{\partial^2 p}{\partial x^2}\right)_{i,n} = \left(\frac{\partial^2 p}{\partial x^2}\right)_{i,n+\frac{1}{2}} - \frac{\Delta t}{2}\left(\frac{\partial^3 p}{\partial x^2 \partial t}\right)_{i,n+\frac{1}{2}} + \frac{\Delta t^2}{8}\left(\frac{\partial^4 p}{\partial x^2 \partial t^2}\right)_{i,n+\frac{1}{2}} - \cdots \tag{3-2-18}$$

将以上两式相加并忽略截断误差 $O(\Delta t^2)$,得:

$$\left(\frac{\partial^2 p}{\partial x^2}\right)_{i,n+\frac{1}{2}} = \frac{1}{2}\left(\frac{\partial^2 p}{\partial x^2}\right)_{i,n+1} + \frac{1}{2}\left(\frac{\partial^2 p}{\partial x^2}\right)_{i,n} \tag{3-2-19}$$

方程(3-2-19)的差商可表示为:

$$\left(\frac{\partial^2 p}{\partial x^2}\right)_{i,n+\frac{1}{2}} = \frac{1}{2}\frac{p_{i+1}^{n+1} - 2p_i^{n+1} + p_{i-1}^{n+1}}{\Delta x^2} + \frac{1}{2}\frac{p_{i+1}^n - 2p_i^n + p_{i-1}^n}{\Delta x^2} \tag{3-2-20}$$

将方程(3-2-16)和方程(3-2-20)代入方程(3-2-3),可得到偏微分方程(3-2-3)的差分方程为:

$$\frac{1}{2}\frac{p_{i+1}^{n+1} - 2p_i^{n+1} + p_{i-1}^{n+1}}{\Delta x^2} + \frac{1}{2}\frac{p_{i+1}^n - 2p_i^n + p_{i-1}^n}{\Delta x^2} = \frac{p_i^{n+1} - p_i^n}{\Delta t} \tag{3-2-21}$$

可以证明,用差分方程(3-2-21)逼近原偏微分方程(3-2-3)时,其截断误差为 $O(\Delta x^2 + \Delta t^2)$。

方程(3-2-21)为微分方程(3-2-3)的克兰克-尼克森(简称 C-N)差分格式。可以看出,克兰克-尼克森差分格式实质上是显式差分格式与隐式差分格式的综合。

将方程(3-2-21)两端同乘以 Δt,得:

$$\frac{1}{2}\frac{\Delta t}{\Delta x^2}(p_{i+1}^{n+1} - 2p_i^{n+1} + p_{i-1}^{n+1}) + \frac{1}{2}\frac{\Delta t}{\Delta x^2}(p_{i+1}^n - 2p_i^n + p_{i-1}^n) = p_i^{n+1} - p_i^n \tag{3-2-22}$$

令 $\delta = \dfrac{\Delta t}{\Delta x^2}$,整理得:

$$\frac{\delta}{2}p_{i+1}^{n+1} - (\delta+1)p_i^{n+1} + \frac{\delta}{2}p_{i-1}^{n+1} = -\frac{\delta}{2}p_{i+1}^n + (\delta-1)p_i^n - \frac{\delta}{2}p_{i-1}^n \tag{3-2-23}$$

方程(3-2-23)是一个线性代数方程。由该方程可知,在点 $\left(i,n+\dfrac{1}{2}\right)$ 处列方程时需要用

到第 $n+1$ 时刻的 3 个点 $(i+1, n+1)$, $(i, n+1)$, $(i-1, n+1)$ 及第 n 时刻的 3 个点 $(i+1, n)$, (i, n) 和 $(i-1, n)$, 共 6 个点,故该方程也称为 6 点差分格式,如图 3-2-4 所示。

方程(3-2-23)与方程(3-2-11)结构类似,即每个方程中除含有本身节点的未知量外,还含有相邻节点在 $n+1$ 时刻的未知量。因此,C-N 差分格式本质上也是一种隐式差分格式,它的求解也必须通过求解联立方程组来实现。其求解过程与隐式差分方程的求解过程完全相同,这里不再赘述。

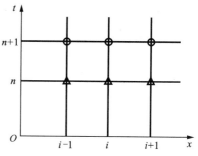

图 3-2-4　克兰克-尼克森差分格式

由于 C-N 差分格式的截断误差为 $O(\Delta x^2 + \Delta t^2)$, 比显式和隐式差分格式更加逼近原偏微分方程,而且其求解工作量又与隐式格式差不多,因此这种差分格式成为油藏数值模拟中经常采用的格式之一。

4. 其他格式

除上面介绍的几种格式外,还有其他差分格式,如时间中心显式差分格式和 Dufort-Frankel 差分格式。

时间中心显式差分格式的差分方程为:

$$\frac{p_{i+1}^n - 2p_i^n + p_{i-1}^n}{\Delta x^2} = \frac{p_i^{n+1} - p_i^{n-1}}{2\Delta t} \tag{3-2-24}$$

其截断误差为 $O(\Delta x^2 + \Delta t^2)$。这种差分格式可用图 3-2-5 表示。

Dufort-Frankel 差分格式的差分方程为:

$$\frac{p_{i+1}^n - (p_i^{n+1} + p_i^{n-1}) + p_{i-1}^n}{\Delta x^2} = \frac{p_i^{n+1} - p_i^{n-1}}{2\Delta t} \tag{3-2-25}$$

可以证明,这种差分格式的截断误差为 $O\left(\Delta x^2 + \Delta t^2 + \dfrac{\Delta t^2}{\Delta x^2}\right)$, 其示意图如图 3-2-6 所示。

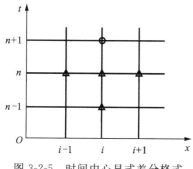

图 3-2-5　时间中心显式差分格式

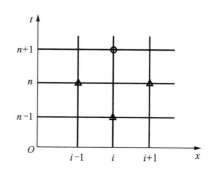

图 3-2-6　Dufort-Frankel 差分格式

由于这几种差分格式在稳定性方面或其他方面均不及前面所介绍的格式,所以在油藏数值模拟中很少应用。

二、二维等距离网格的差分格式

前面给出了一维抛物型方程(3-2-3)的各种差分格式。利用同样的方法,可以推出二维、三维问题的各种差分格式。下面就来分析二维抛物型方程(3-2-4)的各种差分格式。

1. 显式差分格式

对于方程(3-2-4)，利用 $p(x,y,t)$ 关于 t 的一阶前差商和关于 x,y 的二阶差商，可以写出方程(3-2-4)在点 (i,j,n) 的差分方程。

$$\frac{p_{i+1,j}^n - 2p_{i,j}^n + p_{i-1,j}^n}{\Delta x^2} + \frac{p_{i,j+1}^n - 2p_{i,j}^n + p_{i,j-1}^n}{\Delta y^2} = \frac{p_{i,j}^{n+1} - p_{i,j}^n}{\Delta t} \tag{3-2-26}$$

利用上式逼近偏微分方程(3-2-4)时，其截断误差为 $O(\Delta x^2 + \Delta y^2 + \Delta t)$。

上式两端同乘以 Δt，得：

$$\frac{\Delta t}{\Delta x^2}(p_{i+1,j}^n - 2p_{i,j}^n + p_{i-1,j}^n) + \frac{\Delta t}{\Delta y^2}(p_{i,j+1}^n - 2p_{i,j}^n + p_{i,j-1}^n) = p_{i,j}^{n+1} - p_{i,j}^n \tag{3-2-27}$$

令 $\alpha = \dfrac{\Delta t}{\Delta x^2}, \beta = \dfrac{\Delta t}{\Delta y^2}$，上式可写成：

$$\alpha(p_{i+1,j}^n - 2p_{i,j}^n + p_{i-1,j}^n) + \beta(p_{i,j+1}^n - 2p_{i,j}^n + p_{i,j-1}^n) = p_{i,j}^{n+1} - p_{i,j}^n \tag{3-2-28}$$

整理得：

$$p_{i,j}^{n+1} = p_{i,j}^n + \alpha(p_{i+1,j}^n - 2p_{i,j}^n + p_{i-1,j}^n) + \beta(p_{i,j+1}^n - 2p_{i,j}^n + p_{i,j-1}^n) \tag{3-2-29}$$

这是一个线性代数方程。由方程(3-2-29)可知，在节点 (i,j,n) 处列方程时需要用到点 $(i,j,n),(i+1,j,n),(i-1,j,n),(i,j-1,n),(i,j+1,n)$ 和 $(i,j,n+1)$，如图 3-2-7 所示。

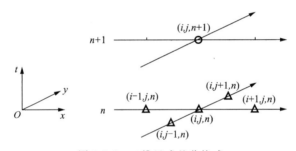

图 3-2-7 二维显式差分格式

2. 隐式差分格式

对于方程(3-2-4)，利用 $p(x,y,t)$ 关于 t 的一阶后差商和关于 x,y 的二阶差商，可以写出方程(3-2-4)在点 $(i,j,n+1)$ 处的差分方程。

$$\frac{p_{i+1,j}^{n+1} - 2p_{i,j}^{n+1} + p_{i-1,j}^{n+1}}{\Delta x^2} + \frac{p_{i,j+1}^{n+1} - 2p_{i,j}^{n+1} + p_{i,j-1}^{n+1}}{\Delta y^2} = \frac{p_{i,j}^{n+1} - p_{i,j}^n}{\Delta t} \tag{3-2-30}$$

用上式逼近原偏微分方程时，其截断误差为 $O(\Delta x^2 + \Delta y^2 + \Delta t)$。

上式两端同乘以 Δt，得：

$$\frac{\Delta t}{\Delta x^2}(p_{i+1,j}^{n+1} - 2p_{i,j}^{n+1} + p_{i-1,j}^{n+1}) + \frac{\Delta t}{\Delta y^2}(p_{i,j+1}^{n+1} - 2p_{i,j}^{n+1} + p_{i,j-1}^{n+1}) = p_{i,j}^{n+1} - p_{i,j}^n \tag{3-2-31}$$

整理得：

$$\frac{\Delta t}{\Delta y^2}p_{i,j-1}^{n+1} + \frac{\Delta t}{\Delta x^2}p_{i-1,j}^{n+1} - \left(\frac{2\Delta t}{\Delta x^2} + \frac{2\Delta t}{\Delta y^2} + 1\right)p_{i,j}^{n+1} + \frac{\Delta t}{\Delta x^2}p_{i+1,j}^{n+1} + \frac{\Delta t}{\Delta y^2}p_{i,j+1}^{n+1} = -p_{i,j}^n$$

$$\tag{3-2-32}$$

方程(3-2-32)有 5 个未知量，其一般式可写为：

$$c_{i,j}p_{i,j-1}^{n+1} + a_{i,j}p_{i-1,j}^{n+1} + e_{i,j}p_{i,j}^{n+1} + b_{i,j}p_{i+1,j}^{n+1} + d_{i,j}p_{i,j+1}^{n+1} = f_{i,j} \tag{3-2-33}$$

其中：

$$c_{i,j} = \frac{\Delta t}{\Delta y^2}, \quad a_{i,j} = \frac{\Delta t}{\Delta x^2}, \quad e_{i,j} = -\left(\frac{2\Delta t}{\Delta x^2} + \frac{2\Delta t}{\Delta y^2} + 1\right),$$

$$b_{i,j} = \frac{\Delta t}{\Delta x^2}, \quad d_{i,j} = \frac{\Delta t}{\Delta y^2}, \quad f_{i,j} = -p_{i,j}^n$$

a, b, c, d, e 各系数与未知量的对应关系如图 3-2-8 所示。

若所求解的系统共有 N 个节点，则可利用式 (3-2-33)分别列出每一个节点所对应的方程，共得到 N 个方程，形成一个方程组。与一维隐式差分类似，可用矩阵形式表示为：

$$AP = D \tag{3-2-34}$$

其中，二维问题的系数矩阵 A 为五对角矩阵。

由方程(3-2-33)可知，在点$(i,j,n+1)$处列方程时需要用到点$(i,j,n+1)$，$(i,j-1,n+1)$，$(i,j+1,n+1)$，$(i-1,j,n+1)$，$(i+1,j,n+1)$和(i,j,n)共 6 个点，其差分格式如图 3-2-9 所示。

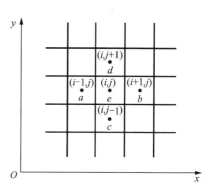

图 3-2-8　隐式差分中各系数的位置

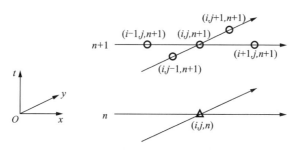

图 3-2-9　二维隐式差分格式

3. 克兰克-尼克森格式

对于方程(3-2-4)，利用$p(x,y,t)$关于 t 的一阶中心差商和关于 x,y 的二阶差商，经过适当的转化，就可以写出方程(3-2-4)在点$\left(i,j,n+\frac{1}{2}\right)$处的差分方程。

关于 t 的一阶中心差商：

$$\left(\frac{\partial p}{\partial t}\right)_{i,j,n+\frac{1}{2}} = \frac{p_{i,j}^{n+1} - p_{i,j}^n}{\Delta t} \tag{3-2-35}$$

为了使讨论简化，x,y 的二阶差商可直接利用方程(3-2-19)的结果，于是：

$$\left(\frac{\partial^2 p}{\partial x^2}\right)_{i,j,n+\frac{1}{2}} = \frac{1}{2}\left(\frac{\partial^2 p}{\partial x^2}\right)_{i,j,n+1} + \frac{1}{2}\left(\frac{\partial^2 p}{\partial x^2}\right)_{i,j,n}$$

$$= \frac{1}{2}\frac{p_{i+1,j}^{n+1} - 2p_{i,j}^{n+1} + p_{i-1,j}^{n+1}}{\Delta x^2} + \frac{1}{2}\frac{p_{i+1,j}^n - 2p_{i,j}^n + p_{i-1,j}^n}{\Delta x^2} \tag{3-2-36}$$

$$\left(\frac{\partial^2 p}{\partial y^2}\right)_{i,j,n+\frac{1}{2}} = \frac{1}{2}\left(\frac{\partial^2 p}{\partial y^2}\right)_{i,j,n+1} + \frac{1}{2}\left(\frac{\partial^2 p}{\partial y^2}\right)_{i,j,n}$$

$$= \frac{1}{2} \frac{p_{i,j+1}^{n+1} - 2p_{i,j}^{n+1} + p_{i,j-1}^{n+1}}{\Delta y^2} + \frac{1}{2} \frac{p_{i,j+1}^{n} - 2p_{i,j}^{n} + p_{i,j-1}^{n}}{\Delta y^2} \tag{3-2-37}$$

利用方程(3-2-35)～(3-2-37)可得偏微分方程(3-2-4)在点 $\left(i,j,n+\frac{1}{2}\right)$ 处的差分方程：

$$\frac{1}{2}\left(\frac{p_{i+1,j}^{n+1} - 2p_{i,j}^{n+1} + p_{i-1,j}^{n+1}}{\Delta x^2} + \frac{p_{i+1,j}^{n} - 2p_{i,j}^{n} + p_{i-1,j}^{n}}{\Delta x^2}\right) +$$

$$\frac{1}{2}\left(\frac{p_{i,j+1}^{n+1} - 2p_{i,j}^{n+1} + p_{i,j-1}^{n+1}}{\Delta y^2} + \frac{p_{i,j+1}^{n} - 2p_{i,j}^{n} + p_{i,j-1}^{n}}{\Delta y^2}\right) = \frac{p_{i,j}^{n+1} - p_{i,j}^{n}}{\Delta t} \tag{3-2-38}$$

用上式逼近原偏微分方程时，其截断误差为 $O(\Delta x^2 + \Delta y^2 + \Delta t^2)$。

方程(3-2-38)两端同乘以 Δt，得：

$$\frac{1}{2}\frac{\Delta t}{\Delta x^2}(p_{i+1,j}^{n+1} - 2p_{i,j}^{n+1} + p_{i-1,j}^{n+1}) + \frac{1}{2}\frac{\Delta t}{\Delta x^2}(p_{i+1,j}^{n} - 2p_{i,j}^{n} + p_{i-1,j}^{n}) +$$

$$\frac{1}{2}\frac{\Delta t}{\Delta y^2}(p_{i,j+1}^{n+1} - 2p_{i,j}^{n+1} + p_{i,j-1}^{n+1}) + \frac{1}{2}\frac{\Delta t}{\Delta y^2}(p_{i,j+1}^{n} - 2p_{i,j}^{n} + p_{i,j-1}^{n}) = p_{i,j}^{n+1} - p_{i,j}^{n} \tag{3-2-39}$$

若取正方形网格，则 $\Delta x = \Delta y$，并令：

$$r = \frac{\Delta t}{\Delta x^2} = \frac{\Delta t}{\Delta y^2}$$

则方程(3-2-39)变为：

$$\frac{1}{2}r(p_{i+1,j}^{n+1} - 2p_{i,j}^{n+1} + p_{i-1,j}^{n+1}) + \frac{1}{2}r(p_{i+1,j}^{n} - 2p_{i,j}^{n} + p_{i-1,j}^{n}) +$$

$$\frac{1}{2}r(p_{i,j+1}^{n+1} - 2p_{i,j}^{n+1} + p_{i,j-1}^{n+1}) + \frac{1}{2}r(p_{i,j+1}^{n} - 2p_{i,j}^{n} + p_{i,j-1}^{n}) = p_{i,j}^{n+1} - p_{i,j}^{n} \tag{3-2-40}$$

整理得：

$$rp_{i,j-1}^{n+1} + rp_{i-1,j}^{n+1} - 2(2r+1)p_{i,j}^{n+1} + rp_{i+1,j}^{n+1} + rp_{i,j+1}^{n+1}$$

$$= -rp_{i,j-1}^{n} - rp_{i-1,j}^{n} + 2(2r-1)p_{i,j}^{n} - rp_{i+1,j}^{n} - rp_{i,j+1}^{n} \tag{3-2-41}$$

方程左端带有 5 个未知量，若在每一个节点处列方程，则可得到一个五对角的线性代数方程组，与二维隐式差分格式相同。

由方程(3-2-41)可知，在点 $\left(i,j,n+\frac{1}{2}\right)$ 处列方程时需要用到点$(i,j-1,n)$，$(i,j+1,n)$，(i,j,n)，$(i-1,j,n)$，$(i+1,j,n)$，$(i,j-1,n+1)$，$(i,j+1,n+1)$，$(i,j,n+1)$，$(i-1,j,n+1)$和$(i+1,j,n+1)$，其差分格式如图 3-2-10 所示。

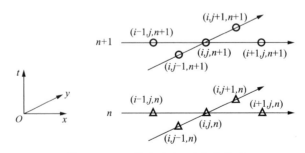

图 3-2-10 二维克兰克-尼克森格式

以上给出了一维、二维问题的显式、隐式及克兰克-尼克森差分格式，对于实际中经常遇到的三维问题,仍可采用同样的方法来得到不同的差分格式。需要指出的是,当网格序号按自然顺序排列时,用隐式差分及克兰克-尼克森差分格式所得的线性代数方程组在不同情况下是有差别的,对于一维问题,其系数矩阵为三对角矩阵;对于二维问题,其系数矩阵为五对角矩阵;对于三维问题,其系数矩阵为七对角矩阵。

第三节　网格排列格式及其系数矩阵

3-3　网格排列
格式及其系数
矩阵

由上节内容可知,应用有限差分法将描述油藏内流体渗流的偏微分方程离散化后,对隐式差分和克兰克-尼克森差分格式,可得到一个线性代数方程组。所得的线性代数方程组可以简写为矩阵方程的形式:

$$AX = B \tag{3-3-1}$$

式中,A 为系数矩阵,X 为未知向量,B 为右端已知向量。该矩阵方程中系数矩阵 A 具有以下 3 个特点:

(1)阶数很高。对单相流体,矩阵 A 的阶数等于所划分的网格数。在进行油藏数值模拟时,为了能模拟油藏的实际情况,一般都要划分 1 000 个网格以上,也就是说,矩阵 A 的阶数在 1 000 阶以上。对于大型油藏数值模拟,矩阵 A 的阶数可达到上千万甚至上亿阶。

(2)系数矩阵 A 为一高度稀疏矩阵,含有许多零元素。由上节内容知道,在每一节点处列方程时,仅用到本节点及相邻的各节点,而与其他节点无关。因此,系数矩阵 A 中除本节点及相邻节点所对应的元素不为零外,其余均为零元素。

(3)系数矩阵 A 中非零元素的分布位置与网格节点的排列格式有关。上一节中网格的排列均为自然排列格式,此时一维问题所得的系数矩阵 A 为三对角矩阵,二维问题所得的系数矩阵 A 为五对角矩阵,三维问题所得的系数矩阵 A 为七对角矩阵。但若网格排列格式不是按自然排列,则所形成的系数矩阵就不一定具有上面的特点。下面以一维问题为例来说明系数矩阵的结构与网格排列格式有关。

由上节知道,一维隐式差分格式为:

$$-\delta p_{i-1}^{n+1} + (1+2\delta) p_i^{n+1} - \delta p_{i+1}^{n+1} = p_i^n \tag{3-3-2}$$

当 $\delta = 1$ 时,有:

$$-p_{i-1}^{n+1} + 3 p_i^{n+1} - p_{i+1}^{n+1} = d_i \tag{3-3-3}$$

若一维方向有 4 个网格,其网格排列为自然排列,如图 3-3-1 所示,利用方程(3-3-3)在各节点处列方程,假设边界节点为已知,则:

$$\left. \begin{array}{ll} \text{节点 1} & 3p_1 - p_2 = d_1 \\ \text{节点 2} & -p_1 + 3p_2 - p_3 = d_2 \\ \text{节点 3} & -p_2 + 3p_3 - p_4 = d_3 \\ \text{节点 4} & -p_3 + 3p_4 = d_4 \end{array} \right\} \tag{3-3-4}$$

写为矩阵方程,即

$$\begin{pmatrix} 3 & -1 & & \\ -1 & 3 & -1 & \\ & -1 & 3 & -1 \\ & & -1 & 3 \end{pmatrix}\begin{pmatrix} p_1 \\ p_2 \\ p_3 \\ p_4 \end{pmatrix} = \begin{pmatrix} d_1 \\ d_2 \\ d_3 \\ d_4 \end{pmatrix} \tag{3-3-5}$$

由方程(3-3-5)可以看出,系数矩阵为三对角矩阵。

若网格排列格式不是自然排列,而是交替排列,如图 3-3-2 所示,则利用方程(3-3-3)分别在各节点处列方程,可得方程组:

$$\left. \begin{array}{ll} 节点\ 1 & 3p_1 - p_3 = d_1 \\ 节点\ 2 & 3p_2 - p_3 - p_4 = d_2 \\ 节点\ 3 & -p_1 + 3p_3 - p_2 = d_3 \\ 节点\ 4 & -p_2 + 3p_4 = d_4 \end{array} \right\} \tag{3-3-6}$$

写为矩阵方程,即

$$\begin{pmatrix} 3 & & -1 & \\ & 3 & -1 & -1 \\ -1 & -1 & 3 & \\ & -1 & & 3 \end{pmatrix}\begin{pmatrix} p_1 \\ p_2 \\ p_3 \\ p_4 \end{pmatrix} = \begin{pmatrix} d_1 \\ d_2 \\ d_3 \\ d_4 \end{pmatrix} \tag{3-3-7}$$

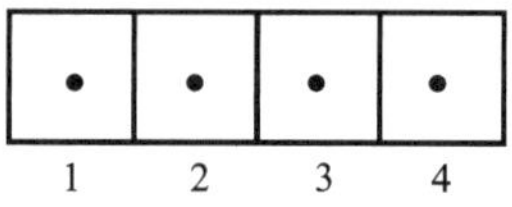

图 3-3-1　一维自然排列 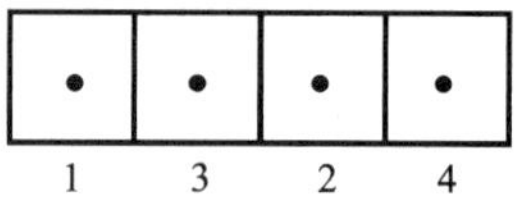　　　　图 3-3-2　一维交替排列

由方程(3-3-7)可以看出,系数矩阵不再是三对角矩阵。对比方程(3-3-5)与方程(3-3-7)可知,当网格排列格式不相同时,所形成的系数矩阵的结构也不相同。方程组的系数矩阵结构不相同意味着方程组的存储量、求解速度和计算工作量也不相同。但对同一个物理问题,各种排列格式的计算结果都是相同的。因此,在油藏数值模拟中,网格节点的排列格式是一个重要的技巧。本节以二维问题为例,介绍常见的各种网格排列格式。

一、标准排列格式

标准排列也称自然排列,它可以分为按行标准排列和按列标准排列。

1. 按行标准排列

对于二维 6×4 的网格系统,即 x 方向有 6 个网格($I=1\sim6$),y 方向有 4 个网格($J=1\sim4$),网格节点为 $1\sim24$,其按行标准排列的示意图如图 3-3-3 所示。这种排列格式是先在同一行上排序,排完一行后再排下一行,依次进行。若从循环的角度来讲,I 为内循环变量,J 为外循环变量。网格排列顺序为:

$$M = N_x(j-1) + i \quad (i = 1, 2, \cdots, N_x; j = 1, 2, \cdots, N_y) \tag{3-3-8}$$

式中,N_x,N_y 分别为 x,y 方向的网格数目;M 表示节点编号。

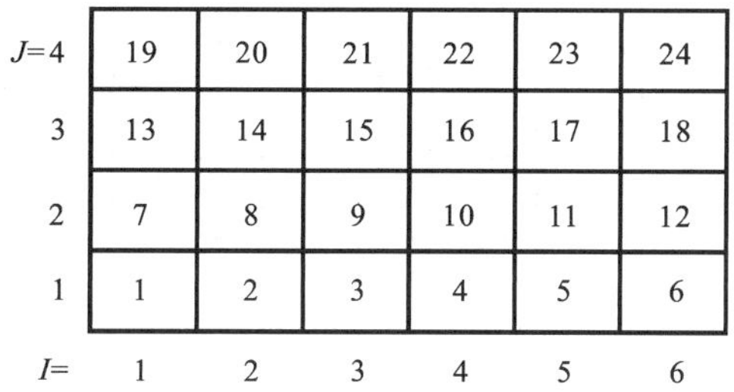

$J=4$	19	20	21	22	23	24
3	13	14	15	16	17	18
2	7	8	9	10	11	12
1	1	2	3	4	5	6
$I=$	1	2	3	4	5	6

图 3-3-3　按行标准排列

若用隐式差分格式在每一节点处列方程,则对于图 3-3-3 所示的网格系统,其系数矩阵的结构如图 3-3-4 所示。

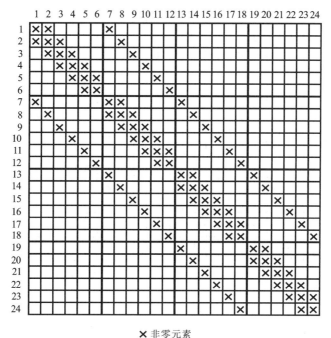

✖ 非零元素

图 3-3-4　按行标准排列的系数矩阵结构

由图 3-3-4 可以看出,该矩阵为五对角矩阵,具有带状特征,如果将带宽定义为矩阵任意行中的最大元素个数,则带宽 $B=2W+1$,其中 W 为半带宽。对于图 3-3-4 所示系数矩阵,半带宽 $W=6$,带宽 $B=13$。

2. 按列标准排列

仍以二维 6×4 网格系统为例,其按列标准排列的示意图如图 3-3-5 所示。这种排列格式是先在同一列上排序,排完一列后再排下一列,逐列进行。若从循环角度来讲,J 为内循环变量,I 为外循环变量。网格排列顺序为:

$$M=N_y(i-1)+j \quad (i=1,2,\cdots,N_x;\ j=1,2,\cdots,N_y) \tag{3-3-9}$$

若用隐式差分格式在每一节点处列方程,则对于图 3-3-5 所示的网格系统,其系数矩阵的结构如图 3-3-6 所示。

J=4	4	8	12	16	20	24
3	3	7	11	15	19	23
2	2	6	10	14	18	22
1	1	5	9	13	17	21
I=	1	2	3	4	5	6

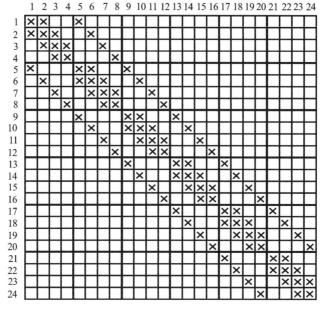

图 3-3-5　按列标准排列

图 3-3-6　按列标准排列的系数矩阵结构

可以看出，系数矩阵仍为带宽矩阵，但此时半带宽 $W=4$，带宽 $B=9$。

对比图 3-3-4 与图 3-3-6 可知：对同一网格系统，按行标准排列和按列标准排列所形成的系数矩阵的带宽是不同的。如果在网格区域内沿 x 方向有 I 个网格，沿 y 方向有 J 个网格，则按行标准排列所形成的线性代数方程组系数矩阵的半带宽为 I，按列标准排列所形成的线性代数方程组系数矩阵的半宽带为 J。通常为了得到带宽较小的系数矩阵，总是先在网格较少的方向进行排序，然后在网格较多的方向进行排序。对于三维网格，总是先沿着最短的方向（即网格数最少的方向），然后是次短的方向，最后是最长的方向进行编号。因为所有的计算都是对矩阵中带宽内的元素进行的，所以求解带宽较窄的问题就比求解带宽较宽的问题效率高，也就是说，带宽越小，计算工作量就越小。

对于图 3-3-7 所示不规则网格系统，用隐式差分格式在每一节点处列方程时，所形成的线性代数方程组的系数矩阵结构如图 3-3-8 所示。

由图 3-3-8 可以看出，不规则的边界改变了系数矩阵的结构。虽然带状结构发生了变化，但带宽内的计算仍然保持不变，这就导致产生一系列的附加对角线，并随着系数矩阵的不规则程度而有所不同。对于图 3-3-7 所示的不规则网格系统，其系数矩阵具有可变的带

J=4
13 17 21
3
3 6 9 12 16 20
2
2 5 8 11 15 19
1
1 4 7 10 14 18
I= 1 2 3 4 5 6

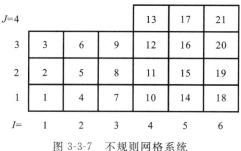

图 3-3-7　不规则网格系统

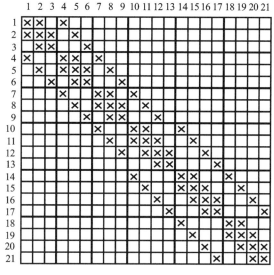

图 3-3-8　对应于图 3-3-7 排列的系数矩阵结构

宽，由带宽为 7 变化到带宽为 9(此时 y 方向的最多网格数为 4)。而且，由于附加对角线的出现，使系数矩阵中含有 7 条对角线而不是原来的 5 条对角线。需要指出的是，此时要想得到带宽较小的系数矩阵，仍需要首先沿着 $\min[\max(I),\max(J)]$的方向排序。

二、对角排列格式

对角排列格式也称 D_2 排列格式。仍以二维 6×4 网格系统为例，其 D_2 排列格式如图 3-3-9 所示，所对应的系数矩阵结构如图 3-3-10 所示。

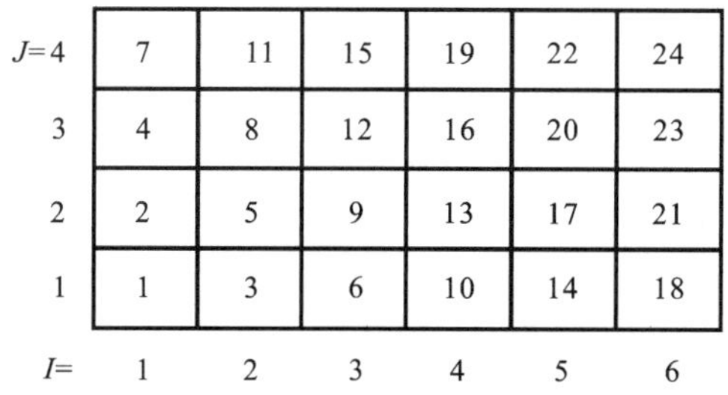

J=4
7 11 15 19 22 24
3
4 8 12 16 20 23
2
2 5 9 13 17 21
1
1 3 6 10 14 18
I= 1 2 3 4 5 6

图 3-3-9　D_2 排列格式

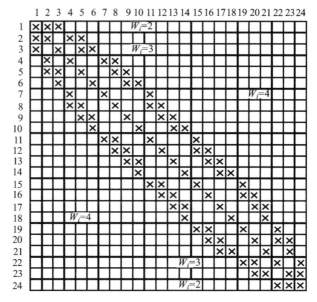

图 3-3-10　D_2 排列的系数矩阵结构

由图 3-3-10 可以看出，D_2 排列的系数矩阵具有可变的带宽，半带宽 W 随对角线编号而增大，由 2 增加到 4，然后再由 4 减小到 2。

三、点交替排列格式

点交替排列格式也称 A_3 排列格式。仍以二维 6×4 网格系统为例，其 A_3 排列格式如图 3-3-11 所示，所对应的系数矩阵的结构如图 3-3-12 所示。

图 3-3-11　A_3 排列格式

A_3 排列格式实际上是将网格单元分成两组进行周期排列，其单元编号要使相邻的单元不连续，也就是说，每一个号与其邻号中间至少隔着一个单元。若在图 3-3-12 中将这种排列的系数矩阵划分为对称的 4 个象限，则可以看出，A_3 排列的系数矩阵具有以下两个特点：

（1）二、四象限内为主对角矩阵。

（2）一、三象限内为五对角矩阵，其半带宽 $W = 3$。

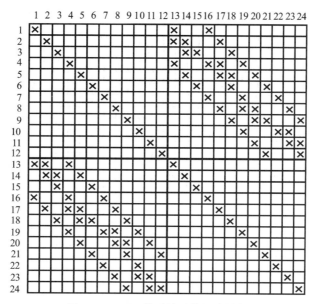

图 3-3-12　A_3 排列的系数矩阵结构

四、交替对角排列格式

交替对角排列格式也称 D_4 排列格式,实际上是点交替排列格式 A_3 与对角排列格式 D_2 的组合。对于二维 $6×4$ 网格系统,其 D_4 排列格式如图 3-3-13 所示,所对应的系数矩阵的结构如图 3-3-14 所示。

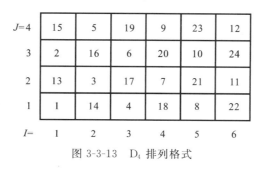

$J=4$	15	5	19	9	23	12
3	2	16	6	20	10	24
2	13	3	17	7	21	11
1	1	14	4	18	8	22
$I=$	1	2	3	4	5	6

图 3-3-13　D_4 排列格式

若在图 3-3-14 中将 D_4 排列的系数矩阵划分为对称的 4 个象限,则可以看出,D_4 排列的系数矩阵也具有两个特点:

(1)二、四象限内为主对角矩阵。

(2)一、三象限内为五对角矩阵,其半带宽 $W=2$。

以上简单介绍了常见的几种网格排列格式及其所对应的系数矩阵结构。如果单纯从寻求最小带宽系数矩阵的角度来讲,D_2,A_3,D_4 排列格式并无多少优越之处,但如果从矩阵方程求解所需的计算工作量及存储量的角度来看,则这几种格式均优于标准排列格式。其中,D_4 排列格式所需的计算工作量及存储量最小,是公认的比较成功的一种方法。在油藏数值模拟中,标准排列和 D_4 排列格式应用较多。

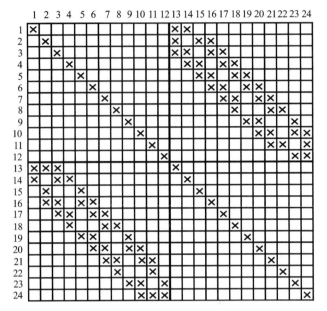

图 3-3-14 D_4 排列的系数矩阵结构

五、网格排列格式示例

实际油藏数值模拟中经常遇到的是三维问题。下面以三维 $5 \times 3 \times 2$ 网格系统为例，简单介绍其标准排列格式及 D_4 排列格式。

1）三维标准排列格式

对于三维 $5 \times 3 \times 2$ 的网格系统，即 x 方向有 5 个网格（$I=1 \sim 5$），y 方向有 3 个网格（$J=1 \sim 3$），z 方向有 2 个网格（$K=1 \sim 2$），网格节点共 30 个。标准排列时，为了得到带宽较小的系数矩阵，先在网格数较少的方向排列，然后在网格数较多的方向排列。对于 $5 \times 3 \times 2$ 的网格系统，先在 z 方向编号，然后在 y 方向编号，最后在 x 方向编号。其网格排列格式如图 3-3-15 所示。

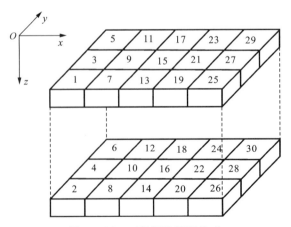

图 3-3-15 三维标准排列格式

2）三维 D_4 排列格式

三维 D_4 排列应遵循以下原则：

（1）三维网格号之和 $(i+j+k)$ 为奇数者，按奇数递增顺序优先排列，为偶数者后排列。

（2）三维网格号之和相同者，按层数递减顺序排列，即 k 大者优先排序。

（3）三维网格号之和相同者，且在同一层上，按 j 递减顺序排列，即 j 大者优先排序。

仍以三维 $5 \times 3 \times 2$ 网格系统为例，其三维 D_4 排列格式如图 3-3-16 所示。

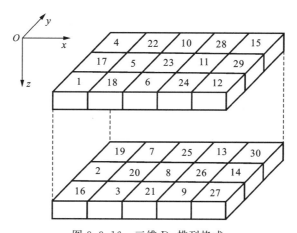

图 3-3-16　三维 D_4 排列格式

表 3-3-1 是三维 D_4 排列中网格节点的具体编号。

表 3-3-1　三维 D_4 排列网格节点的编号

I	J	K	$I+J+K$	编　号
1	1	1	3	1
1	2	2	5	2
2	1	2	5	3
1	3	1	5	4
2	2	1	5	5
3	1	1	5	6
2	3	2	7	7
3	2	2	7	8
4	1	2	7	9
3	3	1	7	10
4	2	1	7	11
5	1	1	7	12
4	3	2	9	13
5	2	2	9	14
5	3	1	9	15

I	J	K	$I+J+K$	编　号
1	1	2	4	16
1	2	1	4	17
2	1	1	4	18
1	3	2	6	19
2	2	2	6	20
3	1	2	6	21
2	3	1	6	22
3	2	1	6	23
4	1	1	6	24
3	3	2	8	25
4	2	2	8	26
5	1	2	8	27
4	3	1	8	28
5	2	1	8	29
5	3	2	10	30

第四节　差分方程的稳定性分析

本章第二节介绍了如何将偏微分方程离散化为有限差分方程,并提出了截断误差的概念。这里将进一步探讨:

(1) 当用差分方程近似代替微分方程时,在什么样的条件下差分方程能以足够的精度逼近原微分方程?

(2) 在什么样的条件下差分方程的解能以足够的精度逼近原微分方程的解?

要严格地回答以上问题,涉及偏微分方程求解方法的一系列数学理论问题。下面尽可能简单而通俗地介绍一些有关概念。

一、差分方程的相容性

为了讨论第一个问题,首先要回到截断误差这个概念上来。既然截断误差是微分方程在离散化形成差分方程时略去的余项,那么当 i 点处空间步长及时间步长都趋于零时,截断误差 R_i 也能足够小而且趋于零,此时的差分方程必然逼近原微分方程。这种逼近在数学上称为相容逼近,或者说差分方程和原微分方程是相容的。相容性的概念是差分方法中一个很基本的概念。一般来说,要通过差分方程式求解偏微分方程,相容性的条件必须满足。也就是说,只有当差分方程与原微分方程相容时,才能通过对差分方程的求解来近似获得原微分方程的解,否则对差分方程的求解就毫无意义。

差分方程与原微分方程是否相容,可以用截断误差的表达式直接进行分析,这里不再讲述。

二、差分方程的稳定性

相容性只是差分方程的一种属性,并不是差分方程解的属性。也就是说,相容性仅仅表示差分方程是否逼近原微分方程,并不是说明差分方程的解是否逼近原微分方程的真解。为了说明本节前面提出的第二个问题,需要讨论收敛性和稳定性的问题。在此,主要讨论差分方程的稳定性。

差分方程求解时,p_i 的计算是分时刻进行的。如果在第 n 时刻引入误差,那么必然会影响第 $n+1$ 时刻及以后时刻的数值。因此,一个重要的问题是:当本步的计算结果本身带有误差时,利用它去计算后面的结果,误差将会怎样传播? 是逐步消除越来越小,还是逐步积累越来越大? 当出现后一种情况时,最终差分方法计算出的解与原微分方程的真解之间毫无共同之处,这样的差分格式称为不稳定的差分格式。反之,若某一时刻产生的误差随着时间的增加而下降,或者至少不增加,则称这样的差分格式为稳定的差分格式。如果用公式表示,令 ε^n 为 t^n 时刻产生的误差,并假定在进一步计算时不继续产生新的误差,则由于 t^n 时刻存在误差 ε^n,在 t^{n+1} 时刻误差变为 ε^{n+1},于是:

(1) 当 $\left| \dfrac{\varepsilon^{n+1}}{\varepsilon^n} \right| \leqslant 1$ 时,差分格式是稳定的;

(2) 当 $\left| \dfrac{\varepsilon^{n+1}}{\varepsilon^n} \right| > 1$ 时,差分格式是不稳定的。

需要指出的是,在差分格式的稳定性分析中不考虑误差产生的原因,不管是舍入误差还是截断误差,或者是由其他原因引起的误差。

目前比较常用的稳定性分析方法有傅里叶(Fourier)分析法和矩阵分析法。矩阵分析法是一种比较严格的方法,但由于需要用到矩阵的特征向量并要求出它的特征值,难度较大,因此并不是所有的问题(特别是对于油藏数值模拟中的一些强非线性问题)都可以用矩阵分析法进行分析。傅里叶分析法理论上没有矩阵分析法严格,例如没有考虑边界条件的影响等,但该方法比较简单,使用方便,因而在油藏数值模拟中得到了广泛的应用。下面主要介绍傅里叶分析法。

傅里叶分析法最早是由冯·纽曼(von Neumann)提出来的,因此也称冯·纽曼方法。这种方法是将有限差分近似方法的误差先用傅里叶级数表示,然后分析这一误差在解题过程中的增加情况。解的稳定性取决于误差值是否可以控制,在整个解的范围内误差是否足够小。现将具体方法简述如下。

以一维抛物型方程的显式差分方程为例,差分方程可写为:

$$\frac{p_{i+1}^n - 2p_i^n + p_{i-1}^n}{\Delta x^2} = \frac{p_i^{n+1} - p_i^n}{\Delta t} \tag{3-4-1}$$

令上述差分方程的真解为 p_i^*,ε_i^n 为第 n 时刻实际计算出的 p_i^n 与真解 p_i^* 之差,则在 t^n 时刻有:

$$p_i^* = p_i^n + \varepsilon_i^n$$

将 p_i^* 代入方程(3-4-1)得：

$$\frac{(p_{i+1}^n + \varepsilon_{i+1}^n) - 2(p_i^n + \varepsilon_i^n) + (p_{i-1}^n + \varepsilon_{i-1}^n)}{\Delta x^2} = \frac{(p_i^{n+1} + \varepsilon_i^{n+1}) - (p_i^n + \varepsilon_i^n)}{\Delta t} \quad (3\text{-}4\text{-}2)$$

方程(3-4-2)减去方程(3-4-1)得：

$$\frac{\varepsilon_{i+1}^n - 2\varepsilon_i^n + \varepsilon_{i-1}^n}{\Delta x^2} = \frac{\varepsilon_i^{n+1} - \varepsilon_i^n}{\Delta t} \quad (3\text{-}4\text{-}3)$$

式(3-4-3)称为差分方程(3-4-1)的误差方程。对比方程(3-4-3)与方程(3-4-1)可以看出，误差方程的形式和原差分方程的形式是一样的，只不过差分方程中的未知数 p_i 在误差方程中被误差 ε_i 所代替。事实上，当差分方程是线性的和齐次的，并且不考虑边界条件以及源汇项(即产量项)的影响时，误差方程的形式与原差分方程的形式完全一样。可直接根据原差分方程的形式写出误差方程，然后利用误差方程对差分格式进行稳定性分析。

傅里叶分析方法为：定义区间 $(0,L)$ 上的任何一个函数 $f(x)$，只要它满足狄里克雷(Dirichlet)条件(即 ① 处处连续，或在区间上只有有限个间断点，并且间断点的跃度是有限的；② 区间内只有有限个极值)，就可以展开成傅里叶级数：

$$f(x) = \sum_{k=0}^{\infty} \left(A_k \cos\frac{k\pi x}{L} + B_k \sin\frac{k\pi x}{L} \right) \quad (3\text{-}4\text{-}4)$$

根据欧拉(Euler)公式：

$$\cos z = \frac{1}{2}(e^{jz} + e^{-jz}) \quad (3\text{-}4\text{-}5)$$

$$\sin z = \frac{1}{2}(e^{jz} - e^{-jz}) \quad (3\text{-}4\text{-}6)$$

其中：

$$j = \sqrt{-1}$$

还可以将方程(3-4-4)写成复数形式：

$$f(x) = \sum_{k=-\infty}^{+\infty} c_k e^{j\frac{k\pi x}{L}} \quad (3\text{-}4\text{-}7)$$

式中，c_k 为傅里叶系数。

对于前面定义的误差 ε_i，在区间 $(0,L)$ 上是以离散形式存在的，即只有在节点上才有值。为了使误差在区间 $(0,L)$ 上满足狄里克雷条件，需要补充误差在节点间的定义。例如在点 i 与点 $i+1$ 之间，可以定义：

$$\varepsilon(x) = \begin{cases} \varepsilon_i & x < (x_{i+1} - \Delta x_{i+\frac{1}{2}}) \\ \varepsilon_{i+1} & x \geqslant (x_{i+1} - \Delta x_{i+\frac{1}{2}}) \end{cases} \quad (i=1,2,\cdots,N) \quad (3\text{-}4\text{-}8)$$

其中：

$$\Delta x_{i+\frac{1}{2}} = \frac{1}{2}(x_{i+1} - x_i)$$

这样，就可以将误差在整个求解区间上展开为傅里叶级数了。展开后，在第 t^n 时刻点 i 处的误差 ε_i^n 可以表示为：

$$\varepsilon_i^n = \sum_{k=-\infty}^{+\infty} c_k^n e^{j\frac{k\pi x_i}{L}} \quad (3\text{-}4\text{-}9)$$

因上式中的各项是连加的，因此只拿出级数中的某一项来进行分析。

$$E_i^n = c_k^n \mathrm{e}^{\mathrm{j}\frac{k\pi x_i}{L}} \tag{3-4-10}$$

如果对应于式(3-4-10)中的每一项，在时间增加的过程中其绝对值都不增大，那么式(3-4-9)中的 ε_i^n 也将不增加。

为了使式(3-4-10)既能表示成 E_i^n 随时间的变化，又能保证在 $t=0$ 时误差等于初始误差，假定 c_k^n 具有以下形式：

$$c_k^n = \mathrm{e}^{\alpha n \Delta t} \tag{3-4-11}$$

式中，α 为某一常数（实数或虚数），n 为时间步数，Δt 为时间步长。

将上式代入式(3-4-10)得：

$$E_i^n = \mathrm{e}^{\alpha n \Delta t} \mathrm{e}^{\mathrm{j}\frac{k\pi x_i}{L}} \tag{3-4-12}$$

相邻两个时间步的 E_i 之比为：

$$\frac{E_i^{n+1}}{E_i^n} = \frac{\mathrm{e}^{\alpha(n+1)\Delta t} \mathrm{e}^{\mathrm{j}\frac{k\pi x_i}{L}}}{\mathrm{e}^{\alpha n \Delta t} \mathrm{e}^{\mathrm{j}\frac{k\pi x_i}{L}}} = \mathrm{e}^{\alpha \Delta t} \tag{3-4-13}$$

令 $\xi = \mathrm{e}^{\alpha \Delta t}$，$\xi$ 称为误差放大因子。显然，若 $|\xi| \leqslant 1$，则误差只能随着 n 值的增加而减少，或至少不被扩大，从而保证了差分方程的稳定性。因此，$|\xi| \leqslant 1$ 就成为差分方程稳定的条件，称为冯·纽曼判别条件。

实际应用时，为了使用方便，通常将第 t^n 时刻点 i 处的误差 ε_i^n 直接表示为其单项的形式：

$$\varepsilon_i^n = \mathrm{e}^{\mathrm{j}\beta i \Delta x} \xi^n \tag{3-4-14}$$

其中：

$$\beta = \frac{k\pi}{L}$$

用傅里叶分析法对差分方程进行稳定性分析的一般步骤是：先求出对应于某一种差分格式的误差方程，然后将误差方程中的 ε 用式(3-4-14)的形式代入，运算后求出误差放大因子 ξ。若 $|\xi| \leqslant 1$ 能够得到满足，则差分格式就是稳定的。这里所求出的使 $|\xi| \leqslant 1$ 得到满足的条件称为稳定性条件。若 $|\xi| \leqslant 1$ 不能满足，则差分格式是不稳定的。

下面利用这种方法对前面介绍的几种差分格式进行稳定性分析。

对于本节前面提到的一维显式差分格式，将方程(3-4-14)代入误差方程(3-4-3)得：

$$\frac{\mathrm{e}^{\mathrm{j}\beta(i+1)\Delta x}\xi^n - 2\mathrm{e}^{\mathrm{j}\beta i \Delta x}\xi^n + \mathrm{e}^{\mathrm{j}\beta(i-1)\Delta x}\xi^n}{\Delta x^2} = \frac{\mathrm{e}^{\mathrm{j}\beta i \Delta x}\xi^{n+1} - \mathrm{e}^{\mathrm{j}\beta i \Delta x}\xi^n}{\Delta t} \tag{3-4-15}$$

方程两端同除以 $\mathrm{e}^{\mathrm{j}\beta i \Delta x}\xi^n$ 得：

$$\frac{\mathrm{e}^{\mathrm{j}\beta\Delta x} - 2 + \mathrm{e}^{-\mathrm{j}\beta\Delta x}}{\Delta x^2} = \frac{\xi - 1}{\Delta t} \tag{3-4-16}$$

由欧拉公式知 $\mathrm{e}^{\mathrm{j}\beta\Delta x} + \mathrm{e}^{-\mathrm{j}\beta\Delta x} = 2\cos(\beta\Delta x)$，代入上式得：

$$\frac{2\cos(\beta\Delta x) - 2}{\Delta x^2} = \frac{\xi - 1}{\Delta t} \tag{3-4-17}$$

化简得：

$$\xi = 1 - \frac{4\Delta t}{\Delta x^2}\sin^2\frac{\beta\Delta x}{2} \tag{3-4-18}$$

由于冯·纽曼判别条件为 $|\xi| \leqslant 1$，所以有：

$$-1 \leqslant 1 - \frac{4\Delta t}{\Delta x^2}\sin^2\frac{\beta\Delta x}{2} \leqslant 1 \tag{3-4-19}$$

由于 $\sin^2\dfrac{\beta\Delta x}{2} > 0$ 且 $\dfrac{\Delta t}{\Delta x^2} > 0$，所以该不等式的右端自然成立，而左端为：

$$-1 \leqslant 1 - \frac{4\Delta t}{\Delta x^2}\sin^2\frac{\beta\Delta x}{2} \tag{3-4-20}$$

即

$$\frac{2\Delta t}{\Delta x^2}\sin^2\frac{\beta\Delta x}{2} \leqslant 1 \tag{3-4-21}$$

所以：

$$\frac{\Delta t}{\Delta x^2} \leqslant \frac{1}{2\sin^2\dfrac{\beta\Delta x}{2}} = \frac{1}{2} \tag{3-4-22}$$

因此，一维显式差分格式的稳定条件为 $\dfrac{\Delta t}{\Delta x^2} \leqslant \dfrac{1}{2}$。

同理，对于一维隐式差分格式，其差分方程为：

$$\frac{p_{i+1}^{n+1} - 2p_i^{n+1} + p_{i-1}^{n+1}}{\Delta x^2} = \frac{p_i^{n+1} - p_i^n}{\Delta t} \tag{3-4-23}$$

对应于该差分方程的误差方程为：

$$\frac{\varepsilon_{i+1}^{n+1} - 2\varepsilon_i^{n+1} + \varepsilon_{i-1}^{n+1}}{\Delta x^2} = \frac{\varepsilon_i^{n+1} - \varepsilon_i^n}{\Delta t} \tag{3-4-24}$$

将方程（3-4-14）中的 ε 代入上式，得：

$$\frac{e^{j\beta(i+1)\Delta x}\xi^{n+1} - 2e^{j\beta i\Delta x}\xi^{n+1} + e^{j\beta(i-1)\Delta x}\xi^{n+1}}{\Delta x^2} = \frac{e^{j\beta i\Delta x}\xi^{n+1} - e^{j\beta i\Delta x}\xi^n}{\Delta t} \tag{3-4-25}$$

方程两端同除以 $e^{j\beta i\Delta x}\xi^{n+1}$ 得：

$$\frac{e^{j\beta\Delta x} - 2 + e^{-j\beta\Delta x}}{\Delta x^2} = \frac{1 - \dfrac{1}{\xi}}{\Delta t} \tag{3-4-26}$$

整理得：

$$-\frac{4\Delta t}{\Delta x^2}\sin^2\frac{\beta\Delta x}{2} = 1 - \frac{1}{\xi} \tag{3-4-27}$$

所以：

$$\xi = \frac{1}{1 + \dfrac{4\Delta t}{\Delta x^2}\sin^2\dfrac{\beta\Delta x}{2}} \tag{3-4-28}$$

由于 $4\dfrac{\Delta t}{\Delta x^2}\sin^2\dfrac{\beta\Delta x}{2} \geqslant 0$，所以 $|\xi| \leqslant 1$，因此隐式差分格式是无条件稳定的差分格式。

同理还可以分析，克兰克-尼克森差分格式也是无条件稳定的。

上面提到了有条件稳定和无条件稳定。这里"有条件"和"无条件"只意味着是否对 Δt 和 Δx 的大小比例提出限制，不要误解为使用隐式差分格式就可以把时间步长取得任意大。事实上，当 $\Delta t,\Delta x$ 过大时，截断误差将变得很大，从而使差分方程与原来的微分方程不相容，导致求出的近似解与原微分方程的真解相差甚远。

除差分方程的相容性与稳定性外，本节前面还提到了差分方程的收敛性。所谓收敛性，是指针对一个差分格式,如果在考虑的区域(包括空间坐标和时间坐标)内的任意一点上,当空间步长与时间步长趋于零时,差分方程的解趋于原微分方程的真解,则称该差分格式是收敛的;否则,称该差分格式是不收敛的。显然,收敛性对于一个差分格式来说是必不可少的,一个不收敛的差分格式是没有任何意义的。

对差分格式的收敛性直接进行理论分析通常比对其进行稳定性分析要困难得多。然而,由于收敛性、稳定性和相容性之间有比较密切的关系,故可以根据相容性和稳定性的分析来推断其收敛性。差分方程分析中的 Lax 等价理论就阐明了这种关系:对于一个相容逼近于原微分方程的差分方程来说,稳定性是收敛性的必要和充分条件,或者说收敛性和稳定性是等价的。这个理论有很重要的实用价值,因为据此就可以利用比较简单的相容性判别方法和稳定性分析方法来推断较难以判别的收敛性,而不需要直接对它来进行论证。也就是说,只要证明了差分方程的相容性和稳定性,也就证明了它的收敛性。油藏数值模拟中常见到的线性抛物型方程一般符合这个理论。

例如,前面介绍的抛物型方程的几种差分格式都相容于原偏微分方程,其收敛性条件与稳定性条件也都是等价的,即对于显式差分格式,收敛条件与上述已经证明的稳定性条件相同,亦为 $\dfrac{\Delta t}{\Delta x^2} \leqslant \dfrac{1}{2}$。而对于隐式差分格式与克兰克-尼克森差分格式,在时间步长和空间步长趋于零时,差分方程的解总是收敛于原微分方程的解。

第五节　边界条件的处理

由第二章可知,描述流体渗流的数学模型除含有渗流的基本偏微分方程外,还含有相应的边界条件。因此,在将基本偏微分方程离散化的同时必须将边界条件做相应的处理。

一、外边界条件

前面介绍了点中心网格与块中心网格系统,它们的最大区别体现在外边界上。在点中心网格系统中,边界节点恰好位于边界上,而在块中心网格系统中,边界节点则位于网格块的中心位置,边界上没有节点存在。由于这种差别,在对外边界条件进行离散化时,必须将两种网格系统分别对待,以保证所需要的精度。

在油藏数值模拟问题中,最常用的外边界有两类,即定压外边界和定流量外边界,它们分别对应数学上的第一类与第二类边界条件。

1. 定压外边界

为叙述方便,以一维问题的边界条件为例进行讨论。

在点中心网格系统中,如图 3-5-1 所示,设在边界 $x=0$ 处,给定 $p(0,t)=f_1(t)$。由于在点中心网格系统中,$x=0$ 边界处恰好有一节点存在,所以点中心网格处理定压外边界条件非常方便,这时可直接令第一个节点上函数 p 的值等于 $f_1(t)$,且这样做不会产生误差。

在块中心网格系统中 $x=0$ 处不存在节点(图 3-5-2),而在第一个节点处又不知道 p 的

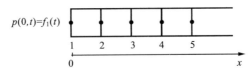

图 3-5-1 点中心网格定压外边界条件的处理

确切值。较为简单的做法是直接将边界值 $f_1(t)$ 赋予第一节点,即令:

$$p_1 = f_1(t) \tag{3-5-1}$$

这样做会产生一定的误差 $O(\Delta x)$,因此这是一种精度较低的方法。

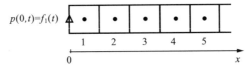

图 3-5-2 块中心网格定压外边界条件的处理

另一种做法是,认为 $f_1(t)$ 是第一与第二节点的线性外插值,即令:

$$\frac{1}{2}(3p_1 - p_2) = f_1(t) \tag{3-5-2}$$

这样,处理精度有所提高,其误差为 $O(\Delta x^2)$。但是这样处理不能直接求得第一个节点的值,求解时要将式(3-5-2)与其他方程联立,因此计算工作量稍有增加。

定压外边界条件在块中心网格系统中的第三种处理方法是,在 $x=0$ 处补充一个节点,如图 3-5-2 中的"△",但这实际上是将块中心网格在边界上转换成了点中心网格。

因此,对于定压外边界问题,通常直接利用点中心网格进行处理,这样既简单又精确。

2. 定流量外边界

由于定流量外边界条件给出的是未知函数在边界上的一阶偏导数 $\frac{\partial p}{\partial x}\Big|_{x=0} = f_2(t)$,所以处理这类边界条件的最简单的方法是将 $\frac{\partial p}{\partial x}\Big|_{x=0}$ 以差商 $\frac{p_2 - p_1}{\Delta x}$ 代替,这样就有:

$$\frac{p_2 - p_1}{\Delta x}\Big|_{x=0} = f_2(t) \tag{3-5-3}$$

这种处理方法的误差为 $O(\Delta x)$,因此是一种精度较低的方法。

处理定流量外边界时经常使用的方法是所谓的镜像反映法。具体做法是:在边界的外侧与第一个节点以边界为对称轴的对称位置(即镜像位置)上虚设一点 x_0,令该点的未知函数为 p_0,然后以边界为中心将边界条件离散化。

对于点中心网格(图 3-5-3),虚拟网格用虚线表示,边界条件离散化为:

$$f_2(t) = \frac{p_2 - p_0}{2\Delta x} \tag{3-5-4}$$

对于块中心网格(图 3-5-4),虚拟网格仍用虚线表示,边界条件离散化为:

$$f_2(t) = \frac{p_1 - p_0}{\Delta x} \tag{3-5-5}$$

式(3-5-4)与(3-5-5)的误差均为 $O(\Delta x^2)$。

由式(3-5-4)或式(3-5-5)解出 p_0 后,代入网格系统各个节点上含有 p_0 的方程(一般是

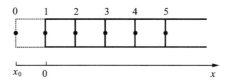

图 3-5-3 点中心网格定流量外边界条件的处理

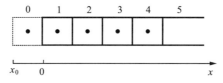

图 3-5-4 块中心网格定流量外边界条件的处理

边界上第一个节点上所写的方程)中,可以消去 p_0 而得到一个已经考虑了边界条件的完整差分方程组,求出各节点处的未知量 p。

若 $f_2(t)\equiv 0$,则根据式(3-5-4)或式(3-5-5)有:

$$p_0 = p_2 \quad 或 \quad p_0 = p_1 \tag{3-5-6}$$

$\dfrac{\partial p}{\partial x}=0$ 相当于边界是封闭的。式(3-5-6)说明位于边界两侧最靠近边界的对称位置节点上的压力是相等的。在忽略重力及毛管压力影响的情况下,意味着这两点之间不会发生流动,即边界是封闭的。

二、内边界条件

由于油藏的面积很大,两口井之间的井距也较大,一般是几百米,而油井的半径都很小,通常只有 10 cm 左右。为了逼近井的边界,网格步长不应超过 3 cm。若用这样的网格来模拟一口井及其周围地区,则需要的网格数大体为 $10^8 \sim 10^9$ 个,这是不可能实现的,也是没必要的。另外,如果考虑实际计算的可能性,把网格步长取为 $50 \sim 100$ m,则这样的网格又过大而难以满足模拟井边界的需要。因此,如何处理好井的边界条件是油藏数值模拟中的一个特殊问题。

在油藏数值模拟中,经常遇到的内边界条件有两种,即定产量(定注入量)和定井底流压。下面分别介绍它们的处理方法。

1. 定产量(定注入量)

由于井的半径与井距相比非常小,所以在渗流方程中一般可以将井点用狄拉克(Dirac)函数来处理,这就是所谓的点源(注水井)与点汇(生产井)的概念。因此,如果给定生产井的产量或注水井的注水量,利用点汇或点源的概念处理起来就很容易了。如果某一网格块内有井存在,其产量(或注入量)为 q,则直接把 q 加到该块的节点方程中就可以了。对于生产井,q 为负值;对于注水井,q 为正值。

2. 定井底流压

当井以一定的流动压力生产时,需要把产量 q 用网格节点的压力 $p_{i,j}$ 和井底流动压力

p_{wf} 来表示。目前的处理方法为:把网格内井的生产近似看成拟稳态流动,符合平面径向流公式,即

$$Q = 2\pi \left(\frac{kh}{\mu}\right)_{i,j} \frac{p_{i,j} - p_{wf}}{\ln \dfrac{r_e}{r_w}} \tag{3-5-7}$$

若考虑油层弹性及油井表皮效应的影响,则有:

$$Q = 2\pi \left(\frac{kh}{\mu}\right)_{i,j} \frac{p_{i,j} - p_{wf}}{\ln \dfrac{r_e}{r_w} - \dfrac{3}{4} + s} \tag{3-5-8}$$

式中,r_w 为油井半径,r_e 为等值供给半径,s 为表皮系数。

当给定井底流压时,将(3-5-7)式或式(3-5-8)代入渗流方程,解出节点压力 $p_{i,j}$ 后,再利用式(3-5-7)或式(3-5-8)求出产量。

关于等值供给半径 r_e,不同的学者提出了不同的计算公式。

(1) 对于各向同性地层,若平面上 x 和 y 方向的网格步长为 Δx 和 Δy,则其等值供给半径为:

$$r_e = 0.14 \sqrt{\Delta x^2 + \Delta y^2} \tag{3-5-9}$$

(2) 对于各向同性地层,若 $\Delta x = \Delta y$,则有:

$$r_e = 0.20 \Delta x \tag{3-5-10}$$

(3) 对于各向异性地层,则有:

$$r_e = 0.20 \frac{\left(\dfrac{k_y}{k_x}\right)^{\frac{1}{2}} \Delta x^2 + \left(\dfrac{k_x}{k_y}\right)^{\frac{1}{2}} \Delta y^2}{\left(\dfrac{k_y}{k_x}\right)^{\frac{1}{4}} + \left(\dfrac{k_x}{k_y}\right)^{\frac{1}{4}}} \tag{3-5-11}$$

第六节　有限单元法

与前面讲的有限差分方法一样,有限单元法(finite element method,FEM)也是一种通用的数值计算方法,是求解各种复杂数学物理问题的重要方法。本节将以渗流力学问题为研究对象,重点阐述有限单元方法的求解过程和基础理论。

一、有限单元法简介

从数学本质来讲,有限单元法与有限差分法一样,都是把连续系统的微分方程转化为离散单元节点的代数形式方程,然后进行求解。由于求解代数方程组要比求解微分方程简单得多,因此有限差分法和有限单元法都能够有效地降低问题的复杂度。但二者需要求解大规模的代数方程组,未知量的数量成千上万,甚至是千万级和数亿级,没有高性能、大容量的计算机,其运算是难以想象的。因此,计算机技术的发展对有限差分法和有限单元法的应用有着决定性的影响。

自有限单元法提出以来,人们很快就认识到其通用性和应用潜力,特别是在工程技术领域内。时至今日,随着高性能计算机的发展,有限单元法得到了飞速发展并日趋完善,在固体力学、流体力学、热传导、电磁场、地质力学及生物力学等方面得到了广泛应用。同时,涌现出许多大型商业有限单元软件,比如 ANSYS,ABAQUS,MSC,COMSOL 等,使得教师、学生和工程师均可以方便地使用有限单元法这一有力工具。

应用有限单元法求解渗流问题的基本过程如下:

（1）首先将研究区域离散为具有简单几何形状的单元（element,有时也用 cell）,由于离散后的单元数总是有限的,故称为有限单元,这一过程即网格划分（meshing）,如图 3-6-1 所示;

（2）通过单元节点的未知量来描述单元内的材料属性分布和控制方程,从而得到单元方程;

（3）通过单元集成、施加外载荷和约束条件,得到代数方程组;

（4）求解该代数方程组,即可得到所研究问题的近似解。

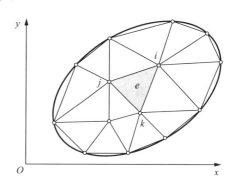

图 3-6-1 将研究域划分成有限单元

如图 3-6-1 所示,有限单元法分析的对象已不是原来的求解域,而是一个由有限个单元按照一定连接方式拼接而成的近似离散域。显然,随着单元数量的增加,即单元尺寸的减小,离散域将不断接近真实的求解域,如果单元近似是满足收敛要求的,则近似解也将收敛于原问题的真实解。

加权残量法和变分原理是有限单元法的两个重要理论基础。下面对加权残量法做详细的介绍,以使读者了解有限单元法的基本原理。

1. 微分方程的等效积分形式

许多工程和物理问题通常是以未知场函数应满足的控制微分方程和边界条件的形式提出的,写成一般的形式,就是在研究域 Ω 内寻找未知函数 u 满足以下微分方程组（图 3-6-2）:

$$A(u)=\begin{bmatrix}A_1(u)\\A_2(u)\\\vdots\end{bmatrix}=0 \quad \text{in }\Omega \quad (3\text{-}6\text{-}1)$$

同时,在研究域的边界 Γ 上还应满足一定的边界条件（图 3-6-2）:

$$B(u)=\begin{bmatrix}B_1(u)\\B_2(u)\\\vdots\end{bmatrix}=0 \quad \text{on }\Gamma \quad (3\text{-}6\text{-}2)$$

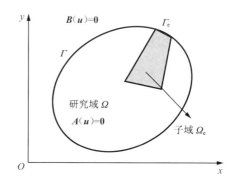

图 3-6-2 定义在域 Ω 及其边界 Γ 上的问题

上述两式中的未知函数可以是标量场（如压力场、温度场、浓度场等）,也可以是向量场（如位移、应变、应力等）。A 和 B 是对于独立变量（如空间坐标、时间坐标等）的微分算子。微分方程数应与未知场函数的数量相对应。显然,上述微分方程既可以是单个方程也可以是一组方程,故在上述两式中均采用了矢量形式。

为使问题表述更清楚,下面以二维稳态渗流为例进行阐述,并以此引出等效积分形式。

例 3-6-1 二维稳态渗流问题方程为:

$$A(p) = \frac{\partial}{\partial x}\left(\frac{k}{\mu}\frac{\partial p}{\partial x}\right) + \frac{\partial}{\partial y}\left(\frac{k}{\mu}\frac{\partial p}{\partial y}\right) + Q = 0 \quad \text{in } \Omega \tag{3-6-3}$$

$$\boldsymbol{B}(p) = \begin{bmatrix} p - \bar{p} \\ \dfrac{k}{\mu}\dfrac{\partial p}{\partial \boldsymbol{n}} - \bar{q} \end{bmatrix} = \boldsymbol{0} \quad \begin{array}{l} \text{on } \Gamma_{\mathrm{p}} \\ \text{on } \Gamma_{\mathrm{q}} \end{array} \tag{3-6-4}$$

这里场函数 $u = p$ 为压力,式中 $\bar{p}$ 和 $\bar{q}$ 分别为边界 Γ_{p} 和 Γ_{q} 上给定的压力和流量,$\boldsymbol{n}$ 是边界 Γ_{q} 的外法线方向。在上述方程中,k 和 Q 如果只是空间位置的函数,则问题是线性的;若它们还是场函数 p 及其导数的函数,则问题是非线性的。

由于微分方程在研究域 Ω 内的每一点上都等于零,因此可以得到:

$$\int_{\Omega} \boldsymbol{v}^{\mathrm{T}}\boldsymbol{A}(\boldsymbol{u})\mathrm{d}\Omega = \int_{\Omega}[v_1 A_1(\boldsymbol{u}) + v_2 A_2(\boldsymbol{u}) + \cdots]\mathrm{d}\Omega = 0 \tag{3-6-5}$$

其中:

$$\boldsymbol{v} = \begin{bmatrix} v_1 \\ v_2 \\ \vdots \end{bmatrix} \tag{3-6-6}$$

是一组任意函数向量,成员个数与微分方程个数相等。

若积分方程(3-6-5)对于任意的 $\boldsymbol{v}$ 都成立,则在域内的所有点上就必须满足式(3-6-3)。这一结论的证明是显而易见的,即假如在域内某些点上或某部分子域内 $\boldsymbol{A}(\boldsymbol{u}) \neq \boldsymbol{0}$,则能够找到一组函数 $\boldsymbol{v}$ 使积分方程(3-6-5)不等于零。

同理,如果要求边界条件(3-6-4)同时在边界上的每一点上得到满足,则对于任意的一组函数 $\bar{\boldsymbol{v}}$,下式应当成立:

$$\int_{\Gamma} \bar{\boldsymbol{v}}^{\mathrm{T}}\boldsymbol{B}(\boldsymbol{u})\mathrm{d}\Gamma = \int_{\Gamma}[\bar{v}_1 B_1(\boldsymbol{u}) + \bar{v}_2 B_2(\boldsymbol{u}) + \cdots]\mathrm{d}\Gamma = 0 \tag{3-6-7}$$

进一步,若以下积分形式

$$\int_{\Omega} \boldsymbol{v}^{\mathrm{T}}\boldsymbol{A}(\boldsymbol{u})\mathrm{d}\Omega + \int_{\Gamma} \bar{\boldsymbol{v}}^{\mathrm{T}}\boldsymbol{B}(\boldsymbol{u})\mathrm{d}\Gamma = 0 \tag{3-6-8}$$

对所有的 $\boldsymbol{v}$ 和 $\bar{\boldsymbol{v}}$ 都成立,则式(3-6-8)等效于满足微分方程(3-6-3)和边界条件(3-6-4)。通常,式(3-6-8)称为微分方程的等效积分形式。

在上述讨论中,隐含地假定式(3-6-8)的积分是可积的,这就对函数 $\boldsymbol{v}$、$\bar{\boldsymbol{v}}$ 和 $\boldsymbol{u}$ 的属性提出了一定的限制要求,以避免积分中出现无穷大。显然,函数 $\boldsymbol{v}$ 和 $\bar{\boldsymbol{v}}$ 只是以其函数自身的形式出现在积分中,因此将其取为单值可积函数即可,这种限制条件并不影响上述等效积分形式提法的有效性。

对于场函数 $\boldsymbol{u}$,涉及其微分算子 $\boldsymbol{A}$ 和 $\boldsymbol{B}$ 的导数阶次。例如,假设一个函数 u 是连续的,但在 x 方向的导数不连续(图 3-6-3),设想在一个很小的区间 Δ 内,用一个连续函数来代替该不连续函数。显然,在导数不连续点附近,函数的一阶导数是可积的,即一阶导数的积分是存在的;然而,其二阶导数趋于无穷,导致积分困难。如果微分算子 $\boldsymbol{A}$ 中仅出现函数的一阶导数,上述函数(图 3-6-3)对于 $\boldsymbol{u}$ 将是一个合适的选择。一个函数在域内连续,其一阶导

数存在有限个不连续点但在域内仍可积,这种函数被称
为 C_0 函数。

同理,如果微分算子 $\boldsymbol{A}$ 中出现的最高阶导数为 n 阶,
则要求函数 $\boldsymbol{u}$ 必须是 $n-1$ 阶导数连续的,即 C_{n-1} 连续。

2. 等效积分弱形式

在很多情况下,可以对式(3-6-8)进行分部积分,可得
到以下积分表达式:

$$\int_\Omega \boldsymbol{C}^\mathrm{T}(\boldsymbol{v})\boldsymbol{D}(\boldsymbol{u})\mathrm{d}\Omega + \int_\Gamma \boldsymbol{E}^\mathrm{T}(\bar{\boldsymbol{v}})\boldsymbol{F}(\boldsymbol{u})\mathrm{d}\Gamma = 0$$

$$(3\text{-}6\text{-}9)$$

式中,算子 $\boldsymbol{C},\boldsymbol{D},\boldsymbol{E}$ 和 $\boldsymbol{F}$ 所包含的导数阶次比 $\boldsymbol{A}$ 和 $\boldsymbol{B}$ 中
的要低。这样,就降低了对函数 $\boldsymbol{u}$ 的连续性要求,即只需
要较低阶的连续性;而函数 $\boldsymbol{v}$ 和 $\bar{\boldsymbol{v}}$ 则需要满足高阶连续
性要求。显然,在上面等效积分形式中,对函数 $\boldsymbol{v}$ 和 $\bar{\boldsymbol{v}}$ 并
无连续性要求。这种通过适当提高函数 $\boldsymbol{v}$ 和 $\bar{\boldsymbol{v}}$ 的连续性
要求,以降低未知场函数 $\boldsymbol{u}$ 的连续性要求建立的等效积
分形式称为等效积分弱形式。其中,"弱"指的是减弱了
未知场函数 $\boldsymbol{u}$ 的连续性。实践证明,对于实际物理问题,
这种弱形式往往能获取更好的近似解,因为原始的微分
方程往往对解提出了过分的"光滑"要求,而弱形式则是
对真实解的平滑处理。

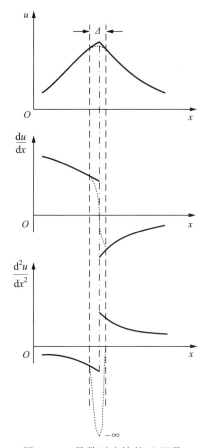

图 3-6-3　导数不连续的 C_0 函数

例 3-6-2　下面仍以二维稳态渗流问题为例,建立其
等效积分形式和相应的等效积分弱形式。考虑例 3-6-1 中的二维渗流方程和边界条件式,可
写出其等效积分形式:

$$\int_\Omega v\left[\frac{\partial}{\partial x}\left(\frac{k}{\mu}\frac{\partial p}{\partial x}\right)+\frac{\partial}{\partial y}\left(\frac{k}{\mu}\frac{\partial p}{\partial y}\right)+Q\right]\mathrm{d}\Omega + \int_{\Gamma_\mathrm{q}}\bar{v}\left(\frac{k}{\mu}\frac{\partial p}{\partial \boldsymbol{n}}-\bar{q}\right)\mathrm{d}\Gamma = 0 \qquad (3\text{-}6\text{-}10)$$

式中,v 和 $\bar{v}$ 为标量函数。注意,在上式的边界条件项中,仅保留了第二类边界条件即流量边
界条件,这是因为可以通过选取场函数 p 使其在第一类边界 Γ_q 上自动满足。对式(3-6-10)进
行分部积分,可得到等效积分弱形式:

$$-\int_\Omega\left(\frac{\partial v}{\partial x}\frac{k}{\mu}\frac{\partial p}{\partial x}+\frac{\partial v}{\partial y}\frac{k}{\mu}\frac{\partial p}{\partial y}-vQ\right)\mathrm{d}\Omega + \int_\Gamma v\frac{k}{\mu}\frac{\partial p}{\partial \boldsymbol{n}}\mathrm{d}\Gamma + \int_{\Gamma_\mathrm{q}}\bar{v}\left(\frac{k}{\mu}\frac{\partial p}{\partial \boldsymbol{n}}-\bar{q}\right)\mathrm{d}\Gamma = 0$$

$$(3\text{-}6\text{-}11)$$

式中,法向的导数为:

$$\frac{\partial p}{\partial \boldsymbol{n}}=\frac{\partial p}{\partial x}n_x+\frac{\partial p}{\partial y}n_y \qquad (3\text{-}6\text{-}12)$$

由于 v 和 $\bar{v}$ 这两个函数是任意的,因此不失一般性,可进一步令

$$\bar{v}=-v \quad \text{on } \Gamma \qquad (3\text{-}6\text{-}13)$$

这样,式(3-6-11)可写为:

$$\int_\Omega \nabla^{\mathrm{T}} v \frac{k}{\mu} \nabla p \,\mathrm{d}\Omega - \int_\Omega v\, Q \,\mathrm{d}\Omega - \int_{\Gamma_{\mathrm{q}}} v\bar{q}\,\mathrm{d}\Gamma - \int_{\Gamma_{\mathrm{p}}} v \frac{k}{\mu} \frac{\partial p}{\partial n}\,\mathrm{d}\Gamma = 0 \qquad (3\text{-}6\text{-}14)$$

其中算子 ∇ 为：

$$\nabla = \begin{bmatrix} \dfrac{\partial}{\partial x} \\[2mm] \dfrac{\partial}{\partial y} \end{bmatrix}$$

式(3-6-14)即二维稳态渗流问题的等效积分弱形式。在此,应注意到:

(1) 场变量 p 不出现在沿边界 Γ_{q} 的积分中,其边界条件

$$B(p) = \frac{k}{\mu} \frac{\partial p}{\partial n} - \bar{q} = 0 \qquad (3\text{-}6\text{-}15)$$

在边界 Γ_{q} 上自动得到满足,这种边界条件称为自然边界条件。

(2) 若选择的场函数 p 本身已经满足强制边界条件,即在 Γ_{p} 边界上满足 $p-\bar{p}=0$,则可以通过选择适当的函数 v,使其在 Γ_{p} 边界上满足 $v=0$,从而可以忽略式(3-6-14)中的最后一项。

二、有限单元方程的近似函数

在研究域 Ω 中,若场函数 u 为精确解,则在域 Ω 中任一点都将满足微分方程,同时在边界上满足方程,此时等效积分形式或等效积分弱形式都将严格满足。然而,对于实际工程问题,这样的精确解很难找到,往往都是寻求其近似解。一般假设未知场函数 u 可以采用如下的近似:

$$u \approx \tilde{u} = \sum_{i=1}^{n} N_i a_i = Na \qquad (3\text{-}6\text{-}16)$$

式中,$\tilde{u}$ 为 u 的近似值;N_i 为已知函数,基于独立变量(如坐标 x,y,z)来表示,一般取自完全的线性独立的函数序列,在有限单元中称为基函数(也称为形状函数或试探函数);a_i 为待定参数,通常为节点上的未知场函数值;n 为有限的节点数。近似解的选择通常需要满足强制边界条件和连续性要求。

显然,近似解(3-6-16)并不能精确满足微分方程和边界条件,将它们代入式(3-6-1)式(3-6-2)必将产生如下残差:

$$R = A(Na) \neq 0, \quad \bar{R} = B(Na) \neq 0 \qquad (3\text{-}6\text{-}17)$$

式中,残差 R 和 $\bar{R}$ 也称为余量或残量。将近似解(3-6-16)代入等效积分形式中,可得:

$$\int_\Omega v^{\mathrm{T}} A(Na)\,\mathrm{d}\Omega + \int_\Gamma \bar{v}^{\mathrm{T}} B(Na)\,\mathrm{d}\Gamma = \int_\Omega v^{\mathrm{T}} R\,\mathrm{d}\Omega + \int_\Gamma \bar{v}^{\mathrm{T}} \bar{R}\,\mathrm{d}\Gamma = 0 \qquad (3\text{-}6\text{-}18)$$

为了求得近似解 $\tilde{u} = Na$,同样可用 n 个规定的函数来代替任意函数 v 和 $\bar{v}$,即

$$v = W_j, \quad \bar{v} = \bar{W}_j \quad (j = 1, \cdots, n) \qquad (3\text{-}6\text{-}19)$$

使得近似的等效积分形式(3-6-18)等于零,即

$$\int_\Omega W_j^{\mathrm{T}} A(Na)\,\mathrm{d}\Omega + \int_\Gamma \bar{W}_j^{\mathrm{T}} B(Na)\,\mathrm{d}\Gamma = \int_\Omega W_j^{\mathrm{T}} R\,\mathrm{d}\Omega + \int_\Gamma \bar{W}_j^{\mathrm{T}} \bar{R}\,\mathrm{d}\Gamma = 0 \qquad (3\text{-}6\text{-}20)$$

上式的意义是通过选择待定参数 a_i,强迫残量的加权积分等于零,因此 W_j 和 $\bar{W}_j$ 也称

为权函数。其中,若微分方程组 $\boldsymbol{A}$ 的个数为 m_1,边界条件 $\boldsymbol{B}$ 的个数为 m_2,则权函数 $\boldsymbol{W}_j$ 为 m_1 阶函数列阵,$\overline{\boldsymbol{W}}_j$ 为 m_2 阶函数列阵。

对应于等效积分弱形式,同样可以得到式(3-6-20)的等效积分弱形式,如下:

$$\int_\Omega \boldsymbol{C}^{\mathrm{T}}(\boldsymbol{W}_j)\boldsymbol{D}(\boldsymbol{Na})\mathrm{d}\Omega + \int_\Gamma \boldsymbol{E}^{\mathrm{T}}(\overline{\boldsymbol{W}}_j)\boldsymbol{F}(\boldsymbol{Na})\mathrm{d}\Gamma = \boldsymbol{0} \tag{3-6-21}$$

上述采用的使残量的某种加权积分为零来求得微分方程近似解的方法称为加权残量法(Weighted Residual Method,WRM)。

三、基于加权残量法的有限单元方程建立

加权残量法是求解微分方程近似解的一种有效方法。原则上,任何独立的完全函数集都可用作权函数。事实上,通过选取不同的试探函数和权函数,可以构造出不同的数值计算方法,如有限单元法、有限差分法、有限体积法和无网格法等。本节关注有限单元方法,并重点阐述经典的权函数选取。下面选取不同的权函数来构造不同的加权残量法。

1. 配点法

取 $\boldsymbol{W}_j = \delta(\boldsymbol{x} - \boldsymbol{x}_j)$,有:

$$\int_\Omega \boldsymbol{W}_j^{\mathrm{T}}\boldsymbol{R}\,\mathrm{d}\Omega = \int_\Omega \delta(\boldsymbol{x} - \boldsymbol{x}_j)\boldsymbol{R}\,\mathrm{d}\Omega = \boldsymbol{R}(\boldsymbol{x}_j) = \boldsymbol{0} \tag{3-6-22}$$

这种方法相当于简单的强迫残量在域内 n 个点上等于零。

2. 子域法

首先把研究域 Ω 划分为 n 个子域,然后在子域 Ω_j 中取值为 1,在子域 Ω_j 外取值为 0,则有:

$$\int_\Omega \boldsymbol{W}_j^{\mathrm{T}}\boldsymbol{R}\,\mathrm{d}\Omega = \int_{\Omega_j} \boldsymbol{R}\,\mathrm{d}\Omega = \boldsymbol{0} \tag{3-6-23}$$

该方法的实质是强迫残量在 n 个子域 Ω_j 上的积分为零。

3. 伽辽金(Galerkin)法

在域内取 $\boldsymbol{W}_j = \boldsymbol{N}_j$,在边界上取 $\overline{\boldsymbol{W}}_j = -\boldsymbol{W}_j = -\boldsymbol{N}_j$,即简单地利用近似解的试探函数作为权函数。近似积分形式(3-6-20)可写成:

$$\int_\Omega \boldsymbol{N}_j^{\mathrm{T}}\boldsymbol{A}\left(\sum_{i=1}^n \boldsymbol{N}_i \boldsymbol{a}_i\right)\mathrm{d}\Omega - \int_\Gamma \boldsymbol{N}_j^{\mathrm{T}}\boldsymbol{B}\left(\sum_{i=1}^n \boldsymbol{N}_i \boldsymbol{a}_i\right)\mathrm{d}\Gamma = \boldsymbol{0} \tag{3-6-24}$$

如果算子 $\boldsymbol{A}$ 和 $\boldsymbol{B}$ 是线性自伴随的,则采用伽辽金法得到的求解方程的系数矩阵是对称的,这也是在应用加权残量法建立有限单元计算格式时几乎毫无例外地采用伽辽金法的主要原因。

4. 最小二乘法

取权函数

$$\boldsymbol{W}_j = \frac{\partial}{\partial \boldsymbol{a}_i}\boldsymbol{A}\left(\sum_{i=1}^n \boldsymbol{N}_i \boldsymbol{a}_i\right) = \frac{\partial \boldsymbol{R}}{\partial \boldsymbol{a}_i} \tag{3-6-25}$$

则有：

$$\int_{\Omega} \boldsymbol{W}_j^{\mathrm{T}} \boldsymbol{R} \mathrm{d}\Omega = \int_{\Omega_j} \left(\frac{\partial \boldsymbol{R}}{\partial \boldsymbol{a}_j}\right)^{\mathrm{T}} \boldsymbol{R} \mathrm{d}\Omega = \boldsymbol{0} \tag{3-6-26}$$

事实上，令

$$\boldsymbol{\Pi}(\boldsymbol{a}_i) = \int_{\Omega} \boldsymbol{R}^{\mathrm{T}} \boldsymbol{R} \mathrm{d}\Omega = \int_{\Omega_j} \boldsymbol{R}^2 \mathrm{d}\Omega \tag{3-6-27}$$

并使 $\boldsymbol{\Pi}$ 取极值，则有：

$$\delta \boldsymbol{\Pi}(\boldsymbol{a}_i) = \sum_{i=1}^{n} \frac{\partial \boldsymbol{\Pi}}{\partial \boldsymbol{a}_i} \delta \boldsymbol{a}_i = \boldsymbol{0} \tag{3-6-28}$$

或

$$\frac{\partial \boldsymbol{\Pi}}{\partial \boldsymbol{a}_i} = \frac{\partial}{\partial \boldsymbol{a}_i} \int_{\Omega_j} \boldsymbol{R}^2 \mathrm{d}\Omega = \int_{\Omega_j} 2 \left(\frac{\partial \boldsymbol{R}}{\partial \boldsymbol{a}_j}\right)^{\mathrm{T}} \boldsymbol{R} \mathrm{d}\Omega = \boldsymbol{0} \tag{3-6-29}$$

即有：

$$\int_{\Omega_j} \left(\frac{\partial \boldsymbol{R}}{\partial \boldsymbol{a}_j}\right)^{\mathrm{T}} \boldsymbol{R} \mathrm{d}\Omega = \boldsymbol{0}$$

显然，最小二乘法的实质是使函数 $\boldsymbol{\Pi}$ 取极值。

下面将用一个例子来阐述加权残量法的具体求解过程，并取不同的权函数来求解同一问题，同时进行结果比较。

例 3-6-3 用加权残量法求解以下二阶常微分方程：

$$\frac{\mathrm{d}^2 u}{\mathrm{d}x^2} + u + (x+1) = 0 \quad (0 \leqslant x \leqslant L) \tag{3-6-30}$$

边界条件为在 $x=0$ 和 $x=1$ 处 $u=0$。其精确解为：

$$u(x) = \cos x + \frac{2-\cos 1}{\sin 1} \sin x - x - 1 \tag{3-6-31}$$

下面采用不同的加权残量法进行求解。首先，选取试探函数，在此必须考虑选取的试探函数需满足边界条件，故选取如下试探函数：

$$u(x) = x(1-x)(a_0 + a_1 x + a_2 x^2 + \cdots + a_n x^n + \cdots) \tag{3-6-32}$$

取前两项进行近似：

$$u(x) \approx \tilde{u}(x) = x(1-x)(a_0 + a_1 x) = x(1-x)a_0 + x^2(1-x)a_1 \tag{3-6-33}$$

将上式代入式（3-6-30）可得残差：

$$R = A(\tilde{u}) = (x+1) + (-2 + x - x^2)a_0 + (2 - 6x + x^2 - x^3)a_1 \tag{3-6-34}$$

（1）配点法。

选取两个点，$x_1 = 1/3$ 和 $x_2 = 2/3$，则有：

$$\left. \begin{array}{l} R\left(\dfrac{1}{3}\right) = -\dfrac{16}{9}a_0 + \dfrac{2}{27}a_1 + \dfrac{4}{3} = 0 \\[3mm] R\left(\dfrac{2}{3}\right) = -\dfrac{16}{9}a_0 - \dfrac{50}{27}a_1 + \dfrac{5}{3} = 0 \end{array} \right\} \tag{3-6-35}$$

解得：

$$a_0 = \frac{315}{416}, \quad a_1 = \frac{9}{52} \tag{3-6-36}$$

则采用配点法的近似解为：

$$u(x) \approx \widetilde{u}(x) = x(1-x)\left(\frac{315}{416} + \frac{9}{52}x\right) \tag{3-6-37}$$

（2）子域法。

取两个子域 $\Omega_1 = (0, 1/2), \Omega_2 = (1/2, 1)$，则有：

$$\left.\begin{aligned}
\int_0^{1/2} R\,\mathrm{d}x &= -\frac{11}{12}a_0 + \frac{53}{192}a_1 + \frac{5}{8} = 0 \\
\int_{1/2}^1 R\,\mathrm{d}x &= -\frac{11}{12}a_0 - \frac{229}{192}a_1 + \frac{7}{8} = 0
\end{aligned}\right\} \tag{3-6-38}$$

解得：

$$a_0 = \frac{379}{517}, \quad a_1 = \frac{8}{47} \tag{3-6-39}$$

则采用子域法的近似解为：

$$u(x) \approx \widetilde{u}(x) = x(1-x)\left(\frac{379}{517} + \frac{8}{47}x\right) \tag{3-6-40}$$

（3）伽辽金法。

由式（3-6-33），选取权函数 $w_1 = x(1-x), w_2 = x^2(1-x)$，则有：

$$\left.\begin{aligned}
\int_0^1 w_1 R\,\mathrm{d}x &= -\frac{3}{10}a_0 - \frac{3}{20}a_1 + \frac{1}{4} = 0 \\
\int_0^1 w_2 R\,\mathrm{d}x &= -\frac{3}{20}a_0 - \frac{13}{105}a_1 + \frac{2}{15} = 0
\end{aligned}\right\} \tag{3-6-41}$$

解得：

$$a_0 = \frac{92}{123}, \quad a_1 = \frac{7}{41} \tag{3-6-42}$$

则采用伽辽金法的近似解为：

$$u(x) \approx \widetilde{u}(x) = x(1-x)\left(\frac{92}{123} + \frac{7}{41}x\right) \tag{3-6-43}$$

（4）最小二乘法。

由式（3-6-34），可取如下权函数：

$$w_1 = \frac{\partial R}{\partial a_0} = -2 + x - x^2, \quad w_2 = \frac{\partial R}{\partial a_1} = 2 - 6x + x^2 - x^3 \tag{3-6-44}$$

则有：

$$\left.\begin{aligned}
\int_0^1 w_1 R\,\mathrm{d}x &= \frac{101}{30}a_0 + \frac{101}{60}a_1 - \frac{11}{4} = 0 \\
\int_0^1 w_2 R\,\mathrm{d}x &= \frac{101}{60}a_0 + \frac{131}{35}a_1 - \frac{28}{15} = 0
\end{aligned}\right\} \tag{3-6-45}$$

解得：

$$a_0 = \frac{180\,196}{246\,137}, \quad a_1 = \frac{413}{2\,437} \tag{3-6-46}$$

则采用最小二乘法的近似解为：

$$u(x) \approx \widetilde{u}(x) = x(1-x)\left(\frac{180\,196}{246\,137} + \frac{413}{2\,437}x\right) \tag{3-6-47}$$

加权残量法的解与解析解的比较如图 3-6-4 和表 3-6-1 所示。从图 3-6-4 中可以看出，各种方法都能较好地近似;从表 3-6-1 中可以看出,在几种加权残量法的近似解中,伽辽金法的解最接近于精确解。同时可以看出,伽辽金法得到的方程组的系数矩阵是对称的,因此在应用加权残量法推导有限单元方程时一般采用的都是伽辽金法。表 3-6-1 中的误差范数 L_u 定义如下:

$$L_u = \frac{\sqrt{\sum\limits_{i=1}^{n}(\widetilde{u}_i - u_i)^2}}{\sqrt{\sum\limits_{i=1}^{n}u_i^2}} \times 100\% \quad (3\text{-}6\text{-}48)$$

式中,下标 i 表示第 i 节点或子域上的值。

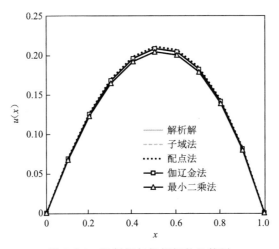

图 3-6-4 近似解与解析解的比较图

表 3-6-1 近似解与解析解的比较

x	解析解	子域法	配点法	伽辽金法	最小二乘法
0.0	0.000 00	0.000 00	0.000 00	0.000 00	0.000 00
0.1	0.068 18	0.067 51	0.069 71	0.068 85	0.067 41
0.2	0.124 70	0.122 74	0.126 69	0.125 14	0.122 56
0.3	0.167 97	0.164 67	0.169 92	0.167 83	0.164 42
0.4	0.196 58	0.192 28	0.198 35	0.195 90	0.191 97
0.5	0.209 24	0.204 55	0.210 94	0.208 33	0.204 21
0.6	0.204 82	0.200 45	0.206 65	0.204 10	0.200 11
0.7	0.182 37	0.178 97	0.184 46	0.182 17	0.178 65
0.8	0.141 10	0.139 08	0.143 31	0.141 53	0.138 83
0.9	0.080 45	0.079 76	0.082 17	0.081 15	0.079 62
1.0	0.000 00	0.000 00	0.000 00	0.000 00	0.000 00
误差范数/%		1.978 81	1.166 47	0.370 03	2.138 39

习 题

1.分别写出函数 p 关于 y, t 的一阶偏导数 $\dfrac{\partial p}{\partial y}, \dfrac{\partial p}{\partial t}$ 的一阶前差商、一阶后差商及一阶中心差商。

2.写出等距离网格情况下函数 p 关于 z 的二阶偏导数 $\dfrac{\partial^2 p}{\partial z^2}$ 的二阶差商。

3.写出不等距网格情况下函数 p 关于 y 的二阶偏导数 $\dfrac{\partial^2 p}{\partial y^2}$ 的二阶差商。

4.已知一维抛物型方程 $\dfrac{\partial^2 p}{\partial x^2} = \dfrac{\partial p}{\partial t}$。

(1) 写出其克兰克-尼克森差分方程;

(2) 用冯·纽曼方法对差分方程进行稳定性分析。

5.已知一维抛物型方程 $\dfrac{\partial^2 p}{\partial x^2} = \dfrac{\partial p}{\partial t}$。

(1) 推导出将差分格式建立在点 $(i, n+1)$ 和点 (i, n) 之间任意点 $(i, n+\theta)$ 上的差分方程,其中 θ 的取值区间为 $0 \leqslant \theta \leqslant 1$;

(2) 讨论该差分格式与显式、隐式及克兰克-尼克森差分格式的关系。

第四章　线性代数方程组的解法

4-1　差分方程组的求解

由第三章知道,除显式差分格式外,对各种类型的微分方程进行不同的离散差分后,都可以形成一个线性代数方程组。不仅线性微分方程如此,对于非线性方程,经过一定的线性化处理,最终也可以形成一个线性代数方程组。本章的主要任务就是对线性代数方程组进行数值求解。

线性代数方程组的求解方法基本上可以分为直接解法和迭代解法。直接解法是以高斯(Gauss)消元法为基础的一类方法,实际上这种方法是初等代数中解多元一次方程组方法的直接推广。这种方法的基本思路是:对原方程组经过一定的运算处理后,逐个消去部分变量,最后得到一个与原方程等价的便于逐步求解的方程组,以解出各个变量的值。如果不考虑计算时可能产生的舍入误差,则应该认为直接解法是一种精确的解法,它可以一次求得原线性方程组的解。与直接解法相比,迭代解法是一种近似解法。它的基本思路是:先估计一组变量的数值,作为原方程组的第一次近似或称迭代初值,然后利用某种迭代过程,逐次修改这组数值,得到解的第二次、第三次以至第 k 次近似值。在方程组满足一定条件的前提下,这些结果可以逐次逼近原方程组的真实解。经过有限次重复运算后,如果所得的近似解满足所规定的误差范围,则认为最后一次迭代的近似值就是原方程组的解。

数值模拟中的许多方法是综合应用迭代解法与直接解法而成的。如本章后面将要介绍的预处理共轭梯度法就是既采用直接解法中 LU 分解的原理,同时又采用迭代过程完成计算的一种方法;又如线松弛方法本身是一种迭代方法,但在每一步迭代过程中又使用了直接解法中的三对角方程的解法。由于这些方法的完成都依赖于某一迭代过程,所以一般都把这些方法归为迭代方法。

第一节　线性代数方程组的直接解法

前面已经指出,直接解法是以高斯消元法为基础的一类方法。因此,本节首先讨论高斯消元法,然后以此为基础引出 LU 分解法,并对 D_4 排列的计算进行简单介绍。

一、高斯消元法

高斯(Gauss)消元法又称消去法,是一切线性代数方程组直接解法的基础。它的基本思想是通过逐步消元,把方程组化为系数矩阵为三角矩阵的同解方程组,然后用回代法解此三角形方程组得到原方程组的解。下面先讨论三角形方程组的解法。

1. 三角形方程组的解法

系数矩阵为三角形的线性方程组很容易求解,如上三角形方程组:

$$\left.\begin{aligned} u_{11}x_1 + u_{12}x_2 + \cdots + u_{1n}x_n &= b_1 \\ u_{22}x_2 + \cdots + u_{2n}x_n &= b_2 \\ \vdots \qquad \vdots \\ u_{nn}x_n &= b_n \end{aligned}\right\} \tag{4-1-1}$$

在方程组(4-1-1)中,若 $u_{ii} \neq 0 (i = 1, 2, \cdots, n)$,则从最后一个方程开始,逐次向前回代,可得:

$$\left.\begin{aligned} x_n &= b_n / u_{nn} \\ x_{n-1} &= (b_{n-1} - u_{n-1,n}x_n)/u_{n-1,n-1} \\ \vdots \qquad \vdots \\ x_1 &= (b_1 - u_{12}x_2 - u_{13}x_3 - \cdots - u_{1n}x_n)/u_{11} \end{aligned}\right\} \tag{4-1-2}$$

按上述方法求解方程组(4-1-1)的过程称为回代过程。方程组(4-1-2)可以简单地记为:

$$x_i = \left(b_i - \sum_{k=i+1}^{n} u_{ik}x_k\right)/u_{ii} \quad (i = n, n-1, \cdots, 1) \tag{4-1-3}$$

同理,对于系数矩阵为下三角阵的三角形方程组,也可以用类似的回代过程进行求解。
设有下三角形方程组:

$$\left.\begin{aligned} l_{11}x_1 &= b_1 \\ l_{21}x_1 + l_{22}x_2 &= b_2 \\ \vdots \qquad \vdots \\ l_{n1}x_1 + l_{n2}x_2 + \cdots + l_{nn}x_n &= b_n \end{aligned}\right\} \tag{4-1-4}$$

经由上而下逐次前推,可得解为:

$$x_i = \left(b_i - \sum_{k=1}^{i-1} l_{ik}x_k\right)/l_{ii} \quad (i = 1, 2, \cdots, n) \tag{4-1-5}$$

2. 满阵的高斯消元法

对于如下 n 阶线性方程组:

$$\left.\begin{aligned} a_{11}x_1 + a_{12}x_2 + \cdots + a_{1n}x_n &= b_1 \\ a_{21}x_1 + a_{22}x_2 + \cdots + a_{2n}x_n &= b_2 \\ \vdots \qquad \vdots \\ a_{n1}x_1 + a_{n2}x_2 + \cdots + a_{nn}x_n &= b_n \end{aligned}\right\} \tag{4-1-6}$$

高斯消元法的步骤为:

第一步消元。若 $a_{11} \neq 0$,令 $m_{i1} = a_{i1}/a_{11} (i = 2, 3, \cdots, n)$,用 $-m_{i1}$ 乘以第一个方程并加

到第 $i(i=2,3,\cdots,n)$ 个方程上,得同解方程组:

$$\left.\begin{aligned} a_{11}^{(1)}x_1+a_{12}^{(1)}x_2+\cdots+a_{1n}^{(1)}x_n &=b_1^{(1)} \\ a_{22}^{(2)}x_2+\cdots+a_{2n}^{(2)}x_n &=b_2^{(2)} \\ \vdots \qquad\qquad \vdots & \\ a_{n2}^{(2)}x_2+\cdots+a_{nn}^{(2)}x_n &=b_n^{(2)} \end{aligned}\right\} \tag{4-1-7}$$

其中:

$$\left.\begin{aligned} a_{1j}^{(1)} &=a_{1j} \quad (j=1,2,\cdots,n) \\ b_1^{(1)} &=b_1 \\ a_{ij}^{(2)} &=a_{ij}-m_{i1}a_{1j} \quad (i,j=2,3,\cdots,n) \\ b_i^{(2)} &=b_i-m_{i1}b_1 \quad (i=2,3,\cdots,n) \end{aligned}\right\} \tag{4-1-8}$$

第二步消元。若 $a_{22}^{(2)}\neq 0$,令 $m_{i2}=a_{i2}^{(2)}/a_{22}^{(2)}(i=2,3,\cdots,n)$,用 $-m_{i2}$ 乘以第二个方程并加到第 $i(i=3,4,\cdots,n)$ 个方程上,将 $a_{i2}^{(2)}(i=3,4,\cdots,n)$ 约化为零,得同解方程组:

$$\left.\begin{aligned} a_{11}^{(1)}x_1+a_{12}^{(1)}x_2+a_{13}^{(1)}x_3+\cdots+a_{1n}^{(1)}x_n &=b_1^{(1)} \\ a_{22}^{(2)}x_2+a_{23}^{(2)}x_3+\cdots+a_{2n}^{(2)}x_n &=b_2^{(2)} \\ a_{33}^{(3)}x_3+\cdots+a_{3n}^{(3)}x_n &=b_3^{(3)} \\ \vdots \qquad\qquad \vdots & \\ a_{n3}^{(3)}x_3+\cdots+a_{nn}^{(3)}x_n &=b_n^{(3)} \end{aligned}\right\} \tag{4-1-9}$$

一般地,经过第 $k-1$ 步消元后,方程组化为:

$$\left.\begin{aligned} a_{11}^{(1)}x_1+a_{12}^{(1)}x_2+a_{13}^{(1)}x_3+\cdots+a_{1n}^{(1)}x_n &=b_1^{(1)} \\ a_{22}^{(2)}x_2+a_{23}^{(2)}x_3+\cdots+a_{2n}^{(2)}x_n &=b_2^{(2)} \\ \vdots \qquad\qquad \vdots & \\ a_{kk}^{(k)}x_k+\cdots+a_{kn}^{(k)}x_n &=b_k^{(k)} \\ \vdots \qquad\qquad \vdots & \\ a_{nk}^{(k)}x_k+\cdots+a_{nn}^{(k)}x_n &=b_n^{(k)} \end{aligned}\right\} \tag{4-1-10}$$

第 k 步消元。若 $a_{kk}^{(k)}\neq 0$,令 $m_{ik}=a_{ik}^{(k)}/a_{kk}^{(k)}(i=k+1,k+2,\cdots,n)$,用 $-m_{ik}$ 乘以第 k 个方程并加到第 $i(i=k+1,k+2,\cdots,n)$ 个方程上,得同解方程组:

$$\left.\begin{aligned} a_{11}^{(1)}x_1+a_{12}^{(1)}x_2+\cdots+a_{1n}^{(1)}x_n &=b_1^{(1)} \\ a_{22}^{(2)}x_2+\cdots+a_{2n}^{(2)}x_n &=b_2^{(2)} \\ \vdots & \\ a_{kk}^{(k)}x_k+a_{k,k+1}^{(k)}x_{k+1}+\cdots+a_{kn}^{(k)}x_n &=b_k^{(k)} \\ a_{k+1,k+1}^{(k+1)}x_{k+1}+\cdots+a_{k+1,n}^{(k+1)}x_n &=b_{k+1}^{(k+1)} \\ \vdots & \\ a_{n,k+1}^{(k+1)}x_{k+1}+\cdots+a_{nn}^{(k+1)}x_n &=b_n^{(k+1)} \end{aligned}\right\} \tag{4-1-11}$$

其中:

$$\left.\begin{aligned} a_{ij}^{(k+1)} &=a_{ij}^{(k)}-m_{ik}a_{kj}^{(k)} \quad (i,j=k+1,k+2,\cdots,n) \\ b_i^{(k+1)} &=b_i^{(k)}-m_{ik}b_k^{(k)} \quad (i=k+1,k+2,\cdots,n) \end{aligned}\right\} \tag{4-1-12}$$

按上述做法,经 $n-1$ 步消元后,方程组(4-1-6)化为同解的上三角形方程组:

$$
\left.\begin{array}{l}
a_{11}^{(1)} x_1 + a_{12}^{(1)} x_2 + \cdots + a_{1n}^{(1)} x_n = b_1^{(1)} \\
a_{22}^{(2)} x_2 + \cdots + a_{2n}^{(2)} x_n = b_2^{(2)} \\
\qquad\qquad\vdots \qquad\qquad \vdots \\
a_{nn}^{(n)} x_n = b_n^{(n)}
\end{array}\right\} \tag{4-1-13}
$$

这样就完成了消元过程。

至于回代过程,因为 $a_{kk}^{(k)} \neq 0(k=n,n-1,\cdots,1)$,所以可由下而上逐步回代,即可得到方程(4-1-6)的解:

$$
\left.\begin{array}{l}
x_n = \dfrac{b_n^{(n)}}{a_{nn}^{(n)}} \\[4mm]
x_k = \dfrac{b_k^{(k)} - \sum\limits_{j=k+1}^{n} a_{kj}^{(k)} x_j}{a_{kk}^{(k)}} \quad (k=n-1,n-2,\cdots,1)
\end{array}\right\} \tag{4-1-14}
$$

在上述公式中,$a_{ij}^{(k)}$,$b_i^{(k)}$ 的上标 k 表示第 $k-1$ 步消元过程中得到的量。在用计算机解题时,为了节省内存单元,可把 $a_{ij}^{(k+1)}$ 存于 $a_{ij}^{(k)}$ 的位置,$b_i^{(k+1)}$ 存于 $b_i^{(k)}$ 的位置。

3. 带状稀疏矩阵的高斯消元法

由第三章可知,二维油藏问题按行标准排列和按列标准排列所形成的系数矩阵都是五对角阵。仍以上章 6×4 网格系统为例,其按列标准排列形成的系数矩阵的结构如图 3-3-6 所示,半带宽 $W=4$,带宽 $B=9$。若采用标准矩阵表示法 $\boldsymbol{A}=\{a_{ij}\}$ 表示,则此系数矩阵的特点是:当 $|j-i|>W$ 时,$a_{ij}=0$。

对于图 3-3-6 所示带状稀疏矩阵,在进行高斯消元时,应尽量使原矩阵中带宽以外的零元素仍然为零,这样才能节省计算工作量和存储量,因此消元主要在带宽范围内进行。

第一步消元:若 $a_{11} \neq 0$,将第一列中 a_{11} 主对角线以下的非零元素全化为零。因消元只在带宽范围内进行,其计算公式为:

$$
\left.\begin{array}{l}
a_{ij}^{(2)} = a_{ij} - \dfrac{a_{i1}}{a_{11}} a_{1j} \quad (i,j=2,3,\cdots,W_i+1) \\[3mm]
b_i^{(2)} = b_i - \dfrac{a_{i1}}{a_{11}} b_1 \quad (i=2,3,\cdots,W_i+1)
\end{array}\right\} \tag{4-1-15}
$$

对于其余元素:

$$
\left.\begin{array}{l}
a_{ij}^{(1)} = a_{ij} \\
b_i^{(1)} = b_i
\end{array}\right\} \tag{4-1-16}
$$

第二步消元:若 $a_{22}^{(2)} \neq 0$,将第二列中 $a_{22}^{(2)}$ 主对角线以下的元素全化为零。消元仍在带宽范围内进行,这样经过 $k-1$ 步消元后,所得的系数矩阵 $\boldsymbol{A}^{(k)}$ 具有图 4-1-1 所示的形式。

第 k 步消元:若 $a_{kk}^{(k)} \neq 0$,将第 k 列中 $a_{kk}^{(k)}$ 主对角线以下的元素全化为零,其计算公式为:

$$
\left.\begin{array}{l}
a_{ij}^{(k+1)} = a_{ij}^{(k)} - \dfrac{a_{ik}^{(k)}}{a_{kk}^{(k)}} a_{kj}^{(k)} \quad [i,j=k+1,k+2,\cdots,\min(k+W_i,n)] \\[3mm]
b_i^{(k+1)} = b_i^{(k)} - \dfrac{a_{ik}^{(k)}}{a_{kk}^{(k)}} b_k^{(k)} \quad [i=k+1,k+2,\cdots,\min(k+W_i,n)]
\end{array}\right\} \tag{4-1-17}
$$

其余元素为:

$$
\left.\begin{array}{l}
a_{ij}^{(k+1)} = a_{ij}^{(k)} \\
b_i^{(k+1)} = b_i^{(k)}
\end{array}\right\} \tag{4-1-18}
$$

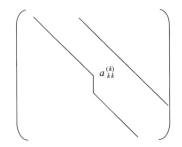

图 4-1-1　$k-1$ 步消元后所得矩阵 $\boldsymbol{A}^{(k)}$

这样经过 $n-1$ 步消元计算后,原矩阵转化为图 4-1-2 所示的上三角矩阵 $\boldsymbol{A}^{(n)}$。

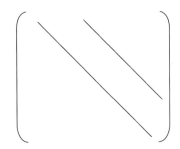

图 4-1-2　$n-1$ 步消元后所得矩阵 $\boldsymbol{A}^{(n)}$

对于图 4-1-2 所示的上三角矩阵,经回代计算即可得解。回代计算公式为:

$$\left. \begin{aligned} x_n &= \frac{b_n^{(n)}}{a_{nn}^{(n)}} \\ x_k &= \frac{b_k^{(k)} - \displaystyle\sum_{j=k+1}^{\min(k+W_i,n)} a_{kj}^{(k)} x_j}{a_{kk}^{(k)}} \end{aligned} \right\} \tag{4-1-19}$$

例 4-1-1　设油藏由 5×4 的网格系统组成。设 n 时刻的压力分布如图 4-1-3(a)所示,如果边界处的压力为常数,求 $n+1$ 时刻(图 4-1-3b)的压力 p_1,p_2,p_3,p_4,p_5,p_6。已知 $\Delta x=\Delta y=2,\Delta t=2$。

	5	4	3	
10	6	5	4	2
10	7	6	5	4
	8	7	6	

（a）n 时刻的压力（已知）

	5	4	3	
10	p_2	p_4	p_6	2
10	p_1	p_3	p_5	4
	8	7	6	

（b）$n+1$ 时刻的压力（待求）

图 4-1-3　不同时刻的压力分布

解　由第三章第二节可知,若忽略重力,不考虑源汇项,不考虑各系数的影响,则二维单相渗流的偏微分方程可简化为:

$$\frac{\partial^2 p}{\partial x^2}+\frac{\partial^2 p}{\partial y^2}=\frac{\partial p}{\partial t} \tag{4-1-20}$$

其隐式差分方程为：

$$\frac{p_{i-1,j}^{n+1}-2p_{i,j}^{n+1}+p_{i+1,j}^{n+1}}{\Delta x^2}+\frac{p_{i,j-1}^{n+1}-2p_{i,j}^{n+1}+p_{i,j+1}^{n+1}}{\Delta y^2}=\frac{p_{i,j}^{n+1}-p_{i,j}^{n}}{\Delta t} \tag{4-1-21}$$

当 $\Delta x=\Delta y$ 时，令 $\alpha=\dfrac{\Delta x^2}{\Delta t}$，则：

$$p_{i-1,j}^{n+1}+p_{i,j-1}^{n+1}-(4+\alpha)\,p_{i,j}^{n+1}+p_{i+1,j}^{n+1}+p_{i,j+1}^{n+1}=-\alpha\,p_{i,j}^{n} \tag{4-1-22}$$

本题中，$\alpha=\dfrac{\Delta x^2}{\Delta t}=2$，则上式转换为：

$$p_{i-1,j}^{n+1}+p_{i,j-1}^{n+1}-6p_{i,j}^{n+1}+p_{i+1,j}^{n+1}+p_{i,j+1}^{n+1}=-2p_{i,j}^{n} \tag{4-1-23}$$

网格排列格式采用按列标准排列，如图 4-1-3b 所示，可列出各节点处的差分方程为：

$$\left. \begin{array}{ll} \text{节点 1} & -6p_1+p_2+p_3=-2\times7-10-8=-32 \\ \text{节点 2} & p_1-6p_2+p_4=-2\times6-10-5=-27 \\ \text{节点 3} & p_1-6p_3+p_4+p_5=-2\times6-7=-19 \\ \text{节点 4} & p_2+p_3-6p_4+p_6=-2\times5-4=-14 \\ \text{节点 5} & p_3-6p_5+p_6=-2\times5-6-4=-20 \\ \text{节点 6} & p_4+p_5-6p_6=-2\times4-3-2=-13 \end{array} \right\} \tag{4-1-24}$$

将系数矩阵和其右端项组成增广矩阵，并按上述带状稀疏矩阵的高斯消元法进行运算：

$$\begin{pmatrix} -6 & 1 & 1 & 0 & 0 & 0 & -32 \\ 1 & -6 & 0 & 1 & 0 & 0 & -27 \\ 1 & 0 & -6 & 1 & 1 & 0 & -19 \\ 0 & 1 & 1 & -6 & 0 & 1 & -14 \\ 0 & 0 & 1 & 0 & -6 & 1 & -20 \\ 0 & 0 & 0 & 1 & 1 & -6 & -13 \end{pmatrix} \rightarrow$$

$$\begin{pmatrix} -6 & 1 & 1 & 0 & 0 & 0 & -32 \\ 0 & -5.833\,3 & 0.166\,7 & 1 & 0 & 0 & -32.333\,3 \\ 0 & 0.166\,7 & -5.833\,3 & 1 & 1 & 0 & -24.333\,3 \\ 0 & 1 & 1 & -6 & 0 & 1 & -14 \\ 0 & 0 & 1 & 0 & -6 & 1 & -20 \\ 0 & 0 & 0 & 1 & 1 & -6 & -13 \end{pmatrix} \rightarrow$$

$$\begin{pmatrix} -6 & 1 & 1 & 0 & 0 & 0 & -32 \\ 0 & -5.833\,3 & 0.166\,7 & 1 & 0 & 0 & -32.333\,3 \\ 0 & 0 & -5.828\,6 & 1.028\,6 & 1 & 0 & -25.257\,1 \\ 0 & 0 & 1.028\,6 & -5.828\,6 & 0 & 1 & -19.542\,9 \\ 0 & 0 & 1 & 0 & -6 & 1 & -20 \\ 0 & 0 & 0 & 1 & 1 & -6 & -13 \end{pmatrix} \rightarrow$$

$$\begin{bmatrix} -6 & 1 & 1 & 0 & 0 & 0 & -32 \\ 0 & -5.833\ 3 & 0.166\ 7 & 1 & 0 & 0 & -32.333\ 3 \\ 0 & 0 & -5.828\ 6 & 1.028\ 6 & 1 & 0 & -25.257\ 1 \\ 0 & 0 & 0 & -5.647\ 1 & 0.176\ 5 & 1 & -24 \\ 0 & 0 & 0 & 0.176\ 5 & -5.828\ 4 & 1 & -24.333\ 3 \\ 0 & 0 & 0 & 1 & 1 & -6 & -13 \end{bmatrix} \longrightarrow$$

$$\begin{bmatrix} -6 & 1 & 1 & 0 & 0 & 0 & -32 \\ 0 & -5.833\ 3 & 0.166\ 7 & 1 & 0 & 0 & -32.333\ 3 \\ 0 & 0 & -5.828\ 6 & 1.028\ 6 & 1 & 0 & -25.257\ 1 \\ 0 & 0 & 0 & -5.647\ 1 & 0.176\ 5 & 1 & -24 \\ 0 & 0 & 0 & 0 & -5.822\ 9 & 1.031\ 3 & -25.083\ 3 \\ 0 & 0 & 0 & 0 & 1.031\ 3 & -5.822\ 9 & -17.25 \end{bmatrix} \longrightarrow$$

$$\begin{bmatrix} -6 & 1 & 1 & 0 & 0 & 0 & -32 \\ 0 & -5.833\ 3 & 0.166\ 7 & 1 & 0 & 0 & -32.333\ 3 \\ 0 & 0 & -5.828\ 6 & 1.028\ 6 & 1 & 0 & -25.257\ 1 \\ 0 & 0 & 0 & -5.647\ 1 & 0.176\ 5 & 1 & -24 \\ 0 & 0 & 0 & 0 & -5.822\ 9 & 1.031\ 3 & -25.083\ 3 \\ 0 & 0 & 0 & 0 & 0 & -5.645\ 8 & -21.692\ 3 \end{bmatrix}$$

经回代可得:

$$p_6 = 3.846\ 0$$
$$p_5 = 4.988\ 8$$
$$p_4 = 5.087\ 0$$
$$p_3 = 6.087\ 0$$
$$p_2 = 6.588\ 8$$
$$p_1 = 7.446\ 0$$

二、LU 分解法

如果用矩阵运算的形式来表示高斯消元法的过程,则上述过程实际上就是把原方程的系数矩阵 A 分解成一个下三角矩阵 L 和一个上三角矩阵 U 的乘积。因此,这种运算也称为矩阵的 LU 分解,因计算过程中不需其他中间步骤,所以又称为直接分解法。

用 LU 分解法求解矩阵方程 $AX=B$ 的基本思路为:首先将矩阵 A 分解为下三角矩阵 L 和单位上三角矩阵 U 的乘积,即 $A=LU$,则 $LUX=B$,令 $UX=Y$,则 $LY=B$。因此,LU 分解可分 3 步进行,其具体步骤如下。

第一步:将 A 分解为 LU 的乘积;

第二步:由 $LY=B$ 前推求 Y;

第三步:由 $UX=Y$ 回代求 X。

1. 满阵的 LU 分解法

对于矩阵方程 $AX = B$,其中系数矩阵 A 为:

$$A = \begin{pmatrix} a_{11} & a_{12} & \cdots & a_{1n} \\ a_{21} & a_{22} & \cdots & a_{2n} \\ \vdots & \vdots & & \vdots \\ a_{n1} & a_{n2} & \cdots & a_{nn} \end{pmatrix} \tag{4-1-25}$$

将 A 进行 LU 分解,所得矩阵 L 和 U 可写为:

$$L = \begin{pmatrix} l_{11} & & & & \\ l_{21} & l_{22} & & & \\ l_{31} & l_{32} & l_{33} & & \\ \vdots & \vdots & & \ddots & \\ l_{n1} & l_{n2} & \cdots & & l_{nn} \end{pmatrix} \tag{4-1-26}$$

$$U = \begin{pmatrix} 1 & u_{12} & \cdots & u_{1,n-1} & u_{1n} \\ & 1 & \cdots & u_{2,n-1} & u_{2n} \\ & & \ddots & \vdots & \vdots \\ & & & 1 & u_{n-1,n} \\ & & & & 1 \end{pmatrix} \tag{4-1-27}$$

其中,U 的主对角线上的元素全为 1,故称为单位上三角矩阵。

按照矩阵相乘的法则,可以推导 L 和 U 中各元素的计算公式。推导过程如下:

$$a_{ij} = \sum_{k=1}^{n} l_{ik} u_{kj} = \sum_{k=1}^{j-1} l_{ik} u_{kj} + l_{ij} u_{jj} + \sum_{k=j+1}^{n} l_{ik} u_{kj} \tag{4-1-28}$$

因 U 为单位上三角矩阵,其中:

$$\left. \begin{aligned} u_{jj} &= 1 \\ u_{kj} &= 0 \quad (\text{当 } k > j \text{ 时}) \end{aligned} \right\}$$

所以上式可简化为:

$$a_{ij} = \sum_{k=1}^{j-1} l_{ik} u_{kj} + l_{ij} \tag{4-1-29}$$

于是:

$$l_{ij} = a_{ij} - \sum_{k=1}^{j-1} l_{ik} u_{kj} \quad (i = 1, 2, \cdots, n; j = 1, 2, \cdots, i) \tag{4-1-30}$$

又

$$a_{ij} = \sum_{k=1}^{n} l_{ik} u_{kj} = \sum_{k=1}^{i-1} l_{ik} u_{kj} + l_{ii} u_{ij} + \sum_{k=i+1}^{n} l_{ik} u_{kj} \tag{4-1-31}$$

因 L 为下三角矩阵,其中 $l_{ik} = 0$(当 $i < k$ 时),所以上式可简化为:

$$a_{ij} = \sum_{k=1}^{i-1} l_{ik} u_{kj} + l_{ii} u_{ij} \tag{4-1-32}$$

于是:

$$u_{ij} = \frac{a_{ij} - \sum_{k=1}^{i-1} l_{ik} u_{kj}}{l_{ii}} \quad (i = 1, 2, \cdots, n-1; j = i+1, i+2, \cdots, n) \tag{4-1-33}$$

上述推导 L 和 U 的各元素的计算公式可写为下述通用公式。

对于 $i = 1, 2, \cdots, n$，有：

$$\left.\begin{array}{l} l_{ij} = a_{ij} - \displaystyle\sum_{k=1}^{j-1} l_{ik} u_{kj} \quad (j = 1, 2, \cdots, i) \\[3mm] u_{ij} = \dfrac{a_{ij} - \displaystyle\sum_{k=1}^{i-1} l_{ik} u_{kj}}{l_{ii}} \quad (j = i+1, i+2, \cdots, n) \end{array}\right\} \tag{4-1-34}$$

求出 L 和 U 之后，方程的求解就比较简单了。首先由 $LY = B$ 前推求出 Y，其计算公式为：

$$\left.\begin{array}{l} y_1 = \dfrac{b_1}{l_{11}} \\[3mm] y_i = \dfrac{b_i - \displaystyle\sum_{k=1}^{i-1} l_{ik} y_k}{l_{ii}} \quad (i = 2, 3, \cdots, n) \end{array}\right\} \tag{4-1-35}$$

然后由 $UX = Y$ 回代求出 X，其计算公式为：

$$\left.\begin{array}{l} x_n = y_n \\[3mm] x_i = y_i - \displaystyle\sum_{k=i+1}^{n} u_{ik} x_k \quad (i = n-1, n-2, \cdots, 2, 1) \end{array}\right\} \tag{4-1-36}$$

2. 带状稀疏矩阵的 LU 分解法

带状稀疏矩阵的 LU 分解与满阵的 LU 分解是类似的，只是这里仍保证系数矩阵的带状结构，也就是说，分解出的下三角矩阵 L 和上三角矩阵 U 也是带状矩阵。对于半带宽为 W 的系数矩阵 A，其进行 LU 分解所形成的矩阵结构如图 4-1-4 所示。

图 4-1-4 中，系数矩阵 A 为带宽矩阵，其特点是当 $|j-i| > W$ 时，$a_{ij} = 0$。下三角矩阵 L 的特点是：不仅 $j > i$ 时 $l_{ij} = 0$，而且 $j < i - W$ 时 $l_{ij} = 0$。单位上三角矩阵 U 的特点是：不仅 $j < i$ 时 $u_{ij} = 0$，而且 $j > i - W$ 时 $u_{ij} = 0$。

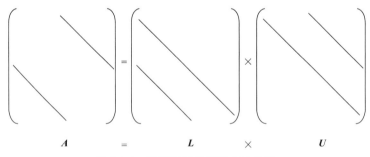

$$A \qquad = \qquad L \qquad \times \qquad U$$

图 4-1-4　带状稀疏矩阵的 LU 分解

因此，与满阵的 LU 分解相比，带状稀疏矩阵的 LU 分解计算只在带宽范围内进行。对 A 进行 LU 分解时，L, U 各元素的计算通式为：

对 $i = 1, 2, \cdots, n$：

$$l_{ij} = a_{ij} - \sum_{k=\max(1,i-W)}^{j-1} l_{ik}u_{kj} \quad \left[j = \max(i-W,1),\cdots,i-1,i\right]$$

$$u_{ij} = \frac{a_{ij} - \sum_{k=\max(j-W,1)}^{i-1} l_{ik}u_{kj}}{l_{ii}} \quad \left[j = i+1,i+2,\cdots,\min(i+W,n)\right]$$

$$\tag{4-1-37}$$

由 $LY=B$ 前推，求解 Y 的计算公式为：

$$y_1 = \frac{b_1}{l_{11}}$$

$$y_i = \frac{b_i - \sum_{k=\max(i-W,1)}^{i-1} l_{ik}y_k}{l_{ii}} \quad (i = 2,3,\cdots,n)$$

$$\tag{4-1-38}$$

由 $UX=Y$ 回代，求解 X 的计算公式为：

$$x_n = y_n$$

$$x_i = y_i - \sum_{k=i+1}^{\min(i+W,n)} u_{ik}x_k \quad (i = n-1,n-2,\cdots,1)$$

$$\tag{4-1-39}$$

例 4-1-2　用 LU 分解法求解五对角方程组：

$$
\begin{bmatrix}
1 & 1 & 1 & 0 & 0 & 0 \\
1 & 2 & 1 & 1 & 0 & 0 \\
1 & 1 & 3 & 1 & 1 & 0 \\
0 & 1 & 1 & 4 & 1 & 1 \\
0 & 0 & 1 & 1 & 5 & 1 \\
0 & 0 & 0 & 1 & 1 & 6
\end{bmatrix}
\begin{bmatrix}
x_1 \\ x_2 \\ x_3 \\ x_4 \\ x_5 \\ x_6
\end{bmatrix}
=
\begin{bmatrix}
6 \\ 12 \\ 21 \\ 32 \\ 38 \\ 45
\end{bmatrix}
\tag{4-1-40}
$$

解　首先利用式（4-1-37）对系数矩阵进行 LU 分解，得：

$$
\begin{bmatrix}
1 & 1 & 1 & 0 & 0 & 0 \\
1 & 2 & 1 & 1 & 0 & 0 \\
1 & 1 & 3 & 1 & 1 & 0 \\
0 & 1 & 1 & 4 & 1 & 1 \\
0 & 0 & 1 & 1 & 5 & 1 \\
0 & 0 & 0 & 1 & 1 & 6
\end{bmatrix}
=
\begin{bmatrix}
1 & 0 & 0 & 0 & 0 & 0 \\
1 & 1 & 0 & 0 & 0 & 0 \\
1 & 0 & 2 & 0 & 0 & 0 \\
0 & 1 & 1 & 2.5 & 0 & 0 \\
0 & 0 & 1 & 0.5 & 4.4 & 0 \\
0 & 0 & 0 & 1 & 0.8 & 5.455
\end{bmatrix}
\begin{bmatrix}
1 & 1 & 1 & 0 & 0 & 0 \\
0 & 1 & 0 & 1 & 0 & 0 \\
0 & 0 & 1 & 0.5 & 0.5 & 0 \\
0 & 0 & 0 & 1 & 0.2 & 0.4 \\
0 & 0 & 0 & 0 & 1 & 0.182 \\
0 & 0 & 0 & 0 & 0 & 1
\end{bmatrix}
$$

由 $LY=B$，即

$$
\begin{bmatrix}
1 & 0 & 0 & 0 & 0 & 0 \\
1 & 1 & 0 & 0 & 0 & 0 \\
1 & 0 & 2 & 0 & 0 & 0 \\
0 & 1 & 1 & 2.5 & 0 & 0 \\
0 & 0 & 1 & 0.5 & 4.4 & 0 \\
0 & 0 & 0 & 1 & 0.8 & 5.455
\end{bmatrix}
\begin{bmatrix}
y_1 \\ y_2 \\ y_3 \\ y_4 \\ y_5 \\ y_6
\end{bmatrix}
=
\begin{bmatrix}
6 \\ 12 \\ 21 \\ 32 \\ 38 \\ 45
\end{bmatrix}
\tag{4-1-41}
$$

前推求 Y，可得：

$$y_1 = 6, \quad y_2 = 6, \quad y_3 = 7.5, \quad y_4 = 7.4, \quad y_5 = 6.091, \quad y_6 = 6$$

由 $UX=Y$，即

$$\begin{pmatrix} 1 & 1 & 1 & 0 & 0 & 0 \\ 0 & 1 & 0 & 1 & 0 & 0 \\ 0 & 0 & 1 & 0.5 & 0.5 & 0 \\ 0 & 0 & 0 & 1 & 0.2 & 0.4 \\ 0 & 0 & 0 & 0 & 1 & 0.182 \\ 0 & 0 & 0 & 0 & 0 & 1 \end{pmatrix} \begin{pmatrix} x_1 \\ x_2 \\ x_3 \\ x_4 \\ x_5 \\ x_6 \end{pmatrix} = \begin{pmatrix} 6 \\ 6 \\ 7.5 \\ 7.4 \\ 6.091 \\ 6 \end{pmatrix} \tag{4-1-42}$$

回代求 X，可得：

$$x_6 = 6, \quad x_5 = 5, \quad x_4 = 4, \quad x_3 = 3, \quad x_2 = 2, \quad x_1 = 1$$

用 LU 分解法求解带状稀疏矩阵的程序框图如图 4-1-5 所示。

3. 三对角方程组的追赶法

作为 LU 分解的一个特殊例子，下面介绍一种特殊类型的线性方程组——三对角方程组的有效解法，称为追赶法或托马斯（Thomas）算法。

第三章已经讲过，一维渗流问题的隐式差分方程组的系数矩阵为三对角矩阵。追赶法就是用来求解三对角矩阵方程的一种比较简单、应用也极为广泛的解法。它的基本思路与 LU 分解相同，即将矩阵 A 分解成两个具有特定形式的三角形矩阵的乘积：

$$A = LU$$

其中，L 为下三角矩阵，U 为单位上三角矩阵，即

$$\begin{pmatrix} a_1 & b_1 & & & \\ c_2 & a_2 & b_2 & & \\ & \ddots & \ddots & \ddots & \\ & & c_{n-1} & a_{n-1} & b_{n-1} \\ & & & c_n & a_n \end{pmatrix} = \begin{pmatrix} l_1 & & & & \\ c_2 & l_2 & & & \\ & \ddots & \ddots & & \\ & & c_{n-1} & l_{n-1} & \\ & & & c_n & l_n \end{pmatrix} \begin{pmatrix} 1 & u_1 & & & \\ & 1 & u_2 & & \\ & & \ddots & \ddots & \\ & & & 1 & u_{n-1} \\ & & & & 1 \end{pmatrix}$$

应该指出，L 的下对角线上的元素与 A 的下对角线上的元素相同，而 U 的主对角线上的元素人为地都取作 1。因此，进行 LU 分解时，只需求出 L 的主对角线上的元素和 U 的上角线上的元素即可。

按照矩阵相乘的法则，可以求出 L 和 U 中的各元素，其计算通式为：

$$\left. \begin{aligned} l_1 &= a_1 \\ u_{i-1} &= \frac{b_{i-1}}{l_{i-1}} \quad (i = 2, 3, \cdots, n) \\ l_i &= a_i - c_i u_{i-1} \quad (i = 2, 3, \cdots, n) \end{aligned} \right\} \tag{4-1-43}$$

若原三对角矩阵方程为 $AX = D$，则经过 LU 分解后，由 $LY = D$ 前推求 Y 的计算公式为：

$$\left. \begin{aligned} y_1 &= \frac{d_1}{l_1} \\ y_i &= \frac{d_i - c_i y_{i-1}}{l_i} \quad (i = 2, 3, \cdots, n) \end{aligned} \right\} \tag{4-1-44}$$

前推求 Y 的过程在此称为追的过程。

由 $UX = Y$ 回代求 X 的计算公式为：

$$\left. \begin{aligned} x_n &= y_n \\ x_i &= y_i - u_i x_{i+1} \quad (i = n-1, n-2, \cdots, 1) \end{aligned} \right\} \tag{4-1-45}$$

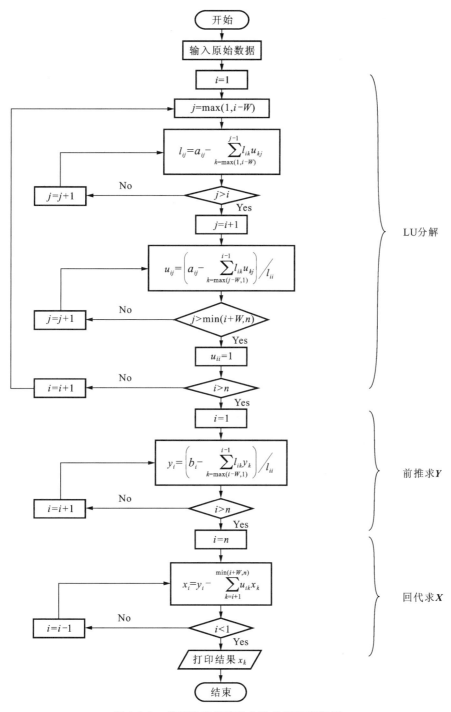

图 4-1-5　带状稀疏矩阵的 LU 分解程序框图

回代求 X 的过程在此称为赶的过程。

因此,这种求解方法称为追赶法。实际计算时,没有必要存储 l_i,可以将上述算法写为:

(1) $l_1 = a_1$,$y_1 = \dfrac{d_1}{a_1}$。

（2）对于 $i=2,3,\cdots,n$，计算：

$$\left.\begin{array}{l} u_{i-1}=\dfrac{b_{i-1}}{l_{i-1}} \\[2mm] l_i=a_i-c_i u_{i-1} \\[2mm] y_i=\dfrac{d_i-c_i y_{i-1}}{l_i} \end{array}\right\} \qquad (4\text{-}1\text{-}46)$$

（3）令 $x_n=y_n$。

（4）对于 $i=n-1,n-2,\cdots,2,1$，计算：

$$x_i=y_i-u_i x_{i+1} \qquad (4\text{-}1\text{-}47)$$

将上述算法编成 FORTRAN 程序如下：

```
    LI=A(1)
    Y(1)=D(1)/LI
    DO 10 i=2,N
    U(I-1)=B(I-1)/LI
    LI=A(I)-C(I)*U(I-1)
10  Y(I)=(D(I)-C((I)*Y(I-1)))/LI
    X(N)=Y(N)
    DO 20 I=N- 1,1,-1
20  X(I)=Y(I)-U(I)*X(I+1)
    RETURN
    END
```

例 4-1-3 用追赶法求解三对角方程组：

$$\begin{pmatrix} 1 & 1 & 0 & 0 & 0 \\ 1 & 2 & 1 & 0 & 0 \\ 0 & 1 & 3 & 1 & 0 \\ 0 & 0 & 1 & 4 & 1 \\ 0 & 0 & 0 & 1 & 5 \end{pmatrix} \begin{pmatrix} x_1 \\ x_2 \\ x_3 \\ x_4 \\ x_5 \end{pmatrix} = \begin{pmatrix} 3 \\ 8 \\ 15 \\ 24 \\ 29 \end{pmatrix} \qquad (4\text{-}1\text{-}48)$$

解 （1）系数矩阵中 3 条对角线上的元素及右端项可以表示为：

$$a_1=1,\quad a_2=2,\quad a_3=3,\quad a_4=4,\quad a_5=5$$
$$b_1=1,\quad b_2=1,\quad b_3=1,\quad b_4=1$$
$$c_2=1,\quad c_3=1,\quad c_4=1,\quad c_5=1$$
$$d_1=3,\quad d_2=8,\quad d_3=15,\quad d_4=24,\quad d_5=29$$

（2）$l_1=a_1=1, y_1=\dfrac{d_1}{a_1}=\dfrac{3}{1}=3$。

（3）按式（4-1-46）对 $i=2,3,\cdots,n$ 进行计算：

$$u_1=\frac{b_1}{l_1}=\frac{1}{1}=1$$

$$l_2=a_2-c_2 u_1=2-1\times 1=1$$

$$y_2=\frac{d_2-c_2 y_1}{l_2}=\frac{8-1\times 3}{1}=5$$

$$u_2 = \frac{b_2}{l_2} = \frac{1}{1} = 1$$

$$l_3 = a_3 - c_3 u_2 = 3 - 1 \times 1 = 2$$

$$y_3 = \frac{d_3 - c_3 y_2}{l_3} = \frac{15 - 1 \times 5}{2} = 5$$

$$u_3 = \frac{b_3}{l_3} = \frac{1}{2}$$

$$l_4 = a_4 - c_4 u_3 = 4 - 1 \times \frac{1}{2} = \frac{7}{2}$$

$$y_4 = \frac{d_4 - c_4 y_3}{l_4} = \frac{24 - 1 \times 5}{\frac{7}{2}} = \frac{38}{7}$$

$$u_4 = \frac{b_4}{l_4} = \frac{1}{\frac{7}{2}} = \frac{2}{7}$$

$$l_5 = a_5 - c_5 u_4 = 5 - 1 \times \frac{2}{7} = \frac{33}{7}$$

$$y_5 = \frac{d_5 - c_5 y_4}{l_5} = \frac{29 - 1 \times \frac{38}{7}}{\frac{33}{7}} = 5$$

（4）$x_5 = y_5 = 5$。

（5）按式（4-1-47）对 $i = n-1, n-2, \cdots, 2, 1$ 进行计算：

$$x_4 = y_4 - u_4 x_5 = \frac{38}{7} - \frac{2}{7} \times 5 = 4$$

$$x_3 = y_3 - u_3 x_4 = 5 - \frac{1}{2} \times 4 = 3$$

$$x_2 = y_2 - u_2 x_3 = 5 - 1 \times 3 = 2$$

$$x_1 = y_1 - u_1 x_2 = 3 - 1 \times 2 = 1$$

因此，该矩阵方程的解为：

$$x_1 = 1, \quad x_2 = 2, \quad x_3 = 3, \quad x_4 = 4, \quad x_5 = 5$$

三对角方程组的追赶法求解，无论是在内存占用量方面，还是在计算工作量方面，都充分利用了系数矩阵本身的特殊性质，它是直接解法中最为成功的一种方法，也是油藏数值模拟中最常用的求解方法之一。追赶法不仅在求解一维问题时常用，而且在求解多维问题时也得到了很好的应用，如后面将要介绍的交替方向法、线松弛法等都要用到这种方法。

三、D₄排列格式算法

上一章已经提到，不同的节点排序方法所产生的系数矩阵的结构不同，从而影响解方程组时所需的内存和计算工作量。其中，D_4 方法所需的计算工作量及存储量最小，是目前公认的比较成功的一种方法。这里仍以上一章所讨论的 6×4 网格系统为例来说明 D_4 排列所形成的矩阵方程的计算过程。

对于 6×4 网格系统，D_4 排列所形成的系数矩阵 $\boldsymbol{A}$ 的结构如图 3-3-14 所示，所对应的线性代数方程组为：

$$AX = B \tag{4-1-49}$$

现在针对矩阵 A 的特殊形式，将上式改写为分块矩阵的形式：

$$\begin{bmatrix} A_1 & A_2 \\ A_3 & A_4 \end{bmatrix} \begin{bmatrix} X_1 \\ X_2 \end{bmatrix} = \begin{bmatrix} B_1 \\ B_2 \end{bmatrix} \tag{4-1-50}$$

式中，A_1，A_2，A_3，A_4 分别表示矩阵 A 的 4 个部分，其中 A_1，A_4 为主对角矩阵，A_2，A_3 为五对角矩阵；X_1，X_2 分别表示求解变量的上半部分与下半部分；B_1，B_2 分别表示方程右端常数项的上半部分与下半部分。

由于 A_1 为对角矩阵，所以在求解方程组（4-1-50）时，不需要对方程组的上半部分进行消元，消元过程只在方程组的下半部分进行。因此，方程组（4-1-50）的消元过程分两个阶段进行。第一阶段：利用矩阵 A_1 对矩阵 A_3 进行消元，使 A_3 的所有元素变为零。计算时，方程组的其他部分如 A_4 及 B_2 随之相应的变为 $\overline{A}_4$ 和 $\overline{B}_2$，这时方程（4-1-50）成为：

$$\begin{bmatrix} A_1 & A_2 \\ \mathbf{0} & \overline{A}_4 \end{bmatrix} \begin{bmatrix} X_1 \\ X_2 \end{bmatrix} = \begin{bmatrix} B_1 \\ \overline{B}_2 \end{bmatrix} \tag{4-1-51}$$

由于 A_2 为带状矩阵，故在进行上述计算时 A_4 也由一个对角矩阵变为一个带状矩阵 $\overline{A}_4$，其结构如图 4-1-6 所示。

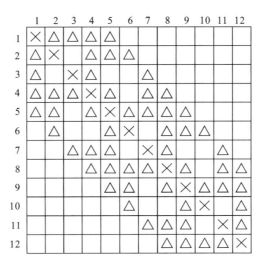

△ 消元过程中由零变为非零的元素

图 4-1-6　对角矩阵 A_4 变化后的结构 $\overline{A}_4$

方程组（4-1-51）的下半部分可以独立写成：

$$\overline{A}_4 X_2 = \overline{B}_2 \tag{4-1-52}$$

由此可见，方程（4-1-52）的阶数已比方程组（4-1-51）降低了一半。

由于方程组（4-1-52）中矩阵 $\overline{A}_4$ 为带状矩阵，其对角线以下的元素并不全为零。这时可进行消元过程的第二阶段，即将方程组（4-1-52）独立计算，消去矩阵 $\overline{A}_4$ 中对角线以下的元素，就可以求得 X_2，即

$$X_2 = \overline{A}_4^{-1} \overline{B}_2 \tag{4-1-53}$$

完成上述消元过程后，可进行计算过程的最后一步，即将 X_2 代回方程组（4-1-51）中，从

而求出 $\boldsymbol{X}_1$。

$$\boldsymbol{X}_1 = \boldsymbol{A}_1^{-1}(\boldsymbol{B}_1 - \boldsymbol{A}_2 \boldsymbol{X}_2) \tag{4-1-54}$$

上述计算过程中采用矩阵的形式只是为了叙述方便。实际上,进行上述过程的任何一步都可以采用前面所讨论过的任何一种行之有效的算法。例如,由方程组(4-1-52)求 $\boldsymbol{X}_2$ 时可采用带状稀疏矩阵的高斯消元法,而求 $\boldsymbol{X}_1$ 时可以从最后一个方程开始,采用高斯消元法的逆过程依次回代。

第二节　线性代数方程组的迭代解法

迭代法是求解线性代数方程组的另一类方法,是一种逐次逼近的方法。本章前面已经介绍了这种方法的基本原理。由于其运算比较简单,每做一次迭代只是简单地重复一定的计算步骤,所以便于编制程序利用计算机计算。而且在迭代过程中,即使某一步计算偶然出现了计算误差,这个误差也可以在以后继续迭代的过程中自动校正,而不至于影响最终的计算结果,这是直接法所不具备的优点。因此,在目前的数值解法中,迭代法也是最常使用的一类方法。

迭代方法一般包括雅可比简单迭代法、高斯-赛德尔迭代法、松弛法、交替方向隐式迭代法和强隐式方法等。

一、雅可比简单迭代法

雅可比简单迭代法在实际计算中已很少使用,但由于它是迭代法中最基本的方法,易于说明迭代法的基本原理,所以下面从简单迭代法开始介绍。

设有一 n 阶线性代数方程组:

$$\left.\begin{array}{l} a_{11}p_1 + a_{12}p_2 + a_{13}p_3 + \cdots + a_{1n}p_n = b_1 \\ a_{21}p_1 + a_{22}p_2 + a_{23}p_3 + \cdots + a_{2n}p_n = b_2 \\ \quad\quad\quad\quad\quad\quad\vdots \\ a_{n1}p_1 + a_{n2}p_2 + a_{n3}p_3 + \cdots + a_{nn}p_n = b_n \end{array}\right\} \tag{4-2-1}$$

假定 $a_{ii} \neq 0$ $(i=1,2,\cdots,n)$,首先将方程组(4-2-1)改写成易于迭代的形式:

$$\left.\begin{array}{l} p_1 = \dfrac{1}{a_{11}}[b_1 - (a_{12}p_2 + a_{13}p_3 + \cdots + a_{1n}p_n)] \\[2mm] p_2 = \dfrac{1}{a_{22}}[b_2 - (a_{21}p_1 + a_{23}p_3 + \cdots + a_{2n}p_n)] \\[2mm] \quad\quad\quad\quad\quad\quad\vdots \\[2mm] p_n = \dfrac{1}{a_{nn}}[b_n - (a_{n1}p_1 + a_{n2}p_2 + \cdots + a_{n,n-1}p_{n-1})] \end{array}\right\} \tag{4-2-2}$$

给定一组初始值 $p_1^0, p_2^0, \cdots, p_n^0$ 代入上式,求出 $p_1^1, p_2^1, \cdots, p_n^1$,即

$$\left.\begin{aligned}
p_1^1&=\frac{1}{a_{11}}[b_1-(a_{12}p_2^0+a_{13}p_3^0+\cdots+a_{1n}p_n^0)]\\
p_2^1&=\frac{1}{a_{22}}[b_2-(a_{21}p_1^0+a_{23}p_3^0+\cdots+a_{2n}p_n^0)]\\
&\vdots\\
p_n^1&=\frac{1}{a_{nn}}[b_n-(a_{n1}p_1^0+a_{n2}p_2^0+\cdots+a_{n,n-1}p_{n-1}^0)]
\end{aligned}\right\}\tag{4-2-3}$$

然后，将求出的$p_1^1,p_2^1,\cdots,p_n^1$值代入方程组(4-2-2)的右端，求出$p_1^2,p_2^2,\cdots,p_n^2$。这样反复计算下去，一直算到满足精度要求为止。这种迭代计算方法称为简单迭代法，其迭代通式可写为：

$$p_i^{(k+1)}=\frac{1}{a_{ii}}\left\{b_i-\left[\sum_{j=1}^{i-1}a_{ij}p_j^{(k)}+\sum_{j=i+1}^{n}a_{ij}p_j^{(k)}\right]\right\}\quad(i=1,2,\cdots,n)\tag{4-2-4}$$

例 4-2-1 取例 4-1-1 的方程(为书写方便，省略角标 $n+1$)：

$$p_{i-1,j}+p_{i,j-1}-6p_{i,j}+p_{i+1,j}+p_{i,j+1}=-2p_{i,j}^n$$

则：

$$p_{i,j}^{(k+1)}=\frac{1}{6}[p_{i-1,j}^{(k)}+p_{i,j-1}^{(k)}+p_{i+1,j}^{(k)}+p_{i,j+1}^{(k)}+2p_{i,j}^n]$$

已知第 n 时间水平及第 $n+1$ 时间水平的第 k 次迭代值，如图 4-2-1 所示，求第 $n+1$ 时间水平时的第 $k+1$ 次迭代结果。

	5	4	3	
10	6	5	4	2
10	7	6	5	4
	8	7	6	

(a) 第 n 时间水平

	5	4	3	
10	6.5	5.5	3.5	2
10	7.1	6.5	4.5	4
	8	7	6	

(b) 第 $n+1$ 时间水平的第 k 次迭代结果

图 4-2-1 压力的迭代初值

解 由$p_{i,j}^{(k+1)}=\frac{1}{6}[p_{i-1,j}^{(k)}+p_{i,j-1}^{(k)}+p_{i+1,j}^{(k)}+p_{i,j+1}^{(k)}+2p_{i,j}^n]$可得：

$$p_{11}^{(k+1)}=\frac{1}{6}(10+8+6.5+6.5+2\times7)=7.500\ 0$$

$$p_{21}^{(k+1)}=\frac{1}{6}(7.1+7+4.5+5.5+2\times6)=6.016\ 7$$

$$p_{31}^{(k+1)}=\frac{1}{6}(6.5+6+4+3.5+2\times5)=5.000\ 0$$

$$p_{12}^{(k+1)}=\frac{1}{6}(10+7.1+5.5+5+2\times6)=6.600\ 0$$

$$p_{22}^{(k+1)}=\frac{1}{6}(6.5+6.5+3.5+4+2\times5)=5.083\ 3$$

$$p_{32}^{(k+1)} = \frac{1}{6}(5.5+4.5+2+3+2\times4) = 3.833\ 3$$

因此,第 $n+1$ 时间水平的第 $k+1$ 次迭代结果如图 4-2-2 所示。

	5	4	3	
10	6.600 0	5.083 3	3.833 3	2
10	7.500 0	6.016 7	5.000 0	4
	8	7	6	

图 4-2-2　第 $n+1$ 时间水平的第 $k+1$ 次迭代

由上述计算可以看出,简单迭代法的每一次迭代计算,都是用已算出的第 k 次迭代值 $x_i^{(k)}$ 来计算所有第 $k+1$ 次迭代值 $x_i^{(k+1)}$ 的,也就是说,在每点产生新值时不能立即冲掉旧值,因为后者在其后计算相邻节点时还要用到。这样,在应用计算机算题时,不仅需要两组工作单元来存储 $x_i^{(k)}$ 和 $x_i^{(k+1)}$,而且新算出的 $x_i^{(k+1)}$ 的值还必须先放置起来,不能马上应用。因此,简单迭代法收敛速度慢,占据内存多。但它阐明了迭代法的基本原理,为各种更好的迭代方法的产生打下了基础。

二、高斯-赛德尔迭代法

高斯-赛德尔(Gauss-Seidel)迭代法又称赛德尔(Seidel)迭代法,是在简单迭代法的基础上发展起来的一种方法。该方法把简单迭代法稍加改变,当每点产生新值时,立即用其冲掉旧值,在每个点上充分利用已产生的新值。其迭代通式为:

$$p_i^{(k+1)} = \frac{1}{a_{ii}}\left\{ b_i - \left[\sum_{j=1}^{i-1} a_{ij}p_j^{(k+1)} + \sum_{j=i+1}^{n} a_{ij}p_j^{(k)} \right] \right\} \quad (i=1,2,\cdots,n) \qquad (4\text{-}2\text{-}5)$$

迭代时先规定一个顺序,例如取行排列顺序,即先按行号 $j=1,2,\cdots$ 在每行内按列号 $i=1,2,\cdots$ 递增的顺序进行计算。这样,在计算节点 (i,j) 时,其邻点 $(i-1,j)$ 和 $(i,j-1)$ 都已有了新值。

例 4-2-2　用高斯-赛德尔迭代法求解例 4-2-1 的第 $k+1$ 次迭代值。

解　首先规定迭代顺序为先按行号,再在每行内按列号递增的顺序,则:

$$p_{i,j}^{(k+1)} = \frac{1}{6}\left[p_{i-1,j}^{(k+1)} + p_{i,j-1}^{(k+1)} + p_{i+1,j}^{(k)} + p_{i,j+1}^{(k)} + 2p_{i,j}^n \right]$$

于是:

$$p_{11}^{(k+1)} = \frac{1}{6}(10+8+6.5+6.5+2\times7) = 7.500\ 0$$

$$p_{21}^{(k+1)} = \frac{1}{6}(7.500+7+4.5+5.5+2\times6) = 6.083\ 3$$

$$p_{31}^{(k+1)} = \frac{1}{6}(6.083\ 3+6+4+3.5+2\times5) = 4.930\ 5$$

$$p_{12}^{(k+1)}=\frac{1}{6}(10+7.500\ 0+5.5+5+2\times 6)=6.666\ 7$$

$$p_{22}^{(k+1)}=\frac{1}{6}(6.666\ 7+6.083\ 3+3.5+4+2\times 5)=5.041\ 7$$

$$p_{32}^{(k+1)}=\frac{1}{6}(5.041\ 7+4.930\ 5+2+3+2\times 4)=3.828\ 7$$

因此,第 $n+1$ 时间水平的第 $k+1$ 次迭代结果如图 4-2-3 所示。

	5	4	3	
10	6.666 7	5.041 7	3.828 7	2
10	7.500 0	6.083 3	4.930 5	4
	8	7	6	

图 4-2-3　第 $k+1$ 次 Gauss-Seidel 迭代

由上述计算可以看出,与简单迭代法相比,在高斯-赛德尔迭代法的迭代过程中,每计算出一个新的结果 $x_i^{(k+1)}$,就更新原来的数值 $x_i^{(k)}$,这样只需一个数组就足够了,即先把计算所需的各 $x_i^{(k)}$ 值从数组中取出,更新后的 $x_i^{(k+1)}$ 仍然放回原处。这样不但可以给程序设计带来方便,节约机器内存,而且可以加快收敛速度。

用迭代法求解线性代数方程组时,存在收敛性和收敛速度问题,下面分别予以简单介绍。

1. 迭代法的收敛性

对于一般的 n 阶线性代数方程组 $\boldsymbol{AX}=\boldsymbol{B}$,首先给定其迭代初值 $\boldsymbol{X}^0=(x_1^0,x_2^0,\cdots,x_n^0)^{\mathrm{T}}$,然后代入迭代公式,经过反复迭代可得一向量序列 $\boldsymbol{X}^{(k)}=(x_1^{(k)},x_2^{(k)},\cdots,x_n^{(k)})^{\mathrm{T}}$,如果极限:

$$\lim \boldsymbol{X}^k=\boldsymbol{X}^* \qquad (k\to\infty) \tag{4-2-6}$$

存在,就说迭代格式是收敛的,否则就是发散的。式中,$\boldsymbol{X}^*=(x_1^*,x_2^*,\cdots,x_n^*)^{\mathrm{T}}$ 是原代数方程组的真解。

需要指出的是,这里所说的代数方程组迭代格式或迭代方法的收敛性与第三章中的差分方程收敛性的含义不同。差分方程的收敛性是指当空间步长和时间步长趋于零时,此差分方程的真解能否趋于原微分方程解的问题。而这里关于迭代方法的收敛性,是指当用某一迭代方法解差分方程组时,随着迭代次数的逐步增多,所得到的近似解能否趋于差分方程组真解的问题。

对于油藏数值模拟中的方程组,其系数矩阵通常都满足严格对角占优性质。可以证明,对这种矩阵,用简单迭代法或高斯-赛德尔迭代法求解时,一般都是收敛的。

在用迭代法进行计算时,因方程组的真解 $\boldsymbol{X}^*$ 一般是不易求得的,所以提出判断迭代计算中止的条件为:

$$\max_{1\leqslant i\leqslant n}|x_i^{(k+1)}-x_i^{(k)}|\leqslant\varepsilon \tag{4-2-7a}$$

或

$$\max_{1 \leqslant i \leqslant n} \frac{\left| x_i^{(k+1)} - x_i^{(k)} \right|}{x_i^k} \leqslant \varepsilon \qquad (4\text{-}2\text{-}7\text{b})$$

式中，ε 为允许的绝对或相对误差限。

2. 迭代法的收敛速度

所谓迭代法的收敛速度，是指如果一种迭代方法是收敛的，那么对于给定的精度要求，若迭代很多次才能达到，则它的收敛速度是慢的；若只要迭代少数几次就能达到，那么它的收敛速度是快的。一般来讲，高斯-赛德尔迭代法比简单迭代法收敛得快，但也有反常的情况，比如有按简单迭代法收敛而按高斯-赛德尔迭代法不收敛的情况。

三、松弛法

松弛法（successive over relaxation method，SOR）是在高斯-赛德尔迭代法的基础上进一步加快收敛速度的方法。在使用高斯-赛德尔迭代法求解时，第 $k+1$ 步迭代算出的值只是一组近似解，而不是方程组的真解。所以，对于高斯-赛德尔迭代方程：

$$p_i^{(k+1)} = \frac{1}{a_{ii}} \left\{ b_i - \left[\sum_{j=1}^{i-1} a_{ij} p_j^{(k+1)} + \sum_{j=i+1}^{n} a_{ij} p_j^{(k)} \right] \right\} \quad (i = 1, 2, \cdots, n)$$

当迭代进行到第 $k+1$ 次时：

$$b_i - \left[\sum_{j=1}^{i-1} a_{ij} p_j^{(k+1)} + \sum_{j=i}^{n} a_{ij} p_j^{(k)} \right] \neq 0$$

令：

$$r_i^{(k)} = b_i - \left[\sum_{j=1}^{i-1} a_{ij} p_j^{(k+1)} + \sum_{j=i}^{n} a_{ij} p_j^{(k)} \right] \qquad (4\text{-}2\text{-}8)$$

并称它为余项。

对于前面的高斯-赛德尔迭代通式（4-2-5），如果在方程的右端加上 $p_i^{(k)}$ 项，并减去 $p_i^{(k)}$ 项，其值是不变的，那么方程（4-2-5）可写为：

$$
\begin{aligned}
p_i^{(k+1)} &= p_i^{(k)} + \frac{1}{a_{ii}} \left\{ b_i - \left[\sum_{j=1}^{i-1} a_{ij} p_j^{(k+1)} + a_{ii} p_i^{(k)} + \sum_{j=i+1}^{n} a_{ij} p_j^{(k)} \right] \right\} \\
&= p_i^{(k)} + \frac{1}{a_{ii}} \left\{ b_i - \left[\sum_{j=1}^{i-1} a_{ij} p_j^{(k+1)} + \sum_{j=i}^{n} a_{ij} p_j^{(k)} \right] \right\} \\
&= p_i^{(k)} + \frac{1}{a_{ii}} r_i^{(k)} \qquad (4\text{-}2\text{-}9)
\end{aligned}
$$

由此可以看出，高斯-赛德尔迭代法实质上就是当第 $k+1$ 次迭代的近似值 $p_1^{(k+1)}$，$p_2^{(k+1)}, \cdots, p_{i-1}^{(k+1)}, p_i^{(k)}, \cdots, p_n^{(k)}$ 还不是真解时，就用余项 $r_i^{(k)}$ 来改进 $p_i^{(k)}$，以得到更逼近真解的 $p_i^{(k+1)}$。由此得到启示：能否在余项 $r_i^{(k)}$ 上乘以一个系数 ω，用 $\omega r_i^{(k)}$ 来更好地改进 $p_i^{(k)}$，从而使下一步迭代所得到的 $p_i^{(k+1)}$ 能更加接近所求的解，加快迭代过程的收敛速度，即将

$$p_i^{(k+1)} = p_i^{(k)} + \frac{\omega}{a_{ii}} \left\{ b_i - \left[\sum_{j=1}^{i-1} a_{ij} p_j^{(k+1)} + \sum_{j=i}^{n} a_{ij} p_j^{(k)} \right] \right\} \qquad (4\text{-}2\text{-}10)$$

作为迭代公式。这个系数 ω 称为松弛因子。这种在余项上乘以一个松弛因子来加快迭代收敛速度的处理技巧就是松弛法。可以证明，当 $0 < \omega < 2$ 时都是收敛的；当 $\omega > 1$ 时称为超松弛或过量松弛；反之，当 $\omega < 1$ 时则称为低松弛或欠量松弛；当 $\omega = 1$ 时，松弛法就简化为高

斯-赛德尔迭代法。引入松弛因子 ω 的目的是加快收敛速度,因此松弛因子 ω 有一个最优选择 ω^*,当 $\omega=\omega^*$ 时,能使收敛速度大大加快。这个最优值在 $1<\omega^*<2$ 之间,属于超松弛的范围,通常把这类方法称为超松弛法,简称为松弛法。

下面进一步分析松弛法与高斯-赛德尔迭代法之间的关系。

为便于区分,下面将第 $k+1$ 次的高斯-赛德尔迭代结果记为 $p_i^{(k+1)^*}$,第 $k+1$ 次的松弛法迭代结果记为 $p_i^{(k+1)}$。

高斯-赛德尔迭代公式为:

$$p_i^{(k+1)^*}=p_i^{(k)}+\frac{1}{a_{ii}}r_i^{(k)} \qquad (4\text{-}2\text{-}11)$$

松弛法的迭代公式为:

$$p_i^{(k+1)}=p_i^{(k)}+\frac{\omega}{a_{ii}}r_i^{(k)} \qquad (4\text{-}2\text{-}12)$$

由式(4-2-11)可得:

$$\frac{r_i^{(k)}}{a_{ii}}=p_i^{(k+1)^*}-p_i^{(k)} \qquad (4\text{-}2\text{-}13)$$

将式(4-2-13)代入式(4-2-12),可得:

$$p_i^{(k+1)}=p_i^{(k)}+\omega\left[p_i^{(k+1)^*}-p_i^{(k)}\right] \qquad (4\text{-}2\text{-}14a)$$

或

$$p_i^{(k+1)}=\omega\, p_i^{(k+1)^*}+(1-\omega)\, p_i^{(k)} \qquad (4\text{-}2\text{-}14b)$$

可以看出,p_i 的第 $k+1$ 次松弛法的迭代结果 $p_i^{(k+1)}$ 实际上是它的第 $k+1$ 次高斯-赛德尔迭代的结果 $p_i^{(k+1)^*}$ 与第 k 次松弛法的迭代结果 $p_i^{(k)}$ 的加权平均。

1. 最优松弛因子的选择

理论和实践均表明,如果松弛因子 ω 选择得比较合理,那么用超松弛法可以大幅度地加快收敛速度。能使松弛法的迭代过程收敛最快的松弛因子称为最优松弛因子,用 ω_{opt} 表示。在计算时应使所选择的松弛因子尽可能地接近最优松弛因子。

最优松弛因子的选择是一个数学上十分复杂的问题。对于一般矩阵(即使是对称正定矩阵),目前尚无确定 ω_{opt} 的理论方法,仅仅对于边界比较规则的问题(如圆形或矩形等),才有确定 ω_{opt} 的理论公式。但实际问题的边界往往是很复杂的,没有一种简单可靠的办法能很好地确定最优松弛因子 ω_{opt}。因此实际计算时,大都由计算经验或通过试算来定出 ω_{opt} 的近似值,这对于实际计算是有很大意义的。这是因为:一方面,大多数矩阵目前还没有计算松弛因子最优值的理论公式;另一方面,即使有理论计算公式,往往有一些参数(如矩阵 $\boldsymbol{A}$ 的特征值 λ_A 等)难以事先确定,通常也需要用试算的办法来估计。因此,真正求得 ω_{opt} 是与试算分不开的。

试算法的原理是:当用松弛法计算 $p_{i,j}$ 时,它的数值在迭代过程中总是不断变化的,其两次变化之间的差值可以看作一个余量。这时一般可以用以下两种方法来确定最优松弛因子:第一种做法是先给定一个很小的余量,用不同的 ω 值进行试算,看 ω 值多大时能用最少的迭代次数来达到这个余量。作出迭代次数与 ω 的关系曲线(图4-2-4),曲线最低点对应的 ω 值可作为最优松弛因子 ω_{opt} 的近似值。第二种做法是先规定迭代次数(不应太少),然后用不同的 ω 值进行计算,在迭代了规定的次数后,作出其最大迭代余量 r_{max} 和 ω 的关系曲线,如图 4-2-5 所示,其最低点说明在使用这样的 ω 值时,当迭代了同样的次数后其余量最小,因此这个 ω 值就是所求的 ω_{opt} 的近似值。从图 4-2-4 和图 4-2-5 两条曲线的形状来看,在选取 ω_{opt} 的近似值时,可以选取偏大一些的数值,而不要选取偏小的值。

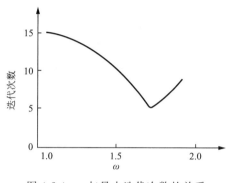

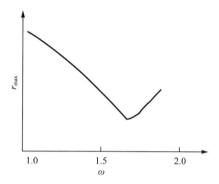

图 4-2-4 ω 与最小迭代次数的关系 （迭代余量一定）

图 4-2-5 ω 与最大迭代余量的关系 （迭代次数一定）

如果对于所求的方程组有了较深入的了解,或者积累了一定的经验,则常常可以事先定出一个包含 ω_{opt} 的区间 $[\omega_a,\omega_b]$。这样,就可以大幅度地减少试算的次数,较快地确定 ω_{opt} 的近似值。例如,对于比较均质的地层,ω 值接近 1;而当地层非均质严重时,ω 值就接近 2。当然,也可以根据优选法的原则从区间 $[\omega_a,\omega_b]$ 中选取进行试算的 ω 值,以便更好地找到 ω_{opt} 的近似值。由于这些明显易懂,这里就不再赘述。

此外,还可以将求解方程组的迭代过程与估算 ω_{opt} 的过程统一起来进行试算,即在迭代过程中逐步搜索。具体来说,可以粗略地取一个松弛因子 $\omega_0 \in [0,2]$,然后在迭代过程中根据收敛速度的快慢逐步改进,再继续迭代下去。这样反复修改多次后,就可以找到一个与 ω_{opt} 较为接近的松弛因子。以后的迭代过程就用这个松弛因子计算下去,直到最终求得解为止。

2. 逐次点松弛法(PSOR)

逐次点松弛法简称点松弛法,它是对每个网格节点逐次应用松弛法。

由第三章知道,二维问题的隐式差分方程组为:

$$c_{i,j}p_{i,j-1}+a_{i,j}p_{i-1,j}+e_{i,j}p_{i,j}+b_{i,j}p_{i+1,j}+d_{i,j}p_{i,j+1}=f_{i,j} \tag{4-2-15}$$

写成易于迭代的形式,即

$$p_{i,j}=\frac{1}{e_{i,j}}[f_{i,j}-(c_{i,j}p_{i,j-1}+a_{i,j}p_{i-1,j}+b_{i,j}p_{i+1,j}+d_{i,j}p_{i,j+1})] \tag{4-2-16}$$

如果把网格节点 (i,j) 按由左到右、由下到上的次序排列,也就是在每一行上点的次序取 i 增加的次序,而各行间取 j 增加的次序排列计算,那么在进行 $k+1$ 次迭代时,对任意一点 (i,j) 来说,只有 (i,j) 点上的压力值是所求的未知量。在 $(i-1,j)$ 及 $(i,j-1)$ 两点则取第 $k+1$ 次迭代刚刚计算出来的新压力值 $p_{i-1,j}^{(k+1)}$ 和 $p_{i,j-1}^{(k+1)}$。$(i+1,j)$ 及 $(i,j+1)$ 两点的压力值取为上次迭代即第 k 次迭代所得到的已知值 $p_{i+1,j}^{(k)}$ 和 $p_{i,j+1}^{(k)}$。在进行点松弛计算时,首先求出第 $k+1$ 次高斯-赛德尔迭代结果 $p_{i,j}^{(k+1)*}$。

$$p_{i,j}^{(k+1)*}=\frac{1}{e_{i,j}}\{f_{i,j}-[c_{i,j}p_{i,j-1}^{(k+1)}+a_{i,j}p_{i-1,j}^{(k+1)}+b_{i,j}p_{i+1,j}^{(k)}+d_{i,j}p_{i,j+1}^{(k)}]\} \tag{4-2-17}$$

式中，p^* 为高斯-赛德尔迭代结果，p 为松弛法迭代结果。

求得 $p_{i,j}^{(k+1)^*}$ 后，施加松弛因子 ω，即可得到 $p_{i,j}^{(k+1)}$。

$$p_{i,j}^{(k+1)} = p_{i,j}^{(k)} + \omega \left[p_{i,j}^{(k+1)^*} - p_{i,j}^{(k)} \right] \tag{4-2-18}$$

于是便得到了任意一点 (i,j) 的第 $k+1$ 次松弛法迭代结果，然后依次进行下一节点的第 $k+1$ 次高斯-赛德尔迭代及松弛法迭代计算，直到求出所有节点的第 $k+1$ 次松弛法迭代结果。将 $k+1$ 次计算结果作为已知值，继续进行下一步的迭代计算，这样一直计算到对所有的 (i, j) 点，前后两次迭代的最大差值满足所需的精度为止。其判断收敛的准则为，对所有的 (i,j) 点，有：

$$\max \left| \frac{p_{i,j}^{(k+1)} - p_{i,j}^{(k)}}{p_{i,j}^{(k)}} \right| \leqslant \varepsilon \tag{4-2-19}$$

式中，ε 为所给的控制误差。只要把松弛因子 ω 选得合适，就可以较好地加快整个迭代过程的收敛速度。

图 4-2-6 所示为 PSOR 的程序框图。

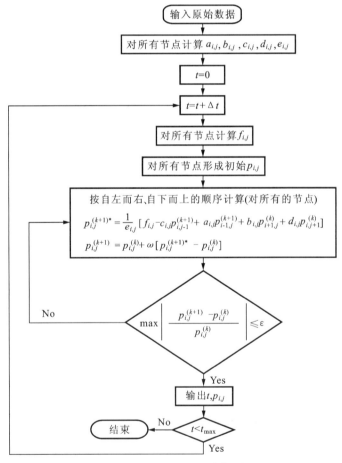

图 4-2-6 PSOR 的程序框图

例 4-2-3 同例 4-2-2，用点松弛迭代法求解。

解 由例 4-2-2 已知用高斯-赛德尔迭代法求得的 $p_{11} = 7.5000$，记为 $p_{11}^{(k+1)^*}$，如果取

$\omega = 1.2$，则：

$$p_{11}^{(k+1)} = 7.1 + 1.2(7.500\ 0 - 7.1) = 7.58$$

$$p_{21}^{(k+1)^*} = \frac{1}{6}(7.58 + 7 + 4.5 + 5.5 + 2 \times 6) = 6.096\ 7$$

$$p_{21}^{(k+1)} = 6.5 + 1.2(6.096\ 7 - 6.5) = 6.016\ 0$$

$$p_{31}^{(k+1)^*} = \frac{1}{6}(6.016\ 0 + 6 + 4 + 3.5 + 2 \times 5) = 4.919\ 3$$

$$p_{31}^{(k+1)} = 4.5 + 1.2(4.919\ 3 - 4.5) = 5.003\ 2$$

$$p_{12}^{(k+1)^*} = \frac{1}{6}(10 + 7.58 + 5.5 + 5 + 2 \times 6) = 6.68$$

$$p_{12}^{(k+1)} = 6.5 + 1.2(6.68 - 6.5) = 6.716$$

$$p_{22}^{(k+1)^*} = \frac{1}{6}(6.716 + 6.096\ 7 + 3.5 + 4 + 2 \times 5) = 5.052\ 1$$

$$p_{22}^{(k+1)} = 5.5 + 1.2(5.052\ 1 - 5.5) = 4.962\ 5$$

$$p_{32}^{(k+1)^*} = \frac{1}{6}(4.962\ 5 + 4.919\ 3 + 2 + 3 + 2 \times 4) = 3.813\ 6$$

$$p_{32}^{(k+1)} = 3.5 + 1.2(3.813\ 6 - 3.5) = 3.876\ 4$$

因此，用逐次点松弛法求得的第 $k+1$ 次迭代结果如图 4-2-7 所示。

	5	4	3	
10	6.716	4.962 5	3.876 4	2
10	7.58	6.016	5.003 2	4
	8	7	6	

图 4-2-7 逐次点松弛法计算结果

3. 逐次线松弛法（LSOR）

上述逐次点松弛法是从所研究区域的左下角开始自下而上、由左向右地在整个区域内逐点来进行计算的。若改为逐行或逐列进行超松弛法计算，同时求出一行或一列上各点的压力值，就称为逐次线松弛法，简称线松弛法。

以图 4-2-8 为例来求解式（4-2-15）。如果对式（4-2-15）自下而上地按行进行线松弛运算，当第 $k+1$ 次迭代进行到第 j 行上时，所有 j 行上的压力值是未知的，有待于计算的是 $p_{i-1,j}^{(k+1)}$，$p_{i,j}^{(k+1)}$，$p_{i+1,j}^{(k+1)}$ 3 个量。所有 $j-1$ 行上的压力值是刚由第 $k+1$ 次迭代计算出来的，即 $p_{i,j-1}^{(k+1)}$ 是已知的，而所有 $j+1$ 行上的压力值是上一个迭代步 k 时的值，$p_{i,j+1}^{(k)}$ 也是已知的。因此对 j 行上的节点，式（4-2-15）可写为：

$$c_{i,j}p_{i,j-1}^{(k+1)} + a_{i,j}p_{i-1,j}^{(k+1)^*} + e_{i,j}p_{i,j}^{(k+1)^*} + b_{i,j}p_{i+1,j}^{(k+1)^*} + d_{i,j}p_{i,j+1}^{(k)} = f_{i,j} \qquad (4\text{-}2\text{-}20)$$

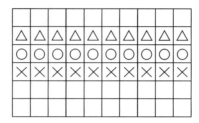

○ 未知　△ 已知(上次迭代的值)

✕ 已知(本次迭代刚刚算出)

图 4-2-8　LSOR 法

把上式中的未知项移到等号左端,已知项移到右端,则可得:

$$a_{i,j}p_{i-1,j}^{(k+1)^*} + e_{i,j}p_{i,j}^{(k+1)^*} + b_{i,j}p_{i+1,j}^{(k+1)^*} = -c_{i,j}p_{i,j-1}^{(k+1)} - d_{i,j}p_{i,j+1}^{(k)} + f_{i,j} \qquad (4\text{-}2\text{-}21)$$

把第 j 行中的各点按 $i = 1, 2, \cdots, I$ 的次序写出形如(4-2-21)的方程,就得到一个包括第 j 行上各点的三对角方程组。这样就把二维问题变为过渡型一维问题的逐次求解,从而使方程组求解问题得到简化。

可以用追赶法求解三对角方程组,求得第 j 行上所有节点的压力值 $p_{i,j}^{(k+1)^*}$ 后,再统一施加松弛因子,就可得到第 j 行上所有节点第 $k+1$ 次迭代的压力值 $p_{i,j}^{(k+1)}$。

$$p_{i,j}^{(k+1)} = p_{i,j}^{(k)} + \omega\left[p_{i,j}^{(k+1)^*} - p_{i,j}^{(k)}\right]$$

这样一行行反复计算下去,直到计算完所有的网格为止。

最后,对所有网格点判断迭代精度,当满足下列精度要求时停止迭代,否则继续进行下一次迭代计算。迭代精度要求为:

$$\max\left|\frac{p_{i,j}^{(k+1)} - p_{i,j}^{(k)}}{p_{i,j}^{(k)}}\right| \leqslant \varepsilon \qquad (4\text{-}2\text{-}22)$$

以上所述都是水平地自下而上逐步进行松弛计算的过程,这种计算称为逐次行松弛。使用同样的方法,也可以推导出垂直地自左而右逐列进行松弛法计算的公式,这种计算称为逐次列松弛。行松弛和列松弛是线松弛的两种不同形式。经研究,线松弛的收敛速度大体上比点松弛快一倍。

例 4-2-4　同例 4-2-2,已知压力分布如图 4-2-9 所示,用逐次行松弛计算第 $k+1$ 次迭代的 p_{12}, p_{22}, p_{32}。

	5	4	3			5	4	3			5	4	3	
10	6	5	4	2	10	6.5	5.5	3.5	2	10	p_{12}	p_{22}	p_{32}	2
10	7	6	5	4	10	7.1	6.5	4.5	4	10	7.5	6.083 3	4.930 5	4
	8	7	6			8	7	6			8	7	6	

(a) 第 n 时间水平　　　(b) 第 $n+1$ 时间水平第 k 次迭代　　(c) 第 $n+1$ 时间水平第 $k+1$ 次迭代

图 4-2-9　已知压力分布

解　假设对第一行已经计算过了,现在对第二行进行计算,首先求出过渡值 $p_{i,j}^*$。

$$-6p_{12}^*+p_{22}^*=-2\times6-7.5-5-10=-34.5$$

$$p_{12}^*-6p_{22}^*+p_{32}^*=-2\times5-6.083\ 3-4=-20.083\ 3$$

$$p_{22}^*-6p_{32}^*=-2\times4-4.930\ 5-3-2=-17.930\ 5$$

$$\begin{pmatrix} -6 & 1 & 0 \\ 1 & -6 & 1 \\ 0 & 1 & -6 \end{pmatrix} \begin{pmatrix} p_{12}^* \\ p_{22}^* \\ p_{32}^* \end{pmatrix} = \begin{pmatrix} -34.5 \\ -20.083\ 3 \\ -17.930\ 5 \end{pmatrix}$$

解得：

$$p_{32}^*=3.836\ 1,\quad p_{22}^*=5.086\ 1,\quad p_{12}^*=6.597\ 9$$

施加松弛因子,取 $\omega=1.2$,则：

$$p_{12}=6.5+1.2\times(6.597\ 9-6.5)=6.617\ 5$$

$$p_{22}=5.5+1.2\times(5.086\ 1-5.5)=5.003\ 3$$

$$p_{32}=3.5+1.2\times(3.836\ 1-3.5)=3.903\ 3$$

因此,用逐次行松弛计算的第 $k+1$ 次迭代结果如图 4-2-10 所示。

	5	4	3	
10	6.617 5	5.003 3	3.903 3	2
10	7.5	6.083 3	4.930 5	4
	8	7	6	

图 4-2-10　逐次行松弛计算的第 $k+1$ 次迭代结果

第三节　交替方向隐式方法

交替方向隐式方法最初是为了对二维区域内偏微分方程进行差分求解而发展起来的一类方法。对于二维区域内的偏微分方程,当使用隐式差分格式求解时,形成一个五对角方程组。这个方程组虽然可以用前两节介绍的方法来求解,但求解工作量很大。为了减少工作量,D. W. Peaceman 及 H. H. Rachford 等于 1955 年首次提出了交替方向隐式法。此后,又有不少人在此基础上进行了发展,形成了形式各异的方法。大体上,交替方向隐式法分为迭代法和非迭代法两种。

一、非迭代的交替方向隐式方法

这种方法可以扼要地表示为:总的生产时间分成许多时间步长,每一个时间步长又分为两个相等的子步长。在上半步长,对 x 方向的空间差分项使用隐式格式,对 y 方向的空间差分项使用显式格式,逐行扫描(水平扫描)求出各节点未知变量的第一次近似;在下半步长,

对 y 方向的空间差分项使用隐式格式,而对 x 方向的空间差分项使用显式格式,同样逐列扫描(垂直扫描)即可求出未知量在该时间步的解。这样就把一个二维问题转化为两个方向的若干个一维问题来求解,从而把解一个五对角方程组变为依次解若干个更易求解的三对角方程组,大大减少了计算工作量。因为这种方法在一个时间步长内两次求解的扫描方向是不同的,所以称其为交替方向隐式方法(alternating direction implicit procedure,ADIP)。

下面以二维区域内的微分方程:

$$\frac{\partial^2 p}{\partial x^2} + \frac{\partial^2 p}{\partial y^2} = \frac{\partial p}{\partial t} \tag{4-3-1}$$

为例来说明交替方向隐式方法的解题过程。

在均匀矩形网格系统内,式(4-3-1)的隐式差分格式可写为:

$$\frac{p_{i-1,j}^{n+1} - 2p_{i,j}^{n+1} + p_{i+1,j}^{n+1}}{\Delta x^2} + \frac{p_{i,j-1}^{n+1} - 2p_{i,j}^{n+1} + p_{i,j+1}^{n+1}}{\Delta y^2} = \frac{p_{i,j}^{n+1} - p_{i,j}^n}{\Delta t} \tag{4-3-2}$$

正如前面所述,为简化计算,先将 Δt 分为两半,并且在前半个 Δt 内只对 x 方向的空间差分项使用隐式格式,而对 y 方向的空间差分项使用显式格式。因此,在 x 方向扫描(水平扫描)至任意 j 行时,对任一 (i,j) 点,若将此半个时间步长的未知量取为 $p^{n+\frac{1}{2}}$,则式(4-3-2)应改写为:

$$\frac{p_{i-1,j}^{n+\frac{1}{2}} - 2p_{i,j}^{n+\frac{1}{2}} + p_{i+1,j}^{n+\frac{1}{2}}}{\Delta x^2} + \frac{p_{i,j-1}^n - 2p_{i,j}^n + p_{i,j+1}^n}{\Delta y^2} = \frac{p_{i,j}^{n+\frac{1}{2}} - p_{i,j}^n}{\frac{1}{2}\Delta t} \tag{4-3-3}$$

求解式(4-3-3)的第一步是将上式中的未知项移至方程左端,已知项移至方程右端,整理后可得:

$$a_{i,j} p_{i-1,j}^{n+\frac{1}{2}} + e_{i,j} p_{i,j}^{n+\frac{1}{2}} + b_{i,j} p_{i+1,j}^{n+\frac{1}{2}} = g_{i,j} \tag{4-3-4}$$

其中:

$$a_{i,j} = b_{i,j} = \frac{1}{\Delta x^2}$$

$$e_{i,j} = -2\left(\frac{1}{\Delta x^2} + \frac{1}{\Delta t}\right)$$

$$g_{i,j} = -\left(\frac{p_{i,j-1}^n - 2p_{i,j}^n + p_{i,j+1}^n}{\Delta y^2} + \frac{2p_{i,j}^n}{\Delta t}\right)$$

在式(4-3-4)中,对应于任一固定的 j 值,取不同的 i 值可得到一个独立的三对角方程组。解此方程组即可得到第 j 行的 $p_{i,j}^{n+\frac{1}{2}}$,然后对下一行 $j+1$ 又可求得 $p_{i,j+1}^{n+\frac{1}{2}}$。如此逐行扫描,就可得到整个网格区域内每一节点的 $p^{n+\frac{1}{2}}$。

求解式(4-3-3)的第二步是在 y 方向取隐式格式,而在 x 方向取显式格式,在 y 方向上逐列扫描(垂直扫描)。但因为此时已得到了 p^{n+1} 的第一次近似值 $p^{n+\frac{1}{2}}$,所以取显式格式的各项应以 $p^{n+\frac{1}{2}}$ 来代替 p^n,此时式(4-3-3)可写为:

$$\frac{p_{i-1,j}^{n+\frac{1}{2}} - 2p_{i,j}^{n+\frac{1}{2}} + p_{i+1,j}^{n+\frac{1}{2}}}{\Delta x^2} + \frac{p_{i,j-1}^{n+1} - 2p_{i,j}^{n+1} + p_{i,j+1}^{n+1}}{\Delta y^2} = \frac{p_{i,j}^{n+1} - p_{i,j}^{n+\frac{1}{2}}}{\frac{1}{2}\Delta t} \tag{4-3-5}$$

将上式中的未知项移至方程左端,已知项移至方程右端,整理后可得:

$$c_{i,j} p_{i,j-1}^{n+1} + e'_{i,j} p_{i,j}^{n+1} + d_{i,j} p_{i,j+1}^{n+1} = g'_{i,j} \tag{4-3-6}$$

其中：

$$c_{i,j}=d_{i,j}=\frac{1}{\Delta y^2}$$

$$e'_{i,j}=-2\left(\frac{1}{\Delta y^2}+\frac{1}{\Delta t}\right)$$

$$g'_{i,j}=-\left(\frac{p_{i-1,j}^{n+\frac{1}{2}}-2p_{i,j}^{n+\frac{1}{2}}+p_{i+1,j}^{n+\frac{1}{2}}}{\Delta x^2}+\frac{2p_{i,j}^{n+\frac{1}{2}}}{\Delta t}\right)$$

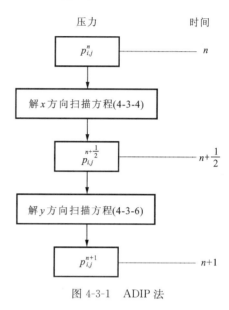

图 4-3-1　ADIP 法

在式(4-3-6)中,对应于任一固定的 i 值,取不同的 j 值可得到一个独立的三对角方程组。解此方程组即可得到第 i 列的 $p_{i,j}^{n+1}$,然后对下一列 $i+1$ 又可求得 $p_{i+1,j}^{n+1}$。如此逐列扫描,就可得到整个网格区域内所有节点的 p^{n+1}。

若用图解法的形式表示,则交替方向隐式方法的求解过程如图 4-3-1 所示。

经过以上两个交替的扫描过程,求得了 t^{n+1} 时差分方程组的解,接着可以用同样的方法依次求得 t^{n+2},t^{n+3} 等所有时刻的解。

通过分析可知,对于二维问题,交替方向隐式方法是无条件稳定的,且在矩形区域中,其误差等级为 $O(\Delta x^2+\Delta t^2)$。但将这种方法实际用于油藏数值模拟时,人们发现对于较大的时间步长,它的结果常发生振荡,因此目前这种方法已很少使用。但这种方法是一切交替方向法的基础,下面将要介绍的交替方向隐式迭代法就是在非迭代的交替方向隐式方法的基础上发展起来的。

二、交替方向隐式迭代法

交替方向隐式迭代法(alternating direction implicit iterative procedure,ADIIP)和非迭代交替方向隐式方法的不同之处是,前者不是利用两次扫描来完成一个时间步的计算,而是在一个时间步长 Δt 内进行若干次迭代计算,每一次迭代中都包括两个方向的交替扫描过程,并且在迭代过程中引入加速因子 H_k 来加快迭代的收敛过程。下面以二维偏微分方程的 Crank-Nicolson 差分格式为例来加以叙述。

对于二维偏微分方程：

$$\frac{\partial^2 p}{\partial x^2}+\frac{\partial^2 p}{\partial y^2}=\frac{\partial p}{\partial t} \tag{4-3-7}$$

其 Crank-Nicolson 差分格式为：

$$\frac{1}{2}\left(\frac{p_{i-1,j}^{n+1}-2p_{i,j}^{n+1}+p_{i+1,j}^{n+1}}{\Delta x^2}+\frac{p_{i-1,j}^{n}-2p_{i,j}^{n}+p_{i+1,j}^{n}}{\Delta x^2}\right)+$$

$$\frac{1}{2}\left(\frac{p_{i,j-1}^{n+1}-2p_{i,j}^{n+1}+p_{i,j+1}^{n+1}}{\Delta y^2}+\frac{p_{i,j-1}^{n}-2p_{i,j}^{n}+p_{i,j+1}^{n}}{\Delta y^2}\right)=\frac{p_{i,j}^{n+1}-p_{i,j}^{n}}{\Delta t} \tag{4-3-8}$$

为了书写简便,令：

$$\Delta_x^2 p = \frac{p_{i-1,j} - 2p_{i,j} + p_{i+1,j}}{\Delta x^2}$$

$$\Delta_y^2 p = \frac{p_{i,j-1} - 2p_{i,j} + p_{i,j+1}}{\Delta y^2} \qquad (4-3-9)$$

$$\Delta^2 p = \Delta_x^2 p + \Delta_y^2 p$$

于是式(4-3-8)可写为：

$$\frac{1}{2}(\Delta_x^2 p^{n+1} + \Delta_x^2 p^n) + \frac{1}{2}(\Delta_y^2 p^{n+1} + \Delta_y^2 p^n) = \frac{p_{i,j}^{n+1} - p_{i,j}^n}{\Delta t} \qquad (4-3-10)$$

把 p^{n+1} 及 p^n 分项整理，得：

$$\frac{1}{2}(\Delta_x^2 p^{n+1} + \Delta_y^2 p^{n+1}) + \frac{1}{2}\Delta^2 p^n = \frac{p_{i,j}^{n+1} - p_{i,j}^n}{\Delta t} \qquad (4-3-11)$$

对于这种差分格式，选用交替方向隐式法，在前半个时间步长内，对水平方向扫描，得：

$$\frac{1}{2}(\Delta_x^2 p^{n+\frac{1}{2}} + \Delta_y^2 p^n) + \frac{1}{2}\Delta^2 p^n = \frac{1}{\frac{\Delta t}{2}}(p_{i,j}^{n+\frac{1}{2}} - p_{i,j}^n) \qquad (4-3-12)$$

在后半个时间步长内，对垂直方向扫描，得：

$$\frac{1}{2}(\Delta_x^2 p^{n+\frac{1}{2}} + \Delta_y^2 p^{n+1}) + \frac{1}{2}\Delta^2 p^n = \frac{1}{\frac{\Delta t}{2}}(p_{i,j}^{n+1} - p_{i,j}^{n+\frac{1}{2}}) \qquad (4-3-13)$$

式中，p^n 为时间步长初始时的压力，$p^{n+\frac{1}{2}}$ 为压力 p 的中间值，p^{n+1} 为时间步长末时的压力。

对于交替方向隐式迭代法，把差分方程从 n 到 $n+1$ 的时间步长 Δt 分为若干次迭代进行计算，并在迭代过程中引入加速因子 H_k 来加速它的收敛。对于每一个迭代步，比如说从 k 到 $k+1$ 次的迭代步又分为两个半步。前半步从 k 到 $k+\frac{1}{2}$ 在 x 方向上进行扫描，即认为 x 方向的空间差分项中所出现的 $p^{(k+\frac{1}{2})}$ 是未知的，而将 y 方向的空间差分项中的 p 取为前一次迭代得到的已知值 $p^{(k)}$；后半步从 $k+\frac{1}{2}$ 到 $k+1$ 在 y 方向上进行扫描，即认为 y 方向的空间差分项中的 $p^{(k+1)}$ 是未知的，而将 x 方向的空间差分项中的 p 取为前半步迭代时得到的已知值 $p^{(k+\frac{1}{2})}$。这样每迭代一次就分别在 x 方向和 y 方向交替扫描，而且加速因子 H_k 也在迭代过程中不断变化。实践表明，加速因子 H_k 的变化呈周期性，一般 6～8 次为一个循环，如 $H_1, H_2, \cdots, H_6$。有时需要迭代若干个循环才能使其解（如压力值）收敛到 $n+1$ 时的值，这样才算完成一个时间步长 Δt 的计算。可以看出，交替方向隐式迭代法实际上是在一个时间步长 Δt 内又嵌套了若干个循环的交替方向迭代。这个过程可以用公式表示如下：

水平方向扫描

$$\frac{1}{2}\left[\Delta_x^2 p^{(k+\frac{1}{2})} + \Delta_y^2 p^{(k)}\right]^{n+1} + \frac{1}{2}(\Delta^2 p^n) - \left[\frac{2}{\Delta t}p^{(k+\frac{1}{2})}\right]^{n+1} =$$

$$H_k\left[p^{(k+\frac{1}{2})} - p^{(k)}\right] - \frac{2}{\Delta t}p^n \qquad (4-3-14)$$

垂直方向扫描

$$\frac{1}{2}\left[\Delta_x^2 p^{(k+\frac{1}{2})} + \Delta_y^2 p^{(k+1)}\right]^{n+1} + \frac{1}{2}(\Delta^2 p^n) - \left[\frac{2}{\Delta t}p^{(k+1)}\right]^{n+1} =$$

$$H_k\left[p^{(k+1)}-p^{(k+\frac{1}{2})}\right]-\frac{2}{\Delta t}p^n \tag{4-3-15}$$

式中,k 为迭代次数,n 为时间步数,H_k 为第 k 次迭代的加速因子。

将式(4-3-14)和式(4-3-15)按每个节点(i,j)写成完整的表达式为:

水平方向扫描

$$\frac{\frac{1}{2}\left[p_{i-1,j}^{(k+\frac{1}{2})}-2p_{i,j}^{(k+\frac{1}{2})}+p_{i+1,j}^{(k+\frac{1}{2})}\right]^{n+1}}{\Delta x^2}+\frac{\frac{1}{2}\left[p_{i,j-1}^{(k)}-2p_{i,j}^{(k)}+p_{i,j+1}^{(k)}\right]^{n+1}}{\Delta y^2}+$$

$$\frac{\frac{1}{2}(p_{i-1,j}-2p_{i,j}+p_{i+1,j})^n}{\Delta x^2}+\frac{\frac{1}{2}(p_{i,j-1}-2p_{i,j}+p_{i,j+1})^n}{\Delta y^2}-\left[\frac{2}{\Delta t}p_{i,j}^{(k+\frac{1}{2})}\right]^{n+1}$$

$$=H_k\left[p_{i,j}^{(k+\frac{1}{2})}-p_{i,j}^{(k)}\right]-\frac{2}{\Delta t}p_{i,j}^n \tag{4-3-16}$$

垂直方向扫描

$$\frac{\frac{1}{2}\left[p_{i-1,j}^{(k+\frac{1}{2})}-2p_{i,j}^{(k+\frac{1}{2})}+p_{i+1,j}^{(k+\frac{1}{2})}\right]^{n+1}}{\Delta x^2}+\frac{\frac{1}{2}\left[p_{i,j-1}^{(k+1)}-2p_{i,j}^{(k+1)}+p_{i,j+1}^{(k+1)}\right]^{n+1}}{\Delta y^2}+$$

$$\frac{\frac{1}{2}(p_{i-1,j}-2p_{i,j}+p_{i+1,j})^n}{\Delta x^2}+\frac{\frac{1}{2}(p_{i,j-1}-2p_{i,j}+p_{i,j+1})^n}{\Delta y^2}-\left[\frac{2}{\Delta t}p_{i,j}^{(k+1)}\right]^{n+1}$$

$$=H_k\left[p_{i,j}^{(k+1)}-p_{i,j}^{(k+\frac{1}{2})}\right]-\frac{2}{\Delta t}p_{i,j}^n \tag{4-3-17}$$

经整理,把水平方向扫描的未知项$\left[p_{i-1,j}^{(k+\frac{1}{2})}\right]^{n+1}$,$\left[p_{i,j}^{(k+\frac{1}{2})}\right]^{n+1}$,$\left[p_{i+1,j}^{(k+\frac{1}{2})}\right]^{n+1}$放在方程的左端,已知项放在方程的右端,则水平方向扫描的方程(4-3-16)变为如下形式:

$$a_{i,j}\left[p_{i-1,j}^{(k+\frac{1}{2})}\right]^{n+1}+e_{i,j}\left[p_{i,j}^{(k+\frac{1}{2})}\right]^{n+1}+b_{i,j}\left[p_{i+1,j}^{(k+\frac{1}{2})}\right]^{n+1}=D_{i,j} \tag{4-3-18}$$

同样,经整理把垂直方向扫描的未知项$\left[p_{i,j-1}^{(k+1)}\right]^{n+1}$,$\left[p_{i,j}^{(k+1)}\right]^{n+1}$,$\left[p_{i,j+1}^{(k+1)}\right]^{n+1}$放在方程的左端,已知项放在方程的右端,则垂直方向扫描的方程(4-3-17)变为如下形式的方程:

$$c_{i,j}\left[p_{i,j-1}^{(k+1)}\right]^{n+1}+e_{i,j}\left[p_{i,j}^{(k+1)}\right]^{n+1}+d_{i,j}\left[p_{i,j+1}^{(k+1)}\right]^{n+1}=H_{i,j} \tag{4-3-19}$$

方程(4-3-18)和方程(4-3-19)的系数矩阵都是三对角矩阵,可用追赶法来求解。

交替方向隐式迭代法的计算过程如图 4-3-2 所示。

三、加速因子的选择

理论分析和计算实践都表明,交替方向隐式迭代法的效果在很大程度上依赖于迭代加速因子 H_k 的选取。若 H_k 选得合适,则迭代过程可以很快地收敛到差分方程的解。但是,如何选取最优的加速因子,目前尚无准确的方法。一般可以用试算法来求取,在工程应用上可以用皮斯曼等于 1955 年所提出的方法,根据油藏数据估算这些因子的上、下限。为此,先求出以下 4 个参数:

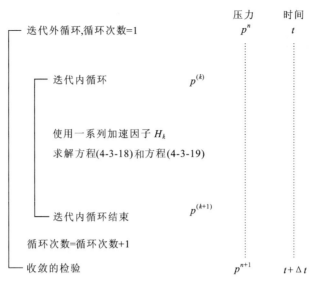

图 4-3-2　ADIIP 法

$$M_1 = \frac{2\,T_x}{T_x + T_y}\frac{\pi^2}{4}\frac{1}{N_x^2}$$

$$M_2 = \frac{2\,T_x}{T_x + T_y}$$

$$M_3 = \frac{2\,T_y}{T_x + T_y}\frac{\pi^2}{4}\frac{1}{N_y^2}$$

$$M_4 = \frac{2\,T_y}{T_x + T_y}$$

$$(4\text{-}3\text{-}20)$$

式中，T_x，T_y 分别为 x，y 方向上的传导系数：

$$T_x = k_x\frac{\Delta y}{\Delta x}$$

$$T_y = k_y\frac{\Delta x}{\Delta y}$$

$$(4\text{-}3\text{-}21)$$

式中，k_x，k_y 分别为油层 x，y 方向上的渗透率；N_x，N_y 分别为 x，y 方向上的网格数。

加速因子的下限 M_5 取 M_1 及 M_3 中较小的值：

$$M_5 = \min(M_1, M_3) \tag{4-3-22}$$

而加速因子的上限 M_6 取 M_2 及 M_4 中较大的值：

$$M_6 = \max(M_2, M_4) \tag{4-3-23}$$

M_6 的数值可大致估计如下。

（1）如果 $T_x \gg T_y$，则：

$$M_6 = \frac{2T_x}{T_x + T_y} \approx 2 \tag{4-3-24}$$

（2）如果 $T_y \gg T_x$，则：

$$M_6 = \frac{2T_y}{T_x + T_y} \approx 2 \tag{4-3-25}$$

（3）如果 $T_x \approx T_y$，则：

$$M_6 = \frac{2T_y}{T_x + T_y} = \frac{2T_x}{T_x + T_y} \approx 1 \tag{4-3-26}$$

由此可见,加速因子的上限 M_6 在 $1\sim2$ 之间。

加速因子的变化应按等比级数来选取,即相邻两个加速因子之比是常数。

$$\frac{H_{k+1}}{H_k} = \gamma \tag{4-3-27}$$

式中,γ 为比值常数。

如果已确定一个循环内加速因子的个数 m(即 $H_1, H_2, \cdots, H_m$)及其上、下限,则:

$$\frac{H_m}{H_1} = \frac{H_m}{H_{m-1}} \frac{H_{m-1}}{H_{m-2}} \cdots \frac{H_2}{H_1} = \gamma^{m-1} \tag{4-3-28}$$

式中,H_m 与 H_1 分别为加速因子的上限与下限。由上式可得:

$$\ln \gamma = \frac{\ln \dfrac{H_m}{H_1}}{m-1} \tag{4-3-29}$$

则:

$$\gamma = \mathrm{e}^{\frac{\ln \frac{H_m}{H_1}}{m-1}} \tag{4-3-30}$$

由此可知,只要求得加速因子的上、下限,并确定加速因子的个数,就可按上式求得 γ。再根据 $\frac{H_{k+1}}{H_k} = \gamma$,就可确定每一个 H_k 值。加速因子的个数一般当 H_1 到 H_m 间变化幅度较小时可取 $4\sim6$ 个,当 H_1 到 H_m 间变化幅度较大时可取 $8\sim12$ 个。

实际上,交替方向隐式迭代法的收敛速度对加速因子上限的变动并不敏感,而对下限的变动非常敏感,有时下限相差仅 0.001 就可能牵涉计算是收敛的还是发散的问题。所以,在应用上述方法时,通常先算其下限 M_5 的初步估计值,作为加速因子序列的第一个数值 H_1,并在一个循环中用 $5\sim10$ 个加速因子进行试算,如果试算结果是发散的,就将此 M_5 值适当增加以避免发散。但值得注意的是取值必须小心谨慎,不能将 M_5 提得太高,否则收敛速度会有很大的下降。有时给定 M_5 和 M_6 的范围后,在一个循环内增加加速因子的个数,也常可避免发散。

例 4-3-1　某油田具有以下数据:$k_x = 0.08 \ \mu\mathrm{m}^2$,$k_y = 0.045 \ \mu\mathrm{m}^2$,$N_x = 40$,$N_y = 10$,$x_{\max} = 1\,600$ m,$y_{\max} = 15.0$ m,试讨论其加速因子的选择。

解

$$\Delta x = \frac{1\,600}{40} \ \mathrm{m} = 40 \ \mathrm{m}$$

$$\Delta y = \frac{15}{10} \ \mathrm{m} = 1.5 \ \mathrm{m}$$

$$T_x = k_x \frac{\Delta y}{\Delta x} = 80 \times \frac{1.5}{40} \ \mu\mathrm{m}^2 = 3 \ \mu\mathrm{m}^2$$

$$T_y = k_y \frac{\Delta x}{\Delta y} = 45 \times \frac{40}{1.5} \ \mu\mathrm{m}^2 = 1\,200 \ \mu\mathrm{m}^2$$

因为:
$$T_x \ll T_y$$

所以:
$$M_6 = 2$$

这时:
$$H_1 = M_5 = \min(M_1, M_3)$$

$$= \min\left(\frac{2T_x}{T_x+T_y}\frac{\pi^2}{4N_x^2}, \frac{2T_y}{T_x+T_y}\frac{\pi^2}{4N_y^2}\right)$$

$$= \min\left(\frac{2\times3}{3+1\ 200}\frac{\pi^2}{4\times40^2}, \frac{2\times1\ 200}{1\ 200+3}\frac{\pi^2}{4\times10^2}\right)$$

$$= \min(0.000\ 007\ 691, 0.049\ 22)$$

$$= 0.000\ 007\ 691$$

若确定一个循环内用 6 个加速因子,则:

$$\ln\gamma = \frac{\ln\dfrac{2}{0.000\ 007\ 691}}{6-1} = 2.493\ 7$$

$$\gamma = 12.106$$

于是有:

$$H_1 = 0.000\ 007\ 691$$

$$H_2 = 0.000\ 007\ 691\times12.106 = 0.000\ 093\ 11$$

$$H_3 = 0.000\ 093\ 11\times12.106 = 0.001\ 127$$

$$H_4 = 0.001\ 127\times12.106 = 0.013\ 65$$

$$H_5 = 0.013\ 65\times12.106 = 0.165\ 2$$

$$H_6 = 2$$

第四节 解大型稀疏线性方程组的预处理共轭梯度型方法

线性代数方程组的求解在油藏数值模拟过程中需要的计算时间虽然随着求解的问题及使用方法的不同而不同,但一般都占相当大的比重。因此,许多油藏数值模拟研究人员都致力于寻求简单、快速、适应性强的求解方法,并取得了显著效果。一般来说,对于阶数不太高的方程组,直接解法是比较有效的,特别是将直接解法与节点排列技巧相结合的 D_4 方法,被认为是求解小型线性方程组最经济有效的方法。但对于大型线性方程组,由于直接解法占用内存多、计算工作量大及舍入误差大等原因,实际上常使用迭代解法。实践证明,迭代方法中比较有效而常用的线松弛方法也存在一些弱点。例如,收敛速度强烈地依赖于迭代因子的选取,迭代因子选得不合适,迭代收敛速度就可能很慢,而迭代因子的选取目前还没有成熟有效的方法。另外,由于油藏模拟的规模越来越大,而且伴随着全隐式方法、井的隐式处理方法和局部网格加密方法等的使用,以及混相驱、热力驱、化学驱等模型的出现,方程组系数矩阵的性质变得更为复杂,甚至带有严重的病态性质,这些都使上述常规迭代方法难以适应。因此,开发能够快速求解各种复杂的大型稀疏矩阵的新方法就成为油藏数值模拟进一步发展的一个重要方向。

预处理共轭梯度法是求解油藏数值模拟问题的一种比较成功、有效的方法。共轭梯度法早在 20 世纪 50 年代就被提出,经历了较长的发展阶段。开始,这种算法并没有引起足够的重视,20 世纪 70 年代以来,在共轭梯度法的基础上,经过不断改进,并与矩阵的不完全因子分解法相结合,形成了一类新的算法,统称为预处理共轭梯度型方法或条件预优共轭梯度型方法。其具体的算法很多,但归纳起来都是把一种矩阵的不完全分解方法和一种在共轭梯度法基础上发展起来的迭代加速法结合而成的算法,有的还在前面加上有效的节点排列方法(如 D_4 排列等),即先用节点排序、方程消元方法等将系数矩阵的阶数大大降低,然后用上述算法进行求解,以进一步加快计算速度。

实践表明,预处理共轭梯度型方法无论是适应性还是计算速度,都远远超过了前面所讲的方法。这类算法的优点是迭代收敛速度不依赖于迭代因子的选取,收敛速度快,应用范围广,适用于化学驱、混相驱、热力驱等复杂模型和各种难以求解的系数矩阵。例如,可以解决传统的共轭梯度法解决不了的非对称矩阵问题及一般算法难以求解的病态系数矩阵。因此,目前这种类型的算法已成为油藏数值模拟中最先进的求解大型线性方程组的方法。下面选择其中一种较有代表性的方法(即将矩阵的不完全 LU 分解与 ORTHOMIN 加速法结合)进行简单介绍。

一、迭代求解的基本原理

设有方程组:

$$AX = B \tag{4-4-1}$$

并设 M 为非奇异矩阵,则可以构造迭代公式:

$$MX^{(k+1)} = (M-A)X^{(k)} + B \tag{4-4-2}$$

或写成:

$$M\triangle X^{(k+1)} = B - AX^{(k)} \tag{4-4-3}$$

式中,$\triangle X^{(k+1)} = X^{(k+1)} - X^{(k)}$,表示两次迭代之间的增量。

式(4-4-3)就是通常所用的迭代公式。如果迭代是收敛的,则当 k 足够大时,$X^{(k+1)} \approx X^{(k)}$,$\triangle X^{(k+1)} \approx 0$,式(4-4-3)就成为式(4-4-1)。构造迭代方法的关键问题之一是如何选取矩阵 M,使之能以最少的迭代次数得到满足要求的解。显然,矩阵 M 越接近系数矩阵 A,则达到收敛标准所需要的迭代次数越少,但相应地,求解方程(4-4-3)所需要的时间就要增加。在前面所介绍的简单迭代法中,M 为对角矩阵,其元素为矩阵 A 主对角线上的相应元素,这是构造矩阵 M 的最简单的方法。高斯-赛德尔迭代法中,矩阵 M 为矩阵 A 的下三角部分。在直接解法中,矩阵 M 就是矩阵 A 本身,这时式(4-4-3)完全等价于式(4-4-1),只要一次迭代就可以求得式(4-4-1)的解。在本节所要介绍的预处理共轭梯度方法中,矩阵 M 为矩阵 A 进行不完全 LU 分解后所得到的近似矩阵。

二、矩阵的不完全 LU 分解

把大型矩阵 A 直接分解成 L 与 U 的乘积而进行求解所需要的计算工作量大,而且由于在油藏数值模拟中求解的大多是含有大量零元素的稀疏矩阵,这种分解常使矩阵 A 中大量本来为零的元素在 $L+U$ 中变为非零元素,增加了内存占用量。即使是带状矩阵,如果矩阵的阶数很大,在带状区域内,这种由零变为非零元素的数量仍然很大。因此,在油藏数值模拟中,当线性方程组的阶数很大时,实际上一般不采用高斯消元法或相应的 LU 分解方法。为解决这一问题提出了矩阵的不完全 LU 分解方法。这种方法可以尽量保持矩阵 A 原有的稀疏性质,从而节约内存,减少计算工作量。由于这里所要介绍的不完全 LU 分解法是建立在高斯消元法的基础上的,所以也称为不完全高斯消元法。

对于带状稀疏矩阵,在进行高斯消元时,一方面消去了一部分非零元素,另一方面在带宽范围内也把一部分位置上的零元素变成了非零元素,这可以称为在这个位置上充填了新的非零元素。消元过程中充填的先后次序则称为充填级次。一般来说,新产生(充填)的非零元素值要显著地小于原有的非零元素值,后充填的(充填级次较大的)非零元素值则小于先充填的(级次小的)非零元素值。为了通过不完全 LU 分解获得较简单的近似矩阵,人们常常设法减少后填充的非零元素,即保留充填级次较低的非零元素,去掉充填级次较高的非零元素而把它们赋为零值。不过如果保留的非零元素太少,矩阵求解时迭代的次数就会增多,总起来看也不一定合算;而如果保留的非零元素太多,迭代次数虽可减少,但消元过程就和常规的高斯消元法差不多了,又失去了不完全 LU 分解的意义。因此,确定一个合适的保留充填级次是十分重要的。研究表明,对于油藏数值模拟中的大多数问题,保留的充填级次一般不宜大于 2。充填级次的规定如下:

首先,在矩阵的每一个可充填位置 x_{ij} 上赋一个初始充填级次 $l(x_{ij})$。

$$l(x_{ij}) = \begin{cases} 0 & (若 |a_{ij}| + |a_{ji}| \neq 0) \\ \infty & (其他) \end{cases} \tag{4-4-4}$$

若已经消元到第 m 步,即用第 m 行的主对角元素消去 m 行以下第 m 列上的各非零元素,则第 m 行以下各充填位置的充填级次重新定义为:

$$l(x_{ij}) = \min[l(x_{ij}), l(x_{im}) + l(x_{mj}) + 1] \quad \begin{pmatrix} j = m+1, m+2, \cdots, N; \\ i = m+1, m+2, \cdots, N \end{pmatrix} \tag{4-4-5}$$

至于分解后的近似矩阵 $\boldsymbol{LU}$ 中各元素的值,可按完全 LU 分解时的计算方法进行计算。

矩阵的 F 级不完全分解,就是在 LU 分解过程中,只保留充填级次低于或等于某一预先确定的值 F 的位置上的非零元素;当遇到充填级次大于 F 的位置时,可以直接置其元素值为零,也可以将它的值经过适当的处理后加到相邻的充填级次小于或等于 F 的位置上,然后再置该位置上的元素值为零。

显然,充填级次 F 值定得越大,分解后的矩阵就越接近于原矩阵。对于足够大的 F,这种不完全 LU 分解实际上可以等价于矩阵的完全 LU 分解。而矩阵的零级不完全 LU 分解的非零元素全部位于原矩阵中非零元素所在的位置上。

三、ORTHOMIN 加速法

有了矩阵的不完全 LU 分解之后,令

$$\boldsymbol{M} = \boldsymbol{LU} \tag{4-4-6}$$

则迭代公式(4-4-3)可写成:

$$\boldsymbol{LU}\Delta\boldsymbol{X}^{(k+1)} = \boldsymbol{R}^{(k)} \tag{4-4-7}$$

式中,$\boldsymbol{R}^{(k)} = \boldsymbol{B} - \boldsymbol{AX}^{(k)}$,$\boldsymbol{LU} = \boldsymbol{M} = \boldsymbol{A} + \boldsymbol{E}$,其中 $\boldsymbol{E}$ 为误差矩阵。因此,式(4-4-1)的求解过程变为:

$$\boldsymbol{Y} = \boldsymbol{L}^{-1}\boldsymbol{R}^{(k)} \tag{4-4-8}$$

$$\Delta\boldsymbol{X}^{(k+1)} = \boldsymbol{U}^{-1}\boldsymbol{Y} \tag{4-4-9}$$

$$\boldsymbol{X}^{(k+1)} = \boldsymbol{X}^{(k)} + \Delta \boldsymbol{X}^{(k+1)} \tag{4-4-10}$$

因为 $\boldsymbol{L}$，$\boldsymbol{U}$ 分别为下三角矩阵、上三角矩阵，所以上述公式的求解是非常容易的。

但是，如果没有特殊的加速收敛措施，上述迭代过程的收敛速度非常慢。如果系数矩阵是对称的，则共轭梯度法是一种很有效的加速方法。但是，对于非对称矩阵，常规的共轭梯度法就不能使用了，而在这种方法的基础上发展起来的 ORTHOMIN 方法却能非常有效地解决非对称矩阵的问题。ORTHOMIN 方法所采用的加速措施有两个：一是正交化，二是极小化。所谓正交化，是指如果把 $\Delta \boldsymbol{X}^{(k+1)}$ 看成 N 维空间的一个向量，则它在 N 维空间中就确定了一个方向，在大多数迭代方法中，对 $\boldsymbol{X}^{(k)}$ 的修正都是沿该方向进行的。ORTHOMIN 方法不是采用 $\Delta \boldsymbol{X}^{(k+1)}$ 的方向作为修正方向，而是以 $\Delta \boldsymbol{X}^{(k+1)}$ 与本次迭代以前的各次迭代修正量 $\boldsymbol{q}^{(i)}$ 构造一个新的向量 $\boldsymbol{q}^{(k+1)}$，使 $\boldsymbol{M}\boldsymbol{q}^{(k+1)}$ 与以前各次迭代的 $\boldsymbol{M}\boldsymbol{q}^{(i)}$ 正交，并以 $\boldsymbol{q}^{(k+1)}$ 的方向为本次迭代对 $\boldsymbol{X}^{(k)}$ 的修正方向。极小化是指在确定了对 $\boldsymbol{X}^{(k)}$ 的修正方向 $\boldsymbol{q}^{(k+1)}$ 后，其修正值要再乘以 $\omega^{(k+1)}$，即 $\omega^{(k+1)} \boldsymbol{q}^{(k+1)}$，其中 $\omega^{(k+1)}$ 称为极小化因子，它的选取使新的余量 $\| \boldsymbol{R}^{(k)} - \omega^{(k+1)} \boldsymbol{M}\boldsymbol{q}^{(k+1)} \|_2$ 最小，以保证新的余量不大于（一般是小于）以前的所有余量而加速收敛。

整个 ORTHOMIN 方法的迭代过程可写为：

$$\Delta \boldsymbol{X}^{(k+1)} = \boldsymbol{M}^{-1} \boldsymbol{R}^{(k)} \tag{4-4-11}$$

$$\boldsymbol{q}^{(k+1)} = \Delta \boldsymbol{X}^{(k+1)} - \sum_{i=1}^{k} a_i^{(k+1)} \boldsymbol{q}^{(i)} \tag{4-4-12}$$

$$\boldsymbol{X}^{(k+1)} = \boldsymbol{X}^{(k)} + \omega^{(k+1)} \boldsymbol{q}^{(k+1)} \tag{4-4-13}$$

$$\boldsymbol{R}^{(k+1)} = \boldsymbol{R}^{(k)} - \omega^{(k+1)} \boldsymbol{A}\boldsymbol{q}^{(k+1)} \tag{4-4-14}$$

其中：

$$a_i^{(k+1)} = \frac{\left[\boldsymbol{M}\boldsymbol{q}^{(i)}, \boldsymbol{M}\Delta \boldsymbol{X}^{(k+1)} \right]}{\left[\boldsymbol{M}\boldsymbol{q}^{(i)}, \boldsymbol{M}\boldsymbol{q}^{(i)} \right]} \tag{4-4-15}$$

$$\omega^{(k+1)} = \frac{\left[\boldsymbol{R}^{(k)}, \boldsymbol{M}\boldsymbol{q}^{(k+1)} \right]}{\left[\boldsymbol{M}\boldsymbol{q}^{(k+1)}, \boldsymbol{M}\boldsymbol{q}^{(k+1)} \right]} \tag{4-4-16}$$

式中，$a_i^{(k+1)}$ 为正交化系数，其目的是让所有的 $\boldsymbol{M}\boldsymbol{q}^{(i)}$ 都正交。

实际应用上述方法时，并不需要使 $\boldsymbol{M}\boldsymbol{q}^{(k+1)}$ 与以前所有迭代的 $\boldsymbol{M}\boldsymbol{q}^{(i)}$ 都正交。根据式 (4-4-12)，当迭代次数 k 增加时，每次迭代所需计算的求和项增加，不但增加了工作量，而且增加了计算中的舍入误差。实践表明，只要使 $\boldsymbol{M}\boldsymbol{q}^{(k+1)}$ 与其前面的有限个（称为 NORTH 个）$\boldsymbol{M}\boldsymbol{q}^{(i)}$ 正交就可以了。这样，式 (4-4-12) 可以重新写为：

$$\boldsymbol{q}^{(k+1)} = \Delta \boldsymbol{X}^{(k+1)} - \sum_{i=k-NORTH}^{k} a_i^{(k+1)} \boldsymbol{q}^{(i)} \tag{4-4-17}$$

其中，NORTH 值的选取随所研究问题的规模、难易程度及所需要的分解方法而异。例如，对于黑油模型，NORTH 值以 5～10 为宜，而对于热采问题，取 10～15 为宜。还有一种处理方法，不是每次迭代都做 NORTH 次正交化，而是采取所谓重启动的方式，即在进行了 NORTH+1 次迭代后，再从头开始进行正交化。这样，在进行了 NORTH 次迭代后，每次迭代所进行的正交化次数平均只有 $\dfrac{NORTH}{2}$ 次，从而减少了工作量。实际计算表明，前述两种正交化处理方法在收敛速度上并无明显差异，目前大多采用后一种方法。为了将这两种方法加以区别，一般称前一种方法为非重新启动型 ORTHOMIN 方法，而称后一种方法为重启动型 ORTHOMIN 方法。

最后，将前面介绍的不完全 LU 分解与 ORTHOMIN 加速法相结合，即形成本节所介绍的预处理共轭梯度型方法。这种方法可用于求解常规迭代法难以求解的各种复杂的系数矩阵方程，甚至是病态的系数矩阵方程等。另外，这种方法具有适应性强、计算速度快、收敛速度快等优点，已成为目前油藏数值模拟中求解大型线性方程组的最有效的方法，在许多油藏数值模拟软件中都被广泛采用。

第五节 各种方法的对比

前面几节讨论了油藏数值模拟中常用的几种解线性方程组的方法。一般对于给定的一个问题，它所产生的线性方程组常常可以用不同的方法进行求解。那么，在几种可能的方法中哪一种方法最好呢？由于油藏数值模拟问题的复杂性以及计算机条件的不同，很难简单地回答这一问题。下面就这一问题对各种方法做一些原则上的讨论。

首先对直接法和迭代法做一比较。理论分析和计算实践均表明，这两类方法各有优缺点。直接法的主要优点是它的准确性强、可靠性大。因为它是一次直接求出方程组的解，所以如果不考虑计算机的舍入误差，所求得的解是代数方程组的精确解。直接法的主要缺点是所需的存储量很大，而且随着节点数的增多，存储量增大的倍数越来越大，所以使用直接法求解往往受到计算机存储容量的限制，因而不能解大型的油藏模拟问题，而且在解大型多相问题时舍入误差也会引起不少麻烦。

迭代法的主要优点是所需的存储量小，所以可计算大型的油藏模拟问题。在同样的计算机条件下，用迭代法所解决问题的规模要比直接法的大得多，而且在计算过程中即使产生了一些误差，在以后的迭代过程中也能自动消除这些误差的影响。迭代法的缺点主要是它的求解强烈地依赖于油藏模拟问题的性质，对于某些比较复杂的问题，有的迭代方法可能收敛得非常慢，甚至不收敛。另外，迭代法使用的好坏还常常依赖于迭代因子的选择是否得当，而迭代因子也常与所解问题的性质有关。为了选择迭代因子，往往要进行耗时甚多的试算。此外，迭代法的主要工作量取决于迭代次数，而迭代次数又与所需的精度、初值的选定、时间步长的大小及问题本身的性质有关。

综上所述，在实际应用时，一般的原则是对一维、二维及网格较少的三维问题用直接法求解，而对三维及大型二维问题则采用迭代法求解。

下面对直接法和迭代法这两大类计算方法的使用分别做一些探讨。

在直接法中，高斯消元法是一切方法的基础，LU 分解法实际上是用矩阵运算的形式来表示高斯消元。对于小型的二维油藏数值模拟问题，运用五对角带状矩阵的 LU 分解法求解比较合适。三对角矩阵的追赶法是直接解法中最为成功的算法之一，无论是在内存占用量方面还是在计算工作量方面，这种方法都充分地利用了系数矩阵本身的特殊性质，因此在各种求解方法中，包括迭代法在内，凡遇到三对角方程，都用追赶法求解。D_4 方法采用了节点的重新排序技巧，改变了系数矩阵的结构，节约了内存，提高了计算速度。因此，目前普遍认为 D_4 方法是直接解法中最为优越的一种方法。在一般情况下，D_4 方法的工作量为自然排序时工作量的 $1/4\sim1/2$。

迭代法的共同特点是各种方法的使用对所解问题的性质和复杂程度都有强烈的依赖性,有时一种方法对于某一类问题很适应,收敛得很快,但是对于另一类问题却收敛得很慢,甚至不收敛。因此,没有一种方法对于所有的问题都是最优的。一般来说,简单迭代法的收敛速度太慢,高斯-赛德尔迭代法虽然稍快一些,但比起别的方法也还缺乏竞争力,所以这两种方法在油藏模拟中几乎不再使用。交替方向隐式迭代法对于最简单的均质问题是一种速度很快的迭代方法,但是对于各向异性以及其他比较复杂的非均质问题和边界形状比较复杂的问题,这种方法就收敛得很差,甚至很难找到合适的迭代因子来使它收敛。由于实际的油藏数值模拟问题往往是非均质的,边界形状也往往是不规则的,因此在油藏模拟中交替方向迭代法目前也很少应用。超松弛法对各种非均质问题适应性较强,收敛较快,特别是线松弛法比点松弛法收敛更快,因而在实际中应用较多的是线松弛法。

20世纪80年代以来,随着计算技术及计算机技术的发展,预处理共轭梯度型方法的使用越来越广泛,逐步成为油藏数值模拟中求解大型线性方程组最具竞争力的一种方法,目前这种方法在各数值模拟软件中已被广泛使用。

上面所做的各种迭代方法的对比,只能是大致的、趋势性的。由于油藏模拟中所遇到的实际问题的多样性,究竟对于某一具体问题用什么迭代方法较好,往往更多地依赖于经验。

 习 题

1. 对于 3×4 网格系统,用下列格式排列,并求其系数矩阵形式(非零元素用×表示)。

(1) D_2 排列格式;

(2) A_3 排列格式;

(3) D_4 排列格式。

2. 分别用高斯消元法和LU分解法解下列方程组:

$$\begin{pmatrix} -4 & 1 & 1 & 1 \\ 1 & -4 & 1 & 1 \\ 1 & 1 & -4 & 1 \\ 1 & 1 & 1 & -4 \end{pmatrix} \begin{pmatrix} x_1 \\ x_2 \\ x_3 \\ x_4 \end{pmatrix} = \begin{pmatrix} 1 \\ 1 \\ 1 \\ 1 \end{pmatrix}$$

3. 用追赶法求解三对角方程组 $\boldsymbol{AX} = \boldsymbol{B}$,其中:

$$\boldsymbol{A} = \begin{pmatrix} 2 & -1 & 0 & 0 & 0 \\ -1 & 2 & -1 & 0 & 0 \\ 0 & -1 & 2 & -1 & 0 \\ 0 & 0 & -1 & 2 & -1 \\ 0 & 0 & 0 & -1 & 2 \end{pmatrix}, \quad \boldsymbol{B} = \begin{pmatrix} 1 \\ 0 \\ 0 \\ 0 \\ 1 \end{pmatrix}$$

4. 分别用简单迭代法和高斯-赛德尔迭代法求解例4-2-1在 $n+1$ 时间水平时第 $k+2$ 次迭代结果。

5. 取 $\omega = 1.10$,用线松弛法重新计算例4-2-4。

第五章　单相流的数值模拟方法

前几章分别介绍了油藏流体渗流的数学模型、有限差分和有限单元的数值求解方法,以及线性代数方程组的数值求解方法,为进行油藏数值模拟计算做好了准备。从本章开始将分别介绍单相流、两相流及黑油模型的数值模拟方法,为解决实际油藏问题奠定基础。

第一节　一维径向单相流的有限差分数值模拟方法

5-1　一维径向单相流的数值模拟

研究单井问题时,通常将井底周围的流动看作一维径向流,此时最典型的特点是井底周围的流量大、压力变化快,而远离井底处流量小、压力变化小,因此在求解时需采用不等距网格。本节主要介绍一维径向单相流问题的有限差分数值模拟方法。

一、数学模型

假设:

(1) 一维径向流动;

(2) 单相流体且微可压缩;

(3) 不考虑岩石的压缩性(即岩石不可压缩,孔隙度 ϕ＝常数);

(4) 油藏是均质的,即渗透率 k、孔隙度 ϕ 为常数,流体黏度 μ 也为一常数;

(5) 不考虑重力的影响。

第二章中根据质量守恒原理推导的柱坐标系下单相流的数学模型为:

$$\frac{1}{r}\frac{\partial}{\partial r}\left(r\rho\frac{k_r}{\mu}\frac{\partial p}{\partial r}\right)+\frac{1}{r^2}\frac{\partial}{\partial \theta}\left(\rho\frac{k_\theta}{\mu}\frac{\partial p}{\partial \theta}\right)+\frac{\partial}{\partial z}\left(\rho\frac{k_z}{\mu}\frac{\partial p}{\partial z}\right)=\frac{\partial}{\partial t}(\rho\phi) \tag{5-1-1}$$

当只存在径向渗流时,一维径向单相流的数学模型可简化为:

$$\frac{1}{r}\frac{\partial}{\partial r}\left(r\rho\frac{k_r}{\mu}\frac{\partial p}{\partial r}\right)=\frac{\partial}{\partial t}(\rho\phi) \tag{5-1-2}$$

考虑均质油藏、流体微可压缩、岩石不可压缩,上述数学模型可简化为:

$$\frac{1}{r}\frac{\partial}{\partial r}\left(r\rho\frac{k}{\mu}\frac{\partial p}{\partial r}\right)=\phi\rho C\frac{\partial p}{\partial t} \tag{5-1-3}$$

假设 k,ϕ,μ 均为常数,则上述方程可简化为:

$$\frac{1}{r}\frac{\partial}{\partial r}\left(r\frac{\partial p}{\partial r}\right)=\frac{\phi\mu C}{k}\frac{\partial p}{\partial t} \tag{5-1-4}$$

方程(5-1-4)即一维径向单相流的数学模型。方程中的未知量为 $p(r,t)$,通过求解可得沿径向上各点的压力分布及其随时间的变化。

初始条件为:

$$p(r,0)=p_i \quad (r_w\leqslant r\leqslant r_e) \tag{5-1-5}$$

边界包括外边界和内边界。相应的边界条件如下:

(1) 外边界。

① 封闭外边界:

$$\left(r\frac{\partial p}{\partial r}\right)_{r=r_e}=0 \quad (t>0) \tag{5-1-6}$$

② 定压外边界:

$$p(r_e,t)=p_e \quad (t>0) \tag{5-1-7}$$

(2) 内边界。

① 定产内边界:

$$\left(r\frac{\partial p}{\partial r}\right)_{r=r_w}=\frac{Q\mu}{2\pi kh} \quad (t>0) \tag{5-1-8}$$

② 定流压内边界:

$$p(r_w,t)=p_{wf} \quad (t>0) \tag{5-1-9}$$

式中,r 为径向半径,cm;r_w 为井底半径,cm;r_e 为边界半径,cm;p 为油藏中各点的压力,10^{-1} MPa;p_i 为初始油藏压力,10^{-1} MPa;p_e 为油藏边界压力,10^{-1} MPa;p_{wf} 为井底流动压力,10^{-1} MPa;t 为时间,s;C 为流体压缩系数,MPa^{-1};h 为油层厚度,cm;Q 为井的产量,cm^3/s。

渗流微分方程(5-1-4)与初始条件、边界条件一起构成一维径向单相流问题完整的数学模型。求解可得在各种不同的内、外边界条件下,地层中各点的压力分布,以及井底流压 p_{wf} 或产量 Q。

二、差分方程的建立

由渗流力学知道,对于一维径向流,井底周围的压降曲线呈"漏斗"形,即靠近井底压力变化快,而远离井底压力变化慢。因此,若取均匀网格,则对于井底附近来讲,由于网格相对较大,不能反映出压力的变化;而远离井底处,由于压力变化不大,所以相对来讲网格又显得小些。因此,应取不等距网格,即井底附近网格小些,远离井底处网格大些。

在此选取等比级数网格,即

$$\frac{r_1}{r_w}=a,\quad \frac{r_2}{r_1}=a,\quad \frac{r_3}{r_2}=a,\quad \cdots,\quad \frac{r_n}{r_{n-1}}=a \tag{5-1-10}$$

于是:

$$r_1=ar_w,\quad r_2=r_1a=a^2r_w,\quad r_3=r_2a=a^3r_w,\quad \cdots,\quad r_e=r_n=a^nr_w \tag{5-1-11}$$

这样就实现了井底附近网格小,而远离井底处网格大的问题。

方程(5-1-4)的左端项为:

$$\frac{1}{r}\frac{\partial}{\partial r}\left(r\frac{\partial p}{\partial r}\right)$$

令

$$r\frac{\partial p}{\partial r}=G$$

则左端项可简化为：

$$\frac{1}{r}\frac{\partial}{\partial r}\left(r\frac{\partial p}{\partial r}\right)=\frac{1}{r}\frac{\partial G}{\partial r}$$

取一阶中心差商：

$$\frac{\partial G}{\partial r}=\frac{G_{i+\frac{1}{2}}-G_{i-\frac{1}{2}}}{\Delta r_i}$$

对 $G=r\dfrac{\partial p}{\partial r}$ 仍取一阶中心差商，则：

$$G_{i+\frac{1}{2}}=r_{i+\frac{1}{2}}\frac{p_{i+1}-p_i}{0.5(\Delta r_{i+1}+\Delta r_i)}$$

$$G_{i-\frac{1}{2}}=r_{i-\frac{1}{2}}\frac{p_i-p_{i-1}}{0.5(\Delta r_i+\Delta r_{i-1})}$$

于是，可写出左端项的差分为：

$$\frac{1}{r}\frac{\partial}{\partial r}\left(r\frac{\partial p}{\partial r}\right)=\frac{1}{r}\frac{\partial G}{\partial r}=\frac{1}{r_i}\frac{r_{i+\frac{1}{2}}\dfrac{p_{i+1}-p_i}{0.5(\Delta r_{i+1}+\Delta r_i)}-r_{i-\frac{1}{2}}\dfrac{p_i-p_{i-1}}{0.5(\Delta r_i+\Delta r_{i-1})}}{\Delta r_i} \quad (5\text{-}1\text{-}12)$$

上述差分格式中，在井底附近 r_i 很小，而 $\dfrac{1}{r_i}$ 很大，因此易造成计算的不稳定，故下面将空间坐标做适当的变换，即将一维的径向坐标转换为直角坐标。

为把一维径向坐标 r 转化为直角坐标 x，需找到 r 与 x 的对应关系。由式(5-1-11)可得：

$$\ln\frac{r_1}{r_{\rm w}}=\ln a, \quad \ln\frac{r_2}{r_{\rm w}}=2\ln a, \quad \cdots, \quad \ln\frac{r_n}{r_{\rm w}}=n\ln a \quad (5\text{-}1\text{-}13)$$

令

$$\ln a=\Delta x$$

则：

$$\ln\frac{r_1}{r_{\rm w}}=\Delta x=x_1, \quad \ln\frac{r_2}{r_{\rm w}}=2\Delta x=x_2, \quad \cdots, \quad \ln\frac{r_n}{r_{\rm w}}=n\Delta x=x_n \quad (5\text{-}1\text{-}14)$$

于是，将不等距的 r 坐标转换成了等距离的 x 坐标。两种坐标之间的对应关系如图 5-1-1 所示。

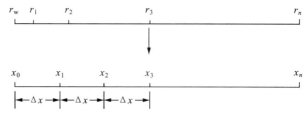

图 5-1-1　不等距 r 坐标与等距 x 坐标之间的转换

当已知 r_w，r_e 和网格数 n 时，可以求出转换后的网格大小 Δx。

由 $\ln\dfrac{r_e}{r_\mathrm{w}}=\ln\dfrac{r_n}{r_\mathrm{w}}=n\Delta x$ 可得：

$$\Delta x=\frac{\ln\dfrac{r_e}{r_\mathrm{w}}}{n}\tag{5-1-15}$$

由式(5-1-14)可以看出，r 与 x 的对应关系为：

$$\ln\frac{r}{r_\mathrm{w}}=x\tag{5-1-16}$$

于是：

$$r=r_\mathrm{w}\mathrm{e}^x\tag{5-1-17}$$

而 $\ln\dfrac{r}{r_\mathrm{w}}=x$ 为方程 $\dfrac{\mathrm{d}x}{\mathrm{d}r}=\dfrac{1}{r}$ 的特解，因此数学模型(5-1-4)的左端项可化为：

$$
\begin{aligned}
\frac{1}{r}\frac{\partial}{\partial r}\left(r\frac{\partial p}{\partial r}\right)&=\frac{1}{r}\frac{\partial}{\partial r}\left(r\frac{\partial p}{\partial x}\frac{\mathrm{d}x}{\mathrm{d}r}\right)\\
&=\frac{1}{r}\frac{\partial}{\partial r}\left(r\frac{\partial p}{\partial x}\frac{1}{r}\right)=\frac{1}{r}\frac{\partial}{\partial r}\left(\frac{\partial p}{\partial x}\right)\\
&=\frac{1}{r}\frac{\partial}{\partial x}\left(\frac{\partial p}{\partial x}\right)\frac{\mathrm{d}x}{\mathrm{d}r}=\frac{1}{r}\frac{\partial}{\partial x}\left(\frac{\partial p}{\partial x}\right)\frac{1}{r}\\
&=\frac{1}{r^2}\frac{\partial^2 p}{\partial x^2}
\end{aligned}\tag{5-1-18}
$$

于是数学模型(5-1-4)可以转换为：

$$\frac{1}{r^2}\frac{\partial^2 p}{\partial x^2}=\frac{\phi\mu C}{k}\frac{\partial p}{\partial t}\tag{5-1-19}$$

将式(5-1-17)代入上式，得：

$$\frac{\partial^2 p}{\partial x^2}=r_\mathrm{w}^2\mathrm{e}^{2x}\frac{\phi\mu C}{k}\frac{\partial p}{\partial t}\tag{5-1-20}$$

至此，将不等距的径向坐标 r 转换成了等距离的 x 坐标，并且将数学模型中的微分方程也进行了坐标转换。下面用隐式差分格式对转换为等距离 x 坐标的微分方程(5-1-20)进行差分求解。

方程(5-1-20)的隐式差分方程为：

$$\frac{p_{i+1}^{n+1}-2p_i^{n+1}+p_{i-1}^{n+1}}{\Delta x^2}=r_\mathrm{w}^2\mathrm{e}^{2i\Delta x}\frac{\phi\mu C}{k}\frac{p_i^{n+1}-p_i^n}{\Delta t}\tag{5-1-21}$$

令

$$M_i=r_\mathrm{w}^2\mathrm{e}^{2i\Delta x}\frac{\phi\mu C}{k}\frac{\Delta x^2}{\Delta t}$$

则式(5-1-21)化为：

$$p_{i-1}^{n+1}-(2+M_i)p_i^{n+1}+p_{i+1}^{n+1}=-M_ip_i^n\tag{5-1-22}$$

令

$$\lambda_i=2+M_i,\quad d_i=-M_ip_i^n$$

则：

$$p_{i-1}^{n+1} - \lambda_i p_i^{n+1} + p_{i+1}^{n+1} = d_i \tag{5-1-23}$$

式(5-1-23)即一维径向流时所推得的差分方程的表达式。当 i 和 Δx 确定以后，根据上式用追赶法解三对角矩阵方程，即可确定任一半径处的压力分布。

5-2 不同内外边界条件下的系数矩阵

三、各种内、外边界条件下的系数矩阵

数学模型中的内、外边界条件各有两种情况，可以组合为4种不同的边界情况：① 外边界定压，内边界定产；② 外边界定压，内边界定流压；③ 外边界封闭，内边界定产；④ 外边界封闭，内边界定流压。下面分别介绍在这4种不同的边界情况下所形成的系数矩阵的结构。

1. 外边界定压，内边界定产

外边界定压和内边界定产的边界条件为：

$$\left.\begin{array}{r} p(r_e, t) = p_e \\ \left(r \dfrac{\partial p}{\partial r}\right)_{r=r_w} = \dfrac{Q\mu}{2\pi kh} \end{array}\right\} \tag{5-1-24}$$

下面讨论在式(5-1-24)的边界条件下，方程(5-1-23)对应于 $i=0 \sim n$ 的各个网格的差分方程所构成的线性代数方程组。

(1) 当 $i=0$ 时，即内边界处，首先将内边界条件 $\left(r\dfrac{\partial p}{\partial r}\right)_{r=r_w} = \dfrac{Q\mu}{2\pi kh}$ 转换为 x 坐标。

因为：

$$\frac{\mathrm{d}x}{\mathrm{d}r} = \frac{1}{r}$$

所以：

$$\left(r\frac{\partial p}{\partial r}\right)_{r=r_w} = \left(r\frac{\partial p}{\partial x}\frac{\mathrm{d}x}{\mathrm{d}r}\right)_{r=r_w} = \left(\frac{\partial p}{\partial x}\right)_{x=0}$$

于是定产量内边界条件可转换为：

$$\left(\frac{\partial p}{\partial x}\right)_{x=0} = \frac{Q\mu}{2\pi kh} \tag{5-1-25}$$

式(5-1-25)的差分方程为：

$$\frac{p_1 - p_{wf}}{\Delta x} = \frac{Q\mu}{2\pi kh} \tag{5-1-26}$$

于是：

$$-p_{wf} + p_1 = \frac{Q\mu}{2\pi kh}\Delta x \tag{5-1-27}$$

令

$$\frac{Q\mu}{2\pi kh}\Delta x = d_0$$

则方程(5-1-27)可简化为：

$$-p_{wf} + p_1 = d_0 \tag{5-1-28}$$

（2）当 $i=1,2,\cdots,n-2$ 时，按方程(5-1-23)列方程。

（3）当 $i=n-1$ 时，由式(5-1-23)可得：

$$p_{n-2}-\lambda_{n-1}p_{n-1}+p_{\mathrm{e}}=d_{n-1}$$

于是：

$$p_{n-2}-\lambda_{n-1}p_{n-1}=d_{n-1}-p_{\mathrm{e}} \tag{5-1-29}$$

（4）当 $i=n$ 时，$p_n=p_{\mathrm{e}}$ 已知，因此只需要求第 0 到 $n-1$ 个网格点的压力。

如上所述，列出 $i=0,1,\cdots,n-1$ 各网格节点的方程，所得方程组为：

$$\left.\begin{array}{l} -p_{\mathrm{wf}}+p_1=d_0 \quad (i=0) \\ p_{i-1}^{n+1}-\lambda_i p_i^{n+1}+p_{i+1}^{n+1}=d_i \quad [i=1\sim(n-2)] \\ p_{n-2}-\lambda_{n-1}p_{n-1}=d_{n-1}-p_{\mathrm{e}} \quad (i=n-1) \end{array}\right\}$$

写为矩阵方程的形式，得：

$$
\begin{array}{c}
i=0 \\ 1 \\ 2 \\ \vdots \\ n-2 \\ n-1
\end{array}
\begin{bmatrix}
-1 & 1 & & & & \\
1 & -\lambda_1 & 1 & & & \\
 & 1 & -\lambda_2 & 1 & & \\
 & & \ddots & \ddots & \ddots & \\
 & & & 1 & -\lambda_{n-2} & 1 \\
 & & & & 1 & -\lambda_{n-1}
\end{bmatrix}
\begin{bmatrix}
p_{\mathrm{wf}} \\ p_1 \\ p_2 \\ \vdots \\ p_{n-2} \\ p_{n-1}
\end{bmatrix}
=
\begin{bmatrix}
d_0 \\ d_1 \\ d_2 \\ \vdots \\ d_{n-2} \\ d_{n-1}-p_{\mathrm{e}}
\end{bmatrix}
\tag{5-1-30}
$$

解此三对角矩阵方程，可求得 $p_{\mathrm{wf}},p_1,p_2,\cdots,p_{n-1}$。

2. 外边界定压，内边界定流压

外边界定压和内边界定流压的边界条件为：

$$\left.\begin{array}{l} p(r_{\mathrm{e}},t)=p_{\mathrm{e}} \\ p(r_{\mathrm{w}},t)=p_{\mathrm{wf}} \end{array}\right\} \tag{5-1-31}$$

下面讨论在式(5-1-31)的边界条件下，方程(5-1-23)对应于 $i=0\sim n$ 的各个网格的差分方程所构成的线性代数方程组。

（1）当 $i=0$ 时，即内边界处，方程(5-1-28)中的 p_{wf} 是已知的，而 d_0 中含有 Q，是未知的，故将式(5-1-28)改写为：

$$d_0-p_1=-p_{\mathrm{wf}} \tag{5-1-32}$$

（2）当 $i=1$ 时，由方程(5-1-23)可得：

$$p_{\mathrm{wf}}-\lambda_1 p_1+p_2=d_1$$

将 p_{wf} 的表达式(5-1-32)代入上式，可得：

$$-d_0+(1-\lambda_1)p_1+p_2=d_1 \tag{5-1-33}$$

（3）当 $i=2,\cdots,n-2$ 时，按方程(5-1-23)列方程。

（4）当 $i=n-1$ 时，定压外边界的处理与上述边界条件1相同。因此可得式(5-1-29)，即

$$p_{n-2}-\lambda_{n-1}p_{n-1}=d_{n-1}-p_{\mathrm{e}}$$

（5）当 $i=n$ 时，$p_n=p_{\mathrm{e}}$ 已知，因此只需要求第 0 到 $n-1$ 个网格点的压力。

如上所述，列出 $i=0,1,\cdots,n-1$ 各网格节点的方程，所得矩阵方程为：

$$
\begin{array}{c}
\begin{matrix} i=0 \\ 1 \\ 2 \\ \vdots \\ n-2 \\ n-1 \end{matrix}
\begin{pmatrix}
1 & -1 & & & & \\
-1 & (1-\lambda_1) & 1 & & & \\
& 1 & -\lambda_2 & 1 & & \\
& & \ddots & \ddots & \ddots & \\
& & & 1 & -\lambda_{n-2} & 1 \\
& & & & 1 & -\lambda_{n-1}
\end{pmatrix}
\begin{pmatrix} d_0 \\ p_1 \\ p_2 \\ \vdots \\ p_{n-2} \\ p_{n-1} \end{pmatrix}
=
\begin{pmatrix} -p_{wf} \\ d_1 \\ d_2 \\ \vdots \\ d_{n-2} \\ d_{n-1}-p_e \end{pmatrix}
\end{array}
$$

$$\tag{5-1-34}$$

解此三对角矩阵方程,可求得 d_0,p_1,p_2,$\cdots$,p_{n-1},然后由 $d_0=\dfrac{Q\mu}{2\pi kh}\Delta x$ 可求出产量:

$$Q=\frac{2\pi kh}{\mu\Delta x}d_0 \tag{5-1-35}$$

3. 外边界封闭,内边界定产

外边界封闭和内边界定产的边界条件为:

$$
\left.\begin{array}{l}
\left(r\dfrac{\partial p}{\partial r}\right)_{r=r_e}=0 \\[3mm]
\left(r\dfrac{\partial p}{\partial r}\right)_{r=r_w}=\dfrac{Q\mu}{2\pi kh}
\end{array}\right\} \tag{5-1-36}
$$

下面讨论在式(5-1-36)的边界条件下,方程(5-1-23)对应于 $i=0\sim n$ 的各个网格的差分方程所构成的线性代数方程组。

(1) 当 $i=0$ 时,定产内边界的处理与上述边界条件 1 相同,因此可直接用式(5-1-28),即

$$-p_{wf}+p_1=d_0$$

(2) 当 $i=1,2,\cdots,n-1$ 时,可直接代入方程(5-1-23)。

(3) 当 $i=n$ 时,即外边界条件,首先将关于 r 的导数转换为关于 x 的导数:

$$\left(r\frac{\partial p}{\partial r}\right)_{r=r_e}=\left(r\frac{\partial p}{\partial x}\frac{\mathrm{d}x}{\mathrm{d}r}\right)_{r=r_e}=\left(\frac{\partial p}{\partial x}\right)_{x=x_n}$$

因此外边界条件变为:

$$\left(\frac{\partial p}{\partial x}\right)_{x=x_n}=0 \tag{5-1-37}$$

将边界条件式(5-1-37)离散化,采用一阶中心差商,可得:

$$\frac{p_{n+1}-p_{n-1}}{2\Delta x}=0$$

即

$$p_{n+1}=p_{n-1} \tag{5-1-38}$$

于是,当 $i=n$ 时,相应的差分方程为:

$$p_{n-1}-\lambda_n p_n+p_{n+1}=d_n$$

将式(5-1-38)代入上式,可得:

$$2p_{n-1}-\lambda_n p_n=d_n \tag{5-1-39}$$

列出 $i=0,1,\cdots,n-1,n$ 各网格节点的差分方程,所得矩阵方程为:

$$
\begin{array}{c}
i=0 \\
1 \\
2 \\
\vdots \\
n-1 \\
n
\end{array}
\left[
\begin{array}{ccccccc}
-1 & 1 & & & & & \\
1 & -\lambda_1 & 1 & & & & \\
& 1 & -\lambda_2 & 1 & & & \\
& & \ddots & \ddots & \ddots & & \\
& & & 1 & -\lambda_{n-1} & 1 & \\
& & & & 2 & -\lambda_n
\end{array}
\right]
\left[
\begin{array}{c}
p_{\mathrm{wf}} \\
p_1 \\
p_2 \\
\vdots \\
p_{n-1} \\
p_n
\end{array}
\right]
=
\left[
\begin{array}{c}
d_0 \\
d_1 \\
d_2 \\
\vdots \\
d_{n-1} \\
d_n
\end{array}
\right]
\qquad (5\text{-}1\text{-}40)
$$

方程组中共有 $n+1$ 个方程，$n+1$ 个未知量。解此三对角矩阵方程，可求得井底流压 $p_{\mathrm{wf}},p_1,p_2,\cdots,p_{n-1}$ 和边界压力 p_n。

4. 外边界封闭，内边界定流压

外边界封闭和内边界定流压的边界条件为：

$$
\left.
\begin{array}{l}
\left(r\dfrac{\partial p}{\partial r} \right)_{r=r_{\mathrm{e}}}=0 \\[2mm]
p(r_{\mathrm{w}},t)=p_{\mathrm{wf}}
\end{array}
\right\}
\qquad (5\text{-}1\text{-}41)
$$

下面讨论在式(5-1-41)的边界条件下，方程(5-1-23)对应于 $i=0\sim n$ 的各个网格的差分方程所构成的线性代数方程组。

（1）当 $i=0$ 时，定流压内边界的处理与上述边界条件 2 相同，可直接利用方程(5-1-32)，即

$$
d_0-p_1=-p_{\mathrm{wf}}
$$

（2）当 $i=1$ 时，可直接利用方程(5-1-33)，即

$$
-d_0+(1-\lambda_1)p_1+p_2=d_1
$$

（3）当 $i=2,\cdots,n-1$ 时，直接代入方程(5-1-23)。

（4）当 $i=n$ 时，封闭外边界的处理同上述边界条件 3，可直接利用方程(5-1-39)，即

$$
2p_{n-1}-\lambda_n p_n=d_n
$$

最后，列出 $i=0,1,\cdots,n-1,n$ 各网格节点的差分方程，所得矩阵方程为：

$$
\begin{array}{c}
i=0 \\
1 \\
2 \\
\vdots \\
n-1 \\
n
\end{array}
\left[
\begin{array}{ccccccc}
1 & -1 & & & & & \\
-1 & 1-\lambda_1 & 1 & & & & \\
& 1 & -\lambda_2 & 1 & & & \\
& & \ddots & \ddots & \ddots & & \\
& & & 1 & -\lambda_{n-1} & 1 & \\
& & & & 2 & -\lambda_n
\end{array}
\right]
\left[
\begin{array}{c}
d_0 \\
p_1 \\
p_2 \\
\vdots \\
p_{n-1} \\
p_n
\end{array}
\right]
=
\left[
\begin{array}{c}
-p_{\mathrm{wf}} \\
d_1 \\
d_2 \\
\vdots \\
d_{n-1} \\
d_n
\end{array}
\right]
\qquad (5\text{-}1\text{-}42)
$$

方程组中共有 $n+1$ 个方程、$n+1$ 个未知量。解此三对角矩阵方程，可求得 $d_0,p_1,p_2,\cdots,p_{n-1}$ 和边界压力 p_n。求出 d_0 后，可利用方程(5-1-35)求出产量 Q。

四、计算程序框图

一维径向单相流有限差分计算程序框图如图 5-1-2 所示。

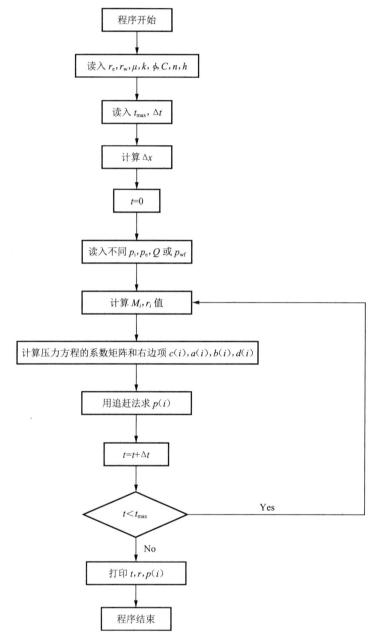

图 5-1-2　一维径向单相流有限差分程序框图

五、有关单位换算

一维径向流计算过程中需用到达西公式。达西公式所用单位为水力学单位,而实际油田中常用的单位为工程单位,二者之间的换算关系见表 5-1-1。

表 5-1-1 水力学单位与工程单位的换算

变 量	水力学单位	工程单位
Q	cm^3/s	m^3/d
k	$\mu\text{m}^2(\text{D})$	$10^{-3}\ \mu\text{m}^2(\text{mD})$
μ	$\text{mPa}\cdot\text{s}$	$\text{mPa}\cdot\text{s}$
A	cm^2	m^2
Δx	cm	m
Δp	$10^{-1}\ \text{MPa}(\text{atm})$	MPa

达西公式为 $Q=\dfrac{k}{\mu}A\dfrac{\Delta p}{\Delta x}$，其中各变量均采用水力学单位。

当采用工程单位时，达西公式变为：

$$Q\times\frac{10^6}{86\ 400}=\frac{k\times10^{-3}}{\mu}\times A\times10^4\times\frac{\Delta p\times10}{\Delta x\times10^2}$$

因此，由水力学单位换算到工程单位，达西公式前加了一个系数，即

$$Q=0.086\ 4\ \frac{k}{\mu}A\frac{\Delta p}{\Delta x}$$

第二节 二维单相流的有限差分数值模拟方法

一、数学模型

5-3 二维单相流的数学模型

假设：

（1）二维平面流动（忽略垂向的流动）；

（2）单相、微可压缩流体；

（3）不考虑岩石的压缩性；

（4）考虑油藏的非均质及各向异性；

（5）不考虑重力的影响。

第二章所推导的三维单相流的数学模型为：

$$\nabla\cdot\left[\frac{\rho\boldsymbol{k}}{\mu}(\nabla p-\rho g\,\nabla D)\right]+q=\frac{\partial}{\partial t}(\rho\phi)$$

简化为二维非均质油藏，当不考虑重力作用时，上式化为：

$$\frac{\partial}{\partial x}\left(\rho\frac{k_x}{\mu}\frac{\partial p}{\partial x}\right)+\frac{\partial}{\partial y}\left(\rho\frac{k_y}{\mu}\frac{\partial p}{\partial y}\right)+q=\frac{\partial}{\partial t}(\rho\phi) \qquad (5\text{-}2\text{-}1)$$

假设岩石不可压缩、流体微可压缩，则二维单相流的数学模型为：

$$\frac{\partial}{\partial x}\left(\frac{k_x}{B\mu}\frac{\partial p}{\partial x}\right)+\frac{\partial}{\partial y}\left(\frac{k_y}{B\mu}\frac{\partial p}{\partial y}\right)+q_{\text{v}}=\frac{\phi C}{B}\frac{\partial p}{\partial t} \qquad (5\text{-}2\text{-}2)$$

式中，B 为体积系数；q 为油藏条件下单位体积岩石中注入或采出的质量流量；q_{v} 为地面标

准状况下单位体积岩石中注入或采出的体积流量，$q_v = \dfrac{q}{\rho_{sc}}$；$\rho_{sc}$ 为地面标准状况下流体密度；C 为压缩系数。

初始条件为：

$$p(x,y,0) = p_i \quad (0 \leqslant x \leqslant L_x, 0 \leqslant y \leqslant L_y) \tag{5-2-3}$$

外边界条件有定压外边界和封闭外边界两种。

（1）定压外边界：

$$\left.\begin{array}{l} p(0,y,t) = p_e \\ p(L_x,y,t) = p_e \\ p(x,0,t) = p_e \\ p(x,L_y,t) = p_e \end{array}\right\} \tag{5-2-4}$$

（2）封闭外边界：

$$\left.\begin{array}{l} \left(\dfrac{\partial p}{\partial x}\right)\Big|_{x=0} = 0 \\[2mm] \left(\dfrac{\partial p}{\partial x}\right)\Big|_{x=L_x} = 0 \\[2mm] \left(\dfrac{\partial p}{\partial y}\right)\Big|_{y=0} = 0 \\[2mm] \left(\dfrac{\partial p}{\partial y}\right)\Big|_{y=L_y} = 0 \end{array}\right\} \tag{5-2-5}$$

内边界也有两种，分别为定产量内边界和定井底流压内边界。

（1）定产量内边界：

$$Q_v = 常数 \quad (t > 0) \tag{5-2-6}$$

式中，Q_v 为地面标准状况下井注入或产出的体积流量。

（2）定井底流压内边界：

对于生产井，给定井底流压 p_{wf} 后，其产量 Q_v 的计算公式为：

$$Q_v = PI(p_{i,j} - p_{wf}) \tag{5-2-7}$$

对于注水井，给定注水井井底压力 p_{iwf} 后，其注入量 Q_v 的计算公式为：

$$Q_v = WI(p_{iwf} - p_{i,j}) \tag{5-2-8}$$

式中，PI 为生产指数，WI 为注入指数。

在二维单相流的数学模型中，未知量为 $p(x,y,t)$，通过求解可以得到不同内、外边界条件下油藏中各点的压力分布及其随时间的变化。

二、差分方程组的建立

5-4 二维单相流差分方程组的建立与求解

采用不等距网格系统，一般地，井底附近网格密一些，远离井底网格疏一些。以方程（5-2-2）左端第一项 $\dfrac{\partial}{\partial x}\left(\dfrac{k_x}{B\mu}\dfrac{\partial p}{\partial x}\right)$ 的差分为例，令

$$G_x = \frac{k_x}{B\mu}\frac{\partial p}{\partial x}$$

则：

$$\frac{\partial}{\partial x}\left(\frac{k_x}{B\mu}\frac{\partial p}{\partial x}\right)=\frac{\partial G_x}{\partial x}=\frac{G_{i+\frac{1}{2},j}-G_{i-\frac{1}{2},j}}{\Delta x_i}$$

又

$$G_{i\pm\frac{1}{2},j}=\left(\frac{k_x}{B\mu}\right)_{i\pm\frac{1}{2},j}\left(\frac{\partial p}{\partial x}\right)_{i\pm\frac{1}{2},j}$$

$$\left(\frac{\partial p}{\partial x}\right)_{i+\frac{1}{2},j}=\frac{p_{i+1,j}-p_{i,j}}{0.5(\Delta x_{i+1}+\Delta x_i)}$$

$$\left(\frac{\partial p}{\partial x}\right)_{i-\frac{1}{2},j}=\frac{p_{i,j}-p_{i-1,j}}{0.5(\Delta x_i+\Delta x_{i-1})}$$

因此：

$$\frac{\partial}{\partial x}\left(\frac{k_x}{B\mu}\frac{\partial p}{\partial x}\right)=\frac{\left(\frac{k_x}{B\mu}\right)_{i+\frac{1}{2},j}\frac{p_{i+1,j}-p_{i,j}}{0.5(\Delta x_{i+1}+\Delta x_i)}-\left(\frac{k_x}{B\mu}\right)_{i-\frac{1}{2},j}\frac{p_{i,j}-p_{i-1,j}}{0.5(\Delta x_i+\Delta x_{i-1})}}{\Delta x_i} \tag{5-2-9}$$

同理，左端第二项的差分为：

$$\frac{\partial}{\partial y}\left(\frac{k_y}{B\mu}\frac{\partial p}{\partial y}\right)=\frac{\left(\frac{k_y}{B\mu}\right)_{i,j+\frac{1}{2}}\frac{p_{i,j+1}-p_{i,j}}{0.5(\Delta y_{j+1}+\Delta y_j)}-\left(\frac{k_y}{B\mu}\right)_{i,j-\frac{1}{2}}\frac{p_{i,j}-p_{i,j-1}}{0.5(\Delta y_j+\Delta y_{j-1})}}{\Delta y_j} \tag{5-2-10}$$

式(5-2-2)右端项的差分为：

$$\frac{\phi C}{B}\frac{\partial p}{\partial t}=\left(\frac{\phi C}{B}\right)_{i,j}\frac{p_{i,j}^{n+1}-p_{i,j}^n}{\Delta t} \tag{5-2-11}$$

因此，采用隐式差分格式，可得微分方程(5-2-2)的差分方程为：

$$\frac{\left(\frac{k_x}{B\mu}\right)_{i+\frac{1}{2},j}\frac{p_{i+1,j}^{n+1}-p_{i,j}^{n+1}}{0.5(\Delta x_{i+1}+\Delta x_i)}-\left(\frac{k_x}{B\mu}\right)_{i-\frac{1}{2},j}\frac{p_{i,j}^{n+1}-p_{i-1,j}^{n+1}}{0.5(\Delta x_i+\Delta x_{i-1})}}{\Delta x_i}+$$

$$\frac{\left(\frac{k_y}{B\mu}\right)_{i,j+\frac{1}{2}}\frac{p_{i,j+1}^{n+1}-p_{i,j}^{n+1}}{0.5(\Delta y_{j+1}+\Delta y_j)}-\left(\frac{k_y}{B\mu}\right)_{i,j-\frac{1}{2}}\frac{p_{i,j}^{n+1}-p_{i,j-1}^{n+1}}{0.5(\Delta y_j+\Delta y_{j-1})}}{\Delta y_j}+q_{vi,j}=$$

$$\left(\frac{\phi C}{B}\right)_{i,j}\frac{p_{i,j}^{n+1}-p_{i,j}^n}{\Delta t} \tag{5-2-12}$$

上式等号两端每一项同乘以网格单元体积 $v_{i,j}=\Delta x_i\Delta y_jh$（其中 h 表示二维油藏的厚度），并令：

$Q_{vi,j}$ 表示(i,j)网格的源汇项：

$$Q_{vi,j}=q_{vi,j}\Delta x_i\Delta y_jh$$

其中，$q_{vi,j}$ 表示(i,j)网格单位体积的源汇项。

$V_{pi,j}$ 表示网格(i,j)的孔隙体积：

$$V_{pi,j}=\phi_{i,j}\Delta x_i\Delta y_jh$$

$T_{xi\pm\frac{1}{2}}$ 表示 x 方向的传导系数：

$$T_{xi\pm\frac{1}{2}}=\frac{\left(\frac{k_x}{B\mu}\right)_{i\pm\frac{1}{2},j}\Delta y_jh}{0.5(\Delta x_i+\Delta x_{i\pm1})}$$

$T_{yj\pm\frac{1}{2}}$ 表示 y 方向的传导系数:

$$T_{yj\pm\frac{1}{2}}=\frac{\left(\frac{k_y}{B\mu}\right)_{i,j\pm\frac{1}{2}}\Delta x_i h}{0.5(\Delta y_j+\Delta y_{j\pm1})}$$

因此,式(5-2-12)可写为:

$$T_{xi+\frac{1}{2}}(p_{i+1,j}^{n+1}-p_{i,j}^{n+1})-T_{xi-\frac{1}{2}}(p_{i,j}^{n+1}-p_{i-1,j}^{n+1})+T_{yj+\frac{1}{2}}(p_{i,j+1}^{n+1}-p_{i,j}^{n+1})-$$

$$T_{yj-\frac{1}{2}}(p_{i,j}^{n+1}-p_{i,j-1}^{n+1})+Q_{vi,j}=\frac{V_{pi,j}C_{i,j}}{B_{i,j}\Delta t}(p_{i,j}^{n+1}-p_{i,j}^n) \tag{5-2-13}$$

上式中有 5 个未知量,经整理可得:

$$T_{yj-\frac{1}{2}}p_{i,j-1}^{n+1}+T_{xi-\frac{1}{2}}p_{i-1,j}^{n+1}-\left(T_{xi-\frac{1}{2}}+T_{xi+\frac{1}{2}}+T_{yj-\frac{1}{2}}+T_{yj+\frac{1}{2}}+\frac{V_{pi,j}C_{i,j}}{B_{i,j}\Delta t}\right)p_{i,j}^{n+1}+$$

$$T_{xi+\frac{1}{2}}p_{i+1,j}^{n+1}+T_{yj+\frac{1}{2}}p_{i,j+1}^{n+1}=-\left(Q_{vi,j}+\frac{V_{pi,j}C_{i,j}}{B_{i,j}\Delta t}p_{i,j}^n\right) \tag{5-2-14}$$

令

$$\left. \begin{aligned} &c_{i,j}=T_{yj-\frac{1}{2}}\\ &a_{i,j}=T_{xi-\frac{1}{2}}\\ &e_{i,j}=-\left(T_{xi-\frac{1}{2}}+T_{xi+\frac{1}{2}}+T_{yj-\frac{1}{2}}+T_{yj+\frac{1}{2}}+\frac{V_{pi,j}C_{i,j}}{B_{i,j}\Delta t}\right)\\ &b_{i,j}=T_{xi+\frac{1}{2}}\\ &d_{i,j}=T_{yj+\frac{1}{2}}\\ &f_{i,j}=-\left(Q_{vi,j}+\frac{V_{pi,j}C_{i,j}}{B_{i,j}\Delta t}p_{i,j}^n\right) \end{aligned} \right\} \tag{5-2-15}$$

于是式(5-2-14)可写成:

$$c_{i,j}p_{i,j-1}^{n+1}+a_{i,j}p_{i-1,j}^{n+1}+e_{i,j}p_{i,j}^{n+1}+b_{i,j}p_{i+1,j}^{n+1}+d_{i,j}p_{i,j+1}^{n+1}=f_{i,j} \tag{5-2-16}$$

各系数与网格间的对应位置如图 5-2-1 所示。

方程(5-2-16)为网格 (i,j) 处的差分方程,若 x 方向有 N_x 个网格,y 方向有 N_y 个网格,则总网格数 $N=N_xN_y$,因此可列出 N 个这样的方程,其系数矩阵为五对角矩阵,通过求解可得到 N 个未知量。

以上是用坐标 (i,j) 来表示网格的位置,当二维问题较大(即总网格数目较多),甚至是三维问题时,此方法使用起来比较麻烦,因此需对网格进行编号。若采用行标准排列,设 k 为网格编号,则:

$$k=i+(j-1)N_x \tag{5-2-17}$$

式中,i 为网格在 x 方向的序号,j 为网格在 y 方向的序号。网格 (i,j) 与网格编号 k 的对应关系(图 5-2-2)如下:

$$\left. \begin{aligned} &i,j\rightarrow k\\ &i-1,j\rightarrow k-1\\ &i+1,j\rightarrow k+1\\ &i,j-1\rightarrow k-N_x\\ &i,j+1\rightarrow k+N_x \end{aligned} \right\} \tag{5-2-18}$$

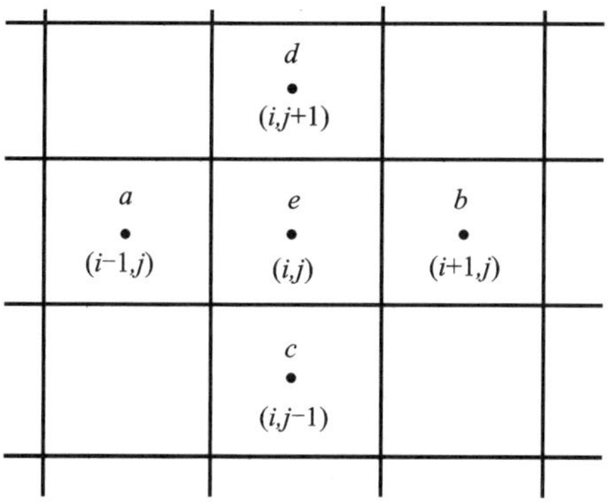

图 5-2-1 各系数与网格的对应位置

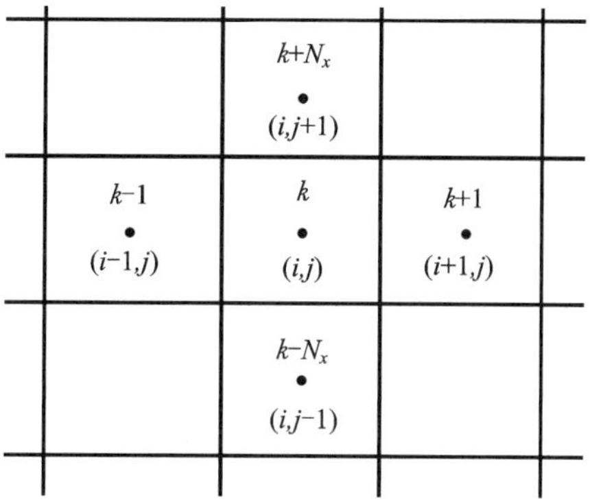

图 5-2-2 网格 (i,j) 与网格编号 k 的对应关系示意图

再令:

$$
\left.
\begin{aligned}
&a_{k,k-1}=T_{xi-\frac{1}{2}}=a_{i,j} \\
&a_{k,k+1}=T_{xi+\frac{1}{2}}=b_{i,j} \\
&a_{k,k}=-\left(T_{xi-\frac{1}{2}}+T_{xi+\frac{1}{2}}+T_{yj-\frac{1}{2}}+T_{yj+\frac{1}{2}}+\frac{V_{pi,j}C_{i,j}}{B_{i,j}\Delta t}\right)=e_{i,j} \\
&a_{k,k-N_x}=T_{yj-\frac{1}{2}}=c_{i,j} \\
&a_{k,k+N_x}=T_{yj+\frac{1}{2}}=d_{i,j} \\
&b_k=-\left(Q_{vi,j}+\frac{V_{pi,j}C_{i,j}}{B_{i,j}\Delta t}p_{i,j}^n\right)=f_{i,j}
\end{aligned}
\right\}
\tag{5-2-19}
$$

于是式(5-2-16)可以写为:

$$
a_{k,k-N_x}p_{k-N_x}^{n+1}+a_{k,k-1}p_{k-1}^{n+1}+a_{k,k}p_k^{n+1}+a_{k,k+1}p_{k+1}^{n+1}+a_{k,k+N_x}p_{k+N_x}^{n+1}=b_k
\tag{5-2-20}
$$

其中, $k=1,2,\cdots,N_xN_y$。

经过上述网格编号后,方程(5-2-16)中的 5 个二维系数变量(即 $a_{i,j}$, $b_{i,j}$, $c_{i,j}$, $d_{i,j}$, $e_{i,j}$)变成了一个二维数组(即 $a_{i,j}$),未知量由二维变量 $p_{i,j}$ 变成了一维变量 p_i,方程右端的已知项也由二维数组 $f_{i,j}$ 变成了一维数组 b_k。这样,无论是从系数矩阵的形成还是从方程求解的工作量来说,均得到了简化。

下面以 3×4 网格为例说明这种排列形式的系数矩阵的结构,其按行标准排列如图 5-2-3 所示,相应的系数矩阵的结构如图 5-2-4 所示。

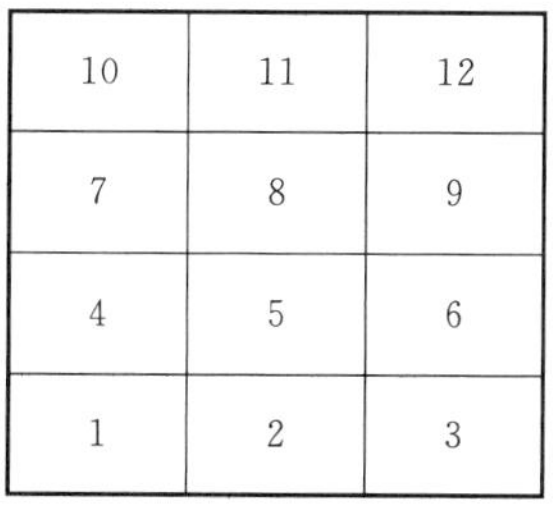

10	11	12
7	8	9
4	5	6
1	2	3

图 5-2-3 3×4 网格按行标准排列

$$\begin{pmatrix}
a_{11} & a_{12} & & a_{14} & & & & & & & & \\
a_{21} & a_{22} & a_{23} & & a_{25} & & & & & & & \\
& a_{32} & a_{33} & & & a_{36} & & & & & & \\
a_{41} & & & a_{44} & a_{45} & & a_{47} & & & & & \\
& a_{52} & & a_{54} & a_{55} & a_{56} & & a_{58} & & & & \\
& & a_{63} & & a_{65} & a_{66} & & & a_{69} & & & \\
& & & a_{74} & & & a_{77} & a_{78} & & a_{7,10} & & \\
& & & & a_{85} & & a_{87} & a_{88} & a_{89} & & a_{8,11} & \\
& & & & & a_{96} & & a_{98} & a_{99} & & & a_{9,12} \\
& & & & & & a_{10,7} & & & a_{10,10} & a_{10,11} & \\
& & & & & & & a_{11,8} & & a_{11,10} & a_{11,11} & a_{11,12} \\
& & & & & & & & a_{12,9} & & a_{12,11} & a_{12,12}
\end{pmatrix}$$

图 5-2-4　3×4 网格按行标准排列所对应的系数矩阵

以上是对数学模型中的偏微分方程进行差分后所得到的线性代数方程组,下面介绍各种不同的内、外边界条件的处理。

三、不同内、外边界条件下的线性代数方程组

1. 外边界定压,内边界定产

对定压外边界,取点中心网格系统,假设 x 方向有 N_x 个网格,y 方向有 N_y 个网格,则定压外边界可以表示为:

$$\left.\begin{array}{l}
p(1,j)=p_e \\
p(N_x,j)=p_e \\
p(i,1)=p_e \\
p(i,N_y)=p_e
\end{array}\right\} \quad (i=1,2,\cdots,N_x;\ j=1,2,\cdots,N_y) \tag{5-2-21}$$

内边界定产:

$$Q_{vi,j}=常数 \tag{5-2-22}$$

因为边界节点的压力是已知的,因此只需求解内部节点的压力。所需求解的内部网格数为 $(N_x-2)(N_y-2)$ 个,利用式(5-2-20)依次写出内部每个节点的差分方程,形成一个五对角的线性代数方程组,求出 $p(x,y,t)$。

2. 外边界定压,内边界定流压

外边界定压的处理同上述情况 1。

内边界为定流压边界,则产量为:

$$Q_{vi,j}=PI(p_{i,j}-p_{wf}) \tag{5-2-23}$$

利用上式计算产量时,压力 $p_{i,j}$ 的处理有以下两种方法:

(1) 显式处理。用 $p_{i,j}^n$ 代替上式中的 $p_{i,j}$,可求出 $Q_{vi,j}$,然后直接代入差分方程进行计算。

(2) 隐式处理。用 $p_{i,j}^{n+1}$ 代替上式中的 $p_{i,j}$,则 $Q_{vi,j}=PI(p_{i,j}^{n+1}-p_{wf})$,计算时将 $Q_{vi,j}$ 用该式代入,其中 p_{wf} 已知,可移到方程的右边,$p_{i,j}^{n+1}$ 未知,放在方程的左边,联立方程组求出 $p_{i,j}^{n+1}$

后再求出 $Q_{vi,j}$。

3. 外边界封闭,内边界定产

对封闭外边界,取块中心网格系统。封闭外边界表示为:

$$\left.\begin{array}{l}\dfrac{\partial p}{\partial x}\bigg|_{i=\frac{1}{2}}=0 \\[2mm] \dfrac{\partial p}{\partial y}\bigg|_{j=\frac{1}{2}}=0 \\[2mm] \dfrac{\partial p}{\partial x}\bigg|_{i=N_x+\frac{1}{2}}=0 \\[2mm] \dfrac{\partial p}{\partial y}\bigg|_{j=N_y+\frac{1}{2}}=0\end{array}\right\} \tag{5-2-24}$$

假设 x 方向有 N_x 个网格,y 方向有 N_y 个网格,在封闭边界外虚拟一圈网格。

令

$$\left.\begin{array}{l}p(i,0)=p(i,1) \\ p(i,N_y+1)=p(i,N_y) \\ p(0,j)=p(1,j) \\ p(N_x+1,j)=p(N_x,j)\end{array}\right\} \tag{5-2-25}$$

加上虚拟网格后,总节点数为 $N=(N_x+2)(N_y+2)$,其中需要求解的节点数为 N_xN_y,故需建立 N_xN_y 个线性代数方程组。

内边界定产的处理同上述边界条件 1。

外边界封闭的第二种处理方法是:令虚拟网格的 $k=0$,则边界处的 k 取调和平均(取值方法见下面的数值处理方法)后也为 0,于是边界上的传导系数亦为 0。

4. 外边界封闭,内边界定流压

外边界封闭的处理同上述边界条件 3。

内边界定流压的处理同上述边界条件 2。

四、数值处理方法

在前面推导的差分方程中,需要用到传导系数 $T_{xi\pm\frac{1}{2}}$ 和 $T_{yj\pm\frac{1}{2}}$,但实际已知的是 T_{xi},T_{xi-1},T_{xi+1},T_{yj},T_{yj-1},T_{yj+1} 处的值(即各网格节点处的值),而中间边界 $i\pm\dfrac{1}{2}$,$j\pm\dfrac{1}{2}$ 处是未知的。下面以 x 方向为例来说明 $T_{xi\pm\frac{1}{2}}$ 的取值。

定义各节点处的传导系数为:

$$T_{xi}=\left(\frac{k}{B\mu}\right)_i\frac{\Delta y_j h}{\Delta x_i}$$

$$T_{xi-1}=\left(\frac{k}{B\mu}\right)_{i-1}\frac{\Delta y_j h}{\Delta x_{i-1}}$$

$$T_{xi+1}=\left(\frac{k}{B\mu}\right)_{i+1}\frac{\Delta y_j h}{\Delta x_{i+1}}$$

界面处的传导系数 $T_{xi\pm\frac{1}{2}}$ 可用相邻节点 T_{xi-1}，T_{xi}，T_{xi+1} 处的值来表示。常见的取值方法有以下 3 种。

（1）算术平均：

$$T_{xi\pm\frac{1}{2}} = \frac{T_{xi} + T_{xi\pm1}}{2} \tag{5-2-26}$$

（2）几何平均：

$$T_{xi\pm\frac{1}{2}} = \sqrt{T_{xi}T_{xi\pm1}} \tag{5-2-27}$$

（3）调和平均：

$$T_{xi\pm\frac{1}{2}} = \frac{2T_{xi}T_{xi\pm1}}{T_{xi} + T_{xi\pm1}} \tag{5-2-28}$$

同理，可求出 $T_{yj\pm\frac{1}{2}}$。

实际应用时，一般采用调和平均方法，因为这种取值方法更加符合油藏流体渗流的实际情况。以 $T_{xi-\frac{1}{2}}$ 为例，如图 5-2-5 所示，调和平均的推导如下。

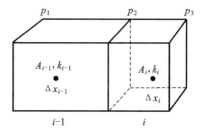

图 5-2-5　调和平均推导示意图

流过 $i-1$ 单元的流量为：

$$
\begin{aligned}
Q_{i-1} &= \left(\frac{k}{\mu}\right)_{i-1} A_{i-1} \frac{p_1 - p_2}{\Delta x_{i-1}} \\
&= \left(\frac{k}{\mu}\right)_{i-1} \Delta y_j h \frac{p_1 - p_2}{\Delta x_{i-1}} \\
&= T_{xi-1}(p_1 - p_2)
\end{aligned}
\tag{5-2-29}
$$

流过 i 单元的流量为：

$$
\begin{aligned}
Q_i &= \left(\frac{k}{\mu}\right)_i A_i \frac{p_2 - p_3}{\Delta x_i} \\
&= \left(\frac{k}{\mu}\right)_i \Delta y_j h \frac{p_2 - p_3}{\Delta x_i} \\
&= T_{xi}(p_2 - p_3)
\end{aligned}
\tag{5-2-30}
$$

从 $i-1$ 单元流向 i 单元的流量为：

$$
\begin{aligned}
Q &= \left(\frac{k}{\mu}\right)_{i-\frac{1}{2}} A_{i-\frac{1}{2}} \frac{p_1 - p_3}{\Delta x_i + \Delta x_{i-1}} \\
&= \left(\frac{k}{\mu}\right)_{i-\frac{1}{2}} \Delta y_j h \frac{p_1 - p_3}{\Delta x_i + \Delta x_{i-1}} \\
&= \frac{1}{2} T_{xi-\frac{1}{2}}(p_1 - p_3)
\end{aligned}
\tag{5-2-31}
$$

由式（5-2-29）得：

$$p_1 - p_2 = \frac{Q_{i-1}}{T_{xi-1}} \qquad (5\text{-}2\text{-}32)$$

由式(5-2-30)得：

$$p_2 - p_3 = \frac{Q_i}{T_{xi}} \qquad (5\text{-}2\text{-}33)$$

式(5-2-32)与式(5-2-33)相加得：

$$p_1 - p_3 = \frac{Q_{i-1}}{T_{xi-1}} + \frac{Q_i}{T_{xi}} \qquad (5\text{-}2\text{-}34)$$

由式(5-2-31)得：

$$p_1 - p_3 = \frac{2Q}{T_{xi-\frac{1}{2}}} \qquad (5\text{-}2\text{-}35)$$

又因为流动是连续的，所以 $Q_i = Q_{i-1} = Q$，于是由以上两式可得：

$$\frac{Q}{T_{xi}} + \frac{Q}{T_{xi-1}} = \frac{2Q}{T_{xi-\frac{1}{2}}} \qquad (5\text{-}2\text{-}36)$$

于是：

$$T_{xi-\frac{1}{2}} = \frac{2T_{xi}T_{xi-1}}{T_{xi} + T_{xi-1}} \qquad (5\text{-}2\text{-}37)$$

式(5-2-37)的取值即上述调和平均。

五、二维单相流有限差分数值模拟程序框图

二维单相流有限差分数值模拟程序框图如图 5-2-6 所示。

第三节 一维单相流的有限单元数值模拟方法

一、数学模型

考虑如下一维渗流方程，并取渗透率为 k，黏度为 μ：

$$A(p) = \frac{\mathrm{d}}{\mathrm{d}x}\left(\frac{k}{\mu}\frac{\mathrm{d}p}{\mathrm{d}x}\right) + Q(x) = 0 \qquad (0 \leqslant x \leqslant L) \qquad (5\text{-}3\text{-}1)$$

式中，$0 \leqslant x \leqslant L/2$ 时 $Q=0$，$L/2 < x \leqslant L$ 时 $Q=1$，在 $x=0$ 和 $x=L$ 上 $p=0$。

方程(5-3-1)的解析解为：

$$p(x) = -\frac{Q}{2}x^2 + \frac{QL}{2}x \qquad (5\text{-}3\text{-}2)$$

事实上，其他许多物理过程，如热传导、弦线的受力变形等也是类似表达式。

二、有限单元计算格式

1. 区域离散（网格剖分）

将 $0 \leqslant x \leqslant L$ 的区域划分为 4 个网格单元，共有 5 个节点，如图 5-3-1 所示。

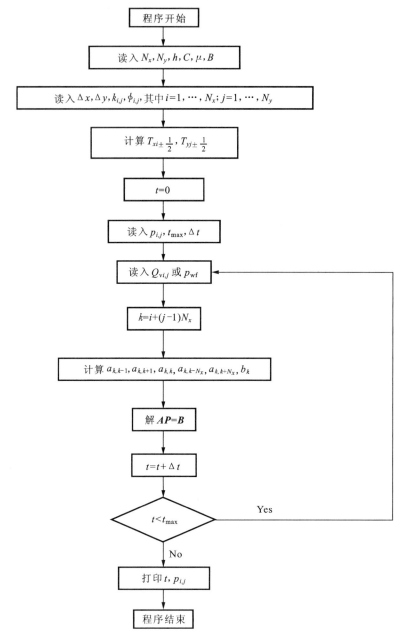

图 5-2-6　二维单相流有限差分数值模拟程序框图

2. 单元分析(单元近似)

对于第 e 个网格(图 5-3-1),网格的两个节点分别为 i 和 j,节点坐标分别为 x_i 和 x_j,单元内任一坐标为 x 的点(记为局部坐标 ξ),其在单元 e 局部坐标系(图 5-3-2)中的坐标为:

$$\xi = \frac{2}{x_j - x_i}(x - x_i) - 1 \qquad (5\text{-}3\text{-}3)$$

通过一个线性函数进行插值以得到单元内的未知压力,将该线性函数称为形状函数,具体如下:

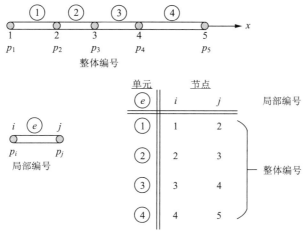

图 5-3-1　单元节点连接情况

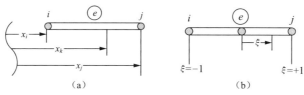

图 5-3-2　全局坐标系与局部坐标系

$$N_i(\xi)=\frac{1-\xi}{2}, \quad N_j(\xi)=\frac{1+\xi}{2} \tag{5-3-4}$$

形状函数 N_i 和 N_j 如图 5-3-3 所示。确定了形状函数的表达式后,单元内的线性压力场就可以用节点压力 p_i 和 p_j 表示为:

$$p(\xi)=N_i p_i + N_j p_j \tag{5-3-5}$$

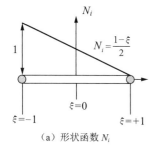

（a）形状函数 N_i

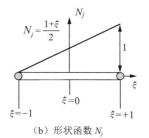

（b）形状函数 N_j

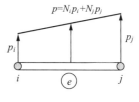

（c）基于 N_i 和 N_j 的线性插值

图 5-3-3　形状函数与线性插值

利用加权残量法,寻找一个近似解 p,使得式(5-3-1)的等效积分等于 0,见第三章第 6 节式(3-6-5),即

$$\int_\Omega w\frac{\mathrm{d}}{\mathrm{d}x}\left(\frac{k}{\mu}\frac{\mathrm{d}p}{\mathrm{d}x}\right)\mathrm{d}\Omega + \int_\Omega wQ\mathrm{d}\Omega = 0 \tag{5-3-6}$$

对式(5-3-6)采用分部积分,写成等效积分弱形式:

$$\int_\Omega \frac{\mathrm{d}}{\mathrm{d}x}\left(w\frac{k}{\mu}\frac{\mathrm{d}p}{\mathrm{d}x}\right)\mathrm{d}\Omega - \int_\Omega \frac{\mathrm{d}w}{\mathrm{d}x}\left(\frac{k}{\mu}\frac{\mathrm{d}p}{\mathrm{d}x}\right)\mathrm{d}\Omega + \int_\Omega wQ\mathrm{d}\Omega = 0 \tag{5-3-7}$$

引入流量边界:

$$\int_{\partial\Omega}\left(w\frac{k}{\mu}\frac{\mathrm{d}p}{\mathrm{d}x}\right)\boldsymbol{n}\,\mathrm{d}\Gamma - \int_{\Omega}\frac{\mathrm{d}w}{\mathrm{d}x}\left(\frac{k}{\mu}\frac{\mathrm{d}p}{\mathrm{d}x}\right)\mathrm{d}\Omega + \int_{\Omega}wQ\,\mathrm{d}\Omega = 0 \tag{5-3-8}$$

令 $\dfrac{k}{\mu}\dfrac{\mathrm{d}p}{\mathrm{d}x}\boldsymbol{n}=q_n$，得到：

$$\int_{\Omega}\frac{\mathrm{d}w}{\mathrm{d}x}\left(\frac{k}{\mu}\frac{\mathrm{d}p}{\mathrm{d}x}\right)\mathrm{d}\Omega = \int_{\partial\Omega}wq_n\,\mathrm{d}\Gamma + \int_{\Omega}wQ\,\mathrm{d}\Omega \tag{5-3-9}$$

采用伽辽金法，将整个求解域 Ω 划分为有限个离散单元，且将权函数 w 取为近似函数 (5-3-5) 中的插值函数，按照单元写成矢量形式，即 $w=\boldsymbol{N}_e^{\mathrm{T}}$，代入式 (5-3-9) 得到：

$$\sum_e\int_{\Omega_e}\frac{\mathrm{d}\boldsymbol{N}_e^{\mathrm{T}}}{\mathrm{d}x}\frac{k_e}{\mu}\frac{\mathrm{d}\boldsymbol{N}_e}{\mathrm{d}x}\boldsymbol{p}_e\,\mathrm{d}\Omega_e = \sum_e\int_{\partial\Omega_e}\boldsymbol{N}_e^{\mathrm{T}}q_n\,\mathrm{d}\Gamma_e + \sum_e\int_{\Omega_e}\boldsymbol{N}_e^{\mathrm{T}}Q_e\,\mathrm{d}\Omega_e \tag{5-3-10}$$

至此，已经建立了经典伽辽金有限单元计算格式，是由有限个单元的单元特性矩阵和列阵组合而成。将式 (5-3-10) 写成矩阵形式：

$$\boldsymbol{H}\boldsymbol{p}=\boldsymbol{f} \tag{5-3-11}$$

其中，$\boldsymbol{H}=\sum_e\boldsymbol{H}_e$，$\boldsymbol{H}_e=\int_{\Omega_e}\boldsymbol{B}_e^{\mathrm{T}}\frac{k_e}{\mu}\boldsymbol{B}_e\,\mathrm{d}\Omega_e$，$\boldsymbol{p}=\sum_e\boldsymbol{p}_e$，$\boldsymbol{f}=\sum_e\boldsymbol{f}_e$，$\boldsymbol{f}_e=\int_{\partial\Omega_e}\boldsymbol{N}_e^{\mathrm{T}}q_n\,\mathrm{d}\Gamma_e+\int_{\Omega_e}\boldsymbol{N}_e^{\mathrm{T}}Q_e\,\mathrm{d}\Omega_e$。

$\boldsymbol{B}_e$ 计算如下：

$$\boldsymbol{B}_e=\frac{\mathrm{d}\boldsymbol{N}_e}{\mathrm{d}x}=\frac{\mathrm{d}\boldsymbol{N}_e}{\mathrm{d}\xi}\frac{\mathrm{d}\xi}{\mathrm{d}x}=\frac{1}{x_j-x_i}\begin{pmatrix}-1 & 1\end{pmatrix} \tag{5-3-12}$$

单元渗流刚度矩阵 $\boldsymbol{H}_e$ 计算如下：

$$\boldsymbol{H}_e=\int_{-1}^{1}\frac{1}{x_j-x_i}\begin{pmatrix}-1 & 1\end{pmatrix}^{\mathrm{T}}k_e\frac{1}{x_j-x_i}\begin{pmatrix}-1 & 1\end{pmatrix}|\boldsymbol{J}|\,\mathrm{d}\xi=\frac{k_e}{l_e}\begin{pmatrix}1 & -1\\ -1 & 1\end{pmatrix} \tag{5-3-13}$$

其中：

$$\boldsymbol{J}=\frac{\partial x}{\partial\xi}=\frac{x_j-x_i}{2},\quad l_e=|x_j-x_i|$$

单元流量矩阵 $\boldsymbol{f}_e^q$ 计算如下：

$$\boldsymbol{f}_e^q=\boldsymbol{N}_e^{\mathrm{T}}q_n\Big|_{x_{e,i}}^{x_{e,j}}=\boldsymbol{N}_e^{\mathrm{T}}(x_{e,j})q_n(x_{e,j})-\boldsymbol{N}_e^{\mathrm{T}}(x_{e,i})q_n(x_{e,i}) \tag{5-3-14}$$

单元源汇矩阵 $\boldsymbol{f}_e^Q$ 计算如下：

$$\boldsymbol{f}_e^Q=\int_{-1}^{+1}\begin{pmatrix}\dfrac{1-\xi}{2} & \dfrac{1+\xi}{2}\end{pmatrix}^{\mathrm{T}}Q_e|\boldsymbol{J}|\,\mathrm{d}\xi=\frac{Q_el_e}{2}\begin{pmatrix}1\\ 1\end{pmatrix} \tag{5-3-15}$$

下面通过一个实例展示有限单元法求解一维渗流问题的具体过程。

三、一维有限单元求解算例

例 5-3-1 一个油藏区块由 3 个渗透率不同的储层组成，右端保持恒定压力 $p_0=20$ MPa，左端为定流量边界 $q_n=-2\times10^{-7}$ kg/s，模型如图 5-3-4 所示，求油藏中的压力分布。

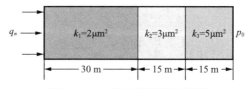

图 5-3-4　一维油藏模型示意图

解　首先对油藏采用 3 个单元离散，其有限单元模型如图 5-3-5 所示。

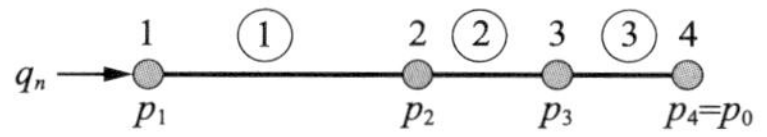

图 5-3-5 一维油藏有限单元模型示意图

由式(5-3-13)可计算得到单元渗流刚度矩阵分别为:

$$\boldsymbol{H}_\text{e}^{(1)}=\frac{2}{30}\begin{pmatrix}1 & -1\\-1 & 1\end{pmatrix}, \quad \boldsymbol{H}_\text{e}^{(2)}=\frac{3}{15}\begin{pmatrix}1 & -1\\-1 & 1\end{pmatrix}, \quad \boldsymbol{H}_\text{e}^{(3)}=\frac{5}{15}\begin{pmatrix}1 & -1\\-1 & 1\end{pmatrix} \quad (5\text{-}3\text{-}16)$$

整体渗流刚度矩阵由以上单元渗流刚度矩阵组装得到:

$$\boldsymbol{H}=\frac{2}{30}\begin{pmatrix}1 & -1 & 0 & 0\\-1 & 4 & -3 & 0\\0 & -3 & 8 & -5\\0 & 0 & -5 & 5\end{pmatrix} \quad (5\text{-}3\text{-}17)$$

该问题没有源汇项,因此单元源汇矩阵为零。单元流量矩阵由给定流量边界得到,内部边界流量相互抵消,仅考虑外部边界点:

$$\boldsymbol{f}_e^q=-\boldsymbol{N}_{(1)}^\text{T}(\boldsymbol{\xi}=-1)q_n=2\times10^{-7}\begin{pmatrix}1\\0\end{pmatrix} \quad (5\text{-}3\text{-}18)$$

$$\boldsymbol{f}=\begin{pmatrix}2\times10^{-7}\\0\\0\\0\end{pmatrix} \quad (5\text{-}3\text{-}19)$$

右端为给定的压力边界条件,$p_4=20$ MPa,采用置大数罚函数法:

$$C=\max|\boldsymbol{H}_{ij}|\times10^8=\frac{2}{30}\times8\times10^8 \quad (5\text{-}3\text{-}20)$$

对 $\boldsymbol{H}$ 与 $\boldsymbol{f}$ 修改后得到:

$$\frac{2}{30}\begin{pmatrix}1 & -1 & 0 & 0\\-1 & 4 & -3 & 0\\0 & -3 & 8 & -5\\0 & 0 & -5 & \frac{2}{30}\times5+C\end{pmatrix}\begin{pmatrix}p_1\\p_2\\p_3\\p_4\end{pmatrix}=\begin{pmatrix}2\times10^{-7}\\0\\0\\0+C\times p_0\end{pmatrix} \quad (5\text{-}3\text{-}21)$$

求解得到:

$$\boldsymbol{p}=\begin{pmatrix}24.6\\21.6\\20.6\\20.0\end{pmatrix}\text{MPa} \quad (5\text{-}3\text{-}22)$$

对于上述定压力边界,也可采用消元法进行处理,即删除第 4 行和第 4 列,对 $\boldsymbol{f}$ 进行处理后,可得到:

$$\frac{2}{30}\begin{pmatrix}1 & -1 & 0\\-1 & 4 & -3\\0 & -3 & 8\end{pmatrix}\begin{pmatrix}p_1\\p_2\\p_3\end{pmatrix}=\begin{pmatrix}2\times10^{-7}\\0\\6.666\,7\times10^{-6}\end{pmatrix} \quad (5\text{-}3\text{-}23)$$

求解可得到：

$$\boldsymbol{p} = \begin{bmatrix} 24.6 \\ 21.6 \\ 20.6 \end{bmatrix} \text{MPa} \tag{5-3-24}$$

第四节　二维单相流的有限单元数值模拟方法

一、数学模型

第二章所推导的三维单相流的数学模型为：

$$\nabla \cdot \left[\frac{\rho \boldsymbol{k}}{\mu} (\nabla p - \rho g \nabla D) \right] + q = \frac{\partial}{\partial t} (\rho \phi) \tag{5-4-1}$$

当不考虑重力时，上式可简化为二维非均质油藏单相流数学模型：

$$\frac{\partial}{\partial x} \left(\frac{\rho k_x}{\mu} \frac{\partial p}{\partial x} \right) + \frac{\partial}{\partial y} \left(\frac{\rho k_y}{\mu} \frac{\partial p}{\partial y} \right) + q = \frac{\partial}{\partial t} (\rho \phi) \tag{5-4-2}$$

初始条件为：

$$p(x, y, 0) = p_0 \tag{5-4-3}$$

外边界条件有两种，分别为定压边界和定流量边界。

定压边界条件为：

$$p = p_e \tag{5-4-4}$$

定流量边界条件为：

$$\boldsymbol{n}(\boldsymbol{k} \nabla p) = q \tag{5-4-5}$$

二、有限单元计算格式

下面讨论应用四节点和更高阶等参单元进行渗流分析的情形，这些单元已经广泛用于求解固体力学、流体力学中的问题。首先介绍二维四节点四边形单元形状函数，并用一种统一的方式处理等参单元；然后应用数值积分的方法来计算单元刚度矩阵，并通过二维数值算例来介绍其分析的基本过程。

1. 四节点四边形单元形状函数

考虑如图 5-4-1(a)所示的一般四节点单元，节点 1,2,3,4 按逆时针方向编号，(x_i, y_i) 是节点 i 的坐标，列向量 $\boldsymbol{p} = (p_1, p_2, p_3, p_4)^{\mathrm{T}}$ 表示单元节点压力，单元内部一点的压力用 $p(x, y)$ 来表示。

首先讨论规则的基准单元(图 5-4-1b)的形状函数，在 $\xi \eta$ 自然坐标系中定义形状为正方形的基准单元。在节点 i 处，定义 Lagrange 形状函数 N_i：

$$N_i(x_j, y_j) = \delta_{ij} = \begin{cases} 1 & i = j \\ 0 & i \neq j \end{cases} \quad (i, j = 1, 2, 3, 4) \tag{5-4-6}$$

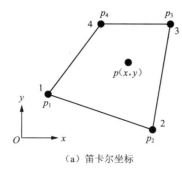
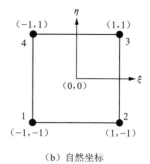

（a）笛卡尔坐标　　　　　　　（b）自然坐标

图 5-4-1　四节点四边形单元

例如，对于形状函数 N_1，在节点 1 处要求 $N_1=1$，而在节点 2，3，4 处要求 $N_i=0$。这相当于沿着 $\xi=+1$ 和 $\eta=+1$ 两条边上，有 $N_i=0$（图 5-4-1b）。因此，N_1 应具有下述形式：

$$N_1=c(1-\xi)(1-\eta) \tag{5-4-7}$$

其中，参数 c 为常数，它由节点 1 处 $N_1=1$ 这一约束条件来决定。节点 1 处的坐标 $\xi=-1$，$\eta=-1$，因此有：

$$1=c\times2\times2\Rightarrow c=\frac{1}{4} \tag{5-4-8}$$

故有：

$$N_1=\frac{1}{4}(1-\xi)(1-\eta) \tag{5-4-9}$$

同理，可得到所有的 4 个形状函数，并可统一写成如下形式：

$$N_i=\frac{1}{4}(1+\xi_i\xi)(1+\eta_i\eta) \tag{5-4-10}$$

其中，(ξ_i,η_i) 为节点 i 的坐标。

基于单元节点值，可以通过形状函数来近似描述单元的压力场。因此，若用 p 表示单元内点 (ξ,η) 处的压力，用 (4×1) 维的 $\boldsymbol{p}$ 表示单元节点的压力列阵，则：

$$p=N_1p_1+N_2p_2+N_3p_3+N_4p_4 \tag{5-4-11}$$

写成矩阵形式：

$$p=\boldsymbol{N}\boldsymbol{p} \tag{5-4-12}$$

式中，$\boldsymbol{N}=(N_1,N_2,N_3,N_4)$。

2. 等参单元变换

若描述单元体几何形状和单元体内的未知函数采用相同的形状函数（即相同的节点数和插值函数），则称该单元为等参单元；若几何插值函数的阶数高于未知函数插值所用的阶数，则称为超参单元；若几何插值函数的阶数低于未知函数插值所用的阶数，则称为亚参单元。在等参变换中，基于节点的几何坐标，采用相同的形状函数 N_i 来插值单元内任意一点的几何坐标，则有：

$$\left.\begin{array}{l}x = \sum_{i=1}^{4}N_ix_i = N_1x_1+N_2x_2+N_3x_3+N_4x_4 \\[2mm] y = \sum_{i=1}^{4}N_iy_i = N_1y_1+N_2y_2+N_3y_3+N_4y_4\end{array}\right\} \tag{5-4-13}$$

下面需要将局部自然坐标系 $\xi\eta$ 中的单元转换成总体笛卡儿坐标 $x\text{-}y$ 中的几何形状,同时需要用 $\xi\eta$ 坐标系中的导数来表示 $x\text{-}y$ 坐标系中的函数导数。具体做法为:首先将任意函数写成一般表达式 $f = f(x,y)$,它是 ξ 和 η 的隐式函数,即 $f = f[x(\xi,\eta),y(\xi,\eta)]$,由求导的链式法则得:

$$
\begin{cases}
\dfrac{\partial f}{\partial \xi} = \dfrac{\partial f}{\partial x}\dfrac{\partial x}{\partial \xi} + \dfrac{\partial f}{\partial y}\dfrac{\partial y}{\partial \xi} \\[2mm]
\dfrac{\partial f}{\partial \eta} = \dfrac{\partial f}{\partial x}\dfrac{\partial x}{\partial \eta} + \dfrac{\partial f}{\partial y}\dfrac{\partial y}{\partial \eta}
\end{cases}
\tag{5-4-14}
$$

写成矩阵形式,有:

$$
\begin{Bmatrix} \dfrac{\partial f}{\partial \xi} \\[2mm] \dfrac{\partial f}{\partial \eta} \end{Bmatrix} = \boldsymbol{J} \begin{Bmatrix} \dfrac{\partial f}{\partial x} \\[2mm] \dfrac{\partial f}{\partial y} \end{Bmatrix}
\tag{5-4-15}
$$

式中,$\boldsymbol{J}$ 称为雅可比矩阵(Jacobian matrix),具体如下:

$$
\boldsymbol{J} = \begin{bmatrix} \dfrac{\partial x}{\partial \xi} & \dfrac{\partial y}{\partial \xi} \\[2mm] \dfrac{\partial x}{\partial \eta} & \dfrac{\partial y}{\partial \eta} \end{bmatrix}
\tag{5-4-16}
$$

利用式(5-4-13)和式(5-4-16),$\boldsymbol{J}$ 可以显式地表示为自然坐标系的函数,即

$$
\boldsymbol{J} = \frac{\partial(x,y)}{\partial(\xi,\eta)} = \begin{bmatrix} \displaystyle\sum_{i=1}^{4}\dfrac{\partial N_i}{\partial \xi}x_i & \displaystyle\sum_{i=1}^{4}\dfrac{\partial N_i}{\partial \xi}y_i \\[4mm] \displaystyle\sum_{i=1}^{4}\dfrac{\partial N_i}{\partial \eta}x_i & \displaystyle\sum_{i=1}^{4}\dfrac{\partial N_i}{\partial \eta}y_i \end{bmatrix}
\tag{5-4-17}
$$

进一步,可写成如下展开形式:

$$
\boldsymbol{J} = \begin{bmatrix} \dfrac{\partial N_1}{\partial \xi} & \dfrac{\partial N_2}{\partial \xi} & \dfrac{\partial N_3}{\partial \xi} & \dfrac{\partial N_4}{\partial \xi} \\[2mm] \dfrac{\partial N_1}{\partial \eta} & \dfrac{\partial N_2}{\partial \eta} & \dfrac{\partial N_3}{\partial \eta} & \dfrac{\partial N_4}{\partial \eta} \end{bmatrix} \begin{bmatrix} x_1 & y_1 \\ x_2 & y_2 \\ x_3 & y_3 \\ x_4 & y_4 \end{bmatrix}
\tag{5-4-18}
$$

对于四节点四边形单元,有:

$$
\boldsymbol{J} = \begin{pmatrix} -(1-\eta) & 1-\eta & 1+\eta & -(1+\eta) \\ -(1-\xi) & -(1+\xi) & 1+\xi & 1-\xi \end{pmatrix} \begin{bmatrix} x_1 & y_1 \\ x_2 & y_2 \\ x_3 & y_3 \\ x_4 & y_4 \end{bmatrix}
\tag{5-4-19}
$$

将方程(5-4-15)写成逆形式,则有:

$$
\begin{Bmatrix} \dfrac{\partial f}{\partial x} \\[2mm] \dfrac{\partial f}{\partial y} \end{Bmatrix} = \boldsymbol{J}^{-1} \begin{Bmatrix} \dfrac{\partial f}{\partial \xi} \\[2mm] \dfrac{\partial f}{\partial \eta} \end{Bmatrix}
\tag{5-4-20}
$$

其中,$\boldsymbol{J}^{-1}$ 为 $\boldsymbol{J}$ 的逆矩阵,可按下式进行计算:

$$
\boldsymbol{J}^{-1} = \frac{1}{|\boldsymbol{J}|}\boldsymbol{J}^{*}
\tag{5-4-21}
$$

式中,$|\boldsymbol{J}|$ 为 $\boldsymbol{J}$ 的行列式,称为雅可比行列式;$\boldsymbol{J}^*$ 为 $\boldsymbol{J}$ 的伴随矩阵,其元素 J_{ij}^* 是 $\boldsymbol{J}$ 的元素 J_{ij} 的代数余子式。

单元特性矩阵的推导中将用到上述表达式。除此之外,还需要另一关系式,即面积微元的变换:

$$\mathrm{d}x\mathrm{d}y = |\boldsymbol{J}|\,\mathrm{d}\xi\mathrm{d}\eta \tag{5-4-22}$$

上述关系式的推导和证明在很多微积分教材中均有,在此不再赘述。在得到以上几种坐标变换关系式之后,可以将笛卡儿坐标系中的各种积分变换到自然坐标系下的规则化区域内进行计算,这也是等参单元变换的最大优势。等参单元的提出使得有限单元法成为现代工程实际领域最有效的数值分析方法。

3. 渗流问题的等效积分形式

考虑稳定不可压缩渗流问题,如下:

$$
\begin{aligned}
-\nabla \cdot (\boldsymbol{k}\,\nabla p) &= Q && \text{in } \Omega \\
p &= \overline{p} && \text{on } \Gamma_1 \\
\boldsymbol{n}(\boldsymbol{k}\,\nabla p) &= q && \text{on } \Gamma_2
\end{aligned}
\tag{5-4-23}
$$

式中,$\boldsymbol{k}$ 为渗透率张量;Q 为源汇项,即地层条件下单位体积岩石中注入或采出流体的流量,注入为正,采出为负;$\overline{p}$ 和 q 为边界 Γ_1 和 Γ_2 上给定的压力和流量,分别称为第一类边界和第二类边界条件,且流量 q 为正表示流入;$\boldsymbol{n}$ 为相关边界 Γ 的单位外法线向量;∇ 为向量微分算子,称为 Nabla 算子或哈密顿(Hamilton)算子,定义为:

$$\nabla = \frac{\partial}{\partial x}\boldsymbol{i} + \frac{\partial}{\partial y}\boldsymbol{j} + \frac{\partial}{\partial z}\boldsymbol{k} \tag{5-4-24}$$

首先,写出上述渗流问题的等效积分形式:

$$\int_\Omega w\left[\nabla \cdot (\boldsymbol{k}\,\nabla p) + Q\right]\mathrm{d}\Omega = 0 \tag{5-4-25}$$

式中,w 为任意的标量权函数,并假设边界 Γ_1 上为第一类边界条件,在选择试探函数 p 时已事先满足,因此这种边界条件也称为强制边界条件。

对式(5-4-25)进行分部积分,结合散度定理,可以得到其等效积分弱形式:

$$\int_\Gamma w\boldsymbol{n} \cdot (\boldsymbol{k} \cdot \nabla p)\mathrm{d}\Gamma - \int_\Omega \nabla w(\boldsymbol{k} \cdot \nabla p)\mathrm{d}\Omega + \int_\Omega wQ\mathrm{d}\Omega = 0 \tag{5-4-26}$$

不失一般性,权函数 w 一般选取为自变量的变分,因此在 Γ_1 上有 $w=0$,结合式(5-4-23)中的第二类边界条件,可进一步得到:

$$\int_\Omega \nabla w(\boldsymbol{k}\,\nabla p)\mathrm{d}\Omega - \int_{\Gamma_2} wq\mathrm{d}\Gamma - \int_\Omega wQ\mathrm{d}\Omega = 0 \tag{5-4-27}$$

4. 伽辽金加权残量法

在求解域 Ω 中,若压力场函数 p 为精确解,则求解域 Ω 中和边界 Γ 上的任意点都满足式(5-4-23),此时等效积分形式(5-4-25)和等效积分弱形式(5-4-27)也必然会得到严格满足。然而对于复杂问题,这样的精确解往往很难找到,因此一般应设法找到具有一定精度的近似解。

如前所述,作为一种近似方法,有限单元采用分片单元近似,在每一单元上采用如下近似：

$$p \approx \widetilde{p} = \sum_{i=1}^{n} N_i p_i = \boldsymbol{N}_e \boldsymbol{p}_e \tag{5-4-28}$$

$$\boldsymbol{p}_e = \begin{bmatrix} p_1 \\ p_2 \\ \vdots \\ p_n \end{bmatrix}$$

其中，n 为单元的节点数，下标 e 表示任意单元（element），$\widetilde{p}$ 表示 p 的近似值，$\boldsymbol{p}_e$ 为压力列向量。显然，在 n 取有限项数的情况下，近似解不能精确满足方程(5-4-27)；但可通过选取待定系数列阵 $\boldsymbol{p}_e$ 和权函数 w，强迫近似解带来的残差在某种平均意义上等于零，进而得到原问题的近似解。将式(5-4-28)代入式(5-4-27)，有：

$$\sum_{e} \left\{ \int_{\Omega^e} \nabla w [\boldsymbol{k}_e \nabla(\boldsymbol{N}_e \boldsymbol{p}_e)] \mathrm{d}\Omega - \int_{\Gamma_2^e} w q \, \mathrm{d}\Gamma - \int_{\Omega^e} w Q \mathrm{d}\Omega \right\} = 0 \tag{5-4-29}$$

对于伽辽金加权残量法，取权函数 $w = \boldsymbol{N}_e^{\mathrm{T}}$，即将权函数取为形状函数（或称为基函数）。这种方法一般会得到对称的矩阵，也正因为这个原因，有限单元中几乎毫无例外地采用该方法。将权函数 $w = \boldsymbol{N}_e^{\mathrm{T}}$ 代入式(5-4-29)，同时考虑到节点待定系数列量 $\boldsymbol{p}_e$ 在单元上的不变性，可得：

$$\sum_{e} \left(\int_{\Omega^e} \nabla \boldsymbol{N}_e^{\mathrm{T}} \boldsymbol{k}_e \nabla \boldsymbol{N}_e \mathrm{d}\Omega \, \boldsymbol{p}_e - \int_{\Gamma_2^e} \boldsymbol{N}_e^{\mathrm{T}} q \, \mathrm{d}\Gamma - \int_{\Omega^e} \boldsymbol{N}_e^{\mathrm{T}} Q \mathrm{d}\Omega \right) = \boldsymbol{0} \tag{5-4-30}$$

写成矩阵形式，有：

$$\boldsymbol{H} \boldsymbol{p} = \boldsymbol{f} \tag{5-4-31}$$

式中，$\boldsymbol{H}$ 为渗流传导矩阵，它是对称矩阵，在引入给定压力边界条件后，$\boldsymbol{H}$ 是对称正定的；$\boldsymbol{p}$ 为整个求解域中的节点压力列向量；$\boldsymbol{f}$ 为载荷列向理，用以表征边界条件和源汇项。

矩阵 $\boldsymbol{H}$ 和 $\boldsymbol{f}$ 的具体表达式分别为：

$$\boldsymbol{H} = \sum_{e} \int_{\Omega^e} \boldsymbol{B}_e^{\mathrm{T}} \boldsymbol{k}_e \boldsymbol{B}_e \mathrm{d}\Omega, \quad \boldsymbol{B}_e = \nabla \boldsymbol{N}_e \tag{5-4-32}$$

$$\boldsymbol{f} = \sum_{e} \left(\int_{\Gamma_2^e} \boldsymbol{N}_e^{\mathrm{T}} q \, \mathrm{d}\Gamma + \int_{\Omega^e} \boldsymbol{N}_e^{\mathrm{T}} Q \mathrm{d}\Omega \right) \tag{5-4-33}$$

显然，上述矩阵都由相应的单元矩阵集合而成。因此，循环所有单元求取其单元特性矩阵，然后按照节点编号集成系统的传导矩阵和载荷列向量，在引入第一类边界条件后便可求解线性方程组(5-4-31)。由此可以看到，求取单元的特性矩阵是有限单元分析中的关键。

5. 单元的传导矩阵

下面基于四节点四边形单元来推导式(5-4-32)中的单元传导矩阵。首先分析矩阵 $\boldsymbol{B}_e$，可得：

$$\boldsymbol{B}_e = \nabla \boldsymbol{N}_e = \begin{pmatrix} \dfrac{\partial \boldsymbol{N}_e}{\partial x} \\[2mm] \dfrac{\partial \boldsymbol{N}_e}{\partial y} \end{pmatrix} = \boldsymbol{J}^{-1} \begin{pmatrix} \dfrac{\partial \boldsymbol{N}_e}{\partial \xi} \\[2mm] \dfrac{\partial \boldsymbol{N}_e}{\partial \eta} \end{pmatrix} \tag{5-4-34}$$

根据式(5-4-19)、式(5-4-20)和式(5-4-21)，有：

$$J = \begin{bmatrix} J_{11} & J_{12} \\ J_{21} & J_{22} \end{bmatrix} \tag{5-4-35}$$

和

$$J^{-1} = \frac{1}{|J|} \begin{pmatrix} J_{11} & -J_{12} \\ -J_{21} & J_{22} \end{pmatrix} \tag{5-4-36}$$

其中：

$$\left. \begin{aligned} J_{11} &= \frac{1}{4} \left[-(1-\eta)x_1 + (1-\eta)x_2 + (1+\eta)x_3 - (1+\eta)x_4 \right] \\ J_{12} &= \frac{1}{4} \left[-(1-\eta)y_1 + (1-\eta)y_2 + (1+\eta)y_3 - (1+\eta)y_4 \right] \\ J_{21} &= \frac{1}{4} \left[-(1-\xi)x_1 - (1+\xi)x_2 + (1+\xi)x_3 + (1-\xi)x_4 \right] \\ J_{22} &= \frac{1}{4} \left[-(1-\xi)y_1 - (1+\xi)y_2 + (1+\xi)y_2 + (1-\xi)y_4 \right] \end{aligned} \right\} \tag{5-4-37}$$

形状函数关于自然坐标的偏导数矩阵为：

$$\begin{pmatrix} \dfrac{\partial \boldsymbol{N}_e}{\partial \xi} \\ \dfrac{\partial \boldsymbol{N}_e}{\partial \eta} \end{pmatrix} = \begin{pmatrix} \dfrac{\partial N_1}{\partial \xi} & \dfrac{\partial N_2}{\partial \xi} & \dfrac{\partial N_3}{\partial \xi} & \dfrac{\partial N_4}{\partial \xi} \\ \dfrac{\partial N_1}{\partial \eta} & \dfrac{\partial N_2}{\partial \eta} & \dfrac{\partial N_3}{\partial \eta} & \dfrac{\partial N_4}{\partial \eta} \end{pmatrix}$$

$$= \frac{1}{4} \begin{pmatrix} -(1-\eta) & 1-\eta & 1+\eta & -(1+\eta) \\ -(1-\xi) & -(1+\xi) & 1+\xi & 1-\xi \end{pmatrix} \tag{5-4-38}$$

将上式代入式(5-4-32)便可得到单元传导矩阵的具体表达式。注意,此时的矩阵 $\boldsymbol{B}_e$ 是关于自然坐标 ξ 和 η 的函数,可进一步得到如下单元传导矩阵:

$$\boldsymbol{H}_e = \int_{\Omega^e} \boldsymbol{B}_e^{\mathrm{T}} \boldsymbol{k}_e \boldsymbol{B}_e \mathrm{d}\Omega = \int_{-1}^{1} \int_{-1}^{1} \boldsymbol{B}_e^{\mathrm{T}}(\xi, \eta) \boldsymbol{k}_e \boldsymbol{B}_e(\xi, \eta) |\boldsymbol{J}| \mathrm{d}\xi \mathrm{d}\eta \tag{5-4-39}$$

其中, $\boldsymbol{k}_e$ 是 2×2 的渗透率常数矩阵,单元传导矩阵 $\boldsymbol{A}_e$ 的维数为 4×4。注意,上述积分式中的所有矩阵均是关于 ξ 和 η 的函数,所以必须采用数值方法进行积分。

6. 单元的载荷列阵

(1) 源汇项是指单元内的注入和采出体积流量,它对整体载荷列阵 $\boldsymbol{f}$ 有直接的影响。在单元内源汇项 $Q(x, y)$ 作为常数处理,由式(5-4-22)可得:

$$\int_{\Omega^e} \boldsymbol{N}_e^{\mathrm{T}} Q \mathrm{d}\Omega = \int_{-1}^{1} \int_{-1}^{1} \boldsymbol{N}_e^{\mathrm{T}}(\xi, \eta) Q |\boldsymbol{J}| \mathrm{d}\xi \mathrm{d}\eta \tag{5-4-40}$$

上式为一维 4×1 的列向量,与单元传导矩阵的计算相同,上式的计算也需通过数值积分来完成。

(2) 面流量是指通过单元边界流入单元体内的流量。在此假设四边形单元 2-3 边上给定流量值。沿该边界,有 $\xi = +1$,利用所给出的形状函数,则有 $N_1 = N_4 = 0$, $N_2 = (1-\eta)/2$, $N_3 = (1+\eta)/2$。注意,形状函数沿这些边界均为线性函数,容易推导出单元的面流量列向量为:

$$\int_{\Gamma_2^e} \boldsymbol{N}_e^{\mathrm{T}} q \mathrm{d}\Gamma = \int_{-1}^{1} \begin{pmatrix} 0 & \dfrac{1-\eta}{2} & \dfrac{1+\eta}{2} & 0 \end{pmatrix}^{\mathrm{T}} q l_{23} \mathrm{d}\eta$$

$$= ql_{23} \; (0 \quad 1 \quad 1 \quad 0)^T \tag{5-4-41}$$

式中，l_{23} 为 2-3 边界的长度。对于变化的面流量（非常数），可以利用形状函数按式(5-4-11)的计算过程计算出位于节点 2 和 3 上的流量分量，一般通过用数值积分来完成。

三、二维有限单元求解算例

例 5-4-1 考虑某二维油藏模型，其长 60 m、宽 40 m，渗透率 $k = 1 \times 10^{-12}$ m^2，给定图 5-4-2 所示边界条件，应用有限单元二维四边形单元求解流动稳定后的油藏压力分布。

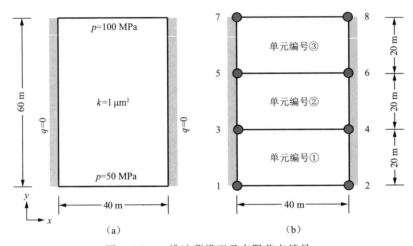

图 5-4-2 二维油藏模型及有限节点编号

解 如图 5-4-2 所示，所采用的有限单元网格模型为 8 个节点、3 个单元。单元的连接关系见表 5-4-1。

表 5-4-1 单元连接关系

单 元	1	2	3	4	局部节点编号
①	1	2	3	4	整体节点编号
②	3	4	5	6	
③	5	6	7	8	

矩阵 $\boldsymbol{B}_e$ 为：

$$\boldsymbol{B}_e = \frac{1}{|\boldsymbol{J}|} \begin{pmatrix} J_{22} & -J_{12} \\ -J_{21} & J_{11} \end{pmatrix} \begin{pmatrix} \dfrac{\partial N_1}{\partial \xi} & \dfrac{\partial N_2}{\partial \xi} & \dfrac{\partial N_3}{\partial \xi} & \dfrac{\partial N_4}{\partial \xi} \\ \dfrac{\partial N_1}{\partial \eta} & \dfrac{\partial N_2}{\partial \eta} & \dfrac{\partial N_3}{\partial \eta} & \dfrac{\partial N_4}{\partial \eta} \end{pmatrix}$$

对于每个单元，有 $\boldsymbol{H}_e = \displaystyle\int_{-1}^{1}\int_{-1}^{1} \boldsymbol{B}_e^T(\xi,\eta)\boldsymbol{K}\boldsymbol{B}_e(\xi,\eta)\,|\boldsymbol{J}|\,\mathrm{d}\xi\mathrm{d}\eta$，采用高斯积分进行数值积分。因此，3 个单元的渗流矩阵分别为：

$$\boldsymbol{H}_1 = \begin{pmatrix} 0.83 & 0.17 & -0.42 & -0.58 \\ 0.17 & 0.83 & -0.58 & -0.42 \\ -0.42 & -0.58 & 0.83 & 0.17 \\ -0.58 & -0.42 & 0.17 & 0.83 \end{pmatrix}$$

$$\boldsymbol{H}_2 = \begin{pmatrix} 0.83 & 0.17 & -0.42 & -0.58 \\ 0.17 & 0.83 & -0.58 & -0.42 \\ -0.42 & -0.58 & 0.83 & 0.17 \\ -0.58 & -0.42 & 0.17 & 0.83 \end{pmatrix}$$

$$\boldsymbol{H}_3 = \begin{pmatrix} 0.83 & 0.17 & -0.42 & -0.58 \\ 0.17 & 0.83 & -0.58 & -0.42 \\ -0.42 & -0.58 & 0.83 & 0.17 \\ -0.58 & -0.42 & 0.17 & 0.83 \end{pmatrix}$$

整体刚度矩阵由以上单元矩阵组装得到，即 $\boldsymbol{H} = \sum \boldsymbol{H}_e$，本问题没有源汇项，上、下两端为给定的压力边界条件，采用罚函数法求解下列方程组：

$$C = \max|\boldsymbol{H}_{ij}| \times 10^8 = 0.83 \times 10^8$$

$$\begin{pmatrix} 0.83+C & 0.17 & -0.42 & -0.58 & 0 & 0 & 0 & 0 \\ 0.17 & 0.83+C & -0.58 & -0.42 & 0 & 0 & 0 & 0 \\ -0.42 & -0.58 & 1.64 & 0.34 & -0.42 & -0.58 & 0 & 0 \\ -0.58 & -0.42 & 0.34 & 1.66 & -0.58 & -0.42 & 0 & 0 \\ 0 & 0 & -0.42 & -0.58 & 1.64 & 0.34 & -0.42 & -0.58 \\ 0 & 0 & -0.58 & -0.42 & 0.34 & 1.66 & -0.58 & -0.42 \\ 0 & 0 & 0 & 0 & -0.42 & -0.58 & 0.83+C & 0.17 \\ 0 & 0 & 0 & 0 & -0.58 & -0.42 & 0.17 & 0.83+C \end{pmatrix} \begin{pmatrix} p_1 \\ p_2 \\ p_3 \\ p_4 \\ p_5 \\ p_6 \\ p_7 \\ p_8 \end{pmatrix} = \begin{pmatrix} C \times 50 \\ C \times 50 \\ 0 \\ 0 \\ 0 \\ 0 \\ C \times 100 \\ C \times 100 \end{pmatrix}$$

$$\boldsymbol{p} = (50 \quad 50 \quad 67.84 \quad 66.96 \quad 84.71 \quad 83.54 \quad 100 \quad 100)^{\mathrm{T}} \text{ MPa}$$

注意，该算例建立的有限单元模型在 y 方向划分了较多网格，而在 x 方向仅划分了 1 个网格，这可以较好地描述 y 方向的较大压力变化梯度。得到压力场的分布后，就可以进一步进行渗流速度分析。

四、有限单元数值模拟程序框图

在第三节和第四节中，对一维和二维单相渗流问题的有限单元计算格式进行了详细的介绍，从整个分析过程可以看到，有限单元模型的数值计算主要包括 5 个步骤，如图 5-4-3 所示。

其中，第一步为网格划分，首先需要将所研究的对象进行合理的离散化并剖分为有限个单元；第二步为单元近似，即分析单元的压力和流动之间的关系，建立相应的单元刚度矩阵；第三步为整体分析，根据单元与节点（整体编号）的关系，将单元刚度矩阵组装成总体刚度矩阵；第四步为线性代数方程求解，在总体刚度方程中引入边界条件，得到符合实际情况的唯一数值解；第五步为结果分析和显示，通过数值解或图形显示对研究对象的物理过程以及物理量变化进行分析判断。

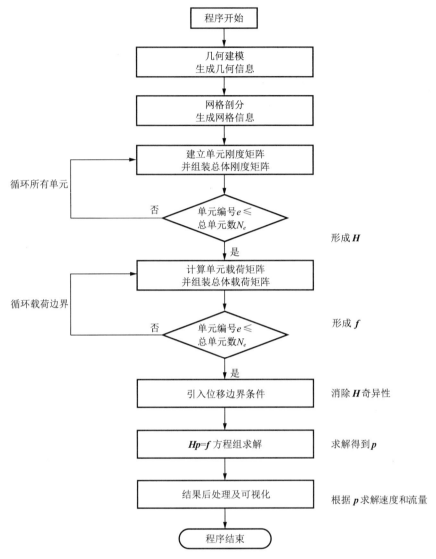

图 5-4-3　有限单元数值模拟程序框图

 习　题

1.请编制一维径向单相流的有限差分数值模拟程序。已知条件为:油井半径 $r_w=0.1$ m,油藏外边界半径 $r_e=250$ m,流体黏度 $\mu=1$ mPa·s,油层厚度 $h=5$ m,渗透率 $k=0.05$ μm^2,孔隙度 $\phi=0.25$,流体压缩系数 $C=5\times10^{-3}$ MPa^{-1},原始地层压力 $p_i=10$ MPa,最长模拟计算时间 $t_{max}=360$ d,时间步长 $\Delta t=30$ d,网格数 $n=30$;外边界定压 $p|_{r=r_e}=10$ MPa,内边界定产 $Q=15$ m^3/d。求各网格点在不同时刻的压力分布,并绘图表示 $t=90$ d,180 d,270 d,360 d 时各网格点的压力沿径向的分布情况。

2. 根据二维单相流的有限差分程序框图,试编制数值模拟程序,并分别计算定压外边界和封闭外边界条件下油井定产和定井底流压等 4 种内外边界条件下的压力分布以及定井底流压时的产量,并绘图表示 $t=90$ d,180 d,270 d,360 d 时各网格点的压力分布情况。

已知:孔隙度 $\phi=0.20$,渗透率 $k=0.1$ μm^2,流体黏度 $\mu=0.5$ mPa·s,流体压缩系数 $C=5\times10^{-3}$ MPa^{-1},油井半径 $r_w=0.1$ m,原始地层压力 $p_i=15$ MPa,井底流压 $p_{wf}=10$ MPa,产量 $Q=15$ m^3/d,油层长 500 m、宽 500 m,油层厚度 $h=5$ m,油层中心一口井。x,y 方向各取 10 个网格,$\Delta x=\Delta y=50$ m,时间步长为 10 d,最长模拟计算时间为 360 d。

第六章　两相流的数值模拟方法

上一章介绍了单相流的有限差分和有限单元的数值模拟方法,其中需要求解的未知量只有油藏压力,即需要求出一维或二维、三维单相渗流时油藏压力的分布及其随时间的变化。而实际油藏中往往是两相或三相流体同时流动,求解的未知量既包括各相流体的压力分布及其随时间的变化,又包括各相流体的饱和度分布及其随时间的变化。本章以油水两相流为例,分别介绍一维、二维油水两相流的有限差分求解方法,为三维三相黑油模型的求解奠定基础。

第一节　一维油水两相水驱油的有限差分数值模拟方法

本书第二章第三节介绍了一维油、水两相流的数学模型。本节将讨论一维油、水两相水驱油的数值模拟方法。

6-1　一维油水
两相流数学模型

一、数学模型

第二章中已经根据质量守恒原理建立了一维油、水两相流的数学模型。这里根据第二章所推导的数学模型的一般式,经简化,得到实验室进行单管模型一维水驱油实验时的数学模型。

当考虑三维非均质油藏,油、水互不相溶,流体和岩石可压缩,考虑毛管压力和重力时,其数学模型的一般式为:

$$\nabla \cdot \left[\rho_l \frac{k k_{rl}}{\mu_l} (\nabla p_l - \rho_l g \ \nabla D) \right] + q_l = \frac{\partial}{\partial t} (\phi \rho_l S_l) \quad (l = o, w) \tag{6-1-1}$$

简化到一维,并忽略重力项得:

$$\frac{\partial}{\partial x} \left(\rho_l \frac{k k_{rl}}{\mu_l} \frac{\partial p_l}{\partial x} \right) + q_l = \frac{\partial}{\partial t} (\phi \rho_l S_l) \quad (l = o, w) \tag{6-1-2}$$

假设:

(1) 不考虑岩石的压缩性(即 ϕ = 常数),不考虑流体的体积变化(即 $B_o = 1, B_w = 1$);

(2) 油、水黏度为常数。

于是可得:

水相

$$\frac{\partial}{\partial x}\left(\frac{kk_{rw}}{\mu_w}\frac{\partial p_w}{\partial x}\right)+q_{wv}=\phi\frac{\partial S_w}{\partial t} \qquad (6\text{-}1\text{-}3)$$

油相

$$\frac{\partial}{\partial x}\left(\frac{kk_{ro}}{\mu_o}\frac{\partial p_o}{\partial x}\right)+q_{ov}=\phi\frac{\partial S_o}{\partial t} \qquad (6\text{-}1\text{-}4)$$

上述两个偏微分方程中的未知量有 4 个,即 p_w,p_o,S_w,S_o,因此还需要写出两个辅助方程,即

$$S_o+S_w=1 \qquad (6\text{-}1\text{-}5)$$

$$p_{cow}=p_o-p_w \qquad (6\text{-}1\text{-}6)$$

初始条件为:

$$\left.\begin{array}{l} p(x,0)=p_i \\ S_w(x,0)=S_{wc} \end{array}\right\} \quad (0{\leqslant}x{\leqslant}L) \qquad (6\text{-}1\text{-}7)$$

式中,S_{wc} 为束缚水饱和度。

边界条件为:

$$\left.\begin{array}{l} q_v\mid_{x=0}=q_{wv}=q_v \\ q_v\mid_{x=L}=q_{wv}+q_{ov}=q_v \end{array}\right\} \quad (t>0) \qquad (6\text{-}1\text{-}8)$$

上述边界条件中,注入、产出量均为 q_v,表明该水驱油实验中注入、产出体积流量相等。以上油、水两相渗流的偏微分方程、辅助方程、初始条件和边界条件构成了该问题的完整的数学模型。利用数值方法进行求解后,可得到不同注入速率下模型中任意一点的压力、饱和度随时间的分布和变化。

二、数学模型的求解方法及参数处理

在对上述数学模型进行差分求解之前,首先要对未知量的求解方法及有关参数的处理进行说明。

6-2 数值求解
方法及参数处理

1. 数学模型的求解方法

上述数学模型中有压力(p_w,p_o)和饱和度(S_w,S_o)两组未知量,目前基本上有两类求解方法。一类是顺序解法,即先求压力项,然后求饱和度项;另一类是联立求解法,即同时求解压力项和饱和度项。同时,由于方程中含有非线性系数,它们依赖于压力和饱和度的变化,所以在求解数学模型时有多种处理方法,如显式、半隐式、全隐式处理等。根据未知量的求解顺序及非线性系数的处理方法的不同,数值模拟中常用的求解方法有隐式压力显式饱和度法、半隐式方法、隐式压力隐式饱和度法和全隐式方法。

1) 隐式压力显式饱和度法

隐式压力显式饱和度(implicit pressure explicit saturation,IMPES)法简称为隐压显饱法,即隐式求解压力方程,显式求解饱和度方程。它属于顺序求解法的一种,是数值模拟中最常用、最简单的一种方法。

IMPES 方法的基本思路是:

(1) 通过乘以适当的系数,合并油方程和水方程,以消去微分方程组中的 S_o 和 S_w,得到

一个只含有 p_o 和 p_w 的方程。

(2) 由毛管压力方程 $p_{cow} = p_o - p_w$ 可得 $p_w = p_o - p_{cow}$,代入上面合并后的方程,得到一个只含有变量 p_o 的方程,称为压力方程。

(3) 方程左端达西项系数采用上一时间阶段的值,同时毛管压力也采用上一时间阶段的值,即显式处理系数,于是可形成一个高阶线性代数方程组,用第四章的直接解法或迭代解法进行求解,先求出 p_o^{n+1},然后得到 $p_w^{n+1} = p_o^{n+1} - p_c^n$。

(4) 将 p_w^{n+1} 代入水相方程,用显式方法求出 S_w^{n+1},然后得到 $S_o^{n+1} = 1 - S_w^{n+1}$。

(5) 井点所在网格的产量项均做显式处理,即由 S^n 直接计算产量 Q(或 Q_o)。

IMPES 方法具有所占内存小、计算工作量小、方法简便等优点。但该方法存在两个问题:第一,达西项的系数处理是显式的,因此对如锥进的问题,由于井底周围流速较高,压差变化大,故存在较大误差,对强非线性问题适应性也差;第二,饱和度的计算是显式的,当时间步长 Δt 较大时,会出现解的不稳定性。因此,IMPES 方法只适用于一般的弱非线性渗流问题,对于某些非线性渗流问题如注气、气锥或水锥等,IMPES 方法无能为力,即使时间步长取得很小,仍会出现解的振荡或算出的压力和饱和度为负值的情况,以致模拟计算无法正常进行。为了解决该问题,提出了半隐式方法。

2) 半隐式方法

在介绍半隐式方法以前,首先要明确两个基本概念:

(1) 方程组的显式和隐式计算格式。

由第三章知道,对于二维平面问题,采用隐式差分格式时,节点 (i, j) 的差分方程中除用到本节点的未知量以外,还需要用到与其相邻的 4 个节点的未知量,因此在求解时必须将所有节点的差分方程联立,通过求解一个方程组同时得到一组未知量的值,这种计算格式称为隐式计算,相应的差分格式称为隐式差分格式,如 IMPES 方法中隐式求解压力方程。若一个方程中只有一个未知变量,则这种计算格式称为显式法,相应的差分格式称为显式差分格式,如 IMPES 方法中显式求解饱和度方程。

(2) 非线性系数的显式、半隐式和隐式处理。

在 $n+1$ 时刻求解方程组时,若系数直接用 n 时刻的值,则称显式系数处理;若将系数用泰勒级数展开并忽略二阶小量,一阶导数项用 n 时刻的值,则称为半隐式系数处理;若展开式中的一阶导数项也用 $n+1$ 时刻的值,则称为隐式系数处理。

半隐式方法(semi-implicit method)属于联立求解方法的一种,也是数值模拟中较常用的方法。其基本思路是:联立求解油相方程和水相方程,同时求出压力和饱和度,因此压力和饱和度都是隐式求解。在计算过程中,半隐式方法对方程右端项的处理与 IMPES 方法完全相同,不同之处在于对方程左端项的处理。该方法需要对方程左端的达西系数项、产量项及毛管压力等进行泰勒级数展开,并忽略二阶小量,一阶导数项用 n 时刻的值。由于系数处理是近似的,并未真正用 $n+1$ 时刻的值,所以这种方法称为半隐式方法。

(1) 相对渗透率的半隐式处理。

把 $k_{rl}(S_l)(l = o, w)$ 按泰勒级数展开,忽略二阶小量,得:

$$k_{rl}^{n+1} \approx k_{rl}^n + \frac{dk_{rl}}{dS_l} \Delta S_l = k_{rl}^n + k'_{rl} \Delta S_l \tag{6-1-9}$$

其中:

$$k'_{rl} \approx \frac{k_{rl}(S_l^n + \Delta S_l) - k_{rl}(S_l^n)}{\Delta S_l} \tag{6-1-10}$$

式中，ΔS_l 为人为给定的饱和度增量，按节点饱和度变化预先估计值，所以 k'_{rl} 为已知值，因此：

$$k_{rl}^{n+1} = k_{rl}^n(S_l^n) + k'_{rl}\Delta S_l \tag{6-1-11}$$

（2）毛管压力的半隐式处理。

把毛管压力 p_c 按泰勒级数展开，忽略二阶小量，得：

$$p_c^{n+1} \approx p_c^n + \frac{\mathrm{d}p_c}{\mathrm{d}S_l}\Delta S_l = p_c^n + p'_c\Delta S_l \tag{6-1-12}$$

其中：

$$p'_c \approx \frac{p_c(S_l^n + \Delta S_l) - p_c(S_l^n)}{\Delta S_l} \tag{6-1-13}$$

因为 ΔS_l 为人为给定的饱和度增量，所以 p'_c 为已知值。

（3）产量项的半隐式处理。

把产量项 q_l 按泰勒级数展开，忽略二阶小量，得：

$$q_l^{n+1} \approx q_l^n + \frac{\partial q_l}{\partial S_l}\Delta S_l + \frac{\partial q_l}{\partial p_l}\Delta p_l \tag{6-1-14}$$

将产量项进行上述处理的原因是：当井为油、水同产时，其相产量与相流度和相压力有关，若不进行半隐式处理，则它与半隐式差分方程不匹配。同时，对于油水同产井，还需解决油水配产问题。

3）隐式压力隐式饱和度法

隐式压力隐式饱和度（implicit pressure implicit saturation，IMPIMS）方法实际上是 IMPES 方法和半隐式方法的混合和变种，它也是顺序求解方法的一种。IMPIMS 方法既有半隐式方法求解饱和度的特点，又保留了 IMPES 方法省内存、省工作量的特点。

IMPIMS 方法的求解思路是：将压力和饱和度分开顺序求解，求解压力时可直接利用 IMPES 方法的压力求解方法，然后将求出的压力 p_o^{n+1} 代入半隐式方法的水相差分方程中，将该方程化为只有含水饱和度一个变量的差分方程，再用隐式计算格式求解即可。

4）全隐式方法

对于某些强非线性渗流问题如高速渗流等，即使采用半隐式方法也会引起计算结果的波动，或者时间步长只能取得很小。为此提出了全隐式方法（fully implicit method）。全隐式方法属于联立求解。这里简单介绍一种与半隐式方法相类似的全隐式方法，即达西系数项也用泰勒级数展开并忽略二阶小量，但一阶导数项不用 n 时刻的值而用 $n+1$ 时刻的值，由此构成一个非线性代数方程组，可以用牛顿迭代法或其他非线性代数方程组的解法进行求解。

2. 参数处理

在用有限差分法对数学模型进行求解时，首先要将连续的油藏问题离散化为网格单元，然后对每一个网格单元读入包括深度、有效厚度、孔隙度、渗透率、饱和度等基本参数。所有这些给定的参数都是网格节点处的值，在两个网格节点中间处的参数值是未知的。但在建立差分方程时，特别是进行中心差商时，有时需用到两个网格节点交界处的未知值，因此需进行相应的处理。

1）渗透率的取值

渗透率 k 是空间函数，其取值有以下几种方法：

算术平均

$$k_{i\pm\frac{1}{2}}=\frac{k_i+k_{i\pm1}}{2} \qquad (6\text{-}1\text{-}15)$$

加权平均

$$k_{i\pm\frac{1}{2}}=\frac{k_{i\pm1}\Delta x_{i\pm1}+k_i\Delta x_i}{\Delta x_{i\pm1}+\Delta x_i} \qquad (6\text{-}1\text{-}16)$$

调和平均

$$k_{i\pm\frac{1}{2}}=\frac{\Delta x_{i\pm1}+\Delta x_i}{\dfrac{\Delta x_{i\pm1}}{k_{i\pm1}}+\dfrac{\Delta x_i}{k_i}} \qquad (6\text{-}1\text{-}17)$$

几何平均

$$k_{i\pm\frac{1}{2}}=\sqrt{k_{i\pm1}k_i} \qquad (6\text{-}1\text{-}18)$$

2）相对渗透率的取值

相对渗透率的取值原则上是取流动方向上的上游节点值，通常称为上游权法。如图 6-1-1 所示，其取值方法为：

$$(k_{rl})_{i-\frac{1}{2}}=\begin{cases}k_{rl}(S_w)_{i-1} & \text{由 } i-1 \text{ 流向 } i\,(\Phi_{i-1}>\Phi_i)\\ k_{rl}(S_w)_i & \text{由 } i \text{ 流向 } i-1\,(\Phi_i>\Phi_{i-1})\end{cases} \qquad (6\text{-}1\text{-}19)$$

式中，Φ_i 为第 i 节点的势。

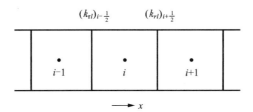

图 6-1-1　流动方向从 $i-1$ 网格到 i 网格

采用上游权处理主要是对饱和度沿流向变化滞后进行修正。由于流动系数关于时间的显式处理造成流动滞后，若流动系数在空间上按相邻节点的算术平均值取值，则会加重滞后现象，影响解的精度。因此，上游权的处理实质上是将显式处理造成的时间上的滞后用空间上的向前来进行弥补。

3）相对渗透率曲线的处理

在油藏数值模拟中，可按油层渗透率分布进行加权平均来处理相对渗透率曲线，也可以只取渗透率峰值分布区的岩样测试资料。由于地层中束缚水饱和度各不相同，所以需将含水饱和度归一化。在此定义归一化含水饱和度为：

$$\overline{S}_w=\frac{S_w-S_{wc}}{1-S_{wc}-S_{or}} \qquad (6\text{-}1\text{-}20)$$

式中，$\overline{S}_w$ 为归一化含水饱和度，S_{wc} 为束缚水饱和度，S_{or} 为残余油饱和度。

如图 6-1-2 所示,使曲线的端点统一对应于 $\overline{S}_w$ 的端点,在模型中使用 $k_{ro}(\overline{S}_w)\text{-}\overline{S}_w$ 和 $k_{rw}(\overline{S}_w)\text{-}\overline{S}_w$ 关系曲线,可以简化输入手续。具体的相对渗透率归一化方法见本书第八章第二节。

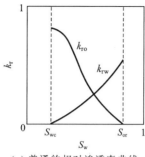 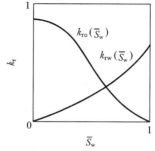

（a）普通的相对渗透率曲线　　　　（b）归一化的相对渗透率曲线

图 6-1-2　普通的和归一化的相对渗透率曲线

4）毛管压力曲线的处理

由于油藏岩石的非均质性,即使用同一油层的岩芯所测得的毛管压力曲线也有所不同。如何从实验室提供的大量的毛管压力资料中选择合适的毛管压力曲线呢? 一种有效的方法就是 J 函数法。J 函数是把流体界面张力、岩石润湿性及渗透率和孔隙度等的影响综合在一起来表征油层的毛管压力曲线特征的一个无因次函数。实践表明,J 函数法是处理毛管压力曲线的一种有效方法。J 函数定义如下:

$$J(S_w) = \frac{1\,000\,p_c(S_w)}{\sigma_{ow}\cos\theta_{ow}}\left(\frac{k}{\phi}\right)^{\frac{1}{2}} \tag{6-1-21}$$

式中,σ_{ow} 为油、水界面张力,mN/m;θ_{ow} 为水的润湿角,(°);$p_c(S_w)$ 为岩芯毛管压力,MPa;k 为渗透率,μm^2;ϕ 为孔隙度;$J(S_w)$ 为与 S_w 相对应的无因次量。

将众多的毛管压力资料按式(6-1-21)计算,作出 $J\text{-}S_w$ 关系图,如图 6-1-3 所示,然后拟合出一条 $J\text{-}S_w$ 关系曲线。

当油层岩性较为接近时,$J\text{-}S_w$ 关系为一规则曲线。这时由 $J\text{-}S_w$ 关系并根据油层 k,ϕ 值分布的峰值区域可求出一组有代表性的 $p_c(S_w)\text{-}S_w$ 关系。

在进行油藏数值模拟计算时,一般需要将油、水相对渗透率曲线和毛管压力曲线离散化,然后在模拟计算过程中应用各种插值手段求出各网格在不同饱和度下的相对渗透率值和毛管压力值。

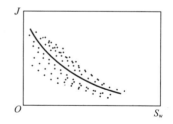

图 6-1-3　$J\text{-}S_w$ 关系曲线图

三、差分方程组的建立及求解

下面用 IMPES 方法建立本节一维油水两相流数学模型的差分方程组并进行求解。

6-3　差分方程组的建立及求解

1. 隐式求压力

上面的数学模型式(6-1-3)～式(6-1-6)中,有 p_w,p_o,S_o,S_w 4 个未知量。首先利用 $S_o +$

$S_w = 1$ 及式(6-1-3)和式(6-1-4)的关系消去 S_o 和 S_w，使其成为只含有压力 p_o 和 p_w 的方程。为此，式(6-1-3)+式(6-1-4)得：

$$\frac{\partial}{\partial x}\left(\frac{kk_{rw}}{\mu_w}\frac{\partial p_w}{\partial x}\right) + \frac{\partial}{\partial x}\left(\frac{kk_{ro}}{\mu_o}\frac{\partial p_o}{\partial x}\right) + q_{wv} + q_{ov} = 0 \tag{6-1-22}$$

根据 $p_{cow} = p_o - p_w$，可得 $p_w = p_o - p_{cow}$，代入式(6-1-22)可得只含有压力 p_o 的方程。这里为简化起见，假设毛管压力为 0，于是可得 $p_o = p_w = p$，因此式(6-1-22)简化为：

$$\frac{\partial}{\partial x}\left(\frac{kk_{rw}}{\mu_w}\frac{\partial p}{\partial x}\right) + \frac{\partial}{\partial x}\left(\frac{kk_{ro}}{\mu_o}\frac{\partial p}{\partial x}\right) + q_{wv} + q_{ov} = 0 \tag{6-1-23}$$

令 λ_o，λ_w 分别表示油、水两相的流动系数：

$$\lambda_o = \frac{kk_{ro}}{\mu_o}, \quad \lambda_w = \frac{kk_{rw}}{\mu_w}$$

λ 表示总的流动系数：

$$\lambda = \lambda_w + \lambda_o$$

q_v 表示油水两相的总流量：

$$q_v = q_{wv} + q_{ov}$$

则方程(6-1-23)可简化为：

$$\frac{\partial}{\partial x}\left(\lambda \frac{\partial p}{\partial x}\right) + q_v = 0 \tag{6-1-24}$$

方程(6-1-24)即 IMPES 方法化简得到的压力方程。下面写出该方程的隐式差分格式。

假设采用块中心网格，且网格大小相等，均为 Δx，并设 $i=1$ 网格为水注入处，$i=n$ 网格为油、水产出处，如图 6-1-4 所示。

图 6-1-4　一维水驱油块中心网格示意图

式(6-1-24)的隐式差分方程为：

$$\frac{\lambda_{i+\frac{1}{2}}\dfrac{p_{i+1}^{n+1} - p_i^{n+1}}{\Delta x} - \lambda_{i-\frac{1}{2}}\dfrac{p_i^{n+1} - p_{i-1}^{n+1}}{\Delta x}}{\Delta x} + q_{vi} = 0 \tag{6-1-25}$$

下面分 3 种情况来讨论方程(6-1-25)。

(1) 对于第 2 个至第 $n-1$ 个网格，既无注入也无采出，因此方程(6-1-25)中 $q_{vi} = 0$，于是可简化为：

$$\lambda_{i+\frac{1}{2}}(p_{i+1}^{n+1} - p_i^{n+1}) - \lambda_{i-\frac{1}{2}}(p_i^{n+1} - p_{i-1}^{n+1}) = 0 \tag{6-1-26}$$

若系数按上游权原则取值，并用 n 时刻的值（即显式处理），则式(6-1-26)可化为：

$$\lambda_i^n(p_{i+1}^{n+1} - p_i^{n+1}) - \lambda_{i-1}^n(p_i^{n+1} - p_{i-1}^{n+1}) = 0 \tag{6-1-27}$$

即

$$\lambda_{i-1}^n p_{i-1}^{n+1} - (\lambda_{i-1}^n + \lambda_i^n)p_i^{n+1} + \lambda_i^n p_{i+1}^{n+1} = 0 \tag{6-1-28}$$

(2) 对于第 1 个网格，单位体积注入的体积流量为 q_v，式(6-1-25)中左面差分项中流动

系数 $\lambda_{1\pm\frac{1}{2}}$ 分别取上游权，其中第二项取上游权后 $\lambda_0^n=0$，于是可简化为：

$$\frac{\lambda_1^n(p_2^{n+1}-p_1^{n+1})}{\Delta x^2}+q_v=0 \tag{6-1-29}$$

整理可得：

$$p_1^{n+1}-p_2^{n+1}=\frac{q_v\Delta x^2}{\lambda_1^n} \tag{6-1-30}$$

两端同乘以 $A\Delta x$（网格单元的体积），并令 $Q_v=q_vA\Delta x$（该网格的注入量），则可化简为：

$$p_1^{n+1}-p_2^{n+1}=\frac{Q_v}{\lambda_1^n}\frac{\Delta x}{A} \tag{6-1-31}$$

（3）对于第 n 个网格，其单位体积采出的体积流量为 q_v，式（6-1-25）中左面差分项中流动系数 $\lambda_{n\pm\frac{1}{2}}$ 分别取上游权，其中第一项取上游权后 $\lambda_n^n=0$，于是可简化为：

$$-\frac{\lambda_{n-1}^n(p_n^{n+1}-p_{n-1}^{n+1})}{\Delta x^2}-q_v=0 \tag{6-1-32}$$

两端同乘以 $A\Delta x$，令 $Q_v=q_vA\Delta x$，得：

$$p_{n-1}^{n+1}-p_n^{n+1}=\frac{Q_v}{\lambda_{n-1}^n}\frac{\Delta x}{A} \tag{6-1-33}$$

方程（6-1-28）、方程（6-1-31）和方程（6-1-33）构成了从 $i=1$ 到 $i=n$ 网格的线性代数方程组，矩阵方程为：

$$\begin{bmatrix} 1 & -1 & & & & \\ \lambda_1 & -(\lambda_1+\lambda_2) & \lambda_2 & & & \\ & \lambda_2 & -(\lambda_2+\lambda_3) & \lambda_3 & & \\ & \ddots & \ddots & \ddots & & \\ & & \lambda_{n-2} & -(\lambda_{n-2}+\lambda_{n-1}) & \lambda_{n-1} \\ & & & 1 & -1 \end{bmatrix}\begin{bmatrix} p_1 \\ p_2 \\ p_3 \\ \vdots \\ p_{n-1} \\ p_n \end{bmatrix}=\begin{bmatrix} \dfrac{\Delta x}{A}\dfrac{Q_v}{\lambda_1^n} \\ 0 \\ 0 \\ \vdots \\ 0 \\ \dfrac{\Delta x}{A}\dfrac{Q_v}{\lambda_{n-1}^n} \end{bmatrix}$$

$$\tag{6-1-34}$$

方程组的系数矩阵为三对角矩阵，可用第四章介绍的追赶法进行求解，从而得到 p_1，p_2，$\cdots$，p_n 在 $n+1$ 时刻的值。

2. 显式求饱和度

数学模型中水相方程（6-1-3）的差分方程为：

$$\frac{\lambda_{wi+\frac{1}{2}}^n\dfrac{p_{i+1}^{n+1}-p_i^{n+1}}{\Delta x}-\lambda_{wi-\frac{1}{2}}^n\dfrac{p_i^{n+1}-p_{i-1}^{n+1}}{\Delta x}}{\Delta x}+q_{wvi}=\phi\frac{S_{wi}^{n+1}-S_{wi}^n}{\Delta t} \tag{6-1-35}$$

式（6-1-35）中的未知量为 S_{wi}^{n+1}，也可分为以下 3 种情况来讨论。

（1）对于第 2 个至第 $n-1$ 个网格，既无注入也无采出，因此方程（6-1-35）中 $q_{wvi}=0$，流动系数 $\lambda_{i\pm\frac{1}{2}}$ 分别取上游权，于是可得：

$$S_{wi}^{n+1}=S_{wi}^n+\frac{\Delta t}{\phi\Delta x^2}[\lambda_{wi}^n(p_{i+1}^{n+1}-p_i^{n+1})-\lambda_{wi-1}^n(p_i^{n+1}-p_{i-1}^{n+1})] \tag{6-1-36}$$

由于 p_i^{n+1} 已经通过隐式求压力得到，故可用式（6-1-36）顺序（$i=2,\cdots,n-1$）求出每个网格节点的饱和度值。

（2）对于第 1 个网格，$q_{wvi}=q_v$（即单位体积的注入速率），式（6-1-35）左面差分项中的流动系数 $\lambda_{1\pm\frac{1}{2}}$ 分别取上游权，其中第二项 $\lambda_{1-\frac{1}{2}}$ 取上游权后 $\lambda_{w0}^n=0$，于是可简化为：

$$\frac{\lambda_{w1}^n(p_2^{n+1}-p_1^{n+1})}{\Delta x^2}+q_v=\phi\,\frac{S_{w1}^{n+1}-S_{w1}^n}{\Delta t} \qquad (6\text{-}1\text{-}37)$$

两边同乘以 $A\Delta x$ 并化简，且 $Q_v=q_vA\Delta x$，则有：

$$\lambda_{w1}^n\frac{A}{\Delta x}(p_2^{n+1}-p_1^{n+1})+Q_v=\frac{\phi A\Delta x}{\Delta t}(S_{w1}^{n+1}-S_{w1}^n)$$

于是：

$$S_{w1}^{n+1}=S_{w1}^n+\frac{\Delta t}{\phi\Delta x}\left(\frac{Q_v}{A}-\lambda_{w1}^n\frac{p_1^{n+1}-p_2^{n+1}}{\Delta x}\right) \qquad (6\text{-}1\text{-}38)$$

（3）对于第 n 个网格，其单位体积的产出量 $q_v=q_{wv}+q_{ov}$，实验中 q_v 为定值。其中，产水量为 q_{wv}，而且 q_{wv} 是随时间变化的，因此首先要求出 q_{wv} 的值。

第 n 个网格压力为 p_n，第 $n-1$ 个网格压力为 p_{n-1}，则 $p_{n-1}-p_n$ 对于油和水来说均是相同的，故产出油、水的体积流量取决于流动系数 λ_o 和 λ_w 的大小。

$$q_{ov}=\lambda_o(p_{n-1}^{n+1}-p_n^{n+1}) \qquad (6\text{-}1\text{-}39)$$

$$q_{wv}=\lambda_w(p_{n-1}^{n+1}-p_n^{n+1}) \qquad (6\text{-}1\text{-}40)$$

所以：

$$q_v=(\lambda_o+\lambda_w)(p_{n-1}^{n+1}-p_n^{n+1}) \qquad (6\text{-}1\text{-}41)$$

于是：

$$\frac{q_{wv}}{q_v}=\frac{\lambda_w}{\lambda_o+\lambda_w} \qquad (6\text{-}1\text{-}42)$$

方程（6-1-35）中左面差分项中的流动系数 $\lambda_{n\pm\frac{1}{2}}$ 分别取上游权，其中第一项 $\lambda_{n+\frac{1}{2}}$ 取上游权后 $\lambda_{wn}^n=0$，于是可简化为：

$$\frac{-\lambda_{wn-1}^n(p_n^{n+1}-p_{n-1}^{n+1})}{\Delta x^2}-q_{wv}=\phi\,\frac{S_{wn}^{n+1}-S_{wn}^n}{\Delta t} \qquad (6\text{-}1\text{-}43)$$

两边同乘以 $A\Delta x$，并令 $Q_{wv}=q_{wv}A\Delta x$，则有：

$$\frac{\lambda_{wn-1}^n(p_{n-1}^{n+1}-p_n^{n+1})A}{\Delta x}-Q_{wv}=\frac{\phi A\Delta x}{\Delta t}(S_{wn}^{n+1}-S_{wn}^n)$$

于是：

$$S_{wn}^{n+1}=S_{wn}^n+\frac{\Delta t}{\phi\Delta x}\left(\lambda_{wn-1}^n\frac{p_{n-1}^{n+1}-p_n^{n+1}}{\Delta x}-\frac{Q_{wv}}{A}\right) \qquad (6\text{-}1\text{-}44)$$

由式（6-1-42）可得：$Q_{wv}=\dfrac{\lambda_w}{\lambda_o+\lambda_w}Q_v$，代入式（6-1-44）得：

$$S_{wn}^{n+1}=S_{wn}^n+\frac{\Delta t}{\phi\Delta x}\left[\lambda_{wn-1}^n\frac{p_{n-1}^{n+1}-p_n^{n+1}}{\Delta x}-\frac{Q_v}{A}\left(\frac{\lambda_w}{\lambda_w+\lambda_o}\right)_n^n\right] \qquad (6\text{-}1\text{-}45)$$

利用方程（6-1-36）、方程（6-1-38）和方程（6-1-45）可求得 $i=1,2,\cdots,n$ 网格的 S_{wi}^{n+1} 值。

上述隐式求压力、显式求饱和度的计算过程即为 IMPES 方法从 n 时刻到 $n+1$ 时刻的求解过程。这样从初始时刻开始，一步步依次求解下去，直到求得所要求的时间为止。

四、一维油水两相流数值模拟程序框图

一维油水两相流数值模拟程序如图 6-1-5 所示。

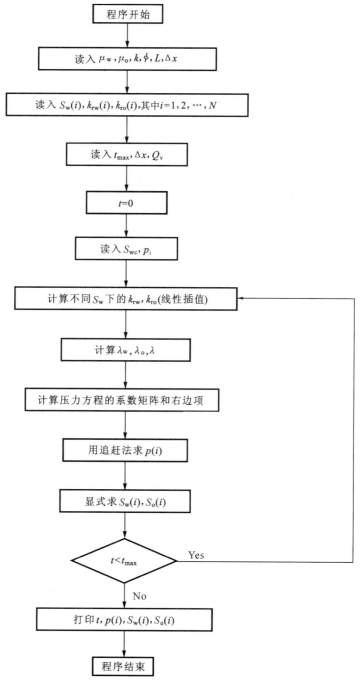

图 6-1-5　一维油水两相流数值模拟程序框图

第二节　二维油水两相流的有限差分数值模拟方法

6-4　二维油水
两相流数学模型

一、数学模型

假设条件如下：

（1）二维平面流动（忽略垂向的流动）；

（2）油藏中仅存在油、水两相渗流，油、水互不溶解，且各自符合达西定律；

（3）岩石、流体均可压缩；

（4）考虑岩石的非均质性及各向异性；

（5）考虑油、水之间毛管压力的影响；

（6）忽略重力作用。

由第二章的数学模型可写出符合上述假设条件的数学模型：

油相

$$\frac{\partial}{\partial x}\left(\rho_o \frac{k_x k_{ro}}{\mu_o}\frac{\partial p_o}{\partial x}\right)+\frac{\partial}{\partial y}\left(\rho_o \frac{k_y k_{ro}}{\mu_o}\frac{\partial p_o}{\partial y}\right)+q_o=\frac{\partial}{\partial t}(\phi \rho_o S_o) \tag{6-2-1}$$

水相

$$\frac{\partial}{\partial x}\left(\rho_w \frac{k_x k_{rw}}{\mu_w}\frac{\partial p_w}{\partial x}\right)+\frac{\partial}{\partial y}\left(\rho_w \frac{k_y k_{rw}}{\mu_w}\frac{\partial p_w}{\partial y}\right)+q_w=\frac{\partial}{\partial t}(\phi \rho_w S_w) \tag{6-2-2}$$

上述方程中有 4 个未知量，即 p_o,p_w,S_o,S_w，因此还需要两个辅助方程。

辅助方程为：

$$S_o+S_w=1 \tag{6-2-3}$$

$$p_{cow}=p_o-p_w \tag{6-2-4}$$

初始条件为：

$$\left.\begin{array}{l}S_w(x,y,0)=S_{wi}\\ p_o(x,y,0)=p_{oi}\end{array}\right\}\quad(0\leqslant x\leqslant L_x,0\leqslant y\leqslant L_y) \tag{6-2-5}$$

式中，S_{wi} 为原始含水饱和度，p_{oi} 为原始油相压力。

边界包括外边界和内边界。外边界有封闭外边界和定压外边界两种。

（1）封闭外边界：

$$\left.\begin{array}{l}\left(\dfrac{\partial p_o}{\partial x}\right)_{x=0}=0\\[3mm] \left(\dfrac{\partial p_o}{\partial x}\right)_{x=L_x}=0\\[3mm] \left(\dfrac{\partial p_o}{\partial y}\right)_{y=0}=0\\[3mm] \left(\dfrac{\partial p_o}{\partial y}\right)_{y=L_y}=0\end{array}\right\} \tag{6-2-6}$$

（2）定压外边界：

$$\left.\begin{array}{l} p(0,y,t)=p_{e} \\ p(L_{x},y,t)=p_{e} \\ p(x,0,t)=p_{e} \\ p(x,L_{y},t)=p_{e} \end{array}\right\} \quad (t>0) \tag{6-2-7}$$

内边界也有两种，即定产量和定井底流压。

（1）定产量：

$$Q_{vl}=常数 \quad (l=o,w) \tag{6-2-8}$$

（2）定井底流压：

对于生产井，p_{wf} 已知；对于注水井，p_{iwf} 已知。生产井的产量可以表示为：

$$Q_{vli,j}=PI_{l}(p_{li,j}-p_{wf}) \tag{6-2-9}$$

注水井的注水量可以表示为：

$$Q_{vwi,j}=WI_{w}(p_{iwf}-p_{wi,j}) \tag{6-2-10}$$

式中，PI_{l} 为 l 相的生产指数，WI_{w} 为水相的注入指数。

以上油、水两相的渗流微分方程、辅助方程、初始条件和边界条件构成了二维油水两相流完整的数学模型。

二、差分方程的建立

1. 右端项的差分

在油、水两相的渗流微分方程中，未知量是 p_{o}，p_{w}，S_{o}，S_{w}，自变量是 (x,y,t)。下面以油相为例对方程（6-2-1）的右端项进行展开并差分。

$$\frac{\partial}{\partial t}(\phi\rho_{o}S_{o})=\rho_{o}S_{o}\frac{\partial\phi}{\partial t}+\phi S_{o}\frac{\partial\rho_{o}}{\partial t}+\phi\rho_{o}\frac{\partial S_{o}}{\partial t} \tag{6-2-11}$$

式（6-2-11）右端第一个微分项可展开为：

$$\frac{\partial\phi}{\partial t}=\frac{d\phi}{d\overline{p}}\frac{\partial\overline{p}}{\partial t} \tag{6-2-12}$$

$$\overline{p}=\frac{1}{2}(p_{o}+p_{w})=p_{o}-\frac{1}{2}p_{c}=p_{w}+\frac{1}{2}p_{c}$$

式中，$\overline{p}$ 表示平均压力。由于岩石的孔隙压缩系数为 $C_{p}=\frac{1}{\phi}\frac{d\phi}{d\overline{p}}$，因此式（6-2-12）可变为：

$$\frac{\partial\phi}{\partial t}=\phi C_{p}\frac{\partial\overline{p}}{\partial t} \tag{6-2-13}$$

假设在一个模拟时间步长内饱和度是不变的，则毛管压力也不变，所以 $\frac{\partial p_{c}}{\partial t}=0$。因此，对油相来讲，方程（6-2-13）可变为：

$$\frac{\partial\phi}{\partial t}=\phi C_{p}\frac{\partial p_{o}}{\partial t} \tag{6-2-14}$$

式（6-2-11）右端第二个微分项可展开为：

$$\frac{\partial\rho_{o}}{\partial t}=\frac{\partial\rho_{o}}{\partial p_{o}}\frac{\partial p_{o}}{\partial t}=\rho_{o}C_{o}\frac{\partial p_{o}}{\partial t} \tag{6-2-15}$$

6-5　二维油水两相流差分方程组的建立与求解

式中,C_o 为原油压缩系数。

将式(6-2-14)、式(6-2-15)代入式(6-2-11)中,并令 $\beta_o = \rho_o \phi S_o (C_p + C_o)$,可得:

$$\frac{\partial}{\partial t}(\phi \rho_o S_o) = \beta_o \frac{\partial p_o}{\partial t} + \phi \rho_o \frac{\partial S_o}{\partial t} \tag{6-2-16}$$

同理,对于水相的差分方程,令 $\beta_w = \rho_w \phi S_w (C_p + C_w)$,则式(6-2-2)右端项可展开为:

$$\frac{\partial}{\partial t}(\phi \rho_w S_w) = \beta_w \frac{\partial p_w}{\partial t} + \phi \rho_w \frac{\partial S_w}{\partial t} \tag{6-2-17}$$

式中,C_w 为水的压缩系数。

右端项展开后所得的式(6-2-16)、式(6-2-17)中分别包括一阶微商 $\frac{\partial p_o}{\partial t}, \frac{\partial p_w}{\partial t}, \frac{\partial S_o}{\partial t}, \frac{\partial S_w}{\partial t}$,可得到如下差分:

式(6-2-16)的差分

$$\beta_o \frac{\partial p_o}{\partial t} + \phi \rho_o \frac{\partial S_o}{\partial t} = (\beta_o)_{i,j} \frac{p_{oi,j}^{n+1} - p_{oi,j}^{n}}{\Delta t^n} + (\phi \rho_o)_{i,j} \frac{S_{oi,j}^{n+1} - S_{oi,j}^{n}}{\Delta t^n} \tag{6-2-18}$$

式(6-2-17)的差分

$$\beta_w \frac{\partial p_w}{\partial t} + \phi \rho_w \frac{\partial S_w}{\partial t} = (\beta_w)_{i,j} \frac{p_{wi,j}^{n+1} - p_{wi,j}^{n}}{\Delta t^n} + (\phi \rho_w)_{i,j} \frac{S_{wi,j}^{n+1} - S_{wi,j}^{n}}{\Delta t^n} \tag{6-2-19}$$

2. 左端项的差分

为简化起见,首先令:

$$\lambda_o = \frac{\rho_o k k_{ro}}{\mu_o}, \quad \lambda_w = \frac{\rho_w k k_{rw}}{\mu_w}$$

则油相微分方程(6-2-1)左端第一项的差分为:

$$\frac{\partial}{\partial x}\left(\rho_o \frac{k_x k_{ro}}{\mu_o} \frac{\partial p_o}{\partial x}\right) = \frac{\partial}{\partial x}\left(\lambda_{ox} \frac{\partial p_o}{\partial x}\right)$$

$$= \frac{\lambda_{oxi+\frac{1}{2}} \frac{p_{oi+1,j}^{n+1} - p_{oi,j}^{n+1}}{0.5(\Delta x_i + \Delta x_{i+1})} - \lambda_{oxi-\frac{1}{2}} \frac{p_{oi,j}^{n+1} - p_{oi-1,j}^{n+1}}{0.5(\Delta x_i + \Delta x_{i-1})}}{\Delta x_i} \tag{6-2-20}$$

同理,第二项的差分为:

$$\frac{\partial}{\partial y}\left(\rho_o \frac{k_y k_{ro}}{\mu_o} \frac{\partial p_o}{\partial y}\right) = \frac{\partial}{\partial y}\left(\lambda_{oy} \frac{\partial p_o}{\partial y}\right)$$

$$= \frac{\lambda_{oyj+\frac{1}{2}} \frac{p_{oi,j+1}^{n+1} - p_{oi,j}^{n+1}}{0.5(\Delta y_j + \Delta y_{j+1})} - \lambda_{oyj-\frac{1}{2}} \frac{p_{oi,j}^{n+1} - p_{oi,j-1}^{n+1}}{0.5(\Delta y_j + \Delta y_{j-1})}}{\Delta y_j} \tag{6-2-21}$$

于是,方程(6-2-1)的差分方程为:

$$\frac{\lambda_{oxi+\frac{1}{2}} \frac{p_{oi+1,j}^{n+1} - p_{oi,j}^{n+1}}{0.5(\Delta x_i + \Delta x_{i+1})} - \lambda_{oxi-\frac{1}{2}} \frac{p_{oi,j}^{n+1} - p_{oi-1,j}^{n+1}}{0.5(\Delta x_i + \Delta x_{i-1})}}{\Delta x_i} +$$

$$\frac{\lambda_{oyj+\frac{1}{2}} \frac{p_{oi,j+1}^{n+1} - p_{oi,j}^{n+1}}{0.5(\Delta y_j + \Delta y_{j+1})} - \lambda_{oyj-\frac{1}{2}} \frac{p_{oi,j}^{n+1} - p_{oi,j-1}^{n+1}}{0.5(\Delta y_j + \Delta y_{j-1})}}{\Delta y_j} + q_{oi,j} =$$

$$(\beta_o)_{i,j} \frac{p_{oi,j}^{n+1} - p_{oi,j}^{n}}{\Delta t^n} + (\phi \rho_o)_{i,j} \frac{S_{oi,j}^{n+1} - S_{oi,j}^{n}}{\Delta t^n} \tag{6-2-22}$$

同理,方程(6-2-2)的差分方程为:

$$\frac{\lambda_{\mathrm{w}xi+\frac{1}{2}}\dfrac{p_{\mathrm{w}i+1,j}^{n+1}-p_{\mathrm{w}i,j}^{n+1}}{0.5(\Delta x_i+\Delta x_{i+1})}-\lambda_{\mathrm{w}xi-\frac{1}{2}}\dfrac{p_{\mathrm{w}i,j}^{n+1}-p_{\mathrm{w}i-1,j}^{n+1}}{0.5(\Delta x_i+\Delta x_{i-1})}}{\Delta x_i}+$$

$$\frac{\lambda_{\mathrm{w}yj+\frac{1}{2}}\dfrac{p_{\mathrm{w}i,j+1}^{n+1}-p_{\mathrm{w}i,j}^{n+1}}{0.5(\Delta y_j+\Delta y_{j+1})}-\lambda_{\mathrm{w}yj-\frac{1}{2}}\dfrac{p_{\mathrm{w}i,j}^{n+1}-p_{\mathrm{w}i,j-1}^{n+1}}{0.5(\Delta y_j+\Delta y_{j-1})}}{\Delta y_j}+q_{\mathrm{w}i,j}=$$

$$(\beta_{\mathrm{w}})_{i,j}\frac{p_{\mathrm{w}i,j}^{n+1}-p_{\mathrm{w}i,j}^{n}}{\Delta t^n}+(\phi\rho_{\mathrm{w}})_{i,j}\frac{S_{\mathrm{w}i,j}^{n+1}-S_{\mathrm{w}i,j}^{n}}{\Delta t^n} \tag{6-2-23}$$

差分方程(6-2-22)两边每一项同乘以网格体积 $\Delta x_i\Delta y_jh$,并令网格(i,j)的体积为:

$$V_{i,j}=\Delta x_i\Delta y_jh$$

网格(i,j)的注入或采出量为:

$$Q_{\mathrm{o}i,j}=q_{\mathrm{o}i,j}\Delta x_i\Delta y_jh$$

网格(i,j)的孔隙体积为:

$$V_{\mathrm{p}i,j}=\phi_{i,j}\Delta x_i\Delta y_jh$$

传导系数为:

$$T_{\mathrm{o}xi\pm\frac{1}{2}}=\frac{\lambda_{\mathrm{o}xi\pm\frac{1}{2}}\Delta y_jh}{0.5(\Delta x_i+\Delta x_{i\pm1})}$$

$$T_{\mathrm{o}yj\pm\frac{1}{2}}=\frac{\lambda_{\mathrm{o}yj\pm\frac{1}{2}}\Delta x_ih}{0.5(\Delta y_j+\Delta y_{j\pm1})}$$

于是,油相差分方程(6-2-22)可写为:

$$T_{\mathrm{o}yj-\frac{1}{2}}p_{\mathrm{o}i,j-1}^{n+1}+T_{\mathrm{o}xi-\frac{1}{2}}p_{\mathrm{o}i-1,j}^{n+1}-\left(T_{\mathrm{o}xi-\frac{1}{2}}+T_{\mathrm{o}xi+\frac{1}{2}}+T_{\mathrm{o}yj-\frac{1}{2}}+T_{\mathrm{o}yj+\frac{1}{2}}+\frac{V_{i,j}\beta_{\mathrm{o}i,j}}{\Delta t}\right)p_{\mathrm{o}i,j}^{n+1}+$$

$$T_{\mathrm{o}xi+\frac{1}{2}}p_{\mathrm{o}i+1,j}^{n+1}+T_{\mathrm{o}yj+\frac{1}{2}}p_{\mathrm{o}i,j+1}^{n+1}=V_{\mathrm{p}i,j}\rho_{\mathrm{o}i,j}\frac{S_{\mathrm{o}i,j}^{n+1}-S_{\mathrm{o}i,j}^{n}}{\Delta t^n}-Q_{\mathrm{o}i,j}-\frac{V_{i,j}\beta_{\mathrm{o}i,j}}{\Delta t^n}p_{\mathrm{o}i,j}^{n} \tag{6-2-24}$$

令:

$$\left.\begin{aligned}
&c_{\mathrm{o}i,j}=T_{\mathrm{o}yj-\frac{1}{2}}\\
&a_{\mathrm{o}i,j}=T_{\mathrm{o}xi-\frac{1}{2}}\\
&e_{\mathrm{o}i,j}=-\left(T_{\mathrm{o}xi-\frac{1}{2}}+T_{\mathrm{o}xi+\frac{1}{2}}+T_{\mathrm{o}yj-\frac{1}{2}}+T_{\mathrm{o}yj+\frac{1}{2}}+\frac{V_{i,j}\beta_{\mathrm{o}i,j}}{\Delta t}\right)\\
&b_{\mathrm{o}i,j}=T_{\mathrm{o}xi+\frac{1}{2}}\\
&d_{\mathrm{o}i,j}=T_{\mathrm{o}yj+\frac{1}{2}}\\
&f_{\mathrm{o}i,j}=-\left(Q_{\mathrm{o}i,j}+\frac{V_{i,j}\beta_{\mathrm{o}i,j}}{\Delta t^n}p_{\mathrm{o}i,j}^{n}\right)
\end{aligned}\right\} \tag{6-2-25}$$

因此,油相的差分方程可写为:

$$c_{\mathrm{o}i,j}p_{\mathrm{o}i,j-1}^{n+1}+a_{\mathrm{o}i,j}p_{\mathrm{o}i-1,j}^{n+1}+e_{\mathrm{o}i,j}p_{\mathrm{o}i,j}^{n+1}+b_{\mathrm{o}i,j}p_{\mathrm{o}i+1,j}^{n+1}+d_{\mathrm{o}i,j}p_{\mathrm{o}i,j+1}^{n+1}=f_{\mathrm{o}i,j}+V_{\mathrm{p}i,j}\rho_{\mathrm{o}i,j}\frac{S_{\mathrm{o}i,j}^{n+1}-S_{\mathrm{o}i,j}^{n}}{\Delta t^n}$$

$$\tag{6-2-26}$$

同理,可得水相的差分方程为:

$$c_{\mathrm{w}i,j}p_{\mathrm{w}i,j-1}^{n+1}+a_{\mathrm{w}i,j}p_{\mathrm{w}i-1,j}^{n+1}+e_{\mathrm{w}i,j}p_{\mathrm{w}i,j}^{n+1}+b_{\mathrm{w}i,j}p_{\mathrm{w}i+1,j}^{n+1}+d_{\mathrm{w}i,j}p_{\mathrm{w}i,j+1}^{n+1}=f_{\mathrm{w}i,j}+V_{\mathrm{p}i,j}\rho_{\mathrm{w}i,j}\frac{S_{\mathrm{w}i,j}^{n+1}-S_{\mathrm{w}i,j}^{n}}{\Delta t^n}$$

$$\tag{6-2-27}$$

上面建立了油、水相的差分方程,对每一个网格节点,可分别写出相应的差分方程,得到一个五对角的矩阵方程组,方程中含有 p_o,p_w,S_o,S_w 4 组未知量。

三、差分方程组的求解

1. 隐式压力显式饱和度方法

IMPES 方法要在 p_o,p_w,S_o,S_w 中选出两个独立的变量进行求解,而将其余变量作为该独立变量的函数处理。在此选 p_o,S_w 为独立变量,这样选择的优点是对毛管压力曲线没有特殊要求,甚至可以完全忽略毛管压力的影响。如果选 p_o,p_w 为独立变量,则要求毛管压力不能为 0。IMPES 方法的基本思路已在第五章中进行了介绍,具体求解方法如下:

1)隐式求压力

由 $S_o = 1 - S_w$,并令 $A = \dfrac{\rho_o}{\rho_w}$,则方程(6-2-26)+方程(6-2-27)×A,可消去上述方程组中的饱和度项,得:

$$c_{oi,j} p_{oi,j-1}^{n+1} + Ac_{wi,j} p_{wi,j-1}^{n+1} + a_{oi,j} p_{oi-1,j}^{n+1} + Aa_{wi,j} p_{wi-1,j}^{n+1} + e_{oi,j} p_{oi,j}^{n+1} + Ae_{wi,j} p_{wi,j}^{n+1} +$$
$$b_{oi,j} p_{oi+1,j}^{n+1} + Ab_{wi,j} p_{wi+1,j}^{n+1} + d_{oi,j} p_{oi,j+1}^{n+1} + Ad_{wi,j} p_{wi,j+1}^{n+1} = f_{oi,j} + Af_{wi,j} \qquad (6\text{-}2\text{-}28)$$

又因为 $p_w^{n+1} = p_o^{n+1} - p_c^n$,代入式(6-2-28)得:

$$c_{i,j} p_{oi,j-1}^{n+1} + a_{i,j} p_{oi-1,j}^{n+1} + e_{i,j} p_{oi,j}^{n+1} + b_{i,j} p_{oi+1,j}^{n+1} + d_{i,j} p_{oi,j+1}^{n+1} = f_{i,j} \qquad (6\text{-}2\text{-}29)$$

其中:

$$\left. \begin{aligned}
c_{i,j} &= c_{oi,j} + Ac_{wi,j} \\
a_{i,j} &= a_{oi,j} + Aa_{wi,j} \\
e_{i,j} &= e_{oi,j} + Ae_{wi,j} \\
b_{i,j} &= b_{oi,j} + Ab_{wi,j} \\
d_{i,j} &= d_{oi,j} + Ad_{wi,j} \\
f_{i,j} &= f_{oi,j} + Af_{wi,j} + A(c_{wi,j} p_{ci,j-1}^n + a_{wi,j} p_{ci-1,j}^n + \\
&\quad e_{wi,j} p_{ci,j}^n + b_{wi,j} p_{ci+1,j}^n + d_{wi,j} p_{ci,j+1}^n)
\end{aligned} \right\} \qquad (6\text{-}2\text{-}30)$$

在每个网格节点处运用式(6-2-29)列方程,可得一个五对角方程组 $\boldsymbol{Ap} = \boldsymbol{F}$。解此方程组,可求出 $p_{oi,j}^{n+1}$,然后由 $p_{wi,j}^{n+1} = p_{oi,j}^{n+1} - p_{ci,j}^n$ 求出 $p_{wi,j}^{n+1}$。

2)显式求饱和度

将上面求出的 $p_{wi,j}^{n+1}$ 代入水相差分方程(6-2-27),可显式求出 $S_{wi,j}^{n+1}$。

$$S_{wi,j}^{n+1} = S_{wi,j}^n + \frac{\Delta t^n}{V_{pi,j} \rho_{wi,j}} (g_{wi,j} - f_{wi,j}) \qquad (6\text{-}2\text{-}31)$$

其中:

$$g_{wi,j} = c_{wi,j} p_{wi,j-1}^{n+1} + a_{wi,j} p_{wi-1,j}^{n+1} + e_{wi,j} p_{wi,j}^{n+1} + b_{wi,j} p_{wi+1,j}^{n+1} + d_{wi,j} p_{wi,j+1}^{n+1}$$

求出 $S_{wi,j}^{n+1}$ 后,可由 $S_{oi,j}^{n+1} = 1 - S_{wi,j}^{n+1}$ 求出 $S_{oi,j}^{n+1}$。

3)求毛管压力 p_c

由 p_c-S_w 关系可求出 $p_{ci,j}^{n+1}$。

IMPES 方法在实际计算时,如果仅用式(6-2-31)显式计算饱和度,那么会产生较大的物质平衡误差。因此,在实际油藏数值模拟计算过程中,为了提高饱和度计算精度,减小物质平衡误差,可以采用如下两种方法计算饱和度。

(1) 方程(6-2-26)+方程(6-2-27),可得:

$$c_{\mathrm{o}i,j} p_{\mathrm{o}i,j-1}^{n+1} + c_{\mathrm{w}i,j} p_{\mathrm{w}i,j-1}^{n+1} + a_{\mathrm{o}i,j} p_{\mathrm{o}i-1,j}^{n+1} + a_{\mathrm{w}i,j} p_{\mathrm{w}i-1,j}^{n+1} + e_{\mathrm{o}i,j} p_{\mathrm{o}i,j}^{n+1} + e_{\mathrm{w}i,j} p_{\mathrm{w}i,j}^{n+1} +$$
$$b_{\mathrm{o}i,j} p_{\mathrm{o}i+1,j}^{n+1} + b_{\mathrm{w}i,j} p_{\mathrm{w}i+1,j}^{n+1} + d_{\mathrm{o}i,j} p_{\mathrm{o}i,j+1}^{n+1} + d_{\mathrm{w}i,j} p_{\mathrm{w}i,j+1}^{n+1} =$$
$$f_{\mathrm{o}i,j} + f_{\mathrm{w}i,j} + V_{\mathrm{p}i,j} (\rho_{\mathrm{w}} - \rho_{\mathrm{o}})_{i,j} \frac{S_{\mathrm{w}i,j}^{n+1} - S_{\mathrm{w}i,j}^{n}}{\Delta t^{n}} \tag{6-2-32}$$

令方程(6-2-32)左端为 $h_{i,j}$,则:

$$S_{\mathrm{w}i,j}^{n+1} = S_{\mathrm{w}i,j}^{n} + \frac{\Delta t^{n}}{V_{\mathrm{p}i,j} (\rho_{\mathrm{w}} - \rho_{\mathrm{o}})_{i,j}} (h_{i,j} - f_{\mathrm{o}i,j} - f_{\mathrm{w}i,j}) \tag{6-2-33}$$

大量油藏模拟实例表明,式(6-2-33)所计算的饱和度比式(6-2-31)所计算的饱和度有较高的精度,物质平衡误差要小一些。

(2) 一步压力多步饱和度法。

该方法的主要做法是:求出 $n+1$ 时刻的压力值后,把时间步长 $\Delta t^{n} = t^{n+1} - t^{n}$ 分成 m 段,即 $\Delta t^{n} = \Delta t_{1}^{n} + \Delta t_{2}^{n} + \cdots + \Delta t_{m}^{n}$,然后用式(6-2-31)依次计算每一小时间段的饱和度 $S_{\mathrm{w}i,j}^{k}$ $(k=1,2,\cdots,m)$。注意每求出一个 $S_{\mathrm{w}i,j}^{k}$ 后,需要重新计算与饱和度有关的系数值,如 k_{ro}、k_{rw}、$\beta_{\mathrm{o}i,j}$、$\beta_{\mathrm{w}i,j}$、$p_{\mathrm{c}i,j}$ 等,然后代入式(6-2-31)求下一小时间段的 $S_{\mathrm{w}i,j}^{k+1}$,依次类推,此即所谓的一步压力多步饱和度法。

2. 半隐式方法

半隐式方法(semi-implicit method)属于联立解法,即联立求解油、水相方程,同时求出压力和饱和度。为简化方程,以下用差分算子的形式来表示具体的差分方程。定义:

$$\Delta p = \Delta_{x} p + \Delta_{y} p = \frac{p_{i+\frac{1}{2}} - p_{i-\frac{1}{2}}}{\Delta x_{i}} + \frac{p_{j+\frac{1}{2}} - p_{j-\frac{1}{2}}}{\Delta y_{j}} \tag{6-2-34}$$

$$\Delta_{t} p = \frac{p_{i,j}^{n+1} - p_{i,j}^{n}}{\Delta t^{n}} \tag{6-2-35}$$

具体求解方法如下:

首先,油相方程和水相方程右端项的处理与 IMPES 方法的相同,即将右端展开成压力和饱和度的函数:

$$\frac{\partial}{\partial t}(\phi \rho_{\mathrm{o}} S_{\mathrm{o}}) = \beta_{\mathrm{o}} \frac{\partial p_{\mathrm{o}}}{\partial t} + \phi \rho_{\mathrm{o}} \frac{\partial S_{\mathrm{o}}}{\partial t} = \beta_{\mathrm{o}} \Delta_{t} p_{\mathrm{o}} + \phi \rho_{\mathrm{o}} \Delta_{t} S_{\mathrm{o}} \tag{6-2-36}$$

$$\frac{\partial}{\partial t}(\phi \rho_{\mathrm{w}} S_{\mathrm{w}}) = \beta_{\mathrm{w}} \frac{\partial p_{\mathrm{w}}}{\partial t} + \phi \rho_{\mathrm{w}} \frac{\partial S_{\mathrm{w}}}{\partial t} = \beta_{\mathrm{w}} \Delta_{t} p_{\mathrm{w}} + \phi \rho_{\mathrm{w}} \Delta_{t} S_{\mathrm{w}} \tag{6-2-37}$$

其次,方程左端的达西项系数为 $\lambda_{l} = \frac{\rho_{l} k k_{rl}}{\mu_{l}}$。其中,$\rho_{l}$ 和 μ_{l} 与压力有关,属弱非线性项;k_{rl} 与饱和度有关,属强非线性项。达西项系数不是全部采用 n 时刻的值,而是与压力有关的弱非线性系数取 n 时刻的值,与饱和度有关的强非线性系数用泰勒级数展开,取一阶导数,并取 n 时刻的值。因此:

$$\lambda_{l}^{n+1} = k \left(\frac{\rho_{l}}{\mu_{l}}\right)^{n} \left[k_{rl}(S_{l}^{n}) + \frac{\mathrm{d}k_{rl}}{\mathrm{d}S_{l}}(S_{l}^{n+1} - S_{l}^{n})\right] \tag{6-2-38}$$

其中，$\dfrac{\mathrm{d}k_{rl}}{\mathrm{d}S_l} \approx \dfrac{k_{rl}(S_l^n + \Delta S_l) - k_{rl}(S_l^n)}{\Delta S_l}$，$\Delta S_l$ 为人为给定的饱和度增量，按节点饱和度预先估值，

所以一阶导数项 $\dfrac{\mathrm{d}k_{rl}}{\mathrm{d}S_l}$（即 k'_{rl}）已知。于是，式（6-2-38）可写为：

$$\lambda_l^{n+1} = k\left(\dfrac{\rho_l}{\mu_l}\right)^n k_{rl}(S_l^n) + k\left(\dfrac{\rho_l}{\mu_l}\right)^n \dfrac{\mathrm{d}k_{rl}}{\mathrm{d}S_l}(S_l^{n+1} - S_l^n) = \lambda_l^n + \lambda'_l(S_l^{n+1} - S_l^n) \qquad (6\text{-}2\text{-}39)$$

其中：

$$\lambda_l^n = k\left(\dfrac{\rho_l}{\mu_l}\right)^n k_{rl}(S_l^n), \qquad \lambda'_l = k\left(\dfrac{\rho_l}{\mu_l}\right)^n k'_{rl}$$

于是，对于油相方程，可写出：

$$\lambda_o^{n+1} = \lambda_o^n + \lambda'_o(S_o^{n+1} - S_o^n) \qquad (6\text{-}2\text{-}40)$$

对于水相方程，可写出：

$$\lambda_w^{n+1} = \lambda_w^n + \lambda'_w(S_w^{n+1} - S_w^n) \qquad (6\text{-}2\text{-}41)$$

同理，可进行毛管压力及产量项的泰勒展开。对于毛管压力，有：

$$p_c^{n+1} = p_c^n + \dfrac{\mathrm{d}p_c}{\mathrm{d}S_l}(S_l^{n+1} - S_l^n) = p_c^n + p'_c(S_l^{n+1} - S_l^n) \qquad (6\text{-}2\text{-}42)$$

其中，$p'_c = \dfrac{p_c(S_l^n + \Delta S_l) - p_c(S_l^n)}{\Delta S_l}$，为已知。

对于产量项，有：

$$q_l^{n+1} = q_l^n + \dfrac{\partial q_l}{\partial S_l}(S^{n+1} - S^n) + \dfrac{\partial q_l}{\partial p_l}(p_l^{n+1} - p_l^n) \qquad (6\text{-}2\text{-}43)$$

将二维油、水两相的渗流微分方程（6-2-1）和（6-2-2）写为微分算子的形式，分别为：

$$\nabla \cdot (\lambda_o \nabla p_o) + q_o = \dfrac{\partial}{\partial t}(\phi \rho_o S_o) \qquad (6\text{-}2\text{-}44)$$

$$\nabla \cdot (\lambda_w \nabla p_w) + q_w = \dfrac{\partial}{\partial t}(\phi \rho_w s_w) \qquad (6\text{-}2\text{-}45)$$

将上面关于 $\lambda_o^{n+1}, \lambda_w^{n+1}, p_c^{n+1}, q_l^{n+1}$ 的表达式（6-2-40）～（6-2-43）分别代入方程（6-2-44）和（6-2-45）。当 $q_l = 0$，即不考虑产量项时，对于油相方程，将左端写为差分算子的形式，即

$$\Delta \lambda_o^{n+1} \Delta p_o^{n+1} = \Delta \lambda_o^n \Delta p_o^{n+1} + \Delta[\lambda'_o(S_o^{n+1} - S_o^n)\Delta p_o^{n+1}] \qquad (6\text{-}2\text{-}46)$$

同理，将水相方程左端也写为差分算子的形式，即

$$\Delta \lambda_w^{n+1} \Delta p_w^{n+1} = \Delta \lambda_w^n \Delta p_w^{n+1} + \Delta[\lambda'_w(S_w^{n+1} - S_w^n)\Delta p_w^{n+1}] \qquad (6\text{-}2\text{-}47)$$

将上面讨论的油、水相方程的左端项和右端项的差分算子组合在一起，可得用差分算子表示的油、水相方程。对于油相方程，左端项的差分算子为式（6-2-46），右端项的差分算子为式（6-2-36），即

$$\Delta \lambda_o^n \Delta p_o^{n+1} + \Delta[\lambda'_o(S_o^{n+1} - S_o^n)\Delta p_o^{n+1}] = \beta_o \Delta_t p_o + \phi \rho_o \Delta_t S_o \qquad (6\text{-}2\text{-}48)$$

对于水相方程，左端项的差分算子为式（6-2-47），右端项的差分算子为式（6-2-37），即

$$\Delta \lambda_w^n \Delta p_w^{n+1} + \Delta[\lambda'_w(S_w^{n+1} - S_w^n)\Delta p_w^{n+1}] = \beta_w \Delta_t p_w + \phi \rho_w \Delta_t S_w \qquad (6\text{-}2\text{-}49)$$

可以看出，半隐式方法与 IMPES 方法的不同之处是左端多了第二项，它是流动系数的增量部分对流动的补偿，仍是非线性项，只不过非线性程度有所减弱。对其进行线性化处理，即认为等号左端第二项中 $p_o^{n+1} = p_o^n$，$p_w^{n+1} = p_w^n$。

方程（6-2-48）和（6-2-49）中有 4 个未知量，下面利用数学模型中的两个辅助方程，消去

其中两个未知量。

将 $S_o = 1 - S_w$ 代入方程(6-2-48)，得油相方程为：

$$\Delta \lambda_o^n \Delta p_o^{n+1} - \Delta [\lambda'_o (S_w^{n+1} - S_w^n) \Delta p_o^n] = \beta_o \Delta_t p_o - \phi \rho_o \Delta_t S_w \qquad (6\text{-}2\text{-}50)$$

将 $p_w^{n+1} = p_o^{n+1} - p_c^{n+1} = p_o^{n+1} - p_c^n - p'_c (S_w^{n+1} - S_w^n)$ 代入方程(6-2-49)，得水相方程为：

$$\Delta \lambda_w^n \Delta [p_o^{n+1} - p_c^n - p'_c (S_w^{n+1} - S_w^n)] + \Delta [\lambda'_w (S_w^{n+1} - S_w^n) \Delta p_w^n]$$
$$= \beta_w \Delta_t (p_o - p_c) + \phi \rho_w \Delta_t S_w \approx \beta_w \Delta_t p_o + \phi \rho_w \Delta_t S_w \qquad (6\text{-}2\text{-}51)$$

方程(6-2-50)和(6-2-51)中只有两个未知数 p_o^{n+1}，S_w^{n+1}，可以联立，得到线性代数方程组。例如，对于 3×3 的网格系统，在标准排列下所形成的线性代数方程组具有图 6-2-1 所示的形式。

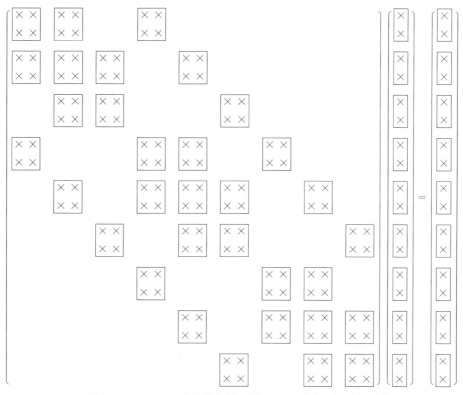

图 6-2-1　3×3 网格系统在标准排列下所形成的线性代数方程组

由图 6-2-1 可以看出，系数矩阵 $\boldsymbol{A}$ 类似于单相流的五对角系数矩阵，但不同之处在于这里用一个 2×2 的小方阵代替单相流问题系数矩阵中的一个非零元素。该矩阵方程的求解可用双变量线松弛法以及直接解法等，在此不具体介绍。

半隐式方法对流动系数、毛管压力和产量项等采用了局部隐式逼近，因此不仅比 IMPES 方法的精度高，而且提高了解的稳定性。但与 IMPES 方法相比，它所占的内存较大，计算时间较长，程序编制也较 IMPES 方法复杂。因此，在分析和研究 IMPES 方法和半隐式方法的基础上，提出了隐式压力隐式饱和度方法。

3. 隐式压力隐式饱和度法

该法是 IMPES 法和半隐式方法的混合和变种，属于顺序求解。先隐式求压力，然后隐式求饱和度。

隐式求压力的过程与 IMPES 方法相同,将油相方程＋水相方程$\times A\left(A=\dfrac{\rho_{\mathrm{o}}}{\rho_{\mathrm{w}}}\right)$,写为差分算子的形式,即

$$\Delta(\lambda_{\mathrm{o}}\Delta p_{\mathrm{o}}^{n+1})+A\Delta(\lambda_{\mathrm{w}}\Delta p_{\mathrm{w}}^{n+1})=\beta_{\mathrm{o}}\Delta_{t}p_{\mathrm{o}}+\phi\rho_{\mathrm{o}}\Delta_{t}S_{\mathrm{o}}+A(\beta_{\mathrm{w}}\Delta_{t}p_{\mathrm{w}}+\phi\rho_{\mathrm{w}}\Delta_{t}S_{\mathrm{w}}) \quad (6\text{-}2\text{-}52)$$

方程左端可化简为:

$$\begin{aligned}\Delta(\lambda_{\mathrm{o}}\Delta p_{\mathrm{o}}^{n+1})+A\Delta(\lambda_{\mathrm{w}}\Delta p_{\mathrm{w}}^{n+1})&=\Delta(\lambda_{\mathrm{o}}\Delta p_{\mathrm{o}}^{n+1})+A\Delta(\lambda_{\mathrm{w}}\Delta p_{\mathrm{o}}^{n+1})-A\Delta(\lambda_{\mathrm{w}}\Delta p_{\mathrm{c}})\\&=\Delta[(\lambda_{\mathrm{o}}+A\lambda_{\mathrm{w}})]\Delta p_{\mathrm{o}}^{n+1}-A\Delta(\lambda_{\mathrm{w}}\Delta p_{\mathrm{c}}^{n})\end{aligned} \quad (6\text{-}2\text{-}53)$$

方程右端可化简为:

$$\begin{aligned}&\beta_{\mathrm{o}}\Delta_{t}p_{\mathrm{o}}+\phi\rho_{\mathrm{o}}\Delta_{t}S_{\mathrm{o}}+A(\beta_{\mathrm{w}}\Delta_{t}p_{\mathrm{w}}+\phi\rho_{\mathrm{w}}\Delta_{t}S_{\mathrm{w}})\\&=\beta_{\mathrm{o}}\Delta_{t}p_{\mathrm{o}}+\phi\rho_{\mathrm{o}}\Delta_{t}(1-S_{\mathrm{w}})+A\beta_{\mathrm{w}}\Delta_{t}(p_{\mathrm{o}}-p_{\mathrm{c}})+A\phi\rho_{\mathrm{w}}\Delta_{t}S_{\mathrm{w}}\\&=(\beta_{\mathrm{o}}+A\beta_{\mathrm{w}})\Delta_{t}p_{\mathrm{o}}\end{aligned} \quad (6\text{-}2\text{-}54)$$

于是,IMPIMS 方法隐式求压力的方程为:

$$\Delta[(\lambda_{\mathrm{o}}+A\lambda_{\mathrm{w}})]\Delta p_{\mathrm{o}}^{n+1}-A\Delta(\lambda_{\mathrm{w}}\Delta p_{\mathrm{c}}^{n})=(\beta_{\mathrm{o}}+A\beta_{\mathrm{w}})\Delta_{t}p_{\mathrm{o}} \quad (6\text{-}2\text{-}55)$$

利用方程(6-2-55)隐式求出 p_{o}^{n+1} 后,将其代入半隐式方法的水相差分方程(6-2-51),则将该方程化为只有含水饱和度一个变量的差分方程,用隐式计算格式求解。

IMPIMS 方法既有半隐式方法求解饱和度的特点,又保留了 IMPES 法省内存、省工作量的特点。但对于强非线性渗流问题,即使采用 IMPIMS 方法也会引起计算结果的波动(或者时间步长只能取得很小),因此可以采用全隐式方法。

4. 全隐式方法

方程左端达西项系数不是采用 IMPES 方法中的显式系数、半隐式方法中的半隐式系数,而是与压力和饱和度有关的系数全部取 $n+1$ 时刻的值,即

$$\lambda_{l}^{n+1}=\left(\frac{\rho_{l}kk_{\mathrm{r}l}}{\mu_{l}}\right)^{n+1}=k\left(\frac{\rho_{l}}{\mu_{l}}\right)^{n+1}(k_{\mathrm{r}l})^{n+1}=f(p^{n+1},S^{n+1}) \quad (6\text{-}2\text{-}56)$$

由于 $n+1$ 时刻的压力和饱和度均是所要求的未知量,因此式(6-2-56)为非线性方程,可用多元的牛顿迭代法或其他非线性代数方程组的解法来求解。

全隐式方法的特点是计算精度高、稳定性好,可以采用较大的时间步长;但其缺点是程序编制复杂,占用内存大,计算工作量比半隐式方法成倍增加。

在实际油藏数值模拟中,对于比较复杂的问题如三相锥进问题,必须用全隐式方法求解。但是,即使是这些比较复杂的问题,p 和 S 也并不是在整个求解区域内处处都剧烈变化,往往只是在某一部分甚至只在很小一部分(如井底周围)剧烈变化,且剧烈程度是随时间而异的。因此,若全部采用全隐式方法,就多花了计算时间。为此,提出了自适应隐式方法。该法在保证整个计算稳定的前提下,每个网格都自动地选择必要和合适的隐式程度,不过高也不过低。因此,在这种情况下,每个网格的隐式程度是不同的,而且随时间变化,这就是自适应隐式方法的主要思路。

四、二维油水两相流数值模拟程序框图

二维油水两相流数值模拟程序框图如图 6-2-2 所示。

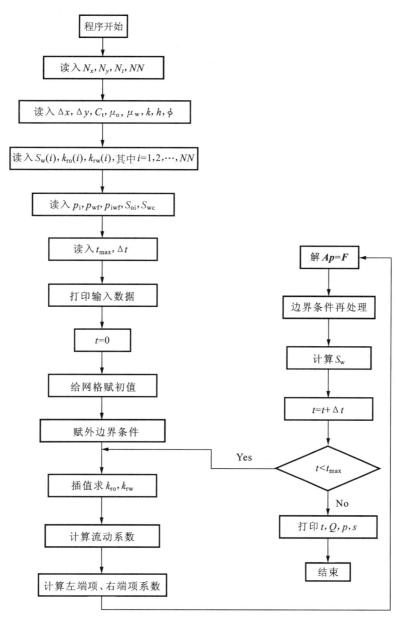

图 6-2-2　二维油水两相流数值模拟程序框图

 习　题

1. 请根据本章第一节所介绍的程序框图,编制一维油水两相流的数值模拟程序,输出 $100\ \text{s},200\ \text{s},300\ \text{s},400\ \text{s},500\ \text{s}$ 时的压力和饱和度分布,并绘图表示。另外,求加长时间后水在出口端的突破时间。

已知: $\mu_o = 2\ \text{mPa} \cdot \text{s}, \mu_w = 1\ \text{mPa} \cdot \text{s}, k = 1\ \mu\text{m}^2, \phi = 0.3, A = 10\ \text{cm}^2, L = 1\ \text{m}, Q_v =$

$0.1\ \mathrm{cm^3/s}$，$N=40$（网格数），$\Delta x=2.5\ \mathrm{cm}$，$\Delta t=10\ \mathrm{s}$，$t_{\max}=500\ \mathrm{s}$，出口端压力 $p_\mathrm{n}=0.1\ \mathrm{MPa}$，$S_\mathrm{wc}=0.2$，$p_\mathrm{i}=0.1\ \mathrm{MPa}$。油、水相对渗透率见表1。

表 1 油、水相对渗透率曲线数据表 1

序号	S_w	k_rw	k_ro
1	0.20	0.00	0.85
2	0.25	0.03	0.75
3	0.30	0.06	0.62
4	0.35	0.10	0.49
5	0.40	0.14	0.31
6	0.45	0.19	0.19
7	0.50	0.27	0.14
8	0.55	0.35	0.10
9	0.60	0.42	0.07
10	0.65	0.52	0.05
11	0.70	0.65	0.03
12	0.75	0.79	0.01
13	0.80	1.00	0.00

2. 试编制二维油水两相流的数值模拟程序，计算反五点井网的 1/4 单元，在定注水井井底注入压力和生产井井底流动压力的条件下，油层中的压力分布、油水饱和度分布及生产井产油量，并绘图表示 $t=90\ \mathrm{d}$，$180\ \mathrm{d}$，$270\ \mathrm{d}$，$360\ \mathrm{d}$ 时各网格点的压力、含油饱和度分布情况。

已知：孔隙度 $\phi=0.25$，渗透率 $k=1\ \mathrm{\mu m^2}$，束缚水饱和度 $S_\mathrm{wc}=0.2$，原始含油饱和度 $S_\mathrm{oi}=0.8$，地层油黏度 $\mu_\mathrm{o}=5\ \mathrm{mPa\cdot s}$，地层水黏度 $\mu_\mathrm{w}=1\ \mathrm{mPa\cdot s}$，注水井井底压力 $p_\mathrm{iwf}=15\ \mathrm{MPa}$，生产井井底流压 $p_\mathrm{wf}=10\ \mathrm{MPa}$，油、水相对渗透率见表 2。油层长 600 m、宽 600 m，油层厚度 $h=10\ \mathrm{m}$，原始地层压力 $p_\mathrm{i}=12\ \mathrm{MPa}$，综合压缩系数 $C=1\times10^{-4}\ \mathrm{MPa^{-1}}$。$x$，$y$ 方向各取 10 个网格，$\Delta x=\Delta y=60\ \mathrm{m}$，时间步长为 1 d，最长模拟计算时间为 360 d。

表 2 油、水相对渗透率曲线数据表 2

序号	S_w	k_rw	k_ro
1	0.20	0.00	0.78
2	0.30	0.03	0.61
3	0.40	0.07	0.46
4	0.50	0.11	0.31
5	0.60	0.16	0.19
6	0.70	0.23	0.10
7	0.80	0.30	0.00

第七章 黑油模型

第一节 黑油模型及其隐压显饱解法

一、黑油模型的基本方程

前面第二章第六节对黑油模型进行了介绍,得到了地面标准状况下体积守恒形式的黑油模型通式,若同时考虑气组分在油相、水相中的溶解,可得水组分、油组分、气组分的质量守恒方程为:

$$\left.\begin{aligned}
&\nabla \cdot \left[\frac{kk_{rw}}{B_w\mu_w}\nabla(p_w-\rho_w gD)\right]+q_{vw}=\frac{\partial}{\partial t}\left(\frac{\phi S_w}{B_w}\right)\\
&\nabla \cdot \left[\frac{kk_{ro}}{B_o\mu_o}\nabla(p_o-\rho_o gD)\right]+q_{vo}=\frac{\partial}{\partial t}\left(\frac{\phi S_o}{B_o}\right)\\
&\nabla \cdot \left[\frac{kk_{rg}}{B_g\mu_g}\nabla(p_g-\rho_g gD)\right]+\nabla \cdot \left[\frac{R_{so}kk_{ro}}{B_o\mu_o}\nabla(p_o-\rho_o gD)\right]+\\
&\nabla \cdot \left[\frac{R_{sw}kk_{rw}}{B_w\mu_w}\nabla(p_w-\rho_w gD)\right]+q_{vg}=\frac{\partial}{\partial t}\left[\phi\left(\frac{S_g}{B_g}+\frac{R_{so}S_o}{B_o}+\frac{R_{sw}S_w}{B_w}\right)\right]
\end{aligned}\right\} \tag{7-1-1}$$

式中,S_o,S_g,S_w 为油、气、水三相的饱和度;ρ_o,ρ_g,ρ_w 为油、气、水三相的地下密度;R_{so},R_{sw} 为溶解气油比和溶解气水比;B_o,B_g,B_w 为油、气、水三相的体积系数;k_{ro},k_{rg},k_{rw} 为油、气、水三相的相对渗透率;μ_o,μ_g,μ_w 为油、气、水三相的黏度;p_o,p_g,p_w 为油、气、水三相的压力;q_{vo},q_{vg},q_{vw} 为地面标准状况下单位时间单元体内产出或注入油、气、水的体积。

方程组中的未知量为 p_o,p_w,p_g,S_o,S_w,S_g。辅助方程为:

$$\left.\begin{aligned}
S_o+S_w+S_g&=1\\
p_{cow}&=p_o-p_w\\
p_{cgo}&=p_g-p_o
\end{aligned}\right\} \tag{7-1-2}$$

式中,p_{cow} 为油、水两相间的毛管压力;p_{cgo} 为气、油两相间的毛管压力。

初始条件描述原始地层压力分布和原始油、气、水饱和度分布:

$$\left.\begin{aligned}
p(x,y,z,t)\big|_{t=0}&=p^0(x,y,z)\\
S_w(x,y,z,t)\big|_{t=0}&=S_w^0(x,y,z)\\
S_o(x,y,z,t)\big|_{t=0}&=S_o^0(x,y,z)
\end{aligned}\right\} \tag{7-1-3}$$

式中，$p^0(x,y,z)$为初始条件下的地层压力分布；$S_w^0(x,y,z)$，$S_o^0(x,y,z)$为初始条件下地层中的油相、水相饱和度分布。

在数值模拟计算中一般默认油藏外边界为封闭边界，边界上没有流体流入、流出。但是对于存在流体泄漏、边水、底水侵入的油藏，需要在发生以上现象的特定边界区域内给予相应的边界条件修正。例如，可以设置单位压差下通过单位截面积的流量描述边底水的流入、流出状况，也可以用恒定边界压力描述定压边水特征。内边界指的是注采井的生产控制条件，可以选择定产条件（指定注采井单位时间内的地面产量，可以是产出液量、产油量、产水量、产气量或注入流体量），也可以选择定压条件（指定注采井的井底流压）。黑油模型中的外边界、内边界描述为：

$$\left.\begin{aligned} \frac{\partial p}{\partial n}\bigg|_L &= 0 \\ Q_v(x,y,z,t) &= Q_v(t)\delta(x,y,z) \\ p_{wf}(x,y,z,t) &= p_{wf}(t)\delta(x,y,z) \end{aligned}\right\} \tag{7-1-4}$$

式中，L 为油藏外边界；$\dfrac{\partial p}{\partial n}$为边界法线方向的压力梯度；$\delta(x,y,z)$为点源函数，有井存在时为1，没有井存在时为0。

二、隐压显饱求解方法

隐压显饱法是求解多相渗流问题的一种顺序求解方法，在第六章两相流问题的数值模拟中采用了 IMPES 方法。对于黑油模型，IMPES 方法的求解思路如下：

（1）将油水、油气之间的毛管压力方程代入方程组（7-1-1）中，消去 p_w 和 p_g，得到只含 p_o，S_o，S_w 和 S_g 的方程组；

（2）将油、气、水的渗流方程组（7-1-1）中的各方程乘以适当的系数后合并，以消除方程组中的 S_o，S_w 和 S_g 项，得到只含有油相压力 p_o 的综合方程，称为压力方程；

（3）写出压力方程的差分方程，其中传导系数、毛管压力和产量项中与时间有关的非线性项均采用显式处理方法，得到只含变量 p_o 的线性代数方程组；

（4）求解线性代数方程组得到 p_o，然后根据辅助方程（7-1-2）由毛管压力方程计算出 p_w 和 p_g；

（5）由水组分方程显式计算出水相饱和度，由油组分方程显式计算出油相饱和度，然后由饱和度辅助方程计算出气相饱和度。

1. 压力方程的推导

由辅助方程（7-1-2）可得：

$$p_w = p_o - p_{cow}, \quad p_g = p_o + p_{cgo}$$

将以上两式代入微分方程组（7-1-1），可得：

油组分

$$\nabla \cdot [\lambda_o \nabla p_o] - \nabla \cdot [\lambda_o \nabla(\rho_o g D)] + \frac{q_o}{\rho_{osc}} = \frac{\partial}{\partial t}\left(\phi \frac{S_o}{B_o}\right) \tag{7-1-5}$$

水组分

$$\nabla \cdot [\lambda_w \nabla p_o] - \nabla \cdot [\lambda_w \nabla (p_{cow} + \rho_w g D)] + \frac{q_w}{\rho_{wsc}} = \frac{\partial}{\partial t}\left(\phi \frac{S_w}{B_w}\right) \tag{7-1-6}$$

气组分

$$\nabla \cdot [(\lambda_g + R_{so}\lambda_o + R_{sw}\lambda_w)\nabla p_o] + \nabla \cdot [\lambda_g \nabla (p_{cgo} - \rho_g g D)] - $$

$$\nabla \cdot [R_{so}\lambda_o \nabla (\rho_o g D)] - \nabla \cdot [R_{sw}\lambda_w \nabla (p_{cow} + \rho_w g D)] + \frac{q_g}{\rho_{gsc}} = $$

$$\frac{\partial}{\partial t}\left[\phi\left(\frac{S_g}{B_g} + \frac{R_{so}S_o}{B_o} + \frac{R_{sw}S_w}{B_w}\right)\right] \tag{7-1-7}$$

其中：

$$\lambda_o = \frac{k k_{ro}}{B_o \mu_o}, \quad \lambda_w = \frac{k k_{rw}}{B_w \mu_w}, \quad \lambda_g = \frac{k k_{rg}}{B_g \mu_g}$$

在方程(7-1-5)~(7-1-7)中，未知量变为 p_o，S_o，S_w，S_g。

再消去 S_o，S_w，S_g 3 个饱和度项，使方程成为只含一个未知量 p_o 的压力方程。

令：

$$L_o = \frac{\partial}{\partial t}\left(\phi\frac{S_o}{B_o}\right), \quad L_w = \frac{\partial}{\partial t}\left(\phi\frac{S_w}{B_w}\right), \quad L_g = \frac{\partial}{\partial t}\left[\phi\left(\frac{S_g}{B_g} + \frac{R_{so}S_o}{B_o} + \frac{R_{sw}S_w}{B_w}\right)\right]$$

因各相的体积系数(B_o，B_w，B_g)、气体溶解度(R_{so}，R_{sw})及 ϕ 均为压力的函数，利用复合函数的求导法则，将 L_o，L_w，L_g 中的导数项对时间和压力展开，可得：

$$L_o = \frac{\partial}{\partial t}\left(\frac{\phi S_o}{B_o}\right) = \frac{\phi}{B_o}\frac{\partial S_o}{\partial t} + \left(\frac{S_o}{B_o}\frac{\partial \phi}{\partial p_o} - \frac{\phi S_o}{B_o^2}\frac{\partial B_o}{\partial p_o}\right)\frac{\partial p_o}{\partial t} \tag{7-1-8}$$

$$L_w = \frac{\partial}{\partial t}\left(\frac{\phi S_w}{B_w}\right) = \frac{\phi}{B_w}\frac{\partial S_w}{\partial t} + \left(\frac{S_w}{B_w}\frac{\partial \phi}{\partial p_o} - \frac{\phi S_w}{B_w^2}\frac{\partial B_w}{\partial p_o}\right)\frac{\partial p_o}{\partial t} \tag{7-1-9}$$

$$L_g = \frac{\partial}{\partial t}\left[\phi\left(\frac{S_g}{B_g} + \frac{R_{so}S_o}{B_o} + \frac{R_{sw}S_w}{B_w}\right)\right]$$

$$= \frac{\phi}{B_g}\frac{\partial S_g}{\partial t} + \left[\frac{S_g}{B_g}\frac{\partial \phi}{\partial p_o} - \frac{\phi S_g}{B_g^2}\frac{\partial B_g}{\partial p_o}\right]\frac{\partial p_o}{\partial t} + $$

$$\frac{\phi R_{so}}{B_o}\frac{\partial S_o}{\partial t} + \left(\frac{R_{so}S_o}{B_o}\frac{\partial \phi}{\partial p_o} + \frac{\phi S_o}{B_o}\frac{\partial R_{so}}{\partial p_o} - \frac{\phi S_o R_{so}}{B_o^2}\frac{\partial B_o}{\partial p_o}\right)\frac{\partial p_o}{\partial t} + $$

$$\frac{\phi R_{sw}}{B_w}\frac{\partial S_w}{\partial t} + \left(\frac{R_{sw}S_w}{B_w}\frac{\partial \phi}{\partial p_o} + \frac{\phi S_w}{B_w}\frac{\partial R_{sw}}{\partial p_o} - \frac{\phi S_w R_{sw}}{B_w^2}\frac{\partial B_w}{\partial p_o}\right)\frac{\partial p_o}{\partial t} \tag{7-1-10}$$

又因为：

$$S_o + S_w + S_g = 1$$

可得：

$$\frac{\partial S_g}{\partial t} = -\frac{\partial S_o}{\partial t} - \frac{\partial S_w}{\partial t}$$

代入式(7-1-10)并化简得：

$$L_g = \left(\frac{\phi R_{so}}{B_o} - \frac{\phi}{B_g}\right)\frac{\partial S_o}{\partial t} + \left(\frac{\phi R_{sw}}{B_w} - \frac{\phi}{B_g}\right)\frac{\partial S_w}{\partial t} + $$

$$\left(\frac{S_g}{B_g}\frac{\partial \phi}{\partial p_o} - \frac{\phi S_g}{B_g^2}\frac{\partial B_g}{\partial p_o} + \frac{R_{so}S_o}{B_o}\frac{\partial \phi}{\partial p_o} + \frac{\phi S_o}{B_o}\frac{\partial R_{so}}{\partial p_o} - \frac{\phi S_o R_{so}}{B_o^2}\frac{\partial B_o}{\partial p_o} + \right.$$

$$\left. \frac{R_{sw}S_w}{B_w}\frac{\partial \phi}{\partial p_o} + \frac{\phi S_w}{B_w}\frac{\partial R_{sw}}{\partial p_o} - \frac{\phi S_w R_{sw}}{B_w^2}\frac{\partial B_w}{\partial p_o}\right)\frac{\partial p_o}{\partial t} \tag{7-1-11}$$

用 $(B_o - R_{so}B_g)$ 乘以式(7-1-8),用 $(B_w - R_{sw}B_g)$ 乘以式(7-1-9),用 B_g 乘以式(7-1-11),并将结果相加,则右端项化简为:

$$(B_o - R_{so}B_g)L_o + (B_w - R_{sw}B_g)L_w + B_gL_g$$

$$= \left[(S_g + S_o + S_w)\frac{\partial\phi}{\partial p_o} - \frac{\phi S_g}{B_g}\frac{\partial B_g}{\partial p_o} + \phi S_o\left(\frac{B_g}{B_o}\frac{\partial R_{so}}{\partial p_o} - \frac{1}{B_o}\frac{\partial B_o}{\partial p_o}\right) + \right.$$

$$\left. \phi S_w\left(\frac{B_g}{B_w}\frac{\partial R_{sw}}{\partial p_o} - \frac{1}{B_w}\frac{\partial B_w}{\partial p_o}\right)\right]\frac{\partial p_o}{\partial t} = \phi C_t\frac{\partial p_o}{\partial t} \qquad (7-1-12)$$

式中,C_t 为综合压缩系数,是油藏岩石孔隙压缩系数和油、气、水压缩系数的加权平均之和。其定义如下:

$$C_t = C_p + C_oS_o + C_wS_w + C_gS_g$$

$$C_p = \frac{1}{\phi}\frac{\partial\phi}{\partial p_o}$$

$$C_o = -\frac{1}{B_o}\frac{\partial B_o}{\partial p_o} + \frac{B_g}{B_o}\frac{\partial R_{so}}{\partial p_o}$$

$$C_w = -\frac{1}{B_w}\frac{\partial B_w}{\partial p_o} + \frac{B_g}{B_w}\frac{\partial R_{sw}}{\partial p_o}$$

$$C_g = -\frac{1}{B_g}\frac{\partial B_g}{\partial p_o}$$

其中,C_p 为油藏岩石孔隙压缩系数;C_o,C_w,C_g 分别为油、水、气的压缩系数。

令:

$$CG_o = -\nabla\cdot[\lambda_o\nabla(\rho_o gD)]$$

$$CG_w = -\nabla\cdot[\lambda_w\nabla(p_{cow} + \rho_w gD)]$$

$$CG_g = \nabla\cdot[\lambda_g\nabla(p_{cgo} - \rho_g gD)] - \nabla\cdot[R_{so}\lambda_o\nabla(\rho_o gD)] -$$

$$\nabla\cdot[R_{sw}\lambda_w\nabla(p_{cow} + \rho_w gD)]$$

方程(7-1-5)~(7-1-7)的左端项也乘以相应的系数并相加,于是可得:

$$(B_o - R_{so}B_g)\left[\nabla\cdot(\lambda_o\nabla p_o) + CG_o + \frac{q_o}{\rho_{osc}}\right] +$$

$$(B_w - R_{sw}B_g)\left[\nabla\cdot(\lambda_w\nabla p_o) + CG_w + \frac{q_w}{\rho_{wsc}}\right] +$$

$$B_g\left\{\nabla\cdot[(\lambda_g + R_{so}\lambda_o + R_{sw}\lambda_w)\nabla p_o] + CG_g + \frac{q_g}{\rho_{gsc}}\right\} = \phi C_t\frac{\partial p_o}{\partial t} \qquad (7-1-13)$$

方程(7-1-13)即只含有一个未知量 p_o 的压力方程。

IMPES方法的求解思路是先对压力方程(7-1-13)进行差分,建立线性代数方程组,求出 p_o^{n+1};然后利用 $p_w^{n+1} = p_o^{n+1} - p_{cow}^n$,$p_g^{n+1} = p_o^{n+1} + p_{cgo}^n$ 求出 p_w^{n+1},p_g^{n+1};最后将 p_w^{n+1},p_o^{n+1} 分别代入水、油组分方程,求得 S_w^{n+1} 和 S_o^{n+1},进而求得 $S_g^{n+1} = 1 - S_o^{n+1} - S_w^{n+1}$。

2. 隐式求解压力

首先对压力方程(7-1-13)进行差分,且两端同乘以单元体体积 $V_B = \Delta x_i\Delta y_j\Delta z_k$。由于差分方程展开项较多,在此先以 $V_B\nabla\cdot(\lambda_o\nabla p_o)$ 为例进行分析。

$$V_B\nabla\cdot(\lambda_o\nabla p_o) = V_B\left[\frac{\lambda_{oi+\frac{1}{2},j,k}\frac{p_{oi+1,j,k} - p_{oi,j,k}}{0.5(\Delta x_{i+1} + \Delta x_i)} + \lambda_{oi-\frac{1}{2},j,k}\frac{p_{oi-1,j,k} - p_{oi,j,k}}{0.5(\Delta x_{i-1} + \Delta x_i)}}{\Delta x_i}\right] +$$

$$V_{\mathrm{B}}\left[\frac{\lambda_{\mathrm{o}i,j+\frac{1}{2},k}\dfrac{p_{\mathrm{o}i,j+1,k}-p_{\mathrm{o}i,j,k}}{0.5(\Delta y_{j+1}+\Delta y_j)}+\lambda_{\mathrm{o}i,j-\frac{1}{2},k}\dfrac{p_{\mathrm{o}i,j-1,k}-p_{\mathrm{o}i,j,k}}{0.5(\Delta y_{j-1}+\Delta y_j)}}{\Delta y_j}\right]+$$

$$V_{\mathrm{B}}\left[\frac{\lambda_{\mathrm{o}i,j,k+\frac{1}{2}}\dfrac{p_{\mathrm{o}i,j,k+1}-p_{\mathrm{o}i,j,k}}{0.5(\Delta z_{k+1}+\Delta z_k)}+\lambda_{\mathrm{o}i,j,k-\frac{1}{2}}\dfrac{p_{\mathrm{o}i,j,k-1}-p_{\mathrm{o}i,j,k}}{0.5(\Delta z_{k-1}+\Delta z_k)}}{\Delta z_k}\right]$$

$$=\frac{\Delta y_j\Delta z_k k_{xi+\frac{1}{2},j,k}}{0.5(\Delta x_{i+1}+\Delta x_i)}\left(\frac{k_{\mathrm{ro}}}{B_{\mathrm{o}}\mu_{\mathrm{o}}}\right)_{i+\frac{1}{2},j,k}(p_{\mathrm{o}i+1,j,k}-p_{\mathrm{o}i,j,k})+$$

$$\frac{\Delta y_j\Delta z_k k_{xi-\frac{1}{2},j,k}}{0.5(\Delta x_{i-1}+\Delta x_i)}\left(\frac{k_{\mathrm{ro}}}{B_{\mathrm{o}}\mu_{\mathrm{o}}}\right)_{i-\frac{1}{2},j,k}(p_{\mathrm{o}i-1,j,k}-p_{\mathrm{o}i,j,k})+$$

$$\frac{\Delta x_i\Delta z_k k_{yi,j+\frac{1}{2},k}}{0.5(\Delta y_{j+1}+\Delta y_j)}\left(\frac{k_{\mathrm{ro}}}{B_{\mathrm{o}}\mu_{\mathrm{o}}}\right)_{i,j+\frac{1}{2},k}(p_{\mathrm{o}i,j+1,k}-p_{\mathrm{o}i,j,k})+$$

$$\frac{\Delta x_i\Delta z_k k_{yi,j-\frac{1}{2},k}}{0.5(\Delta y_{j-1}+\Delta y_j)}\left(\frac{k_{\mathrm{ro}}}{B_{\mathrm{o}}\mu_{\mathrm{o}}}\right)_{i,j-\frac{1}{2},k}(p_{\mathrm{o}i,j-1,k}-p_{\mathrm{o}i,j,k})+$$

$$\frac{\Delta x_i\Delta y_j k_{zi,j,k+\frac{1}{2}}}{0.5(\Delta z_{k+1}+\Delta z_k)}\left(\frac{k_{\mathrm{ro}}}{B_{\mathrm{o}}\mu_{\mathrm{o}}}\right)_{i,j,k+\frac{1}{2}}(p_{\mathrm{o}i,j,k+1}-p_{\mathrm{o}i,j,k})+$$

$$\frac{\Delta x_i\Delta y_j k_{zi,j,k-\frac{1}{2}}}{0.5(\Delta z_{k-1}+\Delta z_k)}\left(\frac{k_{\mathrm{ro}}}{B_{\mathrm{o}}\mu_{\mathrm{o}}}\right)_{i,j,k-\frac{1}{2}}(p_{\mathrm{o}i,j,k-1}-p_{\mathrm{o}i,j,k})$$

$$=T_{\mathrm{o}i+\frac{1}{2},j,k}(p_{\mathrm{o}i+1,j,k}-p_{\mathrm{o}i,j,k})+T_{\mathrm{o}i-\frac{1}{2},j,k}(p_{\mathrm{o}i-1,j,k}-p_{\mathrm{o}i,j,k})+$$

$$T_{\mathrm{o}i,j+\frac{1}{2},k}(p_{\mathrm{o}i,j+1,k}-p_{\mathrm{o}i,j,k})+T_{\mathrm{o}i,j-\frac{1}{2},k}(p_{\mathrm{o}i,j-1,k}-p_{\mathrm{o}i,j,k})+$$

$$T_{\mathrm{o}i,j,k+\frac{1}{2}}(p_{\mathrm{o}i,j,k+1}-p_{\mathrm{o}i,j,k})+T_{\mathrm{o}i,j,k-\frac{1}{2}}(p_{\mathrm{o}i,j,k-1}-p_{\mathrm{o}i,j,k})$$

式中, $T_{\mathrm{o}x}$, $T_{\mathrm{o}y}$, $T_{\mathrm{o}z}$ 分别为油相在 x, y, z 网格间流动时的传导系数。

在压力方程的差分方程中, 由于三维问题差分时用到的本节点与邻节点的个数比较多, 故首先引入下面的简化符号:

$$\Delta T\Delta p=\Delta_x T_x\Delta p_x+\Delta_y T_y\Delta p_y+\Delta_z T_z\Delta p_z$$

其中:

$$\Delta_x T_x\Delta p_x=T_{i-\frac{1}{2},j,k}(p_{i-1,j,k}-p_{i,j,k})+T_{i+\frac{1}{2},j,k}(p_{i+1,j,k}-p_{i,j,k})$$

$$\Delta_y T_y\Delta p_y=T_{i,j-\frac{1}{2},k}(p_{i,j-1,k}-p_{i,j,k})+T_{i,j+\frac{1}{2},k}(p_{i,j+1,k}-p_{i,j,k})$$

$$\Delta_z T_z\Delta p_z=T_{i,j,k-\frac{1}{2}}(p_{i,j,k-1}-p_{i,j,k})+T_{i,j,k+\frac{1}{2}}(p_{i,j,k+1}-p_{i,j,k})$$

于是可得差分方程:

$$(B_{\mathrm{o}}^n-R_{\mathrm{so}}^n B_{\mathrm{g}}^n)_{i,j,k}(\Delta T_{\mathrm{o}}^n\Delta p_{\mathrm{o}}^{n+1}+GOWT+Q_{\mathrm{o}})_{i,j,k}+$$

$$(B_{\mathrm{w}}^n-R_{\mathrm{sw}}^n B_{\mathrm{g}}^n)_{i,j,k}(\Delta T_{\mathrm{w}}^n\Delta p_{\mathrm{o}}^{n+1}+GWWT+Q_{\mathrm{w}})_{i,j,k}+$$

$$(B_{\mathrm{g}}^n)_{i,j,k}(\Delta T_{\mathrm{g}}^n\Delta p_{\mathrm{o}}^{n+1}+\Delta T_{\mathrm{o}}^n R_{\mathrm{so}}^n\Delta p_{\mathrm{o}}^{n+1}+\Delta T_{\mathrm{w}}^n R_{\mathrm{sw}}^n\Delta p_{\mathrm{o}}^{n+1}+GGWT+Q_{\mathrm{g}})_{i,j,k}$$

$$=\left(\frac{V_{\mathrm{p}}^n C_{\mathrm{t}}^n}{\Delta t}\right)_{i,j,k}(p_{\mathrm{o}i,j,k}^{n+1}-p_{\mathrm{o}i,j,k}^n) \tag{7-1-14}$$

其中:

$$Q_{\mathrm{o}}=\frac{q_{\mathrm{o}}V_{\mathrm{B}}}{\rho_{\mathrm{osc}}},\quad Q_{\mathrm{w}}=\frac{q_{\mathrm{w}}V_{\mathrm{B}}}{\rho_{\mathrm{wsc}}},\quad Q_{\mathrm{g}}=\frac{q_{\mathrm{g}}V_{\mathrm{B}}}{\rho_{\mathrm{gsc}}}$$

$$GOWT=-\Delta T_{\mathrm{o}}^n\Delta(\rho_{\mathrm{o}}gD)^n$$

$$GWWT=-\Delta T_{\mathrm{w}}^n\Delta(p_{\mathrm{cow}}+\rho_{\mathrm{w}}gD)^n$$

$$GGWT=\Delta\left[T_{\mathrm{g}}^n\Delta(p_{\mathrm{cgo}}-\rho_{\mathrm{g}}gD)^n-R_{\mathrm{so}}^n T_{\mathrm{o}}^n\Delta(\rho_{\mathrm{o}}gD)^n-R_{\mathrm{sw}}^n T_{\mathrm{w}}^n\Delta(p_{\mathrm{cow}}+\rho_{\mathrm{w}}gD)^n\right]$$

式中, $V_{\mathrm{p}}=\phi V_{\mathrm{B}}$, 为单元体的孔隙体积。

对于每一个节点，分别列出式(7-1-14)所对应的差分方程，最后可得如下代数方程组：

$$AT_{i,j,k}p_{\text{o}i,j,k-1}^{n+1} + AS_{i,j,k}p_{\text{o}i,j-1,k}^{n+1} + AW_{i,j,k}p_{\text{o}i-1,j,k}^{n+1} + E_{i,j,k}p_{\text{o}i,j,k}^{n+1} +$$

$$AE_{i,j,k}p_{\text{o}i+1,j,k}^{n+1} + AN_{i,j,k}p_{\text{o}i,j+1,k}^{n+1} + AB_{i,j,k}p_{\text{o}i,j,k+1}^{n+1} = B_{i,j,k} \tag{7-1-15}$$

其中：

$$AT_{i,j,k} = T_{\text{o}i,j,k-\frac{1}{2}}^n \left[B_{\text{o}i,j,k}^n + 0.5B_{\text{g}i,j,k}^n(R_{\text{so}i,j,k-1}^n - R_{\text{so}i,j,k}^n) \right] +$$
$$T_{\text{w}i,j,k-\frac{1}{2}}^n \left[B_{\text{w}i,j,k}^n + 0.5B_{\text{g}i,j,k}^n(R_{\text{sw}i,j,k-1}^n - R_{\text{sw}i,j,k}^n) \right] + T_{\text{g}i,j,k-\frac{1}{2}}^n B_{\text{g}i,j,k}^n$$

$$AS_{i,j,k} = T_{\text{o}i,j-\frac{1}{2},k}^n \left[B_{\text{o}i,j,k}^n + 0.5B_{\text{g}i,j,k}^n(R_{\text{so}i,j-1,k}^n - R_{\text{so}i,j,k}^n) \right] +$$
$$T_{\text{w}i,j-\frac{1}{2},k}^n \left[B_{\text{w}i,j,k}^n + 0.5B_{\text{g}i,j,k}^n(R_{\text{sw}i,j-1,k}^n - R_{\text{sw}i,j,k}^n) \right] + T_{\text{g}i,j-\frac{1}{2},k}^n B_{\text{g}i,j,k}^n$$

$$AW_{i,j,k} = T_{\text{o}i-\frac{1}{2},j,k}^n \left[B_{\text{o}i,j,k}^n + 0.5B_{\text{g}i,j,k}^n(R_{\text{so}i-1,j,k}^n - R_{\text{so}i,j,k}^n) \right] +$$
$$T_{\text{w}i-\frac{1}{2},j,k}^n \left[B_{\text{w}i,j,k}^n + 0.5B_{\text{g}i,j,k}^n(R_{\text{sw}i-1,j,k}^n - R_{\text{sw}i,j,k}^n) \right] + T_{\text{g}i-\frac{1}{2},j,k}^n B_{\text{g}i,j,k}^n$$

$$E_{i,j,k} = -\left[AT_{i,j,k} + AS_{i,j,k} + AW_{i,j,k} + AE_{i,j,k} + AN_{i,j,k} + AB_{i,j,k} + \frac{(V_\text{p}C_\text{t})_{i,j,k}^n}{\Delta t} \right]$$

$$AE_{i,j,k} = T_{\text{o}i+\frac{1}{2},j,k}^n \left[B_{\text{o}i,j,k}^n + 0.5B_{\text{g}i,j,k}^n(R_{\text{so}i+1,j,k}^n - R_{\text{so}i,j,k}^n) \right] +$$
$$T_{\text{w}i+\frac{1}{2},j,k}^n \left[B_{\text{w}i,j,k}^n + 0.5B_{\text{g}i,j,k}^n(R_{\text{sw}i+1,j,k}^n - R_{\text{sw}i,j,k}^n) \right] + T_{\text{g}i+\frac{1}{2},j,k}^n B_{\text{g}i,j,k}^n$$

$$AN_{i,j,k} = T_{\text{o}i,j+\frac{1}{2},k}^n \left[B_{\text{o}i,j,k}^n + 0.5B_{\text{g}i,j,k}^n(R_{\text{so}i,j+1,k}^n - R_{\text{so}i,j,k}^n) \right] +$$
$$T_{\text{w}i,j+\frac{1}{2},k}^n \left[B_{\text{w}i,j,k}^n + 0.5B_{\text{g}i,j,k}^n(R_{\text{sw}i,j+1,k}^n - R_{\text{sw}i,j,k}^n) \right] + T_{\text{g}i,j+\frac{1}{2},k}^n B_{\text{g}i,j,k}^n$$

$$AB_{i,j,k} = T_{\text{o}i,j,k+\frac{1}{2}}^n \left[B_{\text{o}i,j,k}^n + 0.5B_{\text{g}i,j,k}^n(R_{\text{so}i,j,k+1}^n - R_{\text{so}i,j,k}^n) \right] +$$
$$T_{\text{w}i,j,k+\frac{1}{2}}^n \left[B_{\text{w}i,j,k}^n + 0.5B_{\text{g}i,j,k}^n(R_{\text{sw}i,j,k+1}^n - R_{\text{sw}i,j,k}^n) \right] + T_{\text{g}i,j,k+\frac{1}{2}}^n B_{\text{g}i,j,k}^n$$

$$B_{i,j,k} = -\left[(QOGW)_{i,j,k} + \frac{(V_\text{p}C_\text{t})_{i,j,k}^n}{\Delta t}p_{\text{o}i,j,k}^n \right]$$

$$QOGW = (B_\text{o}^n - R_{\text{so}}^n B_\text{g}^n)(GOWT + Q_\text{o}) +$$
$$(B_\text{w}^n - R_{\text{sw}}^n B_\text{g}^n)(GWWT + Q_\text{w}) + B_\text{g}^n(GGWT + Q_\text{g})$$

其中，$T_{li,j,k}$ 为 l 相流体在单元体间流动时的传导系数，表达式为：

$$T_{li\pm\frac{1}{2},j,k} = \frac{(\Delta y_i \Delta z_k k_x)_{i\pm\frac{1}{2},j,k}}{0.5(\Delta x_i + \Delta x_{i\pm1})} \left(\frac{k_{\text{r}l}}{B_l \mu_l} \right)_{i\pm\frac{1}{2},j,k} = T_{i\pm\frac{1}{2},j,k}\lambda_{li\pm\frac{1}{2},j,k} \tag{7-1-16}$$

$$T_{li,j\pm\frac{1}{2},k} = \frac{(\Delta x_i \Delta z_k k_y)_{i,j\pm\frac{1}{2},k}}{0.5(\Delta y_j + \Delta y_{j\pm1})} \left(\frac{k_{\text{r}l}}{B_l \mu_l} \right)_{i,j\pm\frac{1}{2},k} = T_{i,j\pm\frac{1}{2},k}\lambda_{li,j\pm\frac{1}{2},k} \tag{7-1-17}$$

$$T_{li,j,k\pm\frac{1}{2}} = \frac{(\Delta x_i \Delta y_j k_z)_{i,j,k\pm\frac{1}{2}}}{0.5(\Delta z_k + \Delta z_{k+1})} \left(\frac{k_{\text{r}l}}{B_l \mu_l} \right)_{i,j,k\pm\frac{1}{2}} = T_{i,j,k\pm\frac{1}{2}}\lambda_{li,j,k\pm\frac{1}{2}} \tag{7-1-18}$$

上述传导系数由两部分参数组成：与时间无关的项 T 和与时间有关的项 λ_l，其中 T 采用调和平均计算，λ_l 采用上游权处理方法。

对于方程(7-1-15)所形成的方程组，根据模拟计算难易程度，可选择不同的求解方法计算压力分布，目前数值模拟中一般用预处理共轭梯度法进行求解。

3. 显式计算饱和度

对渗流方程(7-1-1)中的油组分、水组分的方程，分别写出相应的差分方程：

$$(\Delta T_\text{o}^n \Delta p_\text{o}^{n+1} + GOWT + Q_\text{o})_{i,j,k} = \frac{1}{\Delta t}\left[\left(\frac{V_\text{p}S_\text{o}}{B_\text{o}} \right)_{i,j,k}^{n+1} - \left(\frac{V_\text{p}S_\text{o}}{B_\text{o}} \right)_{i,j,k}^n \right] \tag{7-1-19}$$

$$(\Delta T_\text{w}^n \Delta p_\text{w}^{n+1} + GWWT + Q_\text{w})_{i,j,k} = \frac{1}{\Delta t}\left[\left(\frac{V_\text{p}S_\text{w}}{B_\text{w}} \right)_{i,j,k}^{n+1} - \left(\frac{V_\text{p}S_\text{w}}{B_\text{w}} \right)_{i,j,k}^n \right] \tag{7-1-20}$$

由式(7-1-19)和式(7-1-20)可分别显式计算出油相饱和度与水相饱和度,然后由饱和度归一化方程计算出气相饱和度。

4. IMPES 求解方法的稳定性

由于 IMPES 求解方法的隐式程度较低,因此这种方法是有条件稳定的。根据前面关于方程求解稳定性的研究,其稳定条件为:

$$G = \max_{i,j,k}\left[\Delta t\left(\frac{u_{xi,j,k}}{\Delta x_i} + \frac{u_{yi,j,k}}{\Delta y_j} + \frac{u_{zi,j,k}}{\Delta z_k}\right)\right] \leqslant 1 \tag{7-1-21}$$

其中:

$$\left.\begin{array}{l} u_{xi,j,k} = \lambda_{i+\frac{1}{2}}\dfrac{p_{i,j,k} - p_{i+1,j,k}}{0.5(\Delta x_i + \Delta x_{i+1})} \\[3mm] u_{yi,j,k} = \lambda_{j+\frac{1}{2}}\dfrac{p_{i,j,k} - p_{i,j+1,k}}{0.5(\Delta y_j + \Delta y_{j+1})} \\[3mm] u_{zi,j,k} = \lambda_{k+\frac{1}{2}}\dfrac{p_{i,j,k} - p_{i,j,k+1}}{0.5(\Delta z_k + \Delta z_{k+1})} \end{array}\right\} \tag{7-1-22}$$

在实际油藏模拟计算过程中,如果采用 IMPES 方法求解,则需要控制时间步长 Δt,使网格体系的空间参数与 Δt 的乘积满足稳定条件,保证求解精度和速度。

第二节　黑油模型中几个问题的处理方法

7-2　黑油模型
中几个问题的
处理方法

上一节介绍了黑油模型及其 IMPES 求解,这样便可以得到压力和饱和度的分布,基本上完成了数值模型的求解过程。但在具体的模型求解过程中,还要涉及以下几个问题。

一、模型初始化

模型的初始化是指对初始压力、饱和度赋初始数值的问题,即指在初始时刻($t=0$),油藏内压力分布、饱和度分布是已知的。初始化分为平衡初始化和非平衡初始化两种。平衡初始化是指利用给定的油水、油气界面深度,依据流体重力分异原理、毛管压力曲线计算油藏投入开发前的压力和饱和度的分布状况;非平衡初始化是指直接对模型中各网格节点赋值。本节主要对平衡初始化进行介绍。

1. 初始压力

油藏在投入开发之前,油层内流体处于平衡状态。当油藏中油水和油气过渡带比较小时,只要给出某一基准深度处的压力,即可根据重力分异原理计算出初始压力分布。

如果已知油气界面和油水界面的压力分别为 p_{GOC} 和 p_{WOC},深度分别为 D_{GOC} 和 D_{WOC},且过渡带较小,如图 7-2-1 所示,同时假设油藏的压力换算系数为 α,则气顶区、含油区、底水区的初始压力分布如下:

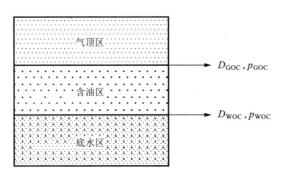

图 7-2-1　油气、油水界面分布示意图

若网格块中部深度 $D(x,y,z) < D_{GOC}$，则说明网格块在气顶区内，有：

$$p^0(x,y,z) = p_{GOC} + \alpha \frac{\rho_{gsc}}{B_g}[D(x,y,z) - D_{GOC}]g \qquad (7\text{-}2\text{-}1)$$

若网格块中部深度 $D(x,y,z) > D_{WOC}$，则说明网格块在底水区内，有：

$$p^0(x,y,z) = p_{WOC} + \alpha \frac{\rho_{wsc} + \rho_{gsc}R_{sw}}{B_w}[D(x,y,z) - D_{WOC}]g \qquad (7\text{-}2\text{-}2)$$

若网格块中部深度 $D_{GOC} \leqslant D(x,y,z) \leqslant D_{WOC}$，则说明网格块在含油区内，有：

$$p^0(x,y,z) = p_{WOC} + \alpha \frac{\rho_{osc} + \rho_{gsc}R_{so}}{B_o}[D(x,y,z) - D_{WOC}]g \qquad (7\text{-}2\text{-}3)$$

式中，ρ_{gsc}，ρ_{wsc}，ρ_{osc} 分别为气、水、油在地面标准状况下的密度；B_g，B_w，B_o 分别为气、水、油在地层条件下的体积系数；α 为单位换算系数。

2. 初始饱和度

当考虑多相流体渗流时，需要给出油藏的初始饱和度分布，一般情况下默认油藏是水湿的。对于地层水处于束缚状态的单相流动区，流体饱和度为定值。在气顶区，束缚水饱和度 S_{wc} 与原始含气饱和度 S_{gi} 之和为 1；在含油区，束缚水饱和度 S_{wc} 与原始含油饱和度 S_{oi} 之和为 1；在边底水区，含水饱和度为 1。

$$\left.\begin{array}{ll}
气顶区： & S_g^0(x,y,z,t)\big|_{t=0} = S_{gi} = 1 - S_{wc} \\
含油区： & S_o^0(x,y,z,t)\big|_{t=0} = S_{oi} = 1 - S_{wc} \\
底水区： & S_w^0(x,y,z,t)\big|_{t=0} = 1
\end{array}\right\} \qquad (7\text{-}2\text{-}4)$$

在油水或油气过渡区内，各相的流体饱和度需要根据过渡区内各点的毛管压力由毛管压力曲线求得。其原理是：油藏岩石的孔隙可以近似认为是由一系列直径不同的毛细管束组成的。在油水界面处，由于毛管压力的作用，水将沿各毛细管上升（亲水油藏）或下降（亲油油藏）；对于油气界面，油将沿毛细管上升。由于不同管径毛细管中流体上升的高度不同，因此形成油水、油气过渡带。以亲水岩石油水过渡带为例，毛管压力及过渡带的油水分布如图 7-2-2 所示。

首先将实验室条件下测得的毛管压力曲线转化为油藏条件下的毛管压力曲线，由毛管压力与水柱上升高度的关系知：

$$p_{cR} = (\rho_w - \rho_o)gh = \frac{2\sigma_{wo}\cos\theta_{wo}}{r}$$

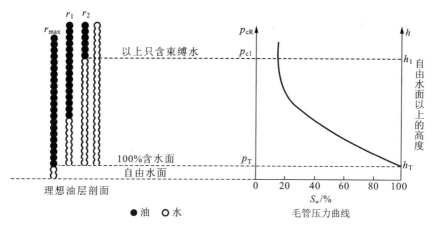

p_T—阈压;h_T—阈压 p_T 对应的水柱高度;p_{c1}—束缚水饱和度对应的毛管压力。

图 7-2-2 油藏过渡带内饱和度分布示意图

得:

$$h = \frac{p_{cR}}{(\rho_w - \rho_o)g} \tag{7-2-5}$$

式中,p_{cR} 为油藏条件下油水系统的毛管压力,Pa;ρ_o,ρ_w 分别为油藏条件下油、水密度,kg/m³;g 为重力加速度,m/s²;h 为毛细管中的水柱上升高度,m。

当毛管压力为零时,水柱上升高度为零,因此可以假想毛管压力为零处存在一个水平面,该面称为自由水面。当毛管压力为阈压 p_T 时,最大毛细管(r_{max})中水柱上升至 h_T,该高度所在的平面为含水率 100% 的平面,此时对应的含油饱和度为残余油饱和度 S_{or};当毛管压力为 p_{c1} 时,对应油水过渡带的最高位置 h_1,此时含水饱和度为束缚水饱和度 S_{wc}。若已知油藏条件下的油驱水毛管压力曲线,则由式(7-2-5)可求得毛管孔隙中的水柱相对于自由水面的上升高度,即可由毛管压力曲线求得油藏中自由水面以上任一高度处的含水饱和度,从而可以得到过渡带内的油水分布特征。对于油气过渡带,也可以参照该方法进行计算。

3. 初始温度

对于等温条件下的渗流问题,一般不需要给出初始温度分布;但对于热力采油等非等温渗流过程,则需要给定油藏的初始温度分布。确定初始温度分布时需要给出某一基准深度的温度,然后根据地温梯度计算出初始温度分布,即

$$T^0(x,y,z) = T_0 + \frac{D(x,y,z) - D_0}{100} \times G \tag{7-2-6}$$

式中,$T^0(x,y,z)$ 为初始温度分布,℃;T_0 为基准深度处的温度,℃;D_0 为给定的基准深度,m;G 为地温梯度,℃/100 m。

二、过泡点和变泡点的处理

1. 过泡点处理

前面第二章黑油模型中已经介绍过,在油气田开发过程中,随着油藏压力的变化,油藏

内流体的相态会发生变化,并且在不同的相态下油藏流体的高压物性参数如原油密度、溶解气油比、体积系数、黏度等随压力的变化规律不同,而泡点压力(p_b)就是这种变化的转折点,如图 7-2-3 所示。

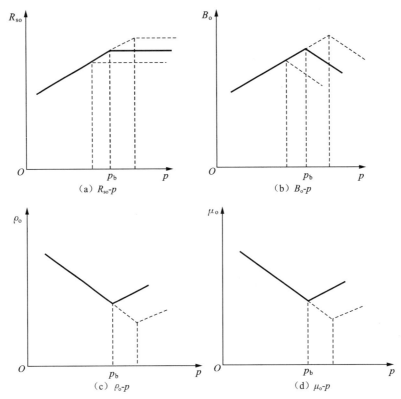

图 7-2-3　原油高压物性参数随压力和泡点压力的变化关系

对由于油藏压力与泡点压力间的相对变化而引起的流体相态变化,无论是由油、气、水三相变化为油、水两相,还是反过来由两相变为三相,在油藏模拟中都称为过泡点现象。

实际油藏开采过程中,油藏各处的压力变化起伏不定,在每一时间步开始计算之前,哪些节点的相态会在这一时间步发生变化事先是不知道的,只能按原来的相态进行计算。如果经过该时间步后相态没有发生变化,则该时间步的计算结果是符合要求的;但如果经过该时间步后相态发生了变化(如在三相状态下出现 $S_g<0$,或在两相状态下出现 $p<p_b$),则在该时间步开始时所用的相态参数是不合理的。此外,由于过泡点前后流体的相数不同,因而求解的变量不同,流体高压物性的变化规律也不同。因此,在计算过程中,如果油藏的某一部分在某一时刻发生了过泡点现象,就需要进行特殊的处理。

数值模拟计算时,每个节点过泡点的时间是不相同的,因此对每一时间步都要判断哪些节点过泡点,并对过泡点的节点做相应的处理。过泡点是黑油模型中一个比较关键的问题,处理不好会严重影响计算结果,因为在过泡点发生前后,原油的物性参数会发生跃变,导致数模方程的系数项变化很大。因此,在用 IMPES 方法求解压力和饱和度过程中,每一个时间步长在计算完后都需要进行是否过泡点检查验算。过泡点的判断标准为:

(1)对于第 n 时间步为两相状态的节点,即 $p>p_b$,$S_g=0$,若通过计算得到第 $n+1$ 时间

步 $p^{n+1} < p_b$，则此时有溶解气析出，S_g 不再为 0，这时由两相状态转变为三相状态（降压过泡点）。相应地，原油物性参数采用泡点前的变化规律计算。

（2）对于第 n 时间步为三相状态的节点，即 $p < p_b$，$S_g > 0$，若在第 $n+1$ 时间步计算得到 $S_g < 0$，则令 $S_g = 0$，这时由三相状态转变为两相状态（升压过泡点）。相应地，原油物性参数采用泡点后的变化规律计算。

计算过程中若发现某一节点出现过泡点现象，则必须对物理意义上不合理的计算结果进行校正，使之在保证物质守恒的前提下符合新旧相态交替的实际情况，再按新的相态计算下去。校正的出发点是承认已算出的本节点与邻节点的流量，即认为在校正中假设本节点与邻节点之间没有流动，然后根据本节点内油、气、水流量在校正前后保持物质守恒而求得校正量。

2. 变泡点处理

当油藏经历脱气或注气开采过程时，原油将处于新的饱和状态，称为变泡点。在油藏数值模拟中，把考虑原油泡点压力变化的问题称为变泡点问题。

假定油藏的原始泡点压力为 p_b，原始饱和溶解气油比为 R_{soi}。当降压开采时，溶解气分离，原油脱气后的泡点压力为 p_{b1}，饱和溶解气油比为 R_{so1}，如果之后再注水恢复地层压力，则泡点压力和溶解气油比仍然为 p_{b1} 和 R_{so1}。当油层为注气开采时，原油的饱和压力可以升高到 p_{b2}，饱和溶解气油比为 R_{so2}，之后若采用注水开采，当注采比大于 1 时，油层压力将继续升高，泡点压力和溶解气油比仍保持 p_{b2} 和 R_{so2}。以上两种过程称为变泡点，如图 7-2-4 所示。

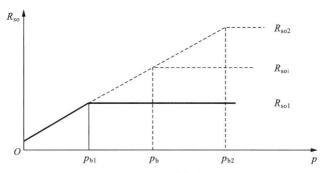

图 7-2-4　泡点压力和溶解气油比的变化

变泡点时，溶解气油比和泡点压力的计算方法为：

（1）确定本时间步网格块的压力 p^{n+1} 是否大于上一时间步的泡点压力 p_b^n，以确定计算基点压力 p_e。若 $p^{n+1} > p_b^n$，则 $p_e = p_b^n$；否则，$p_e = p^{n+1}$。

（2）计算基点压力 p_e 所对应的溶解气油比 R_{so}^{old}，油、气体积系数 B_o 和 B_g。

（3）根据物质平衡关系计算饱和溶解气油比 R_{so}^{new}，计算方法见式（7-2-7）。

$$R_{so}^{new} = R_{so}^{old} + \frac{S_g B_o}{S_o B_g} \tag{7-2-7}$$

（4）根据 R_{so}-p 关系求得对应 R_{so}^{new} 的压力作为新的泡点压力 p_b^{new}。

在泡点压力发生变化以后，相应的其他原油物性参数也要发生变化，如体积系数和原油黏度，如图 7-2-5 所示。这时对黏度和体积系数需要进行重新计算，其方法是利用新产生的泡点压力下的体积系数和黏度,按照一定的规律进行校正。例如,当压力为 p 时,相应参数的计算见式(7-2-8)。

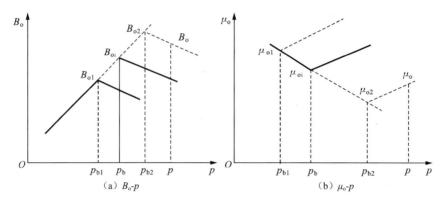

图 7-2-5　原油体积系数和黏度在过泡点后的处理

$$
\left.
\begin{aligned}
\mu_{\mathrm{o}}(p) &= \mu_{\mathrm{o}}(p_{\mathrm{b2}}) + \frac{\mathrm{d}\mu_{\mathrm{o}}}{\mathrm{d}p}(p - p_{\mathrm{b2}}) \\
B_{\mathrm{o}}(p) &= B_{\mathrm{o}}(p_{\mathrm{b2}}) + \frac{\mathrm{d}B_{\mathrm{o}}}{\mathrm{d}p}(p - p_{\mathrm{b2}})
\end{aligned}
\right\}
\tag{7-2-8}
$$

式中,$\mathrm{d}\mu_{\mathrm{o}}/\mathrm{d}p$ 和 $\mathrm{d}B_{\mathrm{o}}/\mathrm{d}p$ 为压力大于饱和压力时原油黏度和体积系数随压力的变化率。

三、时间步长自动选择

在油藏数值模拟计算过程中,所采用的时间步长是在一定的范围内自动选择处理的,其大小主要取决于空间离散网格内动态参数的变化和稳定性的要求。时间步长自动选择的具体方法是:首先由用户给定计算过程中每一步所允许的最大压力变化值 $DP_{\max}$ 和最大饱和度变化值 $DS_{\max}$,模拟计算时在每个时间步长计算完成后求出该时间步长内所有网格的压力、饱和度的实际最大变化值 $DPMC$ 和 $DSMC$:

$$
DPMC = \max(\mid p_{i,j,k}^{n+1} - p_{i,j,k}^{n} \mid)
\tag{7-2-9}
$$

$$
DSMC = \max(\mid S_{oi,j,k}^{n+1} - S_{oi,j,k}^{n} \mid, \mid S_{wi,j,k}^{n+1} - S_{wi,j,k}^{n} \mid, \mid S_{gi,j,k}^{n+1} - S_{gi,j,k}^{n} \mid)
\tag{7-2-10}
$$

然后判断上述实际压力和饱和度的最大变化是否小于给定的最大允许压力和饱和度变化。

当 $DPMC < DP_{\max}$ 且 $DSMC < DS_{\max}$ 时,时间步长按下式形式增加:

$$
\Delta t^{\mathrm{new}} = \Delta t^{\mathrm{old}} \times FACT1
\tag{7-2-11}
$$

当 $DPMC > DP_{\max}$ 或 $DSMC > DS_{\max}$ 时,时间步长按下式形式减小:

$$
\Delta t^{\mathrm{new}} = \Delta t^{\mathrm{old}} \times FACT2
\tag{7-2-12}
$$

式中,$FACT1$ 为时间步长增大系数,$FACT1 \geqslant 1$;$FACT2$ 为时间步长减小系数,$FACT2 < 1$;Δt^{new} 为新时间步长;Δt^{old} 为原时间步长。

用户在数据文件中首先给定时间步长的变化范围,即给定最小时间步长 $\Delta t_{\min}$ 和最大时间步长 $\Delta t_{\max}$,则上述时间步长应该在 $\Delta t_{\min} \sim \Delta t_{\max}$ 之间变化,当超过这个区间时,分别取下限、上限值。

四、网格取向现象及其处理

1. 网格取向现象及其影响

网格取向现象是指数值模拟计算结果随网格系统所取的方向不同而改变的现象。如图7-2-6所示的五点注水系统,当按直角坐标系建立网格时,网格的取法一般可以采用两种方法:一种是注水井和生产井的连线与网格方向相平行,称为平行网格系统;另一种是注水井与生产井的连线与网格系统斜交而处于对角线的位置,称为对角网格系统。数值模拟计算时,这两种网格系统的计算结果存在明显差异。例如水驱时,网格方向会明显影响油井见水时间,在平行网格系统中见水较早,在对角网格系统中见水较晚,而实际见水时间介于两者之间。

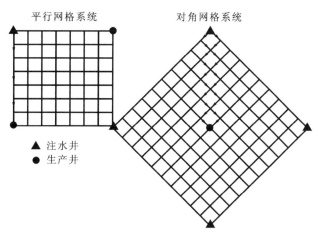

图 7-2-6 网格取向与流体流动路径示意图

出现上述现象的原因是:假定注水前油藏含水饱和度为束缚水饱和度,并用显式流动系数进行模拟,则计算第一步后,只有注水井所在的网格内的含水饱和度可能有所改变;在以后的计算过程中,只有当某一个网格的含水饱和度高于束缚水饱和度以后,才能够影响到其 x,y 方向相邻的网格,使其含水饱和度发生变化,但不能直接影响到其对角方向的相邻网格,即注入水由注水井向生产井流动时,其流动方向只能是与网格线相平行的方向。由于在对角网格系统中注水井和生产井之间的连线不与网格方向平行,所以注入水在流向生产井的过程中流动路线是"曲折"的。而在平行网格系统中,注水井和生产井之间的连线与网格方向平行,注入水可以沿直线流入生产井。图 7-2-6 中的箭头方向标出了这两种网格系统的流动路径。在水油流度比 $M=10$ 的情况下,不同注入体积时两种不同网格系统下计算的驱替前缘如图 7-2-7 所示,显然,注入水沿曲线流动时要比沿直线流动时慢。值得说明的是,当使用五点差分格式时,无论网格方向如何,油藏流体总是沿着与网格线平行的方向流动得快一些,而沿网格线的对角方向流动得慢一些。

在不同的情况下,网格取向性的影响程度是不同的:

(1) 在二维平面模型中,模拟非混相驱替过程时,不考虑毛管压力与重力的影响时的网格取向现象要比考虑毛管压力与重力时的明显;

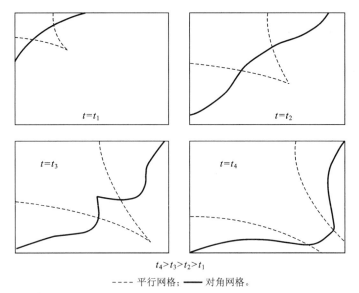

$t_4 > t_3 > t_2 > t_1$

---- 平行网格；—— 对角网格。

图 7-2-7　平行与对角网格系统中计算的驱替前缘

（2）在混相驱替模拟时，考虑物理弥散时网格取向现象减弱；

（3）如果油藏原始含水是可流动的，则网格取向性的影响增大；

（4）蒸汽驱及火烧油层等热采数值模拟过程中的网格取向现象要比黑油模型的严重。

2. 减少网格取向效应的方法

为了减小网格取向效应的影响，提出了各种不同的解决方法，这些方法在减小网格取向效应方面都具有不同的效果。主要的方法有两点上游权法和九点差分格式法。

1）两点上游权法

在处理两个网格块交界面上的流动参数时，一般都采用上游权方法或称为单点上游权方法。由于五点差分格式的网格取向效应与单点上游权取权方法存在一定的关系，因此 M. R. Todd 等提出采用两点上游权方法来减小网格取向性的影响。当流动方向由 i 到 $i+1$ 点时，两点上游权的处理方法为：

$$k_{rl(i+\frac{1}{2})} = \frac{1}{2}\left[3k_{rli} - k_{rl(i+1)}\right] \tag{7-2-13}$$

当流动方向由 $i+1$ 到 i 点时：

$$k_{rl(i+\frac{1}{2})} = \frac{1}{2}\left[3k_{rl(i+1)} - k_{rli}\right] \tag{7-2-14}$$

上述处理方法实际上是一个插值公式，所以在计算过程中可能出现计算出来的相对渗透率数值大于 1 的情况，因此需要加上 $k_{rl} \in [0,1]$ 进行限制。实际应用表明，采用两点上游权的方法使网格取向效应得到了控制，原因是该方法在数值计算过程中将参数显式处理而带来的误差在空间上进行了补偿。

2）九点差分格式

使用五点差分格式时，总是使流体沿与网格线相平行的方向流动最快，而沿网格线的对角方向流动最慢。因此,有学者提出用九点差分格式来代替五点差分格式。如图7-2-8所示,九点差分格式的网格系统是平行网格系统与对角网格系统的线性组合,因此九点差分格式不仅考虑了中心节点和4个边节点的流动关系,而且还考虑了它和4个对角节点的流动关系。因此,应用九点差分格式可以使流体不论沿平行方向还是对角方向都能比较均匀地流动。计算实践表明,使用九点差分格式无论是对黑油模型还是对蒸汽驱模型都可以明显地降低网格取向效应的影响。

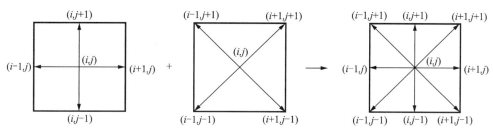

图 7-2-8   九点差分格式流动关系示意图

第三节   井的处理方法

7-3 井的处理方法

在油藏数值模拟计算中,注采井井径的尺寸与数值模拟网格块的尺寸相比非常小,因此注采井是存在于某个网格块的点源或点汇,需要在该网格块对应的方程中增加一个产量项。同时,注采井又是数值模拟方程的内边界条件。内边界条件是指注采井的井底控制条件,有定流量和定井底流压两种条件。定流量时需要计算井底流压,定井底流压时需要计算井底流量。注采井往往是多层生产,需要确定注采井每个模拟小层的压力或流量。

黑油模型中将井的流动近似为拟稳态流,其产量计算公式为:

$$Q_l = \frac{2\pi h k k_{rl}}{\mu_l B_l} \frac{1}{\ln \dfrac{r_e}{r_w} + s - \dfrac{3}{4}}(p - p_{wf}) \tag{7-3-1}$$

式中,p 为井所在网格块的压力,10^{-1}MPa;p_{wf} 为井底流压,10^{-1}MPa;s 为表皮系数;r_w 为井的半径,cm;r_e 为井的等效供给半径,cm。

定义 $PID = \dfrac{2\pi kh}{\ln \dfrac{r_e}{r_w} + s - \dfrac{3}{4}}$ 为生产指数,$\lambda_{rl} = \dfrac{k_{rl}}{\mu_l}$ 为相对流度,则产量公式可写为:

$$Q_l = PID \frac{\lambda_{rl}}{B_l}(p - p_{wf}) \tag{7-3-2}$$

式中,$p - p_{wf}$ 为井所在网格块的压力与注采井给定的井底流压的差值,在相同生产指数和相对流度下,该压力差越大产量越大。

一、定流量

当油藏中为多相流体同时渗流时,注采井可以给定其中某相的产量,也可以给定各相总产量;不论哪种形式,在数模过程中都需要计算出每相的产量。另外,当井多层合采或合注时,也需要计算出每个模拟层中每相的产量。

1. 生产井

1) 定产油量 Q_{vo}

给定生产井各小层总的产油量 Q_{vo},假设生产井共射穿 N 个模拟层(完井段),则第 k 模拟层的产油量 Q_{vok} 为:

$$Q_{vok} = Q_{vo} \frac{\left(PID \frac{\lambda_{ro}}{B_o}\right)_k}{\sum\limits_{k=1}^{N}\left(PID \frac{\lambda_{ro}}{B_o}\right)_k} \tag{7-3-3}$$

由式(7-3-2)可知,假设各层的生产压差和生产指数相同,则各相的产量大小取决于该相的 $\frac{\lambda_l}{B_l}$ 值。当已知第 k 模拟层的产油量 Q_{vok} 时,可得第 k 模拟层的产水量 Q_{vwk} 为:

$$Q_{vwk} = Q_{vok} \frac{\left(\frac{\lambda_{rw}}{B_w}\right)_k}{\left(\frac{\lambda_{ro}}{B_o}\right)_k} \tag{7-3-4}$$

同理,第 k 模拟层的产气量 Q_{vgk} 为:

$$Q_{vgk} = Q_{vok} \frac{\left(\frac{\lambda_g}{B_g}\right)_k}{\left(\frac{\lambda_o}{B_o}\right)_k} + Q_{vok}(R_{so})_k + Q_{vwk}(R_{sw})_k \tag{7-3-5}$$

2) 定产液量 Q_{vl}

当给定油井总产液量时,首先计算油相、水相的流动能力占总液体流动能力的百分比 α_{oT} 和 α_{wT}。

$$\left.\begin{aligned}\alpha_{oT} &= \frac{\sum\limits_{k=1}^{N}\left(PID \frac{\lambda_{ro}}{B_o}\right)_k}{\sum\limits_{k=1}^{N}\left(PID \frac{\lambda_{ro}}{B_o}\right)_k + \sum\limits_{k=1}^{N}\left(PID \frac{\lambda_{rw}}{B_w}\right)_k} \\ \alpha_{wT} &= \frac{\sum\limits_{k=1}^{N}\left(PID \frac{\lambda_{rw}}{B_w}\right)_k}{\sum\limits_{k=1}^{N}\left(PID \frac{\lambda_{ro}}{B_o}\right)_k + \sum\limits_{k=1}^{N}\left(PID \frac{\lambda_{rw}}{B_w}\right)_k}\end{aligned}\right\} \tag{7-3-6}$$

于是可得给定的产液量中油、水各相的产量。其中,油相的产量 Q_{vo} 为:

$$Q_{vo} = \alpha_{oT} Q_{vl} \tag{7-3-7}$$

计算出产油量 Q_{vo} 后,利用前面定产油量的计算式(7-3-3)~式(7-3-5)可分别计算出各完井段的产油量、产水量和产气量。

注意,以上计算中假设各生产小层的生产压差相同,当油藏垂向非均质性较严重,尤其是层间不连通时,上述计算会产生较大误差。

2. 注入井

对注入井来说,定流量就是给定注水量(或注气量)。设注入井定注水量为 Q_{wi} 或定注气量为 Q_{gi},各个完井层段的注入量是按各个层段油、气、水三相总的流动能力来分配的。这是因为如果单纯按照水(气)的流动能力来分配,就会出现在束缚水饱和度(或含气饱和度为零)时注不进水(气)的情况。对于注入井,各完井段的注水量或注气量为:

$$Q_{wik} = Q_{wi} \frac{\left[WID \left(\frac{\lambda_{ro}}{B_o} + \frac{\lambda_{rw}}{B_w} + \frac{\lambda_{rg}}{B_g} \right) \right]_k}{\sum\limits_{k=1}^{N} \left[WID \left(\frac{\lambda_{ro}}{B_o} + \frac{\lambda_{rw}}{B_w} + \frac{\lambda_{rg}}{B_g} \right) \right]_k} \left. \vphantom{\frac{\left[\right]}{\sum}} \right\}$$

$$Q_{gik} = Q_{gi} \frac{\left[WID \left(\frac{\lambda_{ro}}{B_o} + \frac{\lambda_{rw}}{B_w} + \frac{\lambda_{rg}}{B_g} \right) \right]_k}{\sum\limits_{k=1}^{N} \left[WID \left(\frac{\lambda_{ro}}{B_o} + \frac{\lambda_{rw}}{B_w} + \frac{\lambda_{rg}}{B_g} \right) \right]_k} \tag{7-3-8}$$

式中,WID 为注入井的注入指数,其计算方法与生产指数 PID 相同。

对于定流量条件,按上述方法计算出各小层的各相产量(或注入量)后,将其作为源汇项代入相应网格的差分方程中,就可以进行 IMPES 方法的压力求解。对井所在的网格,还需要求出相应产量下的井底流压。

以生产井为例,当内边界定流量时,井底流压的计算方法是:先计算各个完井层段的井底流压,然后按各层的流动能力加权平均得到总的井底流压。第 k 小层的井底流压为:

$$p_{wfk} = p_{ok}^{n+1} - \frac{Q_{lk}}{\left[PID \left(\frac{\lambda_{ro}}{B_o} + \frac{\lambda_{rw}}{B_w} + \frac{\lambda_{rg}}{B_g} \right) \right]_k} \tag{7-3-9}$$

$$Q_{lk} = Q_{vok} + Q_{vwk} + Q_{vgk} - R_{sok} Q_{vok} - R_{swk} Q_{vwk}$$

式中,Q_{lk} 为第 k 小层油、气、水总产量。

总的井底流压为:

$$p_{wf} = \frac{\sum\limits_{k=1}^{N} \left[PID \left(\frac{\lambda_{ro}}{B_o} + \frac{\lambda_{rw}}{B_w} + \frac{\lambda_{rg}}{B_g} \right) \right]_k p_{wfk}}{\sum\limits_{k=1}^{N} \left[PID \left(\frac{\lambda_{ro}}{B_o} + \frac{\lambda_{rw}}{B_w} + \frac{\lambda_{rg}}{B_g} \right) \right]_k} \tag{7-3-10}$$

二、定井底流压

当给定井底流压时,需要计算油、气、水三相的产量,此时产量公式(7-3-2)中网格块的压力有显式和隐式两种处理方法。显式处理即将 n 时刻的网格块压力作为已知压力,直接代入公式计算产量;隐式处理要将 $n+1$ 时刻的压力代入方程的产量项中,但是该压力在 $n+1$ 时刻是未知数,需要将压力项合并到相应的压力未知数上。

采用显式处理井底网格块的压力时,对于油井,各完井段的产油量为:

$$Q_{vok} = \left(PID \frac{\lambda_{ro}}{B_o} \right)_k^n (p^n - p_{wf})_k \tag{7-3-11}$$

利用式(7-3-4)和式(7-3-5)可分别计算出各完井段的产水量和产气量。

对于注水井,各完井段的注水量为:

$$Q_{wik} = \left[WID \left(\frac{\lambda_{ro}}{B_o} + \frac{\lambda_{rw}}{B_w} + \frac{\lambda_{rg}}{B_g} \right) \right]_k^n (p_{wf} - p^n)_k \tag{7-3-12}$$

对于注气井,各完井段的注气量为:

$$Q_{gik} = \left[WID \left(\frac{\lambda_{ro}}{B_o} + \frac{\lambda_{rw}}{B_w} + \frac{\lambda_{rg}}{B_g} \right) \right]_k^n (p_{wf} - p^n)_k \tag{7-3-13}$$

采用隐式方法处理井所在网格块的压力时,产量公式为:

$$Q_{vok} = \left(PID \frac{\lambda_{ro}}{B_o} \right)_k^n (p^{n+1} - p_{wf})_k \tag{7-3-14}$$

将式(7-3-14)代入压力的差分方程(7-1-14)中,由于产量项 Q 中含有未知量 p^{n+1},整理方程,将 p^{n+1} 及其系数移到方程的左端,因此相应的差分展开方程(7-1-15)中有关未知量 p^{n+1} 的系数 E 和右端项的系数 B 将发生变化。

$$E_{i,j,k}^{new} = E_{i,j,k}^{old} - CPI$$
$$B_{i,j,k}^{new} = B_{i,j,k}^{old} - CPI \times p_{wf} \tag{7-3-15}$$

其中:

$$CPI = PID_k \left[(B_o - B_g R_{so}) \frac{\lambda_{ro}}{B_o} + (B_w - B_g R_{sw}) \frac{\lambda_{rw}}{B_w} + B_g \frac{\lambda_{rg}}{B_g} \right]$$

计算出压力 p^{n+1} 后,代入式(7-3-14)中求出 Q_{vok},然后利用式(7-3-4)和式(7-3-5)分别计算出各完井段的产水量和产气量。

7-4 黑油模型
的其他求解方法

第四节　黑油模型的其他求解方法

IMPES 方法适用于求解精度要求不高的数值模拟问题,而在地层非均质性较强、油水黏度差异大、井底条件变化比较剧烈的情况下,IMPES 方法计算得到的结果精度较低,不一定能满足现场要求。因此,又发展了其他隐式求解方法,根据隐式程度的不同,可分为半隐式方法、全隐式方法。

一、黑油模型半隐式求解方法

首先写出油、气、水 3 个组分的隐式差分格式。
水组分:

$$\Delta T_w^{n+1} \Delta \Phi_w^{n+1} + Q_{vw}^{n+1} = \frac{V_B}{\Delta t} \left[\left(\frac{\phi S_w}{B_w} \right)^{n+1} - \left(\frac{\phi S_w}{B_w} \right)^n \right] \tag{7-4-1}$$

式中,V_B 为单元体的体积。
油组分:

$$\Delta T_o^{n+1} \Delta \Phi_o^{n+1} + Q_{vo}^{n+1} = \frac{V_B}{\Delta t} \left[\left(\frac{\phi S_o}{B_o} \right)^{n+1} - \left(\frac{\phi S_o}{B_o} \right)^n \right] \tag{7-4-2}$$

气组分：

$$\Delta T_{\mathrm{g}}^{n+1} \Delta \Phi_{\mathrm{g}}^{n+1} + \Delta T_{\mathrm{go}}^{n+1} \Delta \Phi_{\mathrm{o}}^{n+1} + \Delta T_{\mathrm{gw}}^{n+1} \Delta \Phi_{\mathrm{w}}^{n+1} + Q_{\mathrm{vg}}^{n+1} =$$

$$\frac{V_{\mathrm{B}}}{\Delta t} \left\{ \left[\phi \left(\frac{S_{\mathrm{g}}}{B_{\mathrm{g}}} + \frac{R_{\mathrm{so}} S_{\mathrm{o}}}{B_{\mathrm{o}}} + \frac{R_{\mathrm{sw}} S_{\mathrm{w}}}{B_{\mathrm{w}}} \right) \right]^{n+1} - \left[\phi \left(\frac{S_{\mathrm{g}}}{B_{\mathrm{g}}} + \frac{R_{\mathrm{so}} S_{\mathrm{o}}}{B_{\mathrm{o}}} + \frac{R_{\mathrm{sw}} S_{\mathrm{w}}}{B_{\mathrm{w}}} \right) \right]^{n} \right\} \tag{7-4-3}$$

以上 3 个差分方程中：

$$T_{\mathrm{go}}^{n+1} = R_{\mathrm{so}}^{n+1} T_{\mathrm{o}}^{n+1}$$

$$T_{\mathrm{gw}}^{n+1} = R_{\mathrm{sw}}^{n+1} T_{\mathrm{w}}^{n+1}$$

$$\Phi_{\mathrm{o}}^{n+1} = p_{\mathrm{o}}^{n+1} - \rho_{\mathrm{o}}^{n} g D$$

$$\Phi_{\mathrm{w}}^{n+1} = p_{\mathrm{w}}^{n+1} - \rho_{\mathrm{w}}^{n} g D$$

$$\Phi_{\mathrm{g}}^{n+1} = p_{\mathrm{g}}^{n+1} - \rho_{\mathrm{g}}^{n} g D$$

形成隐式差分方程后，如果全部按照隐式方法进行求解，则工作量比较大，因此为了降低求解的难度和工作量，对流动系数项、毛管压力项和产量项进行半隐式处理，即将 $n+1$ 时刻的参数采用 n 时刻的数据再加上一个校正项来表示。

对于油、气、水的流动系数，采用半隐式方法可以表示为：

$$T_f^{n+1} = T_f^{n} + \delta T_f$$

$$= T_f^{n} + \left(\frac{\partial T_f}{\partial p_{\mathrm{o}}} \right)^{n} \delta p_{\mathrm{o}} + \left(\frac{\partial T_f}{\partial S_{\mathrm{w}}} \right)^{n} \delta S_{\mathrm{w}} + \left(\frac{\partial T_f}{\partial S_{\mathrm{g}}} \right)^{n} \delta S_{\mathrm{g}}$$

$$(f = \mathrm{o}, \mathrm{w}, \mathrm{g}, \mathrm{go}, \mathrm{gw}) \tag{7-4-4}$$

其中，$\left(\frac{\partial T_f}{\partial p_{\mathrm{o}}} \right)^{n} = T \left(\frac{\partial \lambda_f}{\partial p_{\mathrm{o}}} \right)^{n}$，$\left(\frac{\partial T_f}{\partial S_{\mathrm{w}}} \right)^{n} = T \left(\frac{\partial \lambda_f}{\partial S_{\mathrm{w}}} \right)^{n}$，$\left(\frac{\partial T_f}{\partial S_{\mathrm{g}}} \right)^{n} = T \left(\frac{\partial \lambda_f}{\partial S_{\mathrm{g}}} \right)^{n}$，$T$ 为流动系数中与时间项无关的部分，λ 为与时间项有关的流动系数项，δ 表示参数在 $n+1$ 时刻与 n 时刻的差值，如 $\delta p_{\mathrm{o}} = p_{\mathrm{o}}^{n+1} - p_{\mathrm{o}}^{n}$。

毛管压力项的半隐式表达式为：

$$\left. \begin{array}{l} p_{\mathrm{cow}}^{n+1} = p_{\mathrm{cow}}^{n} + \left(\frac{\partial p_{\mathrm{cow}}}{\partial S_{\mathrm{w}}} \right)^{n} \delta S_{\mathrm{w}} \\[2mm] p_{\mathrm{cgo}}^{n+1} = p_{\mathrm{cgo}}^{n} + \left(\frac{\partial p_{\mathrm{cgo}}}{\partial S_{\mathrm{g}}} \right)^{n} \delta S_{\mathrm{g}} \end{array} \right\} \tag{7-4-5}$$

内边界条件包括定产油量、定产液量、定注水量和定井底压力等形式。对于不同的内边界形式，系数项的半隐式处理方法也不相同。

（1）定产油量。当定产油量 Q_{vo} 时，各完井段的产油量为：

$$Q_{\mathrm{vok}}^{n+1} = \left[\frac{\left(PID \frac{\lambda_{\mathrm{ro}}}{B_{\mathrm{o}}} \right)_k}{\sum\limits_{k=1}^{N} \left(PID \frac{\lambda_{\mathrm{ro}}}{B_{\mathrm{o}}} \right)_k} \right]^{n+1} Q_{\mathrm{vo}}$$

$$= \left[M_{ok}^{n} + \left(\frac{\partial M_{ok}}{\partial p_{\mathrm{o}}} \right)^{n} \delta p_{\mathrm{o}} + \left(\frac{\partial M_{ok}}{\partial S_{\mathrm{w}}} \right)^{n} \delta S_{\mathrm{w}} + \left(\frac{\partial M_{ok}}{\partial S_{\mathrm{g}}} \right)^{n} \delta S_{\mathrm{g}} \right] Q_{\mathrm{vo}} \tag{7-4-6}$$

式中，将 $\dfrac{\left(PID \frac{\lambda_{\mathrm{ro}}}{B_{\mathrm{o}}} \right)_k}{\sum\limits_{k=1}^{N} \left(PID \frac{\lambda_{\mathrm{ro}}}{B_{\mathrm{o}}} \right)_k}$ 简记为 M_{ok}，M_{ok}^{n} 表示 n 时刻的 M_{ok} 值。

各完井段的产水量为：

$$Q_{vwk}^{n+1} = \left[\frac{(\lambda_{rw}/B_w)_k}{(\lambda_{ro}/B_o)_k}\right]^{n+1} Q_{vok}^{n+1}$$

$$= \left[M_{wk}^n + \left(\frac{\partial M_{wk}}{\partial p_o}\right)^n \delta p_o + \left(\frac{\partial M_{wk}}{\partial S_w}\right)^n \delta S_w + \left(\frac{\partial M_{wk}}{\partial S_g}\right)^n \delta S_g\right] Q_{vok}^{n+1} \quad (7\text{-}4\text{-}7)$$

其中：
$$M_{wk} = \frac{(\lambda_{rw}/B_w)_k}{(\lambda_{ro}/B_o)_k}$$

各完井段的产气量为：

$$Q_{vgk}^{n+1} = \left[\frac{(\lambda_{rg}/B_g)_k}{(\lambda_{ro}/B_o)_k}\right]^{n+1} Q_{vok}^{n+1} + R_{sok}^{n+1} Q_{vok}^{n+1} + R_{swk}^{n+1} Q_{vwk}^{n+1}$$

$$= \left[M_{gk}^n + \left(\frac{\partial M_{gk}}{\partial p_o}\right)^n \delta p_o + \left(\frac{\partial M_{gk}}{\partial S_w}\right)^n \delta S_w + \left(\frac{\partial M_{gk}}{\partial S_g}\right)^n \delta S_g\right] Q_{vok}^{n+1} \quad (7\text{-}4\text{-}8)$$

其中：
$$M_{gk} = \frac{\left(\dfrac{\lambda_{rg}}{B_g}\right)_k}{\left(\dfrac{\lambda_{ro}}{B_o}\right)_k} + R_{so} M_{ok} + R_{sw} M_{wk}$$

（2）定产液量。当定产液量 Q_{vl} 时，首先需要求出油井的总产油量，计算公式为：

$$Q_{vo}^{n+1} = \alpha_{oT}^{n+1} Q_{vl}$$

式中，α_{oT} 为隐压显饱法中定义的油相的流动能力占总流动能力的百分数。

求出油井的总产油量之后，再利用上面的定产油量时的公式分别计算出各小层的产油量、产水量和产气量。

第 k 小层的产油量为：

$$Q_{vok}^{n+1} = M_{ok}^{n+1} Q_{vo}^{n+1} = M_{ok}^{n+1} \alpha_{oT}^{n+1} Q_{vl} = \alpha_{ok}^{n+1} Q_{vl} \quad (7\text{-}4\text{-}9)$$

式中，$\alpha_{ok}^{n+1} = M_{ok}^{n+1} \alpha_{oT}^{n+1}$，半隐式展开后为：

$$\alpha_{ok}^{n+1} = \alpha_{ok}^n + \left(\frac{\partial \alpha_{ok}}{\partial p_o}\right)^n \delta p_o + \left(\frac{\partial \alpha_{ok}}{\partial S_w}\right)^n \delta S_w + \left(\frac{\partial \alpha_{ok}}{\partial S_g}\right)^n \delta S_g \quad (7\text{-}4\text{-}10)$$

第 k 小层的产水量为：

$$Q_{vwk}^{n+1} = M_{wk}^{n+1} Q_{vo}^{n+1} = M_{wk}^{n+1} \alpha_{oT}^{n+1} Q_{vl} = \alpha_{wk}^{n+1} Q_{vl} \quad (7\text{-}4\text{-}11)$$

式中，$\alpha_{wk}^{n+1} = M_{wk}^{n+1} \alpha_{oT}^{n+1}$，半隐式展开后为：

$$\alpha_{wk}^{n+1} = \alpha_{wk}^n + \left(\frac{\partial \alpha_{wk}}{\partial p_o}\right)^n \delta p_o + \left(\frac{\partial \alpha_{wk}}{\partial S_w}\right)^n \delta S_w + \left(\frac{\partial \alpha_{wk}}{\partial S_g}\right)^n \delta S_g$$

同理，第 k 小层的产气量为：

$$Q_{vgk}^{n+1} = M_{gk}^{n+1} Q_{vo}^{n+1} = M_{gk}^{n+1} \alpha_{oT}^{n+1} Q_{vl} = \alpha_{gk}^{n+1} Q_{vl} \quad (7\text{-}4\text{-}12)$$

式中，$\alpha_{gk}^{n+1} = M_{gk}^{n+1} \alpha_{oT}^{n+1}$，半隐式展开后为：

$$\alpha_{gk}^{n+1} = \alpha_{gk}^n + \left(\frac{\partial \alpha_{gk}}{\partial p_o}\right)^n \delta p_o + \left(\frac{\partial \alpha_{gk}}{\partial S_w}\right)^n \delta S_w + \left(\frac{\partial \alpha_{gk}}{\partial S_g}\right)^n \delta S_g$$

（3）定注入量。当注入井定注水量或定注气量 Q_{vi} 时，各个层段的注入量为：

$$Q_{vik}^{n+1} = \left\{\frac{\left[WID\left(\dfrac{\lambda_{ro}}{B_o} + \dfrac{\lambda_{rw}}{B_w} + \dfrac{\lambda_{rg}}{B_g}\right)\right]_k}{\displaystyle\sum_{k=1}^N \left[WID\left(\dfrac{\lambda_{ro}}{B_o} + \dfrac{\lambda_{rw}}{B_w} + \dfrac{\lambda_{rg}}{B_g}\right)\right]_k}\right\}^{n+1} Q_{vi} = \beta^{n+1} Q_{vi} \quad (7\text{-}4\text{-}13)$$

其中，$\beta^{n+1} = \left\{\dfrac{\left[WID\left(\dfrac{\lambda_{ro}}{B_o} + \dfrac{\lambda_{rw}}{B_w} + \dfrac{\lambda_{rg}}{B_g}\right)\right]_k}{\displaystyle\sum_{k=1}^{N}\left[WID\left(\dfrac{\lambda_{ro}}{B_o} + \dfrac{\lambda_{rw}}{B_w} + \dfrac{\lambda_{rg}}{B_g}\right)\right]_k}\right\}^{n+1}$，半隐式展开后为：

$$\beta^{n+1} = \beta_k^n + \left(\frac{\partial \beta_k}{\partial p_o}\right)^n \delta p_o + \left(\frac{\partial \beta_k}{\partial S_w}\right)^n \delta S_w + \left(\frac{\partial \beta_k}{\partial S_g}\right)^n \delta S_g$$

（4）定井底流压。当定井底流压 p_{wf} 时，各个层段的产油量为：

$$Q_{vok}^{n+1} = \left(PID\frac{\lambda_{ro}}{B_o}\right)_k^{n+1}(p_k^{n+1} - p_{wf}) \tag{7-4-14}$$

产量项采用半隐式处理得：

$$Q_{vok}^{n+1} = Q_{vok}^n + \left(\frac{\partial Q_{vok}}{\partial p_o}\right)^n \delta p_o + \left(\frac{\partial Q_{vok}}{\partial S_w}\right)^n \delta S_w + \left(\frac{\partial Q_{vok}}{\partial S_g}\right)^n \delta S_g \tag{7-4-15}$$

在得到了系数项、毛管压力项和产量项的半隐式表达式后，油、气、水 3 个组分方程(7-4-1)～(7-4-3)中的 Φ 项的半隐式差分方程可以写为：

$$\left.\begin{aligned}
\Phi_o^{n+1} &= \Phi_o^n + \delta p_o \\
\Phi_w^{n+1} &= \Phi_w^n + \delta p_o - \left(\frac{\partial p_{cow}}{\partial S_w}\right)^n \delta S_w \\
\Phi_g^{n+1} &= \Phi_g^n + \delta p_o + \left(\frac{\partial p_{cgo}}{\partial S_g}\right)^n \delta S_g
\end{aligned}\right\} \tag{7-4-16}$$

将得到的油、气、水 3 个组分的隐式差分方程展开，并忽略诸如 $\Delta[(\cdots)\delta S_w]\Delta[(\cdots)\delta p_o]$，$\Delta[(\cdots)\delta p_o]\Delta[(\cdots)\delta p_o]$ 等二阶小量，重新整理，则油组分方程左端项为：

$$\Delta(T_o^n + \delta T_o)\Delta(\Phi_o^n + \delta p_o) + Q_{vo}^{n+1} = \Delta T_o^n \Delta \delta p_o +$$
$$\Delta\left[T_o^n + \left(\frac{\partial T_o}{\partial p_o}\right)^n \delta p_o + \left(\frac{\partial T_o}{\partial S_w}\right)^n \delta S_w + \left(\frac{\partial T_o}{\partial S_g}\right)^n \delta S_g\right]\Delta\Phi_o^n + Q_{vo}^{n+1} \tag{7-4-17}$$

水组分方程左端项为：

$$\Delta(T_w^n + \delta T_w)\Delta\left[\Phi_w^n + \delta p_o - \left(\frac{\partial p_{cow}}{\partial S_w}\right)^n \delta S_w\right] + Q_{vw}^{n+1} = \Delta T_w^n \Delta \delta p_o -$$
$$\Delta T_w^n \Delta\left[\left(\frac{\partial p_{cow}}{\partial S_w}\right)^n \delta S_w\right] + \Delta\left[T_w^n + \left(\frac{\partial T_w}{\partial p_o}\right)^n \delta p_o + \left(\frac{\partial T_w}{\partial S_w}\right)^n \delta S_w\right]\Delta\Phi_w^n + Q_{vw}^{n+1} \tag{7-4-18}$$

气组分方程左端项为：

$$\Delta(T_g^n + \delta T_g)\Delta\left[\Phi_g^n + \delta p_o + \left(\frac{\partial p_{cgo}}{\partial S_g}\right)^n \delta S_g\right] + \Delta(T_{go}^n + \delta T_{go})\Delta(\Phi_o^n + \delta p_o) +$$
$$\Delta(T_{gw}^n + \delta T_{gw})\Delta\left[\Phi_w^n + \delta p_o - \left(\frac{\partial p_{cow}}{\partial S_w}\right)^n \delta S_w\right] + Q_{vg}^{n+1} =$$
$$\Delta(T_g^n + T_{go}^n + T_{gw}^n)\Delta\delta p_o - \Delta T_{gw}^n \Delta\left[\left(\frac{\partial p_{cow}}{\partial S_w}\right)^n \delta S_w\right] + \Delta T_g^n \Delta\left[\left(\frac{\partial p_{cgo}}{\partial S_g}\right)^n \delta S_g\right] +$$
$$\Delta\left[T_g^n + \left(\frac{\partial T_g}{\partial p_o}\right)^n \delta p_o + \left(\frac{\partial T_g}{\partial S_g}\right)^n \delta S_g\right]\Delta\Phi_g^n +$$
$$\Delta\left[T_{go}^n + \left(\frac{\partial T_{go}}{\partial p_o}\right)^n \delta p_o + \left(\frac{\partial T_{go}}{\partial S_w}\right)^n \delta S_w + \left(\frac{\partial T_{go}}{\partial S_g}\right)^n \delta S_g\right]\Delta\Phi_o^n +$$
$$\Delta\left[T_{gw}^n + \left(\frac{\partial T_{gw}}{\partial p_o}\right)^n \delta p_o + \left(\frac{\partial T_{gw}}{\partial S_w}\right)^n \delta S_w\right]\Delta\Phi_w^n + Q_{vg}^{n+1} \tag{7-4-19}$$

油组分方程右端项为：

$$\frac{V_B}{\Delta t}\left[\left(\frac{\phi S_o}{B_o}\right)^{n+1}-\left(\frac{\phi S_o}{B_o}\right)^n\right]=\frac{V_B}{\Delta t}\delta\left(\frac{\phi S_o}{B_o}\right)$$

$$=C_{o1}\delta p_o+C_{o2}\delta S_w+C_{o3}\delta S_g \tag{7-4-20}$$

其中，$C_{o1}=\frac{\phi S_o}{B_o}C_p-\frac{\phi S_o}{B_o^2}\frac{dB_o}{dp}$，$C_{o2}=-\frac{\phi}{B_o}$，$C_{o3}=-\frac{\phi}{B_o}$；$C_p$ 为岩石孔隙压缩系数。

水组分方程右端项为：

$$\frac{V_B}{\Delta t}\left[\left(\frac{\phi S_w}{B_w}\right)^{n+1}-\left(\frac{\phi S_w}{B_w}\right)^n\right]=\frac{V_B}{\Delta t}\delta\left(\frac{\phi S_w}{B_w}\right)=C_{w1}\delta p_o+C_{w2}\delta S_w \tag{7-4-21}$$

其中：

$$C_{w1}=\frac{\phi S_w}{B_w}C_p-\frac{\phi S_w}{B_w^2}\frac{dB_w}{dp},\quad C_{w2}=\frac{\phi}{B_w}$$

气组分方程右端项为：

$$\frac{V_B}{\Delta t}\left\{\left[\phi\left(\frac{S_g}{B_g}+\frac{R_{so}S_o}{B_o}+\frac{R_{sw}S_w}{B_w}\right)\right]^{n+1}-\left[\phi\left(\frac{S_g}{B_g}+\frac{R_{so}S_o}{B_o}+\frac{R_{sw}S_w}{B_w}\right)\right]^n\right\}$$

$$=\frac{V_B}{\Delta t}\delta\left[\phi\left(\frac{S_g}{B_g}+\frac{R_{so}S_o}{B_o}+\frac{R_{sw}S_w}{B_w}\right)\right]=C_{g1}\delta p_o+C_{g2}\delta S_w+C_{g3}\delta S_g \tag{7-4-22}$$

其中：

$$C_{g1}=\phi C_p\left(\frac{S_g}{B_g}+\frac{R_{so}S_o}{B_o}+\frac{R_{sw}S_w}{B_w}\right)-$$

$$\phi\left(\frac{S_g}{B_g^2}\frac{dB_g}{dp}+\frac{R_{so}S_o}{B_o^2}\frac{dB_o}{dp}+\frac{R_{sw}S_w}{B_w^2}\frac{dB_w}{dp}\right)+\phi\left(\frac{S_o}{B_o}\frac{dR_{so}}{dp}+\frac{S_w}{B_w}\frac{dR_{sw}}{dp}\right)$$

$$C_{g2}=\phi\left(\frac{R_{sw}}{B_w}-\frac{R_{so}}{B_o}\right)$$

$$C_{g3}=\phi\left(\frac{1}{B_g}-\frac{R_{so}}{B_o}\right)$$

将式(7-4-17)～式(7-4-19)表示的方程左端项展开，并将产量项表达式代入，重新整理3个组分方程，即可得到以 $\delta p_o,\delta S_w,\delta S_g$ 为未知数的块元素矩阵方程，然后就可以对该方程进行求解了。

与 IMPES 方法中隐式求解压力时的矩阵形式相比，半隐式方法矩阵为块元素矩阵，每个块元素与 IMPES 方法矩阵中的单个元素相对应。对于块元素矩阵方程来说，可以选择相应的计算方法进行求解。

二、黑油模型全隐式求解方法

半隐式的系数项处理精度比 IMPES 方法的处理精度有所提高，但是半隐式方法中达西系数项、毛管压力项、产量项展开式中的导数均采用上一时间步的值，因此计算精度有限，对于比较复杂的情况，如单井多相渗流问题和非等温渗流、水锥、气锥等强非线性问题，油层动态参数场的变化比较剧烈，需要通过增大隐式程度来提高模拟计算的稳定性，这就发展了黑油模型的全隐式求解方法。

在全隐式处理方法中，达西系数项、毛管压力项、产量项展开式中的导数均采用本时间步的值，如水组分差分方程中的 $\Delta T_w^{n+1}\Delta\Phi_w^{n+1}$ 项，所以差分方程展开后形成的方程是非线性的。非线性代数方程需要采用迭代方法求解。将组分方程隐式差分形式中的 $n+1$ 的参变量写成第 $l+1$ 次的迭代计算结果,可以将油、气、水 3 个组分的隐式差分形式改写为:

水组分

$$\Delta T_w^{l+1} \Delta \Phi_w^{l+1} + Q_{vw}^{l+1} = \frac{V_B}{\Delta t}\left[\left(\frac{\phi S_w}{B_w}\right)^l - \left(\frac{\phi S_w}{B_w}\right)^n + \overline{\delta}\left(\frac{\phi S_w}{B_w}\right)\right] \tag{7-4-23}$$

油组分

$$\Delta T_o^{l+1} \Delta \Phi_o^{l+1} + Q_{vo}^{l+1} = \frac{V_B}{\Delta t}\left[\left(\frac{\phi S_o}{B_o}\right)^l - \left(\frac{\phi S_o}{B_o}\right)^n + \overline{\delta}\left(\frac{\phi S_o}{B_o}\right)\right] \tag{7-4-24}$$

气组分

$$\Delta T_g^{l+1} \Delta \Phi_g^{l+1} + \Delta T_{go}^{l+1} \Delta \Phi_o^{l+1} + \Delta T_{gw}^{l+1} \Delta \Phi_w^{l+1} + Q_{vg}^{l+1} =$$

$$\frac{V_B}{\Delta t}\left\{\left[\phi\left(\frac{S_g}{B_g} + \frac{R_{so}S_o}{B_o} + \frac{R_{sw}S_w}{B_w}\right)\right]^l - \left[\phi\left(\frac{S_g}{B_g} + \frac{R_{so}S_o}{B_o} + \frac{R_{sw}S_w}{B_w}\right)\right]^n + \right.$$

$$\left.\overline{\delta}\left[\phi\left(\frac{S_g}{B_g} + \frac{R_{so}S_o}{B_o} + \frac{R_{sw}S_w}{B_w}\right)\right]\right\} \tag{7-4-25}$$

式中,$\overline{\delta}$ 代表 p_o,S_w 等参数第 $l+1$ 次、第 l 次迭代的差值。

在 $l+1$ 迭代步计算过程中,未知数的求解方法与半隐式处理方法类似,可以忽略 $\Delta[(\cdots)\delta S_w]\Delta[(\cdots)\delta p_o]$,$\Delta[(\cdots)\delta p_o]\Delta[(\cdots)\delta p_o]$ 等二阶小量,将式(7-4-1)~式(7-4-3)重新整理,则水组分方程左端项为:

$$\Delta T_w^l \Delta \overline{\delta} p_o - \Delta T_w^l \Delta\left[\left(\frac{\partial p_{cow}}{\partial S_w}\right)^l \overline{\delta} S_w\right] +$$

$$\Delta\left[T_w^l + \left(\frac{\partial T_w}{\partial p_o}\right)^l \overline{\delta} p_o + \left(\frac{\partial T_w}{\partial S_w}\right)^l \overline{\delta} S_w\right]\Delta \Phi_w^l + Q_{vw}^l + \overline{\delta} Q_{vw} \tag{7-4-26}$$

油组分方程左端项为:

$$\Delta T_o^l \Delta \overline{\delta} p_o + \Delta\left[T_o^l + \left(\frac{\partial T_o}{\partial p_o}\right)^l \overline{\delta} p_o + \left(\frac{\partial T_o}{\partial S_w}\right)^l \overline{\delta} S_w + \left(\frac{\partial T_o}{\partial S_g}\right)^l \overline{\delta} S_g\right]\Delta \Phi_o^l + Q_{vo}^l + \overline{\delta} Q_{vo}$$

$$\tag{7-4-27}$$

气组分方程左端项为:

$$\Delta\left[T_g^l + \left(\frac{\partial T_g}{\partial p_o}\right)^l \overline{\delta} p_o + \left(\frac{\partial T_g}{\partial S_g}\right)^l \overline{\delta} S_g\right]\Delta \Phi_g^l +$$

$$\Delta\left[T_{go}^l + \left(\frac{\partial T_{go}}{\partial p_o}\right)^l \overline{\delta} p_o + \left(\frac{\partial T_{go}}{\partial S_w}\right)^l \overline{\delta} S_w + \left(\frac{\partial T_{go}}{\partial S_g}\right)^l \overline{\delta} S_g\right]\Delta \Phi_o^l +$$

$$\Delta\left[T_{gw}^l + \left(\frac{\partial T_{gw}}{\partial p_o}\right)^l \overline{\delta} p_o + \left(\frac{\partial T_{gw}}{\partial S_w}\right)^l \overline{\delta} S_w\right]\Delta \Phi_w^l + Q_{vg}^l + \overline{\delta} Q_{vg} \tag{7-4-28}$$

水组分方程右端项为:

$$\frac{V_B}{\Delta t}\left[\left(\frac{\phi S_w}{B_w}\right)^l - \left(\frac{\phi S_w}{B_w}\right)^n + \overline{\delta}\left(\frac{\phi S_w}{B_w}\right)\right] = C_{w1}\overline{\delta} p_o + C_{w2}\overline{\delta} S_w + C_{w0} \tag{7-4-29}$$

油组分方程右端项为:

$$\frac{V_B}{\Delta t}\left[\left(\frac{\phi S_o}{B_o}\right)^l - \left(\frac{\phi S_o}{B_o}\right)^n + \overline{\delta}\left(\frac{\phi S_o}{B_o}\right)\right] = C_{o1}\overline{\delta} p_o + C_{o2}\overline{\delta} S_w + C_{o3}\overline{\delta} S_g + C_{o0} \tag{7-4-30}$$

气组分方程右端项为:

$$\frac{V_{\mathrm{B}}}{\Delta t}\left\{\left[\phi\left(\frac{S_{\mathrm{g}}}{B_{\mathrm{g}}}+\frac{R_{\mathrm{so}}S_{\mathrm{o}}}{B_{\mathrm{o}}}+\frac{R_{\mathrm{sw}}S_{\mathrm{w}}}{B_{\mathrm{w}}}\right)\right]^{l}-\left[\phi\left(\frac{S_{\mathrm{g}}}{B_{\mathrm{g}}}+\frac{R_{\mathrm{so}}S_{\mathrm{o}}}{B_{\mathrm{o}}}+\frac{R_{\mathrm{sw}}S_{\mathrm{w}}}{B_{\mathrm{w}}}\right)\right]^{n}+$$

$$\overline{\delta}\left[\phi\left(\frac{S_{\mathrm{g}}}{B_{\mathrm{g}}}+\frac{R_{\mathrm{so}}S_{\mathrm{o}}}{B_{\mathrm{o}}}+\frac{R_{\mathrm{sw}}S_{\mathrm{w}}}{B_{\mathrm{w}}}\right)\right]\right\}=C_{\mathrm{g1}}\overline{\delta}p_{\mathrm{o}}+C_{\mathrm{g2}}\overline{\delta}S_{\mathrm{w}}+C_{\mathrm{g3}}\overline{\delta}S_{\mathrm{g}}+C_{\mathrm{g0}} \qquad (7\text{-}4\text{-}31)$$

式(7-4-29)～(7-4-30)中：

$$C_{\mathrm{w0}}=\frac{V_{\mathrm{B}}}{\Delta t}\left[\left(\frac{\phi S_{\mathrm{w}}}{B_{\mathrm{w}}}\right)^{l}-\left(\frac{\phi S_{\mathrm{w}}}{B_{\mathrm{w}}}\right)^{n}\right]$$

$$C_{\mathrm{o0}}=\frac{V_{\mathrm{B}}}{\Delta t}\left[\left(\frac{\phi S_{\mathrm{o}}}{B_{\mathrm{o}}}\right)^{l}-\left(\frac{\phi S_{\mathrm{o}}}{B_{\mathrm{o}}}\right)^{n}\right] \qquad (7\text{-}4\text{-}32)$$

$$C_{\mathrm{g0}}=\frac{V_{\mathrm{B}}}{\Delta t}\left\{\left[\phi\left(\frac{S_{\mathrm{g}}}{B_{\mathrm{g}}}+\frac{R_{\mathrm{so}}S_{\mathrm{o}}}{B_{\mathrm{o}}}+\frac{R_{\mathrm{sw}}S_{\mathrm{w}}}{B_{\mathrm{w}}}\right)\right]^{l}-\left[\phi\left(\frac{S_{\mathrm{g}}}{B_{\mathrm{g}}}+\frac{R_{\mathrm{so}}S_{\mathrm{o}}}{B_{\mathrm{o}}}+\frac{R_{\mathrm{sw}}S_{\mathrm{w}}}{B_{\mathrm{w}}}\right)\right]^{n}\right\}$$

将式(7-4-1)～式(7-4-3)按上述处理方法展开，并将产量项表达式代入，给定 l 步的未知数的值，经过整理可以得到与半隐式方法类似的矩阵方程，计算得到未知量 $\overline{\delta}p_{\mathrm{o}}$、$\overline{\delta}S_{\mathrm{w}}$、$\overline{\delta}S_{\mathrm{g}}$ 后进行迭代，可计算出方程的解，因此半隐式能一次计算出 $n+1$ 时刻的值，而全隐式则需对半隐式进行迭代才能得到 $n+1$ 时刻的值。

除了全隐式和半隐式的处理方法外，还有隐式压力隐式饱和度（IMPIMS）求解方法。IMPIMS 求解方法分为两步：第一步是采用 IMPES 方法隐式求解压力；第二步是利用半隐式方法隐式求解饱和度。可以看出，这种方法也属于顺序求解方法。

油藏数值模拟中的差分方程均为隐式格式，但隐式程度是不同的，或者非线性方程线性化的程度不同。不同的隐式程度对处理的对象、求解速度、稳定程度都有要求。一般来说，隐式程度越低，计算工作量越小，适用于处理比较简单的渗流问题；隐式程度越高，计算的工作量越大，处理的渗流问题越稳定。隐式程度最低的是 IMPES 方法，该方法可节省计算时间和内存，但稳定性差，只能用于解决油水平面渗流等比较简单的问题；半隐式方法居中；隐式程度最高的是全隐式方法，其计算最复杂，但稳定性最好。

隐式程度越高，计算结果越稳定，但是计算工作量越大，导致计算速度降低。数值模拟作为工程计算方法，往往需要在满足计算精度的条件下提高计算速度，因此全部采用全隐式的方法并不一定是最优的。例如在三相锥进计算中，在近井地带，饱和度、压力等参数变化剧烈，为了提高计算精度和稳定性，需要采用全隐式方法求解；而在远离井底的部位，这些参数变化并不剧烈，不用全隐式处理方法即可满足要求。此外，在井的产量不高的情况下，无论是近井地带还是远井地带，饱和度、压力的变化都不剧烈，要求采用的隐式程度不一定很高。可以说，在实际油藏渗流模拟计算中，在满足计算精度的条件下，油藏中不同部位、不同时间要求的隐式程度是可以不相同的。但是一般常规的模拟方法只能对求解区域内的所有节点和所有时间步统一采用同一种隐式程度，因此为了保证整个模拟计算的稳定性，就不得不在整个求解区域内都使用隐式程度较高的方法来满足整个模拟区域的稳定性要求。为了解决这个问题，提出了自适应隐式方法。使用自适应隐式方法可以根据每个节点和每个时间步的具体需要来自动选择其合适的隐式程度，从而可以保证在满足整体稳定性要求的情况下节约计算工作量，提高计算速度。也就是说，使用自适应隐式方法既能保证计算的稳定性，又能保证每个网格自动选定必要和合适的隐式程度。

习 题

1. 试述黑油模型的隐压显饱法的求解思路及参数处理方法。

2. 试述黑油模型中如何实现时间步长的自动选择？

3. 什么是网格取向效应？如何减小网格取向效应的影响？

4. 黑油模型中是如何对过泡点和变泡点进行处理的？

5. 当注入井内边界条件为定流量时，如何分配各个层段的注入量？

6. 目前黑油模型在参数计算过程中有哪些待改进和提高的地方？请举例说明。

第八章 油藏数值模拟技术在油气田开发中的应用

8-1 油藏数值
模拟技术及特点

第一节 油藏数值模拟技术及特点

油藏数值模拟技术经过多年的发展,已经成为油田开发过程中油藏动态分析不可缺少的一个有效工具,利用该工具可以研究油藏开发过程中的许多问题,科学指导油藏的高效开发。此外,数值模拟技术还具有其他油藏动态研究方法所不可比拟的优点,尤其是在剩余油分布描述及分析方面。

一、油田开发中剩余油描述方法

准确掌握油藏中的流体分布规律和特征是优质高效开发油藏的关键,尤其是对处于开发后期的老油田,寻找剩余油的富集区域是主要的工作方向。因此,油藏开发过程中有关剩余油分布的研究,对于改善油田开发效果有着十分重要的意义,目前国内外对该研究工作都相当重视。

剩余油研究所涉及的内容十分广泛,采用的研究方法很多,要达到的目的和解决的问题也多种多样。将这些内容和要求集中到一点,即研究不同地质规模的剩余油分布特征。不同地质规模的剩余油所需要的研究方法不同,得到的结果对指导油藏开发的效果也不相同。从研究尺度上讲,地质规模可以分为微规模、小规模、大规模和宏规模 4 类,对这 4 类尺度上的剩余油采用的研究方法也有所差别。图 8-1-1 表示了 4 种规模意义上的研究。

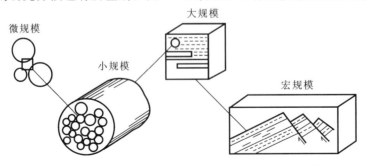

图 8-1-1 与多孔介质平均体积相联系的油藏描述规模图

1. 微规模

微规模研究是油藏孔隙尺度上的研究,在地质特征上主要研究岩石颗粒大小、孔隙分布、孔壁粗糙度、充填结构、孔喉连通程度、孔隙度大小、胶结程度等物性特征,相应的剩余油研究主要是分析剩余油在孔隙内部的分布形式、数量和性质。微规模剩余油的主要研究方法有扫描电镜、薄片、光刻微玻璃模型、原油性质分析等。微规模剩余油的研究有助于从微观上认识油水的分布特征,从原理上指导优选提高采收率方法,但是对油田生产没有直接的指导意义。

2. 小规模

小规模研究是在岩芯尺度上的研究,通常确定油藏岩石特性,如孔隙度、渗透率、压缩性、相对渗透率、毛管压力和饱和度等参数,在这个地质规模上的油藏物性参数具有很大的非均质特征。例如,同一口取芯井在不同深度上钻取的岩芯测量后物性参数变化很大。小规模剩余油研究主要是指实验室中的各种岩芯实验,包括驱替实验和饱和度测量等研究。通过该规模上的研究,可以清楚地认识到油水运动的基本机理,了解油水分布的基本特征。但是该规模上的研究是基于岩芯认识的,而岩芯尺度上的油水特征只能反映取芯井点附近很小区域的油水分布特征,并没有考虑实际地层大尺度范围上的非均质性。此外,在岩芯驱替实验中,波及系数为100%,而实际油藏中的波及系数不可能达到这个数值。因此,小规模的剩余油研究结果对油田生产只是起到宏观的指导意义。

3. 大规模

大规模是井组意义上的油水分布研究,也是数值模拟研究的规模。这个规模上的研究主要是建立注采井组的大小、形状、方向、空间的布局特征,分析该尺度上的油水分布特征。由于该研究尺度得到的是井间尺度上的油水分布特征,因此其研究结果直接可以指导油藏生产,具有非常大的实用意义。通常大规模的研究方法有数值模拟、试井分析、井间监测等。

4. 宏规模

宏规模是指油藏规模上的研究,是油藏级规模的平均,如物质平衡等方法研究的结果。采用这个意义上的研究结果是将整个油藏做了相应的平均,得到的是平均的油水分布。该结果反映的是整体意义上的油水数量,基本不涉及分布特征,主要用于分析油藏的整体指标。

由以上分析可知,油水分布的研究尺度不同,采用的研究方法也不同,研究尺度和研究方法之间是相互对应的。各种剩余油研究方法及其研究尺度之间的对应关系如图 8-1-2 所示。其中,第一部分是剩余油宏观分布研究,对应的体积规模是宏规模、大规模或小规模,主要研究剩余油在平面上和纵向上的分布状况;第二部分是剩余油微观分布研究,对应的体积规模是微规模,主要是在几微米到几毫米的数量级上研究剩余油的分布状况与组分变化。目前,第一部分剩余油的宏观分布研究是重点,应投入主要力量;第二部分也很重要,具有技术储备意义,随着油田开发深度和难度的增加,它的重要性将越来越显著。

国内外对剩余油饱和度的确定方法进行了大量的研究,目前比较常用的方法包括 11 类:取芯法、示踪剂监测法、测井法、试井法、井间测量法、驱替计算法、压缩系数计算法、水驱特征曲线法、物质平衡法、生产拟合法和数值模拟法。这些方法针对的研究对象尺度规模不同,因此得到的参数所代表的规模也不同。从应用角度来看,由于密闭取芯成本较高,数量

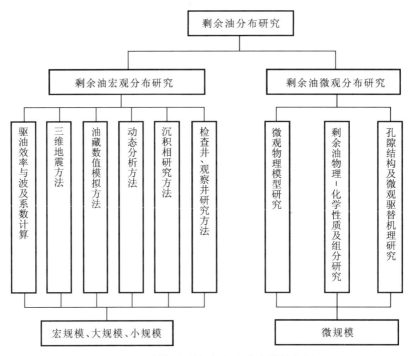

图 8-1-2　剩余油研究方法及内容结构框图

水多,因此取芯法测得的地层岩芯规模的剩余油饱和度代表性较低,用于经济评价和动态计算精度较低,但研究剩余油的变化特点价值较大。示踪剂监测和测井方法主要是确定井筒周围一定距离的剩余油饱和度,它的计量范围比较适中,比较适合用于油田经济评价和动态计算,因此使用价值较大。油藏数值模拟方法是大规模的研究,可以求得井间或者油藏范围内剩余油饱和度的分布情况,该结果可以直接对实际生产起指导作用,可用于经济评价和动态分析,因此数值模拟方法是油藏开发中研究剩余油的十分重要且常用的方法。其他方法主要是确定油藏平均的剩余油饱和度,可进行宏观的经济评价与动态计算,但仅供提高采收率方法方案设计时参考,其重要性远不如取芯、示踪剂监测、测井方法和数值模拟方法。

二、数值模拟方法描述剩余油分布的特点

与其他描述地层中油水分布的方法相比,油藏数值模拟方法具有不可比拟的优点,主要体现在以下几个方面:

1.适用的尺度域大

不同尺度范围内的油水分布结果对油田开发的指导意义是不相同的,这一点从前面的分析中已经可以看出。数值模拟得到的油水分布尺度对实际生产是比较有意义的。数值模拟可以考虑一个区块内的流体分布特征,其尺度范围在 km 级以上,而且可以得到油藏范围内的流体分布特征,尤其体现在油藏注水开发后期寻找平面和纵向上的剩余油潜力时。在纵向上,数值模拟可以提供砂层组、小层,甚至沉积时间单元内的流体分布特征,有助于分析层间矛盾,给开发调整提供可靠的依据;在平面上,数值模拟可以提供井间的油水分布特征,如图 8-1-3 给出的平面上的剩余油饱和度等值图,从而可以找到平面上剩余油的富集区,分

析层内矛盾,为井间非均质性的生产调整提供依据。因此可以说,采用数值模拟计算的油水分布特征可以直接指导油藏的开发生产。

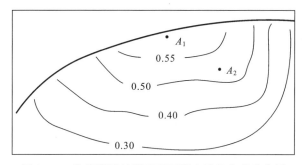

图 8-1-3　数值模拟计算的平面剩余油饱和度分布图

2. 考虑的地层条件多

一般计算油水分布的方法都在计算过程中简化了多种因素,但是数值模拟却可以考虑油藏中的复杂地质特征和渗流环境。

影响剩余油分布的因素很多,简单来说可以分为地质因素和开发因素。在这两者中,先天的地质因素是主导因素,开发因素是依据先天因素改变而发生变化的。地质因素主要包括油藏的非均质性、构造特征、断层的分布以及流体的性质差异等;开发因素主要包括注采系统的完善性、井网方式、采取的措施类型以及采油方式等。这两大类影响因素控制了地层中的油水分布,因此形成的剩余油形式和数量也有较大差异。从地质特征的角度来看,剩余油主要在以下区域形成:断层及油层边角地带的滞留区、构造高部位及正向微构造区、储集层物性较差的部位、原油黏度较高的区域等。由于地质特征反映了油层的本质特征,而且这些特征一般不会随开发的过程有所改变,受到的人为因素影响比较小,因此成为影响剩余油分布的主要因素。在高含水开发期,如果找到这种因素控制的剩余油,往往采用加密井网的开发效果比较好。

受开发因素影响的剩余油主要以下面的形式存在:注水分流区、注水不受效区、井网控制不全区。这些部位的剩余油受到人为控制的因素影响大,地下的油水分布特征时刻发生改变,非均质性比较强,调整的难度比较大。

地层中油水分布受到如此多的因素影响,且形成的剩余油形式各异,因此采用一般的方法准确计算出地层中的流体分布是非常困难的。数值模拟技术因考虑的问题全面、影响因素多而成为一种理想的方法。在精细油藏描述的基础上,可以建立精细的油藏数值地质模型,准确地反映出地质特征,而且数值模拟的结果也可以反映以上地质因素的影响。对于开发因素,由于数值模拟中选取的最小网格尺度小于注采井间距离,所以可以有效地反映井间的流体分布特征。因此,油藏数值模拟方法得到的结果与其他的方法相比具有更大的优越性。

3. 提供的计算结果信息量大

通过数值模拟计算,可以提供地层中的油、气、水在不同开发时刻的饱和度数值和分布特征,而且还可以计算出地层中的剩余储量分布、剩余储量丰度、剩余可采储量丰度的分布规律,用于指导开发后期的调整。通过对计算结果的整理分析,还可以得到地层中的含水率分布特征。该特征不同于现场上采用油藏工程方法得到的含水率分布特征,它能比较真实地反映地层中的流体分布。此外,还可以计算纵向上生产井的产液剖面、含水剖面,从而有效地指导调剖堵水工作。对于三次采油的数值模拟计算,还可以得到地层中各种化学剂的分布规律,监测、计算驱替前缘的饱和度变化。同样,还可以得到地层中流体特征随开发过程的变化。另外,井网完善程度、单井控制储量程度都可以利用数值模拟的结果计算出来。现有商业软件中,还可以刻画出油藏开采过程中的流场变化,便于对水驱油过程进行分析。

通过对数值模拟结果的整理分析,可以得到其他方法得不到的结果,从而有效地指导开发调整过程中各种措施的选择和配置,提高整体开发效果。

4. 结果具有可验证性

对于数值模拟方法计算的结果,可以利用不同时期、不同形式的资料给予验证。例如,生产测试的产液剖面和吸水剖面可以对计算的单井剖面进行验证。此外,还可以利用已有的生产资料对计算出的动态结果进行对比和分析。

计算结果的可验证性还表现在利用数值模拟可以计算不同情况下的油藏动态,并对已经计算出的结果进行对比分析,从而优选出比较合理的方案和措施。

第二节　模型的建立

8-2　模型选择和网格划分

目前比较成熟的数值模拟软件有很多,这些模拟软件虽然侧重点有所不同,但是在进行数值模拟操作时,其基本过程都是类似的,首要的任务都是建立起模拟计算的数值模型。

一、油藏数值模拟模型的选择

油藏数值模拟模型的选择是指针对实际的油藏特征,选择合适的数值模拟模型(也称模拟器)。合适的油藏数值模拟器能比较全面地反映油藏的渗流特征,考虑到主要的驱替机理和各种物理化学现象,因此需首先确定。选择数值模拟器时需要考虑的主要因素有油藏渗流介质性质、油藏模拟计算范围、油藏渗流流体类型、流体相数、模拟维数、开发过程中主要驱替机理和过程等。总的原则是所选择的模拟器能最大限度地满足整个油藏开发过程中涉及的主要过程和机理。

图 8-2-1 是在选择油藏模拟器时需要考虑的主要因素。进行油藏数值模拟研究时,所选用的油藏模拟器应该最大限度地满足应用研究要求。选择油藏模拟器时应注意以下两点:

(1) 尽量选择一种模拟器,使该模拟器能够模拟计算整个油藏开发过程中所碰到的各种现象。例如,一个油藏早期采用注蒸汽开采,后期采用水驱开发,这时选择的模拟器应该能同时模拟常规水驱和注蒸汽采油两种驱替过程;再如,高含水开发后期一般都采用化学驱来提高油藏的采收率,这时选择的模拟器应该能模拟常规水驱和化学驱的过程。如果在油藏的不同开发阶段选择不同的模拟器进行模拟计算,就需要将不同的模拟器之间的数据文件做相应的转换,这可能要增加一些额外的工作量,特别是选择不同公司的数值模拟软件时转换的工作量更大。

(2) 选择模拟器时还应考虑模拟范围的大小和模拟问题的性质。当需要考虑油藏的几何形状以及井间干扰时,一般应做全油田三维模拟;当井或井组之间的干扰不是影响油田开

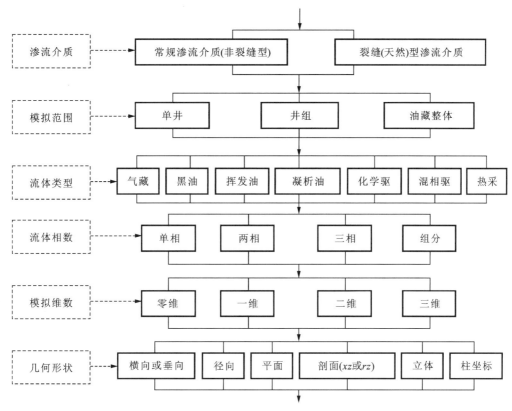

图 8-2-1　油藏数值模拟模型选择示意图

发的主要因素时,如蒸汽吞吐井和压裂井等,则选择单井或井组进行模拟。对于常规开发方式,通常在开发初期采用单井或井组模拟,而在中期和后期采用整体模拟;开发方式中的化学驱、热力采油通常采用单井或井组模拟;一般应用专题研究通常采用部分模拟。对于井组模拟,模拟区的选择应首先考虑其代表性,其次是区域的边界应尽可能与无流量边界、油水边界、均匀井网或构造的对称线、井排等相一致。

二、油藏数值模拟的网格系统

数值模拟是通过差分离散的方法将连续性方程转化为离散方程进行求解的。由第三章内容可知,离散化包括空间离散和时间离散。空间离散就是对所求解的油藏区域进行网格划分。网格划分的质量直接影响求解的精度和速度。数值模拟网格划分包括平面上的网格方向、尺寸及纵向上的模拟层数。合理的网格方向和网格尺寸(大小)应该充分反映油藏的实际静态和动态特征。

1.网格类型

数值模拟中的网格类型很多,从坐标类型来看有笛卡儿坐标系的直角坐标网格、柱坐标网格、垂直平分网格(PEBI)、角点网格等,从网格性质来看有正常网格系统、静态加密网格系统、动态加密网格系统。不同的网格类型适用于处理不同的问题。数值模拟计算过程采用哪种网格系统受多种因素的影响,需要考虑的主要因素有油藏大小、地质状况及掌握的油藏描述的数据、流体驱替类型、油田开发历史及预期的油田开发方式(井的位置及类型)、期望达到的数值精确度、可用的数值模拟软件、数值模拟研究的目的、可用的计算机资源、时间限制和项目开支预算等。下面对数值模拟中常见的网格类型进行简单介绍。

1)直角坐标网格

直角坐标网格为正交网格,是最常见的网格系统,目前仍然被广泛应用。由于直角坐标网格具有计算速度快的特点,经常被一些大型油气田采用。直角坐标网格通常适用于多井二维或三维模拟,因此主要用于黑油或等温渗流等动态参数场变化程度较小的模拟问题。图 8-2-2 所示为直角坐标网格系统,这种网格的网格线是正交的。对于大型的油藏数值模拟问题,出于对精度的考虑,有时需要在井附近、构造高点及储层参数变化较大处采用较密的网格。若采用常规网格加密方法,则在不需要加密的部分也产生了较密的网格,这将大大增加网格数目和计算量。为了使用尽可能少的网格达到尽可能高的计算精度,可以采用在部分区域加密网格的方法,如图 8-2-2(b)所示,称为局部网格加密。这种方法是由 Rosenberg 于 1982 年最早提出的。局部网格加密的一个主要问题就是如何准确计算粗细网格交界处的流量,因为粗细网格节点的连线与其界面不是正交的。在数值模拟计算中,当需要跟踪驱替前缘的变化时,可以采用动态局部加密技术,即总是在驱替的前缘加密,当前缘发生移动时加密部位也随之发生改变,当前缘经过以后加密的网格消失。动态加密中涉及的问题很多,这里不详细介绍。

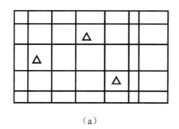 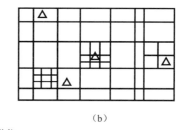

(a)　　　　　　　　　　　　　(b)

△井位

图 8-2-2　平面正交网格系统

目前建立平面正交网格系统时一般都采用网格自动剖分方法。这种方法通过给定平面上两个正交方向的边界和最大、最小网格尺寸,即可根据井点位置实现网格自动剖分。采用自动剖分方法时,若井点间距较小,则由于某些格线被删除掉,某些井点最后会偏离网格块中心,这是正交网格系统难以克服的问题。

在正交网格系统中,若网格线与边界走向一致,网格满足局部正交关系,则称为局部正交网格系统,如图 8-2-3 所示。在建立局部正交网格系统时,需要首先确定模拟区的边界。局部正交网格系统的边界可以是曲线形状或折线形状的。采用局部正交网格系统,模拟区中的任何部位基本上都实现了网格均分及模拟井点位于网格块中心。

2)柱坐标网格

图 8-2-4 所示为典型的柱坐标网格系统。柱坐标网格通常适用于单井模拟,如蒸汽吞吐、底水

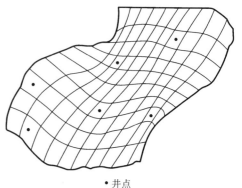

·井点

图 8-2-3　平面局部正交网格系统

锥进、气顶锥进等近井地带渗流场变化程度大的模拟问题。

3）角点网格

角点网格技术用网格块的8个角点的坐标来描述其形状,如图8-2-5所示。该技术对于描述油藏的微构造形态及断层非常适用,可以更准确地描述油藏的复杂形态。它改变了矩形网格模拟断层只能以台阶形式顺着网格走的情形,有效地改善了模拟精度。Hegre,Rozon和Aavatsmark等用有限单元方法解决了角点网格的计算问题。角点网格是非正交的,网格节点的连线与网格间的界面不正交,其非正交特性严重影响了求解的精度,另外,与常规矩形网格相比,流过一个界面的流量不仅仅取决于界面两侧节点的压力,因此流动项计算较为复杂,计算量大,收敛性差,对计算机的要求相对较高。

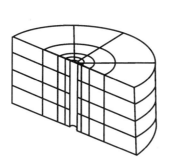 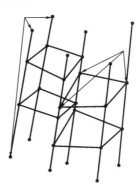

图 8-2-4　柱坐标网格系统　　　　图 8-2-5　角点网格示意图

4）PEBI 网格

PEBI 网格的英文全称是 perpendicular bisection grid,即垂直平分网格。由于 PEBI 网格具有灵活性,故已经被应用到如物理学、岩石描述学、晶体学、电子工程学、生物学、数学、流体力学、热力学、航空航天学等众多领域。早在 1988 年它就被 Heinemann 等引入油藏数值模拟中。PEBI 网格具有如下优点:① 对于复杂边界形态的油藏描述较灵活,它利用有限单元方法划分网格的灵活性,用不规则的多边形来代替矩形网格,可以逼近任意油藏形状,便于局部加密,对描述复杂几何形状的油藏非常有用;② 可以沿着断层的轨迹(断层线)生成,使得单元网格的面可以沿着非连续介质(如断层、水平井等),具有很高的精确度,甚至可以用于分叉断层、交叉断层,配合非邻近网格连接技术可描述断层两侧不同节点之间的流动特征;③ 在不同大小的网格间,PEBI 网格技术保证了这些网格间连接的正交性。连接的正交性对于流动守恒方程(物质守恒方程)的有限差分是非常重要的。对正交的非结构网格建立差分格式是相对简单的,利用控制单元体有限差分的方法就可以建立与笛卡儿网格类似的差分格式。此外,利用 PEBI 网格还可以减少模拟单元网格的整体数目,因此可以减少运算时间。PEBI 网格系统如图8-2-6所示。

图 8-2-6　PEBI 网格系统

2. 油藏模拟范围的确定

油藏的模拟范围即要进行模拟计算的油藏区域,分平面和纵向两个。确定模拟范围的原则是在全面完整的条件下尽量减少模拟计算的工作量,提高计算速度。

在平面上,油藏模拟范围的确定主要考虑以下原则:

(1) 模拟范围应该包括所有需要参与模拟计算的油水井。

(2) 考虑将来可能进行措施的区域。在目前开发中不需要计算的区域不一定意味着将来不需要计算,尤其是对开发后期可能需要进行加密的部位,在进行数值模拟之前都需要考虑到,因为网格的划分是一次性的,网格划分好以后网格系统就不会再发生变化。

(3) 要考虑到油藏的水体范围。与油藏连接的边水或者底水对油藏动态有重要影响,因此在模拟计算的范围内也需要考虑水体。在模拟水体时不是要将水体范围全部包括进来,而是要在模拟范围内能体现水体的来源和位置,至于水体大小可以采用数值水体进行描述。

纵向上的油藏模拟范围主要是指需要计算的层位,在选择时应该遵从以下原则:

(1) 与油藏是同一水动力学系统的层位都需要考虑进来。

(2) 最好不要只对同一套开发层系中的部分层位进行模拟计算,而应该考虑全部的层位。例如在某多层油藏的数值模拟工作中,由于考虑到计算工作量,希望只是模拟计算主力小层的动态,对非主力小层不予考虑。如果这样,则可以减少建立模型的工作量和计算工作量,使求解计算的速度提高,但是在拟合油藏及单井动态的过程中可能会出现比较大的麻烦。例如,如果一口井生产全部的层位,而模拟计算的层位只是主力层位,那么就需要对生产井的产量等动态数据进行劈分处理,若没有实时动态剖面监测资料,则很难将层间的产量劈分准确,反而会带来动态拟合计算的麻烦。因此,建议在实际计算中直接将所有层位进行模拟。这样做虽然计算的工作量比较大,但是会降低人为误差的影响,而且拟合计算花费的时间也比较短。

(3) 对于油田开发过程中经过多次开发层系细分的情况,可以根据要求只计算相应的开发层系。长期注水开发的油田不可避免地要进行层系细分,因此对早期生产井来说,可能开发初期是所有层合采,后期是分层系开采,在这种情况下只能对早期的生产资料进行劈产处理。如果不进行劈产处理,而是将全部的层位进行模拟计算,则结果可能得不偿失。

3. 网格的划分方法

各种网格都有其相应的优缺点,目前比较常用的网格是直角坐标网格和适用于单井纵向动态描述的径向坐标网格。下面简要地介绍一下网格划分过程中应该注意的问题。

首先需要考虑的是网格划分的方向性问题。对于平面网格系统,网格划分的方向即网格系统以水平方向为参照所具有的方向。图 8-2-7 所示为不同的网格划分方向。

不同网格划分方向的影响如下:

(1) 模型中无效网格的数目不同,如图 8-2-7 所示。对于相同的油藏,采用相同的网格尺寸,若采用水平网格系统,则得到的无效网格数目比较多,而采用倾斜网格系统,则得到的无效网格数目比较少,这样就会大大减少模型的计算工作量,也会减少调参及建立模型的工作量,提高计算速度。

(2) 受网格取向效应的影响,这在第七章中已经进行了论述。

(3) 网格的方向还会影响到边界的处理。对于封闭边界,尤其是当油藏的边界是延伸

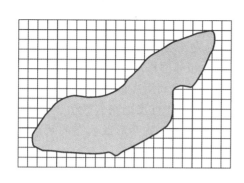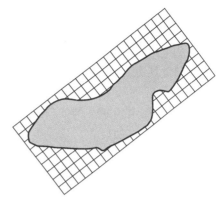

图 8-2-7　不同的网格划分方向

较长的断层时,考虑网格的方向与断层的延伸方向一致是明智的选择,这样做既可以比较准确地描述边界的性质,又可以减少无效网格数目。

综上所述,选取网格系统的方向时需要考虑以下几点:

(1)尽量减少无效网格的数目,使网格系统的方向与油藏长轴的方向一致;

(2)与封闭边界一致,主要考虑断层、尖灭线的方向,或者与边水等供给边界相一致;

(3)考虑注采井网的方向,尤其是对于比较规则的面积注水井网,网格方向应平行或垂直于注采方向;

(4)网格方向与地层主渗透率方向或沉积河道方向一致。

另外,数值模拟计算结束后,在输出成果图时应该注意成果图的方向要与现场上油藏已经采用的图件的方向、比例一致,否则应对成果图进行旋转处理,完成调整后再出图,也就是说,数值模拟计算的成果图最好与现场上常用的油藏图件具有统一性。

网格方向确定之后,再考虑需要划分的网格数目,或者说网格的尺寸。网格尺寸的选取合适与否直接影响模型的大小和计算的速度、精度。从计算精确的角度考虑,网格划分得越细,计算结果的精度就越高,但是较细的网格会影响计算速度。因此,需要在满足精度的条件下采用较大的网格,以减少计算时间。目前常用的网格尺寸在 $30 \sim 50$ m 之间,但是需要针对油藏的具体情况做适当的调整。

目前成熟的商业数值模拟软件都有自动划分网格的功能。在自动划分网格完成后,根据油藏实际的需要进行部分调整。调整过程中应该注意以下原则:

(1)尽量保持相邻的两口井之间存在一个以上的无井网格。由于数值模拟计算的油水分布结果最高精度是一个网格单元的平均饱和度,因此要得到井间的流体分布特征,需要一个以上的网格来体现其变化特征,否则不能准确描述井间的流体分布,尤其对注采井间更是如此,过少的网格还会影响动态拟合的精度。

(2)保证一个网格中最多有一口井,而且尽量使井处于网格的中心部位。对于开采时间上不重合的两口井,可以处于同一个网格中,如更新井的设计是在原来的老井基础上重新打的井,老井已经停产,新井继续生产相同的部位,两口井的生产阶段在时间上不冲突。如果更新井是侧钻井,则可以不在同一个网格中。此外,在数值模拟计算中,井的产量是按照网格面积折算的圆形地层中心一口井的径向渗流公式得到的,因此尽量使井处于网格的中心部位。

（3）考虑到调整井的井位。在油藏开发的中后期不可避免地要打一些调整井,对这些井在划分网格时应该考虑到其大致的位置,使后期的新井也尽量满足以上的条件。

（4）对于井网密度比较大的区域或模拟计算的重点区域,可以适当地增加网格数目,减小网格尺寸;对于具有剧烈非均质性的油藏区域,也应该增加网格数目。

（5）相邻网格间的尺寸差距不要太大,一般认为相邻网格尺寸的几何尺寸比应小于2～3,否则容易产生不稳定现象。例如,在模拟高渗透条带或利用高渗透条带等价人工裂缝时,应合理划分非均匀网格的尺寸。这主要是因为网格的尺寸直接影响着数值模拟计算中形成的系数矩阵中每个元素的数值大小,各个元素之间差别太大就会形成病态的系数矩阵,给求解带来比较大的麻烦,降低求解的精度,增加计算时间。

（6）在井网比较稀,且不准备打加密井的部位、边水的区域可以适当地放大网格的尺寸,抽稀网格的数目。

（7）注意网格尺寸与时间步长的匹配。由于时间步长由网格内的压力和饱和度的变化控制,因此使用较小的网格通常会使时间步长减小、模拟计算时间增加;反之,较大的网格可以采用较大的时间步长,两者之间应该达到稳定计算的条件。

现有商业软件基本都是自动选择网格类型,并进行网格剖分,其剖分的方法遵从以上原则,基本不需要应用者再做额外工作。

纵向上模拟层位的划分对计算额外速度和精度的影响也比较大。模拟网格系统通常在不同层上采用同一套平面网格系统,离散网格总数随纵向模拟层数急剧增加,因此选择模拟层数时应首先考虑模拟网格节点总数或模拟计算工作量。例如图8-2-8(a)所示的情况,3个小层之间具有良好的隔层,层间没有流动,这种情况下可以将整个油藏简化为3个模拟小层,每个小层为一个模拟层,但各小层之间的纵向传导系数应由用户设置为非渗条件。

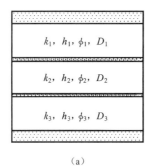

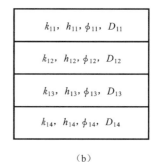

（a）   （b）

图 8-2-8　纵向模拟层设置示意图

若油藏是大厚层,或油层纵向非均质性比较严重,则模拟过程中应将模拟层划分得细一些。如图8-2-8(b)所示,油层为一个小层,厚度较大,非均质性较强,小层纵向上划分为4个沉积时间单元,模拟层可以为4个。若有必要,模拟层甚至可以划分得更细,此时模拟层之间存在垂向流体传导作用,只有在这种情况下层内动态在纵向上由于物性、重力等所产生的差异才能充分反映出来。但无论如何,都需要由地质研究提供相对应的地质参数,即精细油藏模拟是以精细油藏地质模型为基础的。当然,纵向上模拟层的划分不是随意的,它应该符合油藏地质的概念。对于均质性较好的大厚层,可以划分多个模拟层,但由于各模拟层的地质参数完全相同,所以模拟的计算结果只能反映横向驱动力与重力作用下的层内差异,而不可能包含层内非均质的影响。

纵向上的模拟层位直接决定了模型的总节点数目。在满足精度和地质特征的基础上，应该适当减少纵向上的模拟层数。可以将夹层不发育的相邻小层合并为一个小层，也可以将相邻两个小层之间不直接连接的砂体合并在一起，以减少模拟的层数。例如图 8-2-9 中的情况，将 A 小层和 B 小层合并成一个小层后，两个小层之间也不发生连通，因此动态上也不相互影响。

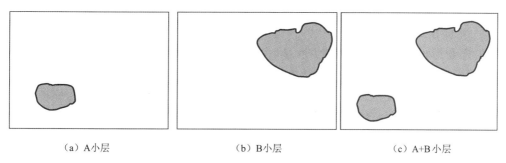

（a）A小层　　　　　　　　　（b）B小层　　　　　　　　　（c）A+B小层

图 8-2-9　模拟层位之间的合并处理

除了平面和纵向上的空间网格系统需要划分外，油藏整个生产历史中的时间段也需要划分，即模拟时间步长的选择。一般时间步长可以是一个月、一个季度或半年，主要根据生产历史进行划分。在生产动态比较稳定的时期，可以适当增大时间步长；对于生产制度变化比较剧烈的时间段，需要减小时间步长。例如，在井网调整阶段，新增加的井比较多，需要用比较小的时间步长，以利于计算精度的提高；在结果预测的初期阶段采用比较小的时间步长，后期可以采用比较大的时间步长。此外，时间步长和空间步长应该有一个合理的匹配，原因可参考式(7-1-21)。

三、油藏数值模型的建立

油藏数值模拟器只是一个模拟计算的工具，在对油藏进行数值模拟时，需要将油藏的地质特征、流体特征和开发动态形成表征油藏综合特征的数据体输入数值模拟器中之后才能进行模拟计算。因此，在运行数值模拟器

8-3　油藏数值模型的建立

之前需要收集相应的各种油藏数据并进行分析、整理、研究，利用取得的资料建立起相应的数值模型。总体来说，数值模型可以分为数值地质模型、流体模型和生产动态模型 3 部分。

1.数值地质模型的建立

数值地质模型是利用油藏精细描述的结果，以差分离散为手段建立起来的描述地层属性的数据体。它一般包括地层构造模型、砂体模型、有效厚度模型、渗透率分布模型、孔隙度分布模型等。这些油藏的物性参数分布在经过油藏精细描述和地质建模过程后都生成了相应的数据体，可以根据数值模拟的需要将地质模型生成相应的数值模拟所用的地质模型。如果进行数值模拟的油藏没有地质建模资料，那么可以根据油藏积累的资料建立相应的地质模型。建立地质模型所需的数据包括：

（1）油藏的地下井位图或地下井位的大地坐标。这些井位需要校正后的地下资料，不采用地面井位。对于斜井和水平井，需要提供井身轨迹，以确定模拟层位中井的位置。

（2）油藏模拟计算层位的构造等值图或井点的构造数据、断层的轨迹数据。

（3）油层砂体厚度分布等值图、有效厚度分布等值图、孔隙度分布等值图、渗透率分布等值图，或者以上这些参数的井点位置参数。这些参数要进行离散并形成数值模型。

（4）隔夹层的分布图。

以上资料主要来源于油藏精细描述成果，以图件或数据表格的形式给出。油藏描述中依据的数据主要为地震资料、实验室内岩芯分析资料、测井解释资料等。例如，孔隙度资料来源于岩芯分析和测井方法；渗透率资料来源于岩芯分析、试井和测井方法。对于同一个油层属性，当采用不同的解释分析方法时，得到的结果可能不同。例如，渗透率的解释方法有很多种，迄今为止还不能说哪一种方法最好。若经济条件许可，大量取芯并进行岩芯分析是目前获得平面和纵向渗透率分布的最直接方法，同时岩芯分析也是获取纵向渗透率的唯一方法。由于在岩芯尺度范围内岩石的非均质性总是存在的，所以必须对岩芯分析所得的渗透率进行平均，用平均渗透率来描述整个油藏或局部油藏的流动特性。试井分析是获取油藏某一部分渗透率的有效方法，它是通过对被测油气井进行压力降落或压力恢复测试反求得到油层参数的。这种方法求出的渗透率是井底周围在束缚水条件下的油相有效渗透率。与岩芯分析、试井解释方法相比，测井方法解释的渗透率通常不太可靠，需要利用孔隙度资料对渗透率进行校正。

以上资料收集完成后就可以建立数值地质模型。现有的商业数值模拟软件主要采用差分离散方法来建立数值地质模型。在离散的过程中都有一定的控制条件，对于不同的参数，控制条件可以不同。例如，对于构造模型的建立，需要以构造等值线、井点的构造高度为基本数据，以断层为边界控制条件进行插值；对于有效厚度，需要以等值线、井点数据为基本数据，以有效厚度零线为边界进行插值。

2. 流体模型的建立

流体模型主要描述油藏中流体性质、流体分布以及渗流关系。资料来源主要为实验室内高压物性资料、矿场测试资料和岩芯驱替资料。

流体分布特征主要包括初始油、气、水分布和初始地层压力分布。输入方法有两种，即平衡初始化和非平衡初始化。对于平衡初始化，需要提供油藏的初始油水、油气界面位置及界面处的压力、毛管压力、流体密度等参数，然后根据毛管压力与重力之间的平衡关系计算地层中任意一点的初始压力分布以及初始化的油水分布特征。具体的计算方法在上一章已经给予了介绍。当采用非平衡初始化时，需要逐个对网格赋初始的油、气、水分布和地层压力数值，采用的方法如前面地层参数的处理方法。采用非平衡初始化容易造成初期流体分布的不平衡，使模拟初期的计算速度减慢，发生流体的重新分布。

数值模拟计算中要用到流体的高压物性资料主要包括地层流体的体积系数、溶解气油比、黏度、体积系数、密度、地层水的矿化度及天然气的体积系数、黏度等参数。对于等温渗流，这些数据表现为与压力之间的变化关系；对于组分模拟和非等温模拟，还需要相平衡数据以及岩石和流体的热物性资料等。这些数据主要来源于室内高压物性实验，在选取实际数据时应该注意采用的数据能否代表油藏的特征。例如，当油藏的原油黏度差异较大时，如果全部油藏采用一套平均的原油高压物性资料来描述，那么在历史拟合过程中会带来很大的困难，这时最好采用分区的处理方法，即在不同的区域内采用不同的原油物性资料。

毛管压力资料也来源于室内实验,不过应该注意将实验室所得的地面条件下的毛管压力转换为地层条件下的毛管压力。进行毛管压力换算时一般使用以油、水系统为标准的非湿相和湿相。换算方法如下:设 σ_1, σ_2 及 θ_1, θ_2 分别为两种流体系统(如汞-空气系统和油-水系统)的界面张力及润湿角,或流体系统相同但分别为实验室条件和油藏条件下的界面张力和润湿角;p_{c1}, p_{c2} 分别为相应的毛管压力。假设两种流体系统所用的岩芯相同,则在半径为 r 的毛管中,两种系统的毛管压力分别为:

$$p_{c1} = \frac{2\sigma_1 \cos \theta_1}{r}, \quad p_{c2} = \frac{2\sigma_2 \cos \theta_2}{r} \tag{8-2-1}$$

两式相除,可得到下面的换算公式:

$$p_{c2} = \frac{\sigma_2 \cos \theta_2}{\sigma_1 \cos \theta_1} p_{c1} \tag{8-2-2}$$

如果界面张力和润湿角已知,又知道其中一个系统的毛管压力曲线,那么根据式(8-2-2)便可求出同一岩芯在另一系统条件下的毛管压力曲线。例如,已知实验室条件下半渗隔板法测得的毛管压力为 p_{cwg},水的表面张力 $\sigma_w = 72$ mN/m,油藏条件下油水的界面张力 $\sigma_w = 25$ mN/m,两种条件下水对岩石的润湿角 $\theta_w = 0°$,则由式(8-2-2)可算得油藏条件下的毛管压力 p_{cwo} 为:

$$p_{cwo} = \frac{25 \text{ mN/m} \times \cos 0°}{72 \text{ mN/m} \times \cos 0°} p_{cwg} = 0.35 p_{cwg}$$

该例说明,实验室条件下与油藏条件下半渗隔板法的毛管压力换算系数为 0.35。

再如,已知汞的表面张力 $\sigma_{Hg} = 480$ mN/m,对岩石的润湿角 $\theta_{Hg} = 140°$,水的表面张力同上,水对岩石的润湿角 $\theta_w = 0°$,则压汞法和半渗隔板法测得的毛管压力的比值为:

$$\frac{p_{cHg}}{p_{cw}} = \frac{\sigma_{Hg} \cos \theta_{Hg}}{\sigma_w \cos \theta_w} = \frac{-480 \text{ mN/m} \times \cos 140°}{72 \text{ mN/m} \times \cos 0°} \approx 5$$

油水或油气的相对渗透率反映了不同流体在地层中的渗流能力,该资料主要来源于实验室水驱油实验。由微观渗流机理知,两相流体的渗流实际上是特定岩石孔隙结构的反映。不同的岩石孔隙结构,相对渗透率曲线各不相同,如图 8-2-10 所示。油藏数值模拟考虑的是油藏整体的渗流状况,不同的油藏部位、不同的孔隙结构,决定了不同的相对渗透率曲线。从这个角度出发,数值模拟应该在不同的油藏部位采用不同的相对渗透率曲线,这个功能目前商业数值模拟软件一般都可以实现,采用的方法是分区,即不同的区域采用不同的相对渗透率曲线。在进行分区时,应考虑地层的沉积相带分布。不同的沉积微相代表了不同的砂体形成环境和不同岩石骨架特征。在沉积条件较好的区域,岩石颗粒均匀,分选好,形成的孔喉均匀,对应的相对渗透率曲线两相渗流区域比较宽,油、水的相对渗流能力都比较高;而在沉积条件较差的区域,孔喉不均匀,对应的两相渗流区比较窄。因此,在不同的沉积相带选用不同的相对渗透率曲线符合油藏地质和流体渗流特征,而且有利于降低生产动态历史拟合的工作强度,提高拟合精度。

采用多条相对渗透率曲线可提高历史拟合的速度和精度,但进行动态预测时,由于选取的相对渗透率曲线不同,预测结果不具有统一性和可对比性,尤其是对水驱开发阶段比较短的油藏,相对渗透率曲线在高含水阶段没有经过相应的流动规律拟合验证,在预测时具有较大的不确定性。为了便于与油藏工程研究结果进行对比,模拟计算时也可采用一条相渗曲线来表征整个油藏的油水与岩石间相互作用的宏观平均效应。但是实验室内得到的是多条

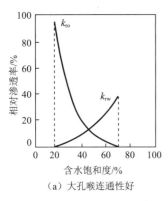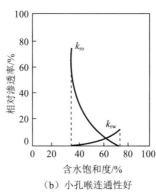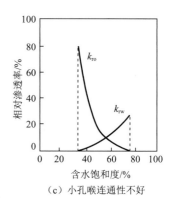

（a）大孔喉连通性好 （b）小孔喉连通性好 （c）小孔喉连通性不好

图 8-2-10 孔喉大小及连通性好坏对砂岩油水相对渗透率曲线特征的影响

曲线,这就需要采用一定的方法将多条相对渗透率曲线合为一条。目前常用的方法有平均饱和度法、经验公式法和归一化法。

1）平均饱和度法

将不同岩芯测得的相对渗透率曲线绘在同一张坐标纸上,采用连续固定油、水的相对渗透率值[如 $k_{ro}=k_{ro}(S_{wc}),\cdots,0.2,0.1,0.05,0;k_{rw}=0,0.05,0.1,0.2,\cdots,k_{rw}(S_{or})$],求对应含水饱和度下油、水的相对渗透率的平均值,由此可得油、水两相的平均相对渗透率曲线。该法简单易行,是目前国内外常用的方法之一,但精度不高。

2）经验公式法

利用有代表性的相关经验公式对每块岩芯的相对渗透率曲线数据进行回归,求出能反映曲线特征的相关参数,然后对不同相对渗透率曲线的经验公式中的相关参数进行平均,从而得到该油藏有代表性的相对渗透率曲线的经验公式及数据。下面以水湿岩石为例,介绍该方法的具体应用。

描述相对渗透率曲线的经验公式很多。实践表明,对于水湿储层,油、水两相相对渗透率曲线的相关经验公式可表示为:

$$k_{rw}=\left(\frac{S_w-S_{wc}}{1-S_{wc}-S_{or}}\right)^n, \quad k_{ro}=\left(\frac{1-S_w-S_{or}}{1-S_{wc}-S_{or}}\right)^m \qquad (8-2-3)$$

式中,m,n 为取决于岩石孔隙结构特征的常数。

对式（8-2-3）两边取对数后得:

$$\lg k_{rw}=n\lg S_{wD}^w, \quad \lg k_{ro}=m\lg S_{wD}^o \qquad (8-2-4)$$

其中:

$$S_{wD}^w=\frac{S_w-S_{wc}}{1-S_{wc}-S_{or}}, \quad S_{wD}^o=\frac{1-S_w-S_{or}}{1-S_{wc}-S_{or}}$$

k_{rw}-S_{wD}^w,k_{ro}-S_{wD}^o 在双对数坐标系中成直线关系,经过线性回归后可分别求得两直线的斜率 m 和 n 值;然后利用算术平均（或几何平均）方法求得不同测试岩样相对渗透率曲线的平均值 $\overline{m},\overline{n},\overline{S_{wc}},\overline{S_{or}}$;最后将这些平均值分别代入式（8-2-3）,即可得到平均相对渗透率曲线的经验公式,从而求得平均的相对渗透率数据。

3）归一化法

若已知 M 条相对渗透率曲线,对其中每条曲线都进行归一化处理。例如,对第 i 条相对

渗透率曲线,归一化方法为:

$$S_{wn} = \frac{S_w - S_{wci}}{1 - S_{wci} - S_{ori}}, \quad k_{rwn} = \frac{k_{rw}}{k_{rwori}}, \quad k_{ron} = \frac{k_{ro}}{k_{rowci}} \tag{8-2-5}$$

式中,S_{wn}为归一化饱和度;S_{wci},S_{ori}分别为第i条相对渗透率曲线的束缚水饱和度和残余油饱和度;k_{rwn},k_{ron}分别为归一化水相和归一化油相相对渗透率;k_{rwori}为第i条相对渗透率曲线残余油饱和度下的水相相对渗透率;k_{rowci}为第i条相对渗透率曲线束缚水饱和度下的油相相对渗透率。

　　这样将曲线处理为归一化饱和度S_{wn}在[0,1]之间的曲线。对M条曲线都做如此处理,得到如图 8-2-11 所示的归一化曲线。然后将M条曲线对应饱和度S_{wn}下的油水归一化相对渗透率k_{rwn},k_{ron}采用算术平均处理,就可以得到一条平均的归一化曲线。

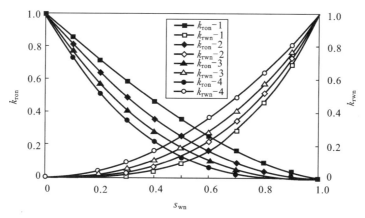

图 8-2-11　4 条相对渗透率曲线的归一化处理

　　完成上述归一化计算后,还要对相渗曲线的端点值进行平均处理。平均的指标有束缚水饱和度、残余油饱和度、油水的相对渗透率端点值。平均处理采用算术平均法,如下式:

$$\left. \begin{array}{l} S_{wc}^* = \dfrac{\sum\limits_{i=1}^{M} S_{wci}}{M}, \quad S_{or}^* = \dfrac{\sum\limits_{i=1}^{M} S_{ori}}{M} \\[4mm] k_{rwor}^* = \dfrac{\sum\limits_{i=1}^{M} k_{rwori}}{M}, \quad k_{rowc}^* = \dfrac{\sum\limits_{i=1}^{M} k_{rowci}}{M} \end{array} \right\} \tag{8-2-6}$$

式中,S_{wc}^*为M条相渗曲线的平均束缚水饱和度;S_{or}^*为M条相渗曲线的平均残余油饱和度;k_{rowc}^*为M条相渗曲线的平均归一化最大油相相对渗透率;k_{rwor}^*为M条相渗曲线的平均归一化最大水相相对渗透率。

　　然后还需要将归一化曲线进行非归一化计算,形成反映油藏整体渗流特征的相对渗透率曲线。非归一化计算方法为:

$$S_w = S_{wc}^* + S_{wn}(1 - S_{wc}^* - S_{or}^*), \quad k_{rw} = k_{rwor}^* k_{rwn}, \quad k_{ro} = k_{rowc}^* k_{ron} \tag{8-2-7}$$

最后得到如图 8-2-12 所示的非归一化后的油水相对渗透率曲线,即数值模拟中所采用的相对渗透率曲线。

　　相对渗透率曲线也可以利用矿场资料通过拟合水驱特征曲线得到。由于水驱特征曲线是在整个开采单元上建立的,因此这种方法与归一化方法获得的相对渗透率曲线应该是一致的。

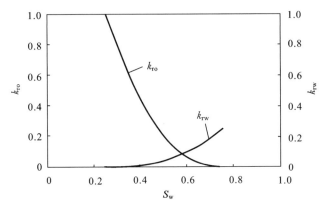

图 8-2-12　非归一化后的综合油水相对渗透率关系曲线

　　此外,通过数字岩芯也可以计算出油水相对渗透率曲线。理论上讲,通过数字岩芯可以计算出油藏空间上任意点的相渗曲线,实现对油水渗流规律的精确模拟。但毫无疑问,这样会大大增加计算工作量,目前在油藏规模上的数值模拟计算是难以实现的。可以通过尺度升级方法,计算油藏孔喉分布特征范围内的相渗曲线,采用相渗曲线分区的方法进行分区赋值,实现微观数值模拟与宏观数值模拟的结合。

　　目前多种大数据技术也逐渐应用在油水相渗曲线预测上。例如,在掌握了油区大量的岩芯测试得到的油水相渗曲线后,可以抽提出相渗曲线的特征参数,将特征参数与岩芯孔渗参数、微观孔喉特征、流体参数、实验条件进行拟合训练,建立油水相渗曲线预测模型,对数值模拟中每个网格的相渗曲线开展预测,得到每个网格使用符合物性参数特征的相渗曲线,从而提高剩余油预测精度(图 8-2-13)。

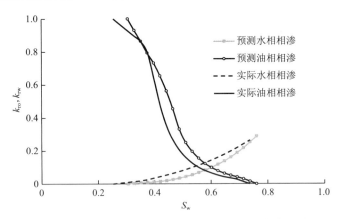

图 8-2-13　基于大数据技术预测的油水相渗曲线效果对比

　　在油气田开发过程中,油层中可能出现油、气、水三相流动。由于与三相流动有关的实验存在一些问题,因此目前主要通过分别测定油水系统和油气系统的相对渗透率数据,然后利用数学模型计算出三相的相对渗透率。常用的数学模型为 Stone 修正模型(Ⅱ),其基本假设条件为:水相相对渗透率主要与水相饱和度有关,水在较小的孔道中流动;气相相对渗透率主要与气相饱和度有关,气在较大的孔道中流动;油相相对渗透率同时与水相和气相饱和度有关。

根据上述假设条件,三相中的水相相对渗透率为油水系统中的水相相对渗透率,气相相对渗透率为油气系统中的气相相对渗透率。

$$k_{rw} = f_1(S_w), \quad k_{rg} = f_2(S_g) \tag{8-2-8}$$

油相相对渗透率采用以下数学模型计算:

$$k_{ro} = f_3(S_w, S_g) = k_{rowc} \left[\left(\frac{k_{row}}{k_{rowc}} + k_{rw} \right) \left(\frac{k_{rog}}{k_{rowc}} + k_{rg} \right) - k_{rw} - k_{rg} \right] \tag{8-2-9}$$

式中,k_{rowc}为束缚水饱和度下的油相相对渗透率;k_{row}为油水系统中的油相相对渗透率;k_{rog}为油气系统中的油相相对渗透率。

3. 生产动态模型的建立

生产动态模型是描述油藏中注采井动态条件变化的模型。实际油藏的生产是连续的动态变化过程,但是在数值模拟中需要对整个连续的生产历史进行阶段描述,一般采用的时间步长以月为基本单位。

生产动态模型中包括的数据有:

(1)油水井的生产动态资料,主要包括生产井的月产油量、月产水量、月产气量、含水率、动液面、静液面、累积产油量、累积产水量、累积产气量等参数,注水井的月注水量、井口压力、井底压力、累积注水量等参数。这些参数一般从数据库中直接获取。

(2)完井与油层改造资料,包括完井井段内的射孔、补孔及其他完井方式资料、压裂及酸化资料等。这些资料可以反映注采层位的变更及采取措施后油层的污染状况。

(3)油水井动态监测资料,包括油水井产液和吸水剖面、关井测压资料、测井资料。这些资料主要用来拟合计算生产动态。

收集以上生产资料后,按一定的时间段建立生产数据卡。模拟器要求各油水井的生产历史在同一时间轴上,并划分成若干时间阶段,每口井在一个时间段内只允许有一个生产制度。时间阶段的划分应考虑模拟区的生产历史和工作制度的变化(如投产、停产、转注、封堵、补孔等)情况。油水井的动态资料可以单井卡片输入。这些资料分成两部分:一部分为射孔历史,包括射孔时间、射孔位置、射开程度、油层污染系数;第二部分为生产历史,包括生产时间和产液量(或产油量或注水量)。各时间段内的工作制度设置为定产液、定注水或定流压,油水井的平均日产液量或日注水量可根据阶段累积量除以阶段日历天数得到。

另外,在建立生产动态模型时,有时会遇到需要劈产的情况。劈产是一个复杂的过程,实际的分层产量要受到各个层的生产压差、小层含水率、小层物性参数、污染程度等多个方面的控制,但是劈产过程中这些参数是难以全部求取的,因此只能简化掉一些条件。劈产时一般采用以下方法:

(1)首先考虑利用吸水、产液剖面进行劈产,这是直接反映井底生产状况的资料,可靠性较高。但是吸水、产液剖面只反映某一段时间纵向上的生产状况,层间吸水、产液比例是随时间逐渐变化的,因此需要连续监测吸水、产液剖面,这在实际生产过程中难以实现。

图8-2-14是某口注水井在2013年和2019年通过矿场测试得到的吸水剖面,该注水井在这期间没有进行过封堵、调剖作业,但是很明显每个小层的吸水比例均发生了变化。在这种情况下,如果在2013—2019年间没有进行其他的吸水剖面监测,就难以掌握每个小层的吸水比例变化情况。

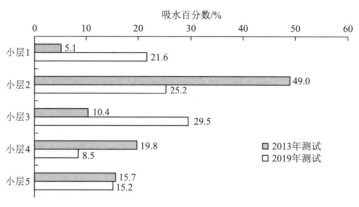

图 8-2-14　同一口井不同时间测试的吸水剖面对比

（2）对层间流体性质差异比较大的层位，劈产时可以根据流体的性质来计算。例如对高黏、低黏合采的油层，分别化验两层原油的密度，然后确定高黏、低黏油层的产油量。对地层水矿化度差异比较大的合采层，可利用矿化度的资料进行产水量的劈分。

（3）考虑利用单采资料进行劈分。如果合采井在合采前或者合采后有过单采的生产阶段，而且单采阶段没有进行其他的措施，那么可以根据单采资料确定目前生产层位的产液指数，然后利用该产液指数对合采时的产液量进行估算，确定每个层位的产液量。

（4）利用地层系数进行劈产。这种方法是简化掉很多因素后，只考虑地层的渗透率和产液层厚度，进行算术劈分的，准确程度较差，但是这种方法采用的参数最容易得到，因此利用得也比较多。

生产动态模型中还需要对计算过程中的一些参数进行设置，如输出格式、输出时间步长、需要输出的参数和指标等。

第三节　历史拟合

8-4　生产历史拟合

一、历史拟合的概念和目的

油藏生产历史的拟合是数值模拟过程中花费时间和精力最多的一部分工作。生产历史拟合就是用已有的油藏参数（如渗透率、孔隙度、饱和度等）和确定的注采控制条件（如注采量、压差、射孔等）去计算油田的开发历史，并将其计算的开发指标（如压力、产量、含水率等）与油藏开发实际动态相对比。若计算结果与实测结果不一致，则说明对油藏的认识还不清楚，模型参数与地下情况不符，必须做适当调整，修改后再进行计算，直到计算结果与实际动态相吻合或在允许的误差范围内为止。这种对油藏动态进行反复拟合计算的方法称为历史拟合。通过历史拟合，一方面可以反求油藏参数，正确地认识油藏的客观实际；另一方面可以对油藏后期的开发动态进行预测，从而为今后的方案调整提供依据。

依据油藏精细描述的结果建立起来的油藏地质模型不一定符合地下真实情况。例如，通过测井解释得到的渗透率参数不一定和地下情况完全一致,因此需要用实际的生产资料进行验证。此外,油藏地质模型的建立是根据井点资料形成的,井点之间的物性参数分布通过井点参数插值计算得到,主要体现数学意义上的参数分布,因此理论上讲插值得到的物性参数具有较大的不确定性。因此,初期建立的地质模型不一定反映地下的实际情况。

采用初期建立的地质模型,对油藏的生产历史进行拟合计算,若计算的生产指标与实际的生产指标相符合,则说明目前的地质模型可以反映地下的真实情况;反之,若两者不符合,则建立的地质模型肯定不符合地下的实际情况。因此,在历史拟合的过程中,对油藏的地质模型进行不断修正,使之更符合实际的油藏情况,是历史拟合的首要任务。只有在生产指标拟合好之后,才能认为目前形成的地质模型可以反映地下的实际状况,这个模型才可以用来预测油藏动态。在历史拟合过程中,除了校正地质模型外,也可以对流体参数及渗流特征进行校正,例如在历史拟合过程中可以修正油水相对渗透率曲线,使之反映地下的真实情况。

油藏数值模拟计算时所建立的地质模型、流体模型中含有很多不确定性参数,也就是说,所建立的油藏模型存在不确定性。因此,对一个具有一定开发历史的油田进行历史拟合是必然的,也是必需的。油藏模型的不确定性并非是由一个参数所造成的。历史拟合过程对应于数学上的反问题,因此具有多解性,即对同一个计算结果,通过参数调整所获得的不确定参数的组合也是不同的。

若油藏模型的不确定性程度较大,不确定性参数的虚拟组合数量很多,则对每种组合都进行一次模拟计算是不可能的。显然,历史拟合应该尊重室内实验结果和油藏地质资料,不能随心所欲地使用"参数虚拟组合"技术,无限制地修改油藏参数,否则历史拟合过程起不到校正油藏参数的目的,而只不过是为了拟合而拟合,不具有任何实际意义。

二、历史拟合的指标

数值模拟历史拟合的指标主要是那些能反映油藏及单井动态的指标。其中,油藏动态指标包括油藏的原始地质储量及油藏的累积产油量、累积产水量、累积生产气油比、综合含水率、地层平均压力、累积注水量等随时间的变化。油井动态指标包括瞬时产油量、含水率、产水量、瞬时生产气油比、累积产油量、累积产水量、井底压力等随时间的变化。水井动态指标包括瞬时注水量、累积注水量、井底压力等随时间的变化。

在历史拟合之前收集到的油水井的工作制度和生产动态数据,一部分作为井的工作制度进行模拟计算,一部分作为计算后的指标进行对比。在生产动态历史数据中,产液(油)量和注水量数据相对齐全,所以在历史拟合阶段通常用产油(液)量或注水(气)量作为工作制度进行模拟计算,而以含水率、井底流压、油层平均压力等作为拟合指标。

对以上这些反映油藏和单井动态的指标,拟合时具有一定的顺序,如图 8-3-1 所示。一般来说,先拟合油藏的储量,然后拟合油藏的综合指标,最后拟合单井的指标。拟合时不可能一次拟合很多个指标,因为油藏的动态是取决于多个指标的,每个参数的调整都可能影响到多个指标。

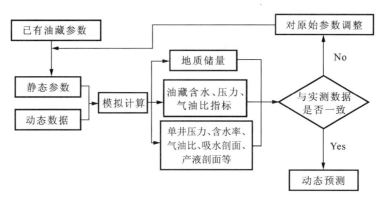

图 8-3-1　历史拟合的顺序

三、历史拟合的参数调整原则

油藏数值模拟方法能考虑油藏的几何形状、非均质性、岩石和流体的性质、井网方式和产量等多种因素对动态的影响,是油藏动态研究中考虑因素最多的一种方法。但由于油藏参数本身存在不确定性,使得模拟计算结果与实际动态差异较大。数值模拟时所用的油藏参数主要来自地震、测井、岩芯分析、流体分析和测试,除参数本身存在误差外,这些参数的代表性也是有限的,因此在模拟计算时可以进行修正和调整。所谓参数的不确定性,实质上是指参数在工程计算中的不精确性。

历史拟合的计算过程存在多解性,即不同参数的不同组合有可能得到相同的计算结果。为了避免参数修改的任意性,在历史拟合开始前必须确定各参数的可调范围,以使修正后的地质模型是合理的、可接受的。确定参数可调性需要综合多方面的知识,且对数据来源应有清楚的了解。

确定参数的可调性及可调范围是一项重要而细致的工作,需要油藏工程师和地质工程师共同努力,收集和分析一切可以利用的资料。首先要分清哪些参数是确定的,即是准确可靠的,哪些参数是不确定的,即是不准确不可靠的,然后根据情况确定可调参数。确定的参数一般不允许修改,不确定的参数则允许修改,或在较大范围内修改。

油藏模拟模型中部分参数的不确定性与修改程度如下。

(1) 孔隙度:由岩芯分析和测井资料获得,为确定性参数。孔隙度的变化范围较小,层内孔隙度的变化更小,一般不进行修改,或允许改动的范围很小。

(2) 渗透率:来源于测井解释、岩芯分析和试井解释,为不确定性参数。渗透率的变化范围较大,其原因在于:一方面不同方法解释出来的渗透率相差较大,另一方面井间渗透率的分布也是不确定的,而且油层的渗透率在整个开发过程中也是不断变化的,这种变化直观地反映在每年有大量的泥砂沉降在油罐底部。可以肯定,油层出砂主要是由近井地带岩石结构破坏所引起的。随着水淹程度的增加,井间岩石颗粒的结构也会出现一定程度的破坏。影响油井出砂的因素包括地质和开采条件,如岩石颗粒胶结程度、应力状态、水淹程度和开采条件等。不同开发阶段的钻井取芯分析资料表明,井间油层的渗透率是在不断变化的,但影响因素非常复杂,目前渗透率变化的规律性还难以准确表示出来。因此,渗透率修改范围较大,一般可放大 2～3 倍或缩小为原来的 1/3～1/2,甚至更多。但若没有特别要求,通常认为岩石渗透率不随时间变化。

（3）有效厚度：主要来自测井资料，为确定性参数。对比关键取芯井与测井资料，有效厚度的差值可能会在 30% 左右，这主要是由于部分小夹层如钙质层或泥质层没有被完全分离出来，所以有效厚度可以调整 0～30%。此外，当个别井点没有提供厚度解释值时，也可以进行适当调整。

（4）流体和岩石的压缩系数：流体的压缩系数为确定性参数，岩石的压缩系数为不确定性参数。这是因为油藏流体的压缩系数是实验室测定的，变化范围不大；而岩石的压缩系数虽然也是实验室测定的，但在地层状况下，受岩石内饱和流体和地应力的影响，而且地层实际有效厚度与一些非有效厚度是连通的，还有一定的孔隙和流体在内，同时在开发过程中其弹性作用也有影响，因此考虑到所有这些影响，岩石压缩系数可以扩大 1 倍。

（5）初始压力和流体分布：为确定性参数。如果有取芯资料，那么初始状态下的饱和度分布是比较准确的，压力分布也是比较准确的。对于开发中期的测井资料，如果方法无误，那么可以认为是准确的。

（6）油、气、水的高压物性资料：是实验室测定的，为确定性参数。一般认为油、气、水的高压物性资料是准确的，在一定情况下也可以在较小范围内修改，但需要在各种资料对比的基础上进行修改。

（7）相对渗透率数据：来源于实验室的岩芯渗流实验，由于油藏的非均质性，所取的相对渗透率曲线并不一定能反映整个油藏的渗流状况，因此为不确定性参数。相对渗透率曲线的可调范围较大，一般主要是调整油水相对渗透率曲线的形状和端点值。

（8）油、水油气面：在资料不多的情况下，允许在一定范围内修改。

四、历史拟合调整参数的方法

油藏是一个复杂的系统，各个参数的调整都是相互影响的，因此要拟合好某一个指标，首先要知道哪些参数会影响到这个指标，然后才能有针对性地进行调整。

1. 油藏储量拟合

数值模拟计算储量的方法与油藏精细描述计算地质储量的思路是相同的，都采用容积法，只不过数值模拟的储量是将每个网格的储量相加得到的，精度要相应地高于油藏精细描述提供的地质储量。容积法计算地质储量（N）的公式如下：

$$N = \frac{Ah\phi S_{oi}\rho_{osc}}{B_{oi}}$$

（8-3-1）

由储量计算公式可知，影响油藏储量的因素有：油藏的含油面积 A、有效厚度 h、孔隙度 ϕ、原始含油饱和度 S_{oi}、地面原油密度 ρ_{osc}、原油体积系数 B_{oi} 等。因此，如果数值模拟计算的储量与油藏精细描述提供的储量拟合不上，就需要从以上 6 个参数来查找问题。此外，需要说明的是，整个油藏的储量是将每个小层的储量相加得到的，因此储量拟合时要逐个拟合每个小层的储量。

影响储量的参数比较多，需要逐个进行检查。首先需要检查的是小层的含油面积，即将数值模拟初始的含油面积与油藏描述的结果进行对比，看两者是否存在差异。经常出现的问题是在建立模型时由于插值控制条件不同，导致砂体厚度插值时出现油藏范围扩大或者缩小的现象,这时就需要对模型的边界条件进行控制,添加有效厚度零线或者修改断层边界。

有效厚度修正主要考虑有效厚度的解释界限,需要针对不同的井组综合考虑沉积特征、矿物成分、黏土含量等指标进行有依据的校正,切忌为了拟合储量而对有效厚度进行批量修正。

地层孔隙度的修正也应该遵从以上方法,首先求出各个小层的平均孔隙度,然后进行对比以确定是否需要修改。

原始含油饱和度容易出现差异的地方是油水过渡带附近。对于平衡初始化,可以通过修正毛管压力曲线来校正油水过渡带的油水分布;对于非平衡初始化的油水分布,可以手工进行修改。

地面原油密度和原油体积系数是通过高压物性实验获取的,一般比较准确,最好不要进行修改。如果要修改,需要提供明确、充足的证据。

对以上参数进行修正以后,基本就能拟合好地质储量。实际拟合时不要希望一次就将地质储量拟合正确,因为在后面的动态拟合中还要进行参数的校正,有可能还会影响到地质储量。

8-5 地层压力拟合

2. 油层压力拟合

在油藏数值模拟过程中,需要拟合的压力包括油层平均压力、压力分布、井底流压。影响压力的油层物性参数很多,一般情况下与流体在地下体积有关的参数如孔隙度、厚度、饱和度等数据都对平均压力的计算值有影响,而与流体渗流速度有关的物性参数如渗透率及黏度等则都对油层压力的分布状况有较大的影响。此外,油藏周围水体的大小和连通状况、注入水量的分配、油层综合压缩系数的改变,都对油层压力有比较明显的影响。在对压力进行拟合时,可根据对油层地质、开发特点的认识,确定这些物性参数的可靠性,并分析它们对压力的敏感性,选择其中的一个或某几个参数进行调整。

油藏压力的拟合包括两部分:一是拟合油藏平均压力的变化趋势,二是拟合油藏压力的分布特征。首先应该说明的是实际油藏地层压力的选值问题。监测的油藏平均压力是利用测试井的压力恢复数据计算得到的,但是限于进行测试的井数比较少,因此要反映地层的压力需要对测量的数据进行甄选,剔除不合理的数据。

影响整体地层压力水平的因素主要有综合压缩系数、边界性质、产气量、劈产数据及注采量准确性等。

油藏综合压缩系数对地层压力计算的整体水平有较大的影响。增大或减小油层综合压缩系数可使压力计算值升高或降低,而且由于综合压缩系数特别是其中的岩石压缩系数一般实测样品较少,有时甚至不做测定而直接借用,以致数据的可靠性较差。因此,在对平均压力进行拟合时可对综合压缩系数做较大幅度的调整。一般的规律是,如果综合压缩系数偏大,则数值模拟计算的油藏压力变化缓慢,压力降低的速度或升高的速度明显低于油藏实际的压力变化速度;反之,如果压缩系数偏小,则数值模拟计算的地层压力上升或者下降的速度比较快。如图8-3-2所示的地层压力变化趋势拟合曲线,早期计算的地层压力下降得比较快,而后期地层压力上升得比较快,这说明模拟计算时所用的综合压缩系数偏小,因而容易引起压力的快速波动,此时可以适当地增大综合压缩系数。在综合压缩系数增大至原来的 1.5 倍后,地层压力的拟合规律较好。

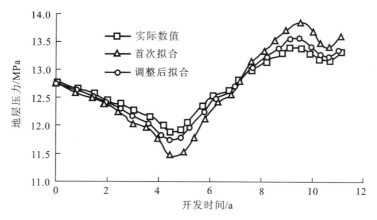

图 8-3-2　地层压力变化趋势拟合

边界条件的性质对压力拟合也有较大的影响。由于油藏可能与水体连通,而反映水体性质的资料一般取得较少,水体的大小和渗透率通常只是一个估计值,可靠性相对较差,所以水体的物性参数是重点考虑的因素。可以选择不同形式的水体来模拟实际的边水性质,通过调整描述水体性质的参数来控制水体能量的发挥。如果计算的地层压力偏低,则可以适当地提高水体能量;反之,可以适当地降低水体能量。此外,当选择井组进行模拟时,井组一般是不封闭的,若计算的井组平均压力普遍偏高或偏低,则说明此时井组内外注采量的分配不合理,需进行适当的调整。

通常情况下天然气产量的计量不太可靠,特别是对高气油比油田或带气顶的油田,当气体的集输和下游的处理系统尚未建成而被放空时,天然气的计量值和实际产出量有很大的出入(这种现象在 2010 年前比较常见,随着对天然气需求量的增加,油公司越来越重视伴生气体的收集和利用,气体计量数据逐渐完善)。此时调整其他参数难以得到满意的压力拟合,可以通过调整天然气的计量值来实现。

对于有劈分情况的数值模拟计算,生产井产液量的劈分和注水井注水量的劈分直接影响了地层压力的变化。对于单井模型,这个因素的影响尤其明显。历史拟合过程中当其他的因素都进行校正以后,可以考虑对劈产的参数进行适当的调整,尤其是当只采用地层系数进行劈产时,很容易发生劈产不准确的情况。这时最好参考矿场测试的吸水剖面和产液剖面资料进行劈产处理。

油藏平均压力的变化趋势拟合好之后,还需要对油藏的压力分布进行拟合,此时要拟合每个生产层位的压力分布。对比计算的压力分布与根据液面资料推算的地层压力是否符合,尤其是对计算的异常高压和异常低压部位进行分析,如果油藏中某一部分存在高压区而其相邻部位为低压区,则可以考虑增加相应部位的渗透率或增加两个区域之间的连通程度来改善流动能力,使流体更易于从高压区流向低压区,从而消除不合理的压力分布。如果采用以上方法还不能消除压力异常的区域,那么就要考虑生产井对应的生产层位,或者注水井对应的吸水层位是否存在问题。例如,生产井实际的生产层位比较多,而对应模型中的生产层位比较少,就会导致计算时存在低压区域;对于注水井,如果有这种问题,就会出现高压区域。对于长时间进行注水开发的油藏,注采井频繁地进行措施,层位变更也比较频繁,很容易出现以上的问题。另外,对于小的土豆状砂体,也容易造成压力异常,因为小砂体与周围没有流体交换,采出少许流体就会导致油层压力比较低;反之,多注入一些水则会造成压力偏高。

3. 油藏综合含水率(气油比)拟合

8-6 综合含水率的拟合方法

在实际的历史拟合过程中,可以采用定产油量拟合含水率和产液量,或者给定产液量拟合含水率或产油量的方法来拟合油藏动态。但是无论采用哪种拟合方式,拟合好一个指标后,另一个指标也就相应地拟合好了,所以这里主要对含水率的拟合方法进行讨论。此外,含水率和气油比的拟合反映了油水和油气之间的分流能力,两者拟合的原理和方法基本相同,都是通过调整相对渗透率曲线来实现的。下面以含水率为例进行介绍。

含水率的拟合分为两个部分:一是拟合初始阶段的含水率,主要是拟合无水采油期;二是拟合综合含水率的变化趋势。

影响初始阶段含水率的因素主要是地层中初始的油水分布和相对渗透率曲线的端点值。如果油藏初始含水饱和度大于相对渗透率曲线上的束缚水饱和度,那么生产井开井即产水;如果初始含水饱和度小于或等于束缚水饱和度,则不产水。一般初始含水饱和度比较准确,所以拟合初始含水率时,主要调整的是相对渗透率曲线上的束缚水饱和度。如图 8-3-3 所示,当计算的见水时间偏早时,可以将束缚水饱和度端点向右移动(图 8-3-3a);反之,当计算的见水时间偏晚时,可以将端点向左移动(图 8-3-3b)。应该指出的是,相对渗透率曲线的修改不应该是简单的一个端点的移动,而应该是将初始阶段的曲线进行光滑整体的偏移。

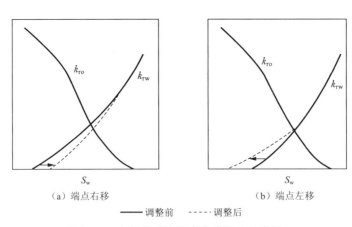

(a) 端点右移   (b) 端点左移

—— 调整前 ----- 调整后

图 8-3-3 水相相对渗透率曲线调整示意图

由于油藏的非均质性,油藏中不同部位的岩石孔隙结构不同,渗流规律也不相同,因此在数值模拟中可以在不同部位使用不同的相对渗透率曲线。目前的商业数值模拟软件都具有分区的功能,利用分区的手段可以达到调整不同生产井初始含水率的目的,这比整个油藏只采用一条相对渗透率曲线要容易一些。

油藏综合含水率是各个单井含水率的综合体现,因此出现初始含水率拟合不好的情况时可以首先分析一下是哪些井造成的初始含水率异常,然后针对单井逐个进行调整。尤其是对具有油水过渡带的油藏,因为处于油水过渡带的生产井的初始含水率可能不正常,所以不能简单地调整油藏的相对渗透率曲线。对于非平衡初始化的油水分布,应该调整过渡带上初始的油水分布;如果采用的是平衡初始化饱和度分布,则应检查油水界面和油气界面的位置。例如,当计算过程中输入的油水界面高于实际值时,会造成见水过早和含水上升过快。因此,在拟合时还应检查所给的油水界面或油气界面的位置是否准确,发现问题时应进行适当的调整。

初始阶段的含水率拟合好之后,需要对含水率的变化趋势进行拟合。含水率的变化趋势可通过调整相对渗透率曲线进行拟合。修改水相相对渗透率曲线的方法如下:

$$k_{rw}^{l+1} = M k_{rw}^{l} \tag{8-3-2}$$

$$M = 1 + \frac{f_w - f_w^c}{f_w(1 - f_w^c)} \tag{8-3-3}$$

式中,k_{rw}^{l} 为调整前的水相相对渗透率,$l=0$ 时 k_{rw}^{0} 表示给定的初始相对渗透率值;k_{rw}^{l+1} 为调整后的水相相对渗透率;f_w^c,f_w 分别为计算含水率和实际含水率。

相对渗透率曲线形式的调整主要是趋势上的调整,而不是个别点的调整,调整后整个曲线应该是光滑的。具体的调整位置可以利用没有拟合上的含水率数值,结合分流量方程确定含水饱和度的区间后进行调整。

在拟合油藏综合含水率时,还应该考虑渗流特征的改变对含水率的影响。对于长期注水开发的油田,经过长期的注水冲刷后,地层孔隙结构肯定发生了相应的改变,因此相对渗透率曲线也会发生相应的改变,导致高含水期的渗流关系与中低含水期的渗流关系明显不同。此外,地层中原油的黏度也在不断发生变化,一般的规律是随注水时间的延长,原油黏度有增大的趋势,即油水黏度比越来越大。油水黏度比的变化也会对含水率的变化产生明显的影响。以上两个因素的存在使得高含水期油藏的综合含水率的拟合比较困难,尤其是在开发后期。解决这个问题的根本思路是在数学模型中考虑以上因素的影响,使数学模型本身能够描述相对渗透率曲线和油水黏度比的变化。目前已经有部分学者提出了这个研究思路,但是在商业化应用的数值模拟软件中考虑得还比较少。如果数学模型本身不能考虑以上问题,则另一个解决问题的思路是:将整个油田的开发历史根据综合含水率进行分段,即在不同的含水开发阶段采用不同的相对渗透率曲线,并采用不同的油水黏度比数值,这样可以较好地拟合整个含水率的变化趋势。

以上对影响压力、含水率或气油比的各个因素进行了分析,但在实际计算时造成计算值和实测值不相符合的因素不止一个,调整一个参数对几个拟合指标都可能产生影响。如调整渗透率分布或原油黏度后,压力分布和井底流压都发生变化;调整相对渗透率曲线后,在影响含水率的同时,也会对压力分布产生影响。因此,历史拟合过程中只调整一个物性参数是不可能解决问题的,需要综合调整多个物性参数。

4. 单井含水率拟合

影响单井含水率的主要因素有初始状况下井底周围的流体分布、周围注水井的注入量、层间非均质性、井底流动参数等。

单井含水率的拟合也需要拟合初始的含水率状况和整个含水率的变化趋势。初始含水率的大小主要取决于单井周围初始的流体饱和度和井所在

8-7　单井生产
指标的拟合

区域采用的相对渗透率曲线。

在拟合初始含水率之前,首先应该对生产井的生产资料进行核实,因为刚投入生产的新井,在开井初期都会出现含水率比较高的现象,这一般是由开井前地层中作业水返排不完全所导致的。这部分水本身是不属于地层的,不能反映地层的真实状况,因此这部分产水量需要进行校正剔除。尤其是对于低渗透油藏,这种现象非常明显。对于低渗透油藏,除了作业水返排不完全外,由于地层污染导致的水锁效应也会使开井初期含水率比较高。在目前的数值模拟计算中,对这类油藏的渗流机理考虑得还不是很完善,因此不能很好地拟合低渗透、特低渗透油藏的初始含水率状况。

在考虑了以上因素之后,初始含水率主要取决于地层性质和渗流特征。首先应该确定的是纵向上哪个层位的初始含水率比较异常,然后有针对性地进行调整。在确定了调整对象后,针对具体的情况进行参数的调整。例如,如果生产井大部分层位计算的含水率都偏高,那么可以考虑对该井采用的相对渗透率曲线的端点进行校正,方法同前。但是应该说明的是,如果整个油藏采用的是一条相对渗透率曲线,那么就不应该因为某一口井的动态而调整相对渗透率曲线,而应该从单井方面进行考虑。这时决定初始含水率的只有地层周围的流体分布。初始的流体分布是比较确定的参数,一般不允许有大的调整,但是在以下几种情况下可以考虑修改井底周围地层的初始油水分布:

(1)井处于油水过渡带上。油水过渡带上的油水分布与地层沉积特征、矿物组成、孔喉分布、黏土含量等有较大的关系,而且以上因素的差异会导致油水过渡带上的油水分布有较大差异,因此可以对初始油水分布进行一定程度的调整。

(2)井底周围的地层物性特殊。如果地层的孔隙结构比较细小,相应地在该位置上的初始含水饱和度也应该比较高,这与周围地层的流体分布具有一定的差异。尤其是对低渗透地层来说,初始的油水分布受到构造作用和地层因素的双重控制,可能出现高部位含水饱和度高,而低部位含水饱和度低的情况。这个特征在实际的低渗透油藏的开发中也得到了验证。对这类油藏单纯地采用平衡初始化确定初始流体分布是不合适的,最好采用非平衡初始化确定初始的流体分布,以便于后期的流体分布调整。

初始含水率也会受到其他因素的影响,例如井底流压的变化会影响到含水率的变化趋势。假设计算的井底流压偏低,在低压下原油黏度增加,导致计算的含水率偏高,因此这时主要对井底压力进行拟合,从而可以间接地影响含水率。另外,对低渗透油藏,还要考虑岩石弹塑性特征和流体启动压力动态变化对含水率的影响。当生产井开始生产后,在井底周围会形成压降漏斗,地层压力的降低导致地层渗透率减小,进而使启动压力梯度增加,造成生产井的含水率偏高。

单井含水率的变化趋势主要取决于注采井组间的对应特征。当注入水突破到生产井的井底后,注水井层间注水量的分配直接影响了相邻生产井的含水率状况。如果单井的含水率变化趋势拟合不上,则首先应该判断生产井纵向上各个模拟计算小层含水率的状况,最好是结合产液剖面测试的资料来核实哪些层位的产液量与实际的不相符,然后对相应的注水井进行层间吸水量的分配,主要通过调整层间渗透率的比例来实现。当然,对于生产井来说,来水可能是多个方向上的,这就需要分别调整,确定生产井与各个注水井之间的影响敏感程度。

纵向上高渗透小层的出现最容易使含水率计算不准确。如果实际的生产资料表明地层中存在高渗透率小层,那么生产井的含水率一般都比较高,需要结合示踪剂测试的资料确定纵向上高渗透层位的部位,然后在数值模型中提高对应层位的渗透率。这可以采用区域整体增加渗透率的方法来实现。

5. 单井井底压力拟合

单井压力的拟合主要是拟合生产井的井底流压变化情况。首先需要知道实际的井底压力数值,但一般直接测试井底压力的机会比较少,所以很难取得直接的井底压力资料。当油井缺少测压资料时,可以采用动液面、静液面折算出井底流压和静压。折算的方法是:在套管不产气的条件下,当抽油井正常生产或关井恢复时,油套环空中气柱、油柱、油水混合液柱3段按重力大小分布,且处于相对稳定的状态。由动液面确定井底流压的计算公式为:

井底流压(p_{wf})＝气柱段压力(p_g)＋油柱段压力(p_o)＋油水混合液柱段压力(p_{ow})

$$(8\text{-}3\text{-}4)$$

气柱段压力:

$$p_g = \frac{p_c + 0.103\ 3}{C_g} \tag{8-3-5}$$

其中:

$$C_g = e^{-0.000\ 15\ \gamma_g H_1}$$

式中,C_g 为气柱压力修正系数;γ_g 为天然气相对密度;H_1 为气柱、油柱与混合液柱段总长度(动液面深度),m;p_c 为井口套压,MPa。

油柱段压力:

$$p_o = 0.01 \gamma_{oe}(H_2 - H_1) \tag{8-3-6}$$

其中:

$$\gamma_{oe} = C_e \gamma_{od}$$

式中,γ_{oe} 为油柱段平均相对密度;γ_{od} 为地面脱气原油相对密度;H_2 为泵吸入口深度,m;C_e 为相对密度修正系数,一般取 0.92~0.97。

油水混合液柱段压力:

$$p_{ow} = 0.01 \gamma_{owe}(H_3 - H_2) \tag{8-3-7}$$

其中:

$$\gamma_{owe} = C_e \frac{1}{\dfrac{1-f_w}{\gamma_{od}} + f_w}$$

式中,H_3 为油层中部深度,m;γ_{owe} 为油水混合液柱段平均相对密度;f_w 为含水率。

由静液面确定平均压力的方法与上述方法类似。

数值模拟中井底压力的大小主要取决于两个方面:一是井底周围地层的性质,二是相邻注水井的注水对应状况。

井底周围的地层性质主要指地层的渗透率。生产井井底的渗透率越小,流动耗费的能量越大,相应的井底压力越低;反之,井底压力越高。根据计算的井底压力的高低趋势调整井所在网格的地层渗透率,如果计算的井底压力偏高,则可以适当降低渗透率;反之,应该增加网格的渗透率。除了地层渗透率的影响外,井底的污染状况也显著影响井底压力的计算,这时可以靠修改表皮系数来达到拟合井底压力的目的。在定液量生产的条件下,增大表皮系数会降低井底的流压,减小表皮系数会增加井底的流压。

6.产液吸水剖面拟合

对于多层合采的生产井或者多层笼统合注的注水井,由于存在多解性,因此在井口产量、含水率拟合一致的情况下,并不代表分层的注采指标拟合是一致的。对于具有产液剖面或者吸水剖面的井,需要在测试剖面的时间段内,将数值模拟计算出的分层产液量、产油量、含水率或者分层吸水量数值与实际测试的分层注采指标进行拟合对比。如果存在明显的差距,则需要调整反映地层渗流能力的参数水平,或者调整每个小层的表皮系数,然后拟合相应的分层指标。由于地下油水分布是动态变化的,分层注采指标也在不断地发生变化,所以在拟合剖面时一定要将测试时间段的测试结果与数值模拟计算的该时间段的分层数据进行对比。

8-8 生产历史拟合特征

7.生产历史拟合特征

以上对数值模拟过程中主要生产指标的拟合方法和原则进行了说明。在实际历史拟合时,会碰到各种各样的问题,解决的方法也是多种多样的。但不论采用什么方法,都需要注意以下几个问题:

(1)生产历史的拟合必须建立在对油藏特征和渗流机理充分了解的基础上。在进行数值模拟之前必须充分利用已有的各种资料,对油藏的地质特征、开发状况、开发过程中出现的问题等进行正确的认识和分析。如果不了解油藏的具体地质状况就进行数值模拟,那么与闭门造车无异,其历史拟合的质量也可想而知。从这个角度出发,最适合做数值模拟的人员应该是现场上长期从事油藏动态管理的科技人员,因为在历史拟合出现问题后,他们能从多个因素中快速地找出主要原因,进行最接近实际的调整。除了要对油藏特征有充分了解之外,还需要掌握油藏渗流机理和数值模拟中对各种问题的处理技巧,这样才能更有效地进行参数调整。因此,对油藏特征和渗流机理的掌握是历史拟合顺利进行的关键。

(2)关于生产历史拟合的涵盖性问题。人们对油藏的认识程度是随开发进程不断加深的,因此通过开发动态预测获得的开发决策不可能一劳永逸。例如某一油田经过5年的开发后,需要对此后的开发方案进行调整,在应用油藏数值模拟方法进行研究时,首先要对前5年的开发历史进行拟合,然后进行后5年的开发方案预测,当新的开发方案实施后,再经过5年的开发,还需对开发方案再进行调整,这时就需要对以往10年的开发历史进行拟合,然后再预测后5年的开发调整方案,如图8-3-4所示。

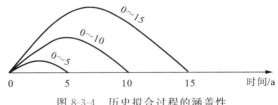

图 8-3-4 历史拟合过程的涵盖性

图8-3-4说明了历史拟合过程的涵盖性,这种涵盖性并非否认原有的拟合结果,因为第二个5年的开发方案与前5年拟合后获得的油藏认识直接相关,或者说如果不对前5年的生产历史进行拟合研究,第二个5年的开发方案就可能具有较大的盲目性。随着开采时间

的增加,油田的实际资料(信息)也在不断增加,但油田生产资料的增加并非数据资料的简单叠加,它反映了油藏的综合特征,因此随着油藏研究程度的不断深入,对油藏的认识程度也在不断提高。不同开发阶段对油藏的认识程度也决定了任何时期的开发方案优选和动态预测都存在局限性,因此应该采用油藏开发的所有资料去研究和认识油藏,把对油藏局部和阶段性的认识放在油藏地质和开发的大背景下去重新认识,这样所建立的调整方案才最优,获得的预测结果才更可靠。

(3)关于拟合指标的顺序问题。一般数值模拟的历史拟合思路是先拟合地质储量,再拟合油藏综合指标,最后拟合单井的指标。数值模拟中考虑的因素较多,模型中的参数多,每个参数的调整都会影响到多个生产指标,而每个生产指标的变化又取决于多个参数。因此,在历史拟合过程中很容易出现一种现象——拟合上一个指标后,其他的指标又拟合不上了,这是模型中参数的相互影响造成的。在实际的数值模拟历史拟合操作过程中,不要希望一次就将所有指标都拟合到位,最好逐步地调整,逐步地分析每个指标的敏感性参数,以便进行最有效的调整。

在实际历史拟合操作过程中也可以打破以上拟合顺序,首先拟合地质储量,然后直接拟合单井的生产指标,因为单井的生产指标拟合好后,综合指标也就自然拟合上了。采取这种拟合方法的前提是基本的油藏物性参数如相对渗透率曲线必须切合实际。

(4)关于数值地质模型的建立。数值模拟的经验表明,好的初始地质模型是快速进行生产历史拟合的先决条件。初始地质模型越接近油藏实际,拟合的速度就越快,即"磨刀不误砍柴工";反之,拟合的速度越慢。这就要求进行数值模拟时,首先对油藏的地质特征进行充分的分析和了解,在建立模型过程中要逐项进行参数的检查与分析,不应该依靠后期的历史拟合来大幅度地校正地质模型。一般来说,建立模型耗费的时间应该占到整个数值模拟工作的 1/3 左右。

(5)关于自动历史拟合的问题。历史拟合是一项复杂枯燥的工作,但是具有一定的拟合原理与拟合规则,因此理论上可以进行自动历史拟合。自动历史拟合依据的基本规则是使计算指标与实际指标之间的误差最小,即

$$J(\boldsymbol{b}) = \sum_{p=1}^{N_p} \sum_{t=1}^{N_t} \sum_{w=1}^{N_w} \omega_w [y(w,t,p) - x(w,t,p)]^2 \tag{8-3-8}$$

式中,N_t 为总时间点数;N_w 为总井数;N_p 为总拟合参数个数;$\boldsymbol{b}$ 为待估参数向量;ω_w 为第 w 口井的拟合参数加权因子;$y(w,t,p)$ 为拟合参数值模拟计算值;$x(w,t,p)$ 为拟合参数观测值。

自动历史拟合在理论上是可行的,但由于油藏指标之间的相互影响非常复杂,完善的自动历史拟合方法还没有形成。通常的做法仍是依靠模拟人员的经验反复修改参数进行试算,因此油藏模拟过程中历史拟合花费的时间占相当大的部分。为了减少历史拟合所花费的时间,需要很好地掌握油层静态参数的变化和动态参数变化的相互关系,并积累一定的经验和处理技巧,以尽可能减少反复运算的次数。

近年来,随着大数据与人工智能行业的飞速发展,这些先进的技术逐步应用到石油行业中。油田开发过程中积累了大量的各种类型数据,为数据挖掘提供了宝贵的财富。当然,数值模拟拟合计算过程中会产生大量的数据,不论地质模型参数是否反映地下实际情况,但是在确定输入参数的情况下,通过数值模拟计算出来的结果与输入模型参数一一对应,可以利用每次计算的数据进行训练,生产可以快速计算动态的代理模型,进而辅助数值模拟的历史

拟合。代理模型的主要功能是寻找地质参数（如渗透率参数组合）与模型动态响应参数（如饱和度分布变化、产量变化等参数）的内在函数关系，从输入数据中提取特征，然后建立模型输入数据与输出数据之间的映射关系，达到快速计算动态的目的。基于数值模拟结果的油藏生产代理模型可以考虑空间型数据，如渗透率场、不规则边界、有效网格等随空间变化的参数，快速计算出油藏及单井动态，方便快速地找到与实际油藏及单井值最接近的参数组合，达到自动开展历史拟合的目的。自动拟合的方法力求用最优化技术与人工智能方法结合来得到最好的油藏参数组合，加快历史拟合的速度并达到更高的精度。可喜的是，近年来油藏数值模拟自动历史拟合取得了飞速进展，大大减少了数值模拟历史拟合的难度，提高了拟合精度。

五、历史拟合质量评价方法

历史拟合的质量包括拟合速度与拟合精度。对拟合速度无法采用科学的方法进行评价，因为从事数值模拟的工程师的知识背景、对油藏的熟悉程度等各个方面是有差异的，所以很难采用统一的标准进行对比。但是有一点应该明确，即初始地质模型的符合程度越高，对油藏地质、生产资料的了解越充分，历史拟合速度就越快。

拟合精度通常采用拟合指标绝对误差均值和变化趋势来衡量。可以肯定，如果所有单井指标的拟合精度均较高，那么全油田指标的拟合精度也较高；但反之并非如此，因为单井指标的上下波动从全油田来看可能相互抵消。一般情况下，全油田指标的拟合精度要求较高一些，而单井指标则相对低一些，但对重点单井的拟合精度要求较高。

以上只是拟合评价需要遵循的基本原则和方法，在实际拟合过程中，应如何评价一项指标是否拟合上，即两条曲线之间是否拟合上呢？

图 8-3-5 所示为实际的含水率曲线和计算的含水率变化曲线。如果拟合到这个程度，是否算是拟合上了呢？对于不同的人员，得到的结论可能不同，若要求的精度低，则可以算是拟合上了；若要求的精度高，则就是还没有拟合上。因此，需要有一套统一的标准和方法来评价历史拟合的质量和精度。通过长期的数值模拟工作，提出了以下评价思路：由拟合误差入手，通过 4 个误差指标来刻画拟合程度。4 个误差指标分别是：正向最大相对误差 E_{pmax}、负向最大相对误差 E_{nmax}、相对误差平均值 E_{rave}、绝对误差的标准偏差 E_{as}。正向误差是指当计算的数值高于实际数值时，计算曲线上指标数值减去实际曲线上对应数值后所得的差与实际数值相比的结果；负向误差是指计算的数值低于实际数值时，计算曲线上指标数值减去实际曲线上对应数值后所得的差与实际数值相比的结果的绝对值；相对误差平均值是指以上误差绝对值的平均。上述几个误差的计算公式为：

$$E_{pmax} = \max\left(\frac{cp_1 - rp_1}{rp_1}, \frac{cp_2 - rp_2}{rp_2}, \frac{cp_3 - rp_3}{rp_3}, \cdots, \frac{cp_m - rp_m}{rp_m}\right) \tag{8-3-9}$$

$$E_{nmax} = \max\left(\left|\frac{cn_1 - rn_1}{rn_1}\right|, \left|\frac{cn_2 - rn_2}{rn_2}\right|, \left|\frac{cn_3 - rn_3}{rn_3}\right|, \cdots, \left|\frac{cn_n - rn_n}{rn_n}\right|\right) \tag{8-3-10}$$

$$E_{rave} = \frac{\frac{cp_1 - rp_1}{rp_1} + \frac{cp_2 - rp_2}{rp_2} + \cdots + \frac{cp_m - rp_m}{rp_m} + \left|\frac{cn_1 - rn_1}{m_1}\right| + \left|\frac{cn_2 - rn_2}{m_2}\right| + \cdots + \left|\frac{cn_n - rn_n}{rn_n}\right|}{m + n}$$

$$\tag{8-3-11}$$

$$E_{as} = \sqrt{\left[\sum_{i=1}^{m}(cp_i - rp_i)^2 + \sum_{j=1}^{n}(cn_j - rn_j)^2\right]\big/(m+n)} \tag{8-3-12}$$

式中，cp,rp 分别表示统计点的正向计算值和实际值；cn,rn 分别表示统计点的负向计算值和实际值。

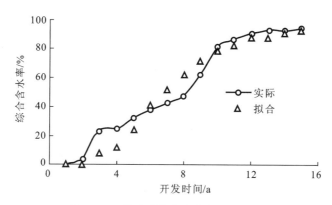

图 8-3-5　某油藏综合含水率拟合曲线

目前对以上指标的限制水平为：$E_{pmax} < 10\%$，$E_{nmax} < 10\%$，$E_{rave} < 5\%$，$E_{as} < 0.1$。符合以上条件即认为拟合好了。如果全部生产井中有 90% 的井能满足以上标准，那么可以认为得到的地质模型是准确的；如果有 75% 的井拟合上，那么可以认为得到的地质模型比较准确；如果有 60% 的井拟合上，那么可以认为得到的地质模型是基本准确的；如果拟合上的井数达不到 60%，那么可以认为得到的地质模型是不准确的。

历史拟合主要是拟合油田生产的总趋势。上述拟合评价标准不是绝对的，因此不能因为个别拟合指标未能达到精度要求而完全否认其拟合结果的合理性。这也是模拟操作人员难以把握的，因为拟合结果的准确性最终还需要通过实际生产动态来进行检验。

历史拟合的多解性意味着高精度的拟合结果并不说明表征油藏模型的参数组合是唯一确定的，原因是油藏模型中参数个数远远大于拟合指标个数。模型越大，历史拟合的多解性越强，预测结果的可信度就越差。

在油藏数值模拟中，反映油藏含水率动态变化的相对渗透率关系曲线涵盖了从油藏开始生产到最终废弃的整个水驱开发过程，而历史拟合工作一般是在油藏经过一段开发时间后进行的，这一开发阶段反映在相对渗透率关系上可能只有很短的一小段，特别是当绝大部分油井处于中低含水期时，因此历史拟合对相对渗透率关系的调整也主要集中在这一段上进行。虽然为了保持趋势的一致性，相对渗透率关系整体也需要进行相应调整，但这种调整具有多解性，后续开发过程中的实际含水动态可能偏离相对渗透率曲线拟合调整后的趋势。因此，基于相对渗透率曲线拟合调整后的趋势进行含水率的动态预测可能与实际存在一定差异，若相对渗透率关系具有时变性，则两者的差异会更大，因此拟合精度并不等于预测精度。

第四节　计算结果分析

油藏数值模拟的历史拟合过程结束以后，得到的是反映地层中流体特征的数据。历史拟合的结果分析就是对这些数据进行分析,从中抽取有效的油藏指标来反映油藏的开发状况。目前常用的数值模拟软件对部分油田开发常用的指标进行了统计,但是还有许多指标没有统计,需要额外分析。数值模拟结果的分析是数值模拟工作的一个重要环节,要从计算的结果中发现油藏开发中存在的问题,进而提出解决问题的方法,这也是后期方案预测的基础工作。

油藏数值模拟结果的分析包括很多内容,总结起来可以分为以下 6 个方面:层间开发指标对比分析、模拟层水淹状况对比分析、剩余油分布特征及控制因素分析、地层压力保持状况分析、井网控制程度分析和数值模拟结果综合分析。

一、层间开发指标对比分析

层间开发指标分析的对象是模拟计算的各个层位,通过分别统计出反映小层整体状况的指标和反映目前开发状况的指标,找出层间开发的差异,确定将来需要调整的目的层。

反映小层开发整体状况的指标有地质储量、采出程度、累积产油量、累积注水量、地层平均压力;反映目前开发状况的指标有计算末期的小层平均含水率、日产油量、日产水量、日注水量等。表 8-4-1 统计了某油藏数值模拟历史拟合结束后各模拟计算小层的一些主要指标。从采出程度来看,目前低于平均采出程度的小层主要有 2_5^1,3_4,3_5,7_4,8_1^2,8_1^3,8_2^1,8_2^2,8_3^1,8_3^2,8_3^3,$9_1^{1\sim3}$,10_1 等几个小层,选择其中储量相对较大、含水率相对较低的 2_5^1,8_1^2 和 8_1^3 小层作为调整的主要目的层,采取的措施是完善井网,甚至包括部署部分新井。8_2^1,8_3^3,$9_1^{1\sim3}$,10_1 等几个小层的采出程度也不高,但是这几个层的储量比较小,说明这些小层分布比较小,不适合采取大型的调整措施,因此可以从补孔、完善注采关系的角度考虑措施。从各小层模拟计算末期的瞬时生产指标看,8_3^3,9_1^1,10_1 这 3 个层位没有产量,即这 3 个小层没有动用,这是由层间干扰造成的,因此减小层间动用差异是下一步努力的方向。

表 8-4-1　某油藏数值模拟计算结果分析

层位	地质储量 /(10^4 t)	采出程度 /%	含水率 /%	累积产油量 /(10^4 t)	累积注水量 /(10^4 m^3)	地层压力 /MPa	日产油量 /(t·d^{-1})	日产水量 /(m^3·d^{-1})	日注水量 /(m^3·d^{-1})
1_1	134.8	50.4	98.4	67.93	674.9	15.5	12.9	786.9	861.8
1_2	80.0	50.5	98.1	40.42	433.8	15.5	16.2	826.5	739.8
1_3	56.3	43.5	97.4	24.48	184.2	15.5	2.8	104.6	284.2
2_4	106.9	48.4	96.7	51.72	374.3	15.8	22.5	667.8	514.6
2_5^1	58.8	34.0	92.7	19.98	50.4	16.0	1.5	19.0	83.7
2_5^2	85.3	42.4	92.9	36.18	188.2	15.8	4.8	62.9	154.9
3_4	73.0	36.5	96.8	26.64	159.3	15.8	6.4	192.2	227.4
3_5	87.8	39.7	93.7	34.87	90.4	15.7	24.9	372.3	255.1
6_5	61.1	45.3	97.8	27.66	279.2	15.7	5.8	261.9	274.4
7_3	29.8	46.7	96.0	13.94	68.6	16.2	6.8	165.2	92.1
7_4	63.5	38.6	96.4	25.50	221.2	16.1	7.0	185.9	232.7

层位	地质储量 /(10⁴ t)	采出程度 /%	含水率 /%	累积产油量 /(10⁴ t)	累积注水量 /(10⁴ m³)	地层压力 /MPa	日产油量 /(t·d⁻¹)	日产水量 /(m³·d⁻¹)	日注水量 /(m³·d⁻¹)
8_1^1	66.1	41.6	96.3	27.50	159.1	16.4	10.6	275.2	277.5
8_1^2	119.7	35.8	96.6	42.84	316.4	16.2	10.1	285.4	306.5
8_1^3	114.7	33.1	92.6	37.98	247.1	16.3	8.1	101.1	177.7
8_2^1	22.8	39.1	95.0	8.92	95.2	16.6	4.3	82.1	112.1
8_2^2	98.8	38.3	95.8	37.84	312.5	16.2	29.5	670.4	579.9
8_3^1	318.6	40.0	97.0	127.43	737.7	16.5	21.3	688.9	728.9
8_3^2	48.0	36.2	92.5	17.37	109.8	16.5	2.3	28.5	70.9
8_3^3	11.3	17.3	—	1.95	6.7	16.8	—	—	7.6
9_1^1	11.3	29.8	—	3.36	9.7	16.7	—	—	41.3
9_1^2	13.3	31.0	95.1	4.05	15.8	15.3	3.4	66.1	41.3
9_1^3	17.9	33.8	93.7	6.04	24.7	15.4	1.0	14.9	49.6
10_1	1.2	18.7	—	0.22	0.4	15.8	—	—	—
10_2	29.1	42.5	98.6	12.37	128.4	15.2	3.5	248.9	246.4
区块	1 709.9	40.8	96.7	697.19	4 888.0	16.0	205.7	6 106.7	6 319.1

二、模拟层水淹状况对比分析

小层的水淹状况反映了水驱的波及程度,这个指标可以很好地反映油藏的开发状况。水淹状况是通过模拟层位平面上含水率的分布来反映的,因此首先讨论一下如何从数值模拟的结果中得到含水率的分布。在不考虑毛管压力和重力影响的情况下,含水率可以由分流量方程计算。

$$f_w = \frac{k_{rw}(S_{wi,j,k})/\mu_w}{k_{rw}(S_{wi,j,k})/\mu_w + k_{ro}(S_{wi,j,k})/\mu_o(p_{i,j,k})} \tag{8-4-1}$$

数值模拟中已经计算出了每个网格节点的含水饱和度和压力。利用历史拟合过程中所采用的相对渗透率曲线可以分别计算出油、水在每个网格节点处的相对渗透率;利用原油的高压物性曲线,结合网格节点的压力,可以计算出该网格块内原油的黏度;水的黏度设为常数。利用方程(8-4-1)即可计算出每个网格节点的含水率,然后进行统计分析,也可以画出含水率分布的等值图。

将含水率 f_w 按照无水采油期、低含水采油期、中含水采油期、高含水采油期和特高含水采油期划分为 5 个级别,对应标准分别为<2%,2%～20%,20%～60%,60%～90%,>90%。分别统计每个网格处于哪个含水率级别,计算出每个含水级别所控制的网格所占的油藏面积百分比以及所控制的油藏剩余储量的百分比,即可得到每个水淹级别所控制的油藏面积比例和所控制的油藏剩余储量比例。

某油藏数值模拟后所统计的水淹级别分布比例见表 8-4-2。可以看出,目前该油藏的水驱面积波及系数为 79.9%,含水率并不高,处于特高含水区域的面积仅占 15.1%;高含水区域所控制的面积比例大于相应水淹级别控制的剩余储量的比例,低含水区域控制的面积比例要小于相应水淹级别控制的剩余储量比例,这正是低黏油藏表现出来的特征,水驱油效率比较高。事实上,该油藏的地下原油黏度仅有 2.5 mPa·s,油水黏度比仅为 5。

表 8-4-2　某油藏水淹级别分布比例

含水级别/%	水淹级别面积比例/%	水淹级别控制剩余储量比例/%
0~2	20.1	25.1
2~20	15.3	26.3
20~60	22.4	28.4
60~90	27.1	12.2
>90	15.1	8.0

利用水淹级别面积比例和水淹级别控制剩余储量比例指标还可以分析判断剩余油的分布区域并确定提高采收率的方向。例如,如果高含水级别所控制的剩余储量比例和面积比例都比较高,而且两者的数值接近,那么说明该小层是一个主要的小层,注采井网控制得比较完善,水驱程度比较高,剩余油主要分布在含水率比较高的部位,适于采用化学驱来提高采收率;如果高含水级别所控制的面积比例大于剩余储量比例,那么说明该层水淹已经比较严重,剩余油主要分布在井网控制不到的部位,尤其是油藏的边界部位;如果高含水级别所控制的面积比例小剩余于储量比例,那么说明这个层非均质性比较强,平面水淹不均匀,低水淹区的面积比较大,适于完善注采井网。另外,对具体的油藏状况要具体分析。

利用数值模拟结果还可以计算出每个小层的水驱波及系数。波及系数是指水驱油藏水波及的区域与油藏总区域的比值,可以分为体积波及系数(E_V)和面积波及系数(E_P)。影响波及系数的因素有很多,如油藏非均质性、井网、油水黏度比、重力、毛管压力、注水速度等。一般计算波及系数的方法很难将这些因素都考虑到,但是这些因素在数值模拟中都可以比较容易地考虑进来。利用数值模拟计算出的每个模拟层位每个网格节点的压力和饱和度分布,可以计算油藏每个模拟层位和整个油藏的波及系数。

根据波及系数的定义,在油水两相流条件下,水波及后会引起含油饱和度的变化,因此可以根据含油饱和度的变化判断每个网格是否被水波及。但是地层压力的变化也会使油水的弹性能量释放,从而引起地层中含油饱和度的变化,所以在判断是否被水波及时应该考虑这一因素的影响。不考虑地层孔隙的压缩性,主要考虑油相和水相的弹性,其弹性压缩系数分别为 C_o,C_w,初始状态下地层中只含有束缚水,饱和度为 S_{wc},原始含油饱和度为 S_{oi},原始地层压力为 p_i,当地层压力变为 p 时,单位岩石孔隙体积内油水释放的弹性能量 ΔV 为:

$$\Delta V = (C_w S_{wc} + C_o S_{oi})(p_i - p) \tag{8-4-2}$$

由于束缚水是黏附在岩石孔喉表面上的,不会参与流动,但是束缚水由于压力变化而释放的弹性能量会驱动原油从孔喉中流出,进而引起地层中含油饱和度的降低。含油饱和度降低的数值也就等于束缚水的膨胀量,即 $C_w S_{wc}(p_i - p)$。

然后将每个网格含油饱和度的降低值与前面束缚水的膨胀量进行对比,如果二者相等,即

$$S_{oi} - S_{oi,j,k}^n = C_w S_{wc}(p_i - p_{i,j,k}^n) \tag{8-4-3}$$

则说明该网格不受外来水的影响,含油饱和度的降低仅仅是由束缚水的膨胀造成的;如果二

者不等,即

$$(S_{oi} - S_{oi,j,k}^n) > C_w S_{wc}(p_i - p_{i,j,k}^n) \tag{8-4-4}$$

则说明该网格含油饱和度的降低除了受弹性影响外,还有外来水因素的影响,即水已经波及该网格块。其中,$S_{oi,j,k}^n$,$p_{i,j,k}^n$分别为n时刻网格(i,j,k)的含油饱和度和压力。

统计每个小层每个时刻满足上述条件的网格块,将它们的油层孔隙体积累积求和,然后除以该层总的孔隙体积,即可以得到该层的体积波及系数。同理,还可得到全油藏的体积波及系数。图 8-4-1 所示为利用数值模拟方法计算的均质油藏五点井网的波及系数与含水率的关系(油水黏度比为 30),可以看出,见水时,该井网的波及系数为 48.2%;含水率为 98%时,波及系数为 83.3%。

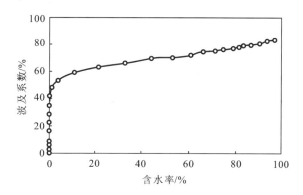

图 8-4-1　均质油藏五点井网波及系数与含水率关系曲线

三、剩余油分布特征及控制因素分析

根据数值模拟计算的结果,找出剩余油的分布特征,进而确定剩余油的潜力部位是数值模拟的根本目的。

寻找剩余油的潜力部位通常需要画出模拟层的剩余油饱和度、含水率、剩余储量丰度(单位面积上的剩余储量)和剩余可采储量丰度(单位面积上的剩余可采储量)的分布等值图,然后将以上 4 个参数进行综合分析,找到剩余油的潜力。单纯地依靠其中一个参数的分布来确定剩余油的潜力往往容易导致错误的结果。

图 8-4-2~图 8-4-5 为某油藏某层数值模拟计算所得的以上 4 个指标的等值图。从剩余油饱和度分布等值图和含水率分布等值图来看,油藏西北角的剩余油饱和度比较高,含水率低,是挖潜的部位。但是从剩余储量丰度和剩余可采储量丰度来看,这部分却没有潜力,原因是这部分的物性比较差,油层比较薄,虽然剩余油饱和度高,但是没有较大的潜力。真正的潜力部位在油藏的南部和东部靠近断层的部分,这几个区域油层厚,潜力集中,是挖潜的重点。

除了分析剩余油潜力外,利用数值模拟的结果还可以计算单井控制的剩余储量。假设每口生产井都处于所在网格块的中心,则计算单井控制剩余储量的步骤如下:

(1)计算每口井所在网格块的剩余储量。该储量由网格块中的井所控制。

(2)顺序寻找与每个非井网格块在东、南、西、北 4 个方向上距离最近的生产井。

(3)计算该网格块与周围 4 口井的压力梯度。该网格块的储量应该属于压力梯度最大的井。

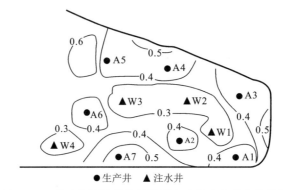

图 8-4-2　某油藏某层数值模拟剩余油饱和度分布等值图

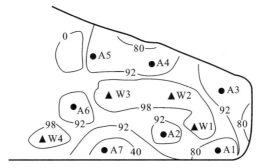

图 8-4-3　某油藏某层数值模拟含水率分布等值图(单位:%)

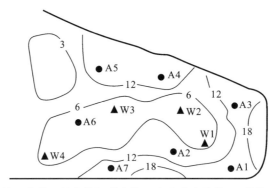

图 8-4-4　某油藏某层数值模拟剩余储量丰度分布等值图(单位:10^4 t/km^2)

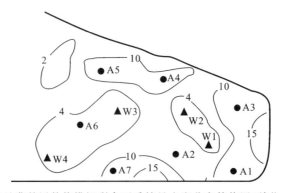

图 8-4-5　某油藏某层数值模拟剩余可采储量丰度分布等值图(单位:10^4 t/km^2)

压力梯度的计算公式如下：

$$\text{grad } p = \frac{p_{i,j,k} - p_0}{\sqrt{(x_i - x_0)^2 + (y_j - y_0)^2}} \tag{8-4-5}$$

式中，$p_{i,j,k}$，p_0 分别为计算网格块和井所在网格块的压力；$(x_i - x_0)$，$(y_j - y_0)$ 分别为计算网格块和井所在网格块的坐标差值。

对每口井所控制的网格块的剩余储量依次累加，即可得到该井所控制的剩余储量。计算公式如下：

$$N_{\text{well}} = \sum_{i=1}^{n} \left[\frac{(\Delta x \Delta y \Delta z \phi S_o) \rho_o}{B_o} \right]_i \tag{8-4-6}$$

式中，N_{well} 为单井控制的剩余储量，t；Δx，Δy 分别为井所控制网格 i 的长和宽，m；Δz 为网格的有效厚度，m；ϕ 为孔隙度；S_o 为网格的含油饱和度；ρ_o 为地面原油密度，t/m^3；B_o 为原油的体积系数；n 为井所控制范围内的总网格数。

同理，还可以计算出单井的控制面积。

如果式(8-4-6)中的含油饱和度再减去残余油饱和度，那么就可以得到单井所控制的最大可采储量。某油藏部分单井控制储量见表 8-4-3。

表 8-4-3　某油藏部分单井控制储量

井　名	井控面积/km^2	井控剩余储量/(10^4 t)	井控可采储量/(10^4 t)
43-405	0.114	4.88	2.14
48-K355	0.015	3.62	1.97
45-336	0.024	5.04	2.50
42-375	0.036	5.27	2.19

在分析完每个小层的潜力部位后，立足于整个油藏来分析控制剩余油的因素。一般地，控制剩余油的主要因素有：

(1) 地层或储层性质。例如沉积微相对剩余油具有控制作用，经过长期注水冲刷后，在孔隙结构比较好、渗透率比较高的沉积有利部位，一般剩余油饱和度比较低；而在渗透率较低等沉积不利部位，注水波及程度低，高含水开发期可能剩余油饱和度会相对较高。

(2) 构造因素。例如在断层的棱部或者构造高部位剩余油饱和度比较高。

(3) 流体性质。例如在原油黏度较高的部位容易富集剩余油。

(4) 开发因素。主要包括井网密度、井网形式、驱动方式、钻井工艺、射孔完善程度、固井质量、油层改造水平、堵水工艺、注水水质及水温等。

四、地层压力保持状况分析

地层压力保持状况的分析主要体现在两个方面：一是地层压力保持的合理水平，二是地层压力的分布是否满足需要。

在油田开发过程中，地层压力的高低代表了地层能量的高低，必须有足够的能量将原油驱到井底，才能保证一定的产量。地层压力保持得过低，则地层能量不足，其产量达不到要求；地层压力保持得过高，就需要提高注入压力，增加注水量，势必会增加投资，影响开发效益。因此,在油田开发过程中必须根据不同类型油藏的地质条件和所处的开发阶段、采油工艺水平等,确定其地层压力保持水平的下限值,即合理地层压力,这对改善开发效果、提高开发效益具有重要的指导意义。

合理的地层压力保持水平主要采用最小流压法来计算。最小流压法是指将一定泵挂深度条件下的最小流压加上生产压差得到地层压力下限值。地层压力下限值的计算公式如下:

$$p_{min} = p_{Lmin} + \Delta p_s \tag{8-4-7}$$

式中,p_{min} 为地层压力下限值,MPa;Δp_s 为生产压差,MPa;p_{Lmin} 为最小流压,MPa。

最小流压的计算公式为:

$$p_{Lmin} = p_p + \frac{(L_z - L_p)d_1}{100} \tag{8-4-8}$$

式中,p_p 为抽油泵泵口压力,MPa;L_z,L_p 分别为油层中部深度、泵挂深度,m;d_1 为井筒油、气、水混合物的相对密度。

抽油泵泵口压力 p_p 的计算公式为:

$$p_p = p_t + \frac{d_o L_c}{100} \tag{8-4-9}$$

式中,p_t 为井口套管压力,MPa;d_o 为原油相对密度;L_c 为泵沉没度,m。

因此,有:

$$p_{Lmin} = p_p + \frac{(L_z - L_p)d_1}{100} = p_t + \frac{d_o L_c}{100} + \frac{(L_z - L_p)d_1}{100} \tag{8-4-10}$$

$$p_{min} = p_{Lmin} + \Delta p_s = p_t + \frac{d_o L_c}{100} + \frac{(L_z - L_p)d_1}{100} + \Delta p_s \tag{8-4-11}$$

由于不同类型油藏的埋深不同,原始地层压力差别很大,地层压力下限值差别也很大,因此用地层压力下限值对应的总压降 Δp_{max} 来表示压力保持水平,即

$$\Delta p_{max} = p_i - p_{min} \tag{8-4-12}$$

式中,p_i 为原始地层压力,MPa。

对于常压系统,原始地层压力可按下式计算:

$$p_i = \frac{L_z}{100} \tag{8-4-13}$$

将式(8-4-11)及式(8-4-13)代入式(8-4-12),可得:

$$\Delta p_{max} = \frac{(1 - d_1)L_z}{100} - p_t - \frac{d_o L_c}{100} + \frac{d_1 L_p}{100} - \Delta p_s \tag{8-4-14}$$

一般地,井口套管压力 p_t 可以忽略不计。但考虑到实际生产情况,通常以含水率 50% 为界来决定井口套管压力的取舍。当含水率低于 50% 时,压力 p_t 给定为 $0.3 \sim 0.5$ MPa;当含水率大于 50% 时,则可忽略套管压力。井筒油、气、水混合物的相对密度是原油相对密度和含水率的函数,可根据相关经验公式求取。

地层压力分布也是一项重要的内容。图 8-4-6 所示为某油藏的压力分布,很明显东部的地层压力偏低,西部的地层压力偏高,而东部的生产井数比较多,因此东部需要补充地层压力。

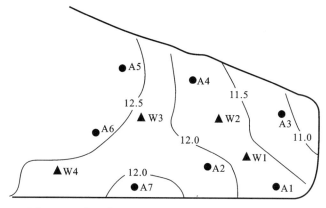

图 8-4-6　某油藏的地层压力分布等值图（单位：MPa）

五、井网控制程度分析

由于层间干扰和地层污染的影响，从完井记录上看，注采对应的井网实际上并不一定具有注采对应关系。通过数值模拟可以计算出每口井每个层的产量和吸水量，根据层间液量分布可以绘制每个模拟层位上实际有效的注采井点，同时结合数值模拟计算的油水饱和度分布特征以及矿场监测资料可以分析出单层目前注采井网的受效程度。

图 8-4-7 所示为某油藏实际的注采井网对应状况图。从图中可以看出，注采井网对应状况不理想，如西北部 3-12-131 注水井是无效注水；大部分生产井的来水方向为单向，注采对应状况比较差，如数值计算的油水流动过程表明生产井 2-0-170 的来水方向主要受注水井2-0-160 的影响，其北部的注水井 3-10-102 对之影响较小，因此是单向来水、单向受效。统计总的注采对应状况，其中单向受效的生产井占 60%（10 口生产井中有 6 口井单向受效，如3-9-142 井、3-10-171 井、3-10-173 井、2-0-170 井、3-9-X187 井、3-9-161 井），双向及多向受效的井占 30%（如 2-1-124 井、3-11-XN192 井、3-11-182 井），难以见到注水效果的井占 10%（如 3-9-143 井）。考虑以上注采对应关系，需要进行注采井网调整。

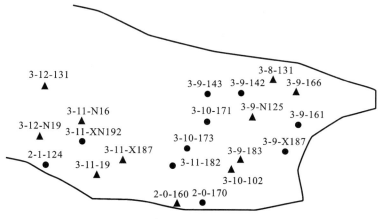

图 8-4-7　某油藏实际的注采井网对应状况图

六、数值模拟结果综合分析

完成数值模拟计算工作后,还要结合开发特点对油藏的开发效果进行综合分析。分析的主要方法是将数值模拟结果与油藏生产动态、监测资料等相结合,利用油藏工程方法和理论进行分析。主要的分析内容包括:

(1)油藏水驱开发效果评价。利用实际的油藏生产数据和数值模拟计算的产量、含水率、采出程度等资料综合评价油藏水驱的开发效果,重点是分析产量变化和含水上升状况。分析时通过对比理论计算和油藏实际的含水率与采出程度关系、存水率曲线来评价含水上升状况;利用油藏总体的水驱特征曲线和分层的水驱特征曲线标定水驱采收率。

(2)油藏平面开发状况分析。利用数值模拟计算的剩余油饱和度、水淹程度、剩余储量丰度等指标,结合现场监测资料,分析平面上油藏动用状况,找出潜力部位。

(3)油藏纵向开发状况分析。利用数值模拟计算的各个小层开发指标和矿场实际监测资料、取芯井资料等分析纵向上的水淹程度,找出纵向上的潜力部位。

(4)各种方案的计算结果对比分析。对提出的每个提高采收率方案的计算结果进行总体指标、单井指标、流体分布状况、经济指标等的对比分析,确定最终的提高采收率方案。

要完成以上的分析内容,需要数值模拟提供以下几个方面的资料和数据:① 油藏整体及各小层开发指标,如平均压力、采油量、产水量、含水率、采油速度、采出程度、注采比等随开发时间的变化;② 单井指标,如采油量、产水量、含水率、井底压力、平均压力、采油指数等随开发时间的变化;③ 动态参数场,如压力场、饱和度场、温度场、各组分浓度分布场,以及以上参数的动态变化图像等;④ 各种方案的计算结果。

第五节 方案预测

历史拟合工作结束后,通过综合分析油层开采状况、压力与剩余油分布状况等,总结以往开发的经验,发现今后的开发潜力,并制订出油藏的开发调整方案。油藏开发调整可分为 3 种类型:一是立足现有井网层系和常规工艺措施(如补孔措施、卡封措施、水井调剖、改变油水井工作制度等)综合调整;二是井网层系调整,如加密井、层系调整、注水方式调整等;三是开发方式(如热力采油、化学驱、混相驱等)调整。

一般来说,利用数值模拟能够完成以下几种方案:

1. 零方案

油藏不进行任何措施和调整,按照历史拟合末期的开发方式和生产制度继续生产,直至计算到油藏废弃时,预测各个油藏指标和单井指标的变化规律,作为与其他调整措施方案对比的依据。此外,通过零方案的计算还可以预测油藏目前生产制度下的采收率。

2. 新油田的开发方式优选

如果是新开发的油田,那么一般需要通过数值模拟来确定不同开发方式下的开发效果,并通过数值模拟计算不同开发层系、井网密度、注采系统、采油速度等对开发效果的影响,确定最优开发方案。

3. 常规措施调整方案

立足现有井网层系,进行常规措施综合调整,如补孔措施、卡封措施、水井调剖、改变油水井工作制度等;计算考虑以上措施后的开发效果。

4. 井网层系调整方案

进行比较大的调整,如整体加密注采井、层系调整、注水方式调整等。

5. 开发方式调整方案

对油藏的开发方式进行大的调整,如热力采油、化学驱、混相驱等。

油藏开发方式调整首先需要确定大的调整方向,即对应的常规措施调整、层系井网调整、开发方式调整,或者以上三种调整方式的综合。确定好调整方式后,针对具体的措施还需要进行一系列工程参数优化。例如在层系井网调整中,需要优化层系组合模式、井网调整方式、注采井距界限、注采参数组合、合理采液速度、地层压力水平等参数,需要确定一系列参数的最优组合以提供给矿场应用。在这些参数的优化过程中,注意要添加相应的约束条件,切忌无限制地筛选优化。例如在确定单井合理产液量时,需要考虑下泵深度、泵型、井底流压、井况、地面输送能力界限,以保证优化得到的方案到矿场上能落地应用。

第六节　数值模拟实例

一、油藏数值模型建立

实例油藏位于某构造西南翼,北、东分别被断层切割,西及西南与边水相连,是一个呈扇形分布的层状油藏,地层自东北向西南倾斜,倾角 $2° \sim 4°$,最大含油面积 $7.28~km^2$,油层平均有效厚度 $8.6~m$,储层平均孔隙度 30%,空气渗透率 $2 \sim 7~\mu m^2$,原始含油饱和度 65%,油层埋深 $1734.6 \sim 1782.8~m$,部分小层的油水界面深度分别为:1_1 层 $1770~m$,1_3 层 $1775~m$,2_2 层 $1790~m$,3_1 层 $1800~m$。

实例油藏有 10 个含油小层,其中主力层 3 个(1_1,1_3,2_2),非主力层 7 个(1_2,1_4,1_5,2_1,3_1,3_2,3_3),地质储量 1813.7×10^4 t;主力小层地质储量 1406.1×10^4 t,占总储量的 77.5%。根据实际生产动态状况,需要对主力小层的动态进行研究,因此选取 3 个主力小层为模拟对象。根据前期油藏精细描述结果,这 3 个主力小层又进一步细分为 1_1^1,1_1^2,1_1^3,1_3^1,1_3^2,1_3^3,1_3^4,2_2^1,2_2^2,2_2^3 等 10 个沉积时间单元。以每个沉积时间单元作为一个数值模拟小层,因此共有 10 个模拟小层。

油藏数值模拟模型要建立起描述油藏油层物性参数、流体物性及生产运行动态的数据体,因此要建立相应的数值地质模型、流体模型及生产动态模型。

(1)数值地质模型。根据实例油藏 3 个小层的顶部深度,建立了研究区构造模型;依靠实例油藏测井二次解释成果及地震属性,根据各小层的砂层厚度、有效厚度、孔隙度、渗透率等物性参数值,结合参数等值线分布,以井点、等值线数值为基础数据,以断层为基本的控制条件,形成数据体。模型中平面 x 方向上划分了 76 个网格,y 方向上划分了 89 个网格,纵向上为 10 层,总节点数为 $76 \times 89 \times 10 = 67\,640$ 个。模拟区的部分平面网格划分如图 8-6-1 所示。

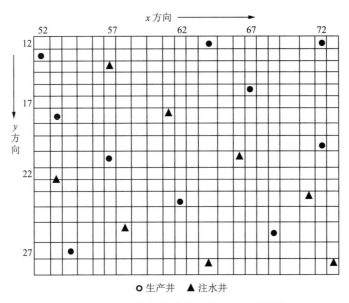

图 8-6-1　实例油藏数值模拟部分平面网格划分图

（2）流体模型。流体模型包括流体的高压物性资料、相对渗透率资料和初始流体饱和度及压力分布资料。对油藏压力和饱和度采用平衡初始化方式,给定不同小层油水界面的位置和该处的压力,计算出初始的压力分布和油水饱和度分布。模型中岩石压缩系数为 3.1×10^{-4} MPa^{-1},地层水压缩系数为 4.5×10^{-4} MPa^{-1},地层水黏度为 0.45 mPa·s,原油地面密度为 0.913 g/cm^3。原油黏度随压力的变化曲线如图 8-6-2 所示,模型中所采用的相对渗透率曲线如图 8-6-3 所示。

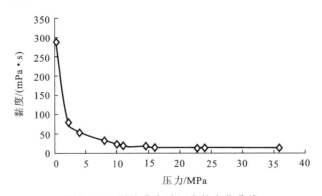

图 8-6-2　原油黏度随压力的变化曲线

（3）生产动态模型。由于只对主力小层进行数值模拟计算,所以需要对生产指标进行劈产处理。劈产的原则是以剖面监测资料为主,参考地层系数进行劈分。通过劈产,统计 3 个主力小层到 2003 年 6 月的累积产油量为 724.1×10^4 t,采出程度为 51.50%,累积产水量

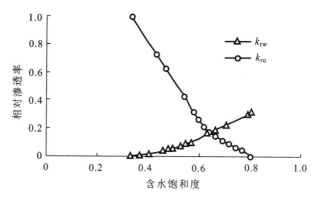

图 8-6-3　数值模拟中采用的油、水相对渗透率曲线

为 $4\,721\times10^4\ \mathrm{m^3}$,综合含水率为 96.5%,2003 年 6 月的平均日产油量为 131.9 t/d,实际产量变化曲线如图 8-6-4 和图 8-6-5 所示。对实际资料进行整理,以月为单位,逐月输入油水井数据,以定产液量为条件,形成生产动态模型。

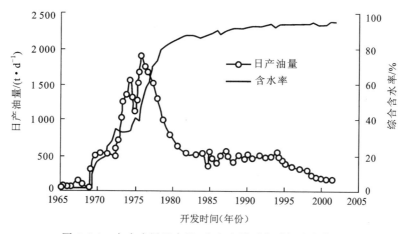

图 8-6-4　主力小层日产油、含水率随开发时间变化曲线

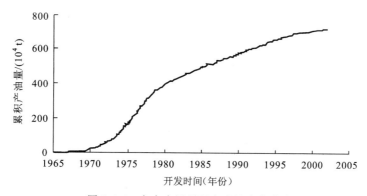

图 8-6-5　主力小层累积产油量变化曲线

二、油藏指标拟合

历史拟合是在计算机上重现油藏开发的历程,是对油藏地质、开发历程进行分析判断的一个过程,是通过反复、有目的地调整参数,使油藏模拟计算的动态与实际开发动态相一致。在两者一致的情况下,可以认为计算所得的地下流体分布与油藏地下实际情况相符。需要拟合的指标主要有区块日产油量、日产液量、综合含水率、地层平均压力等综合指标,以及单井产量、含水率、井底压力等指标。

根据模拟区块的特点,在历史拟合过程中采用对注水井定地面注入量、生产井定地面产液量的工作制度,因此主要拟合的指标是产油量、含水率和压力等。本区块模拟的拟合时间从 1966 年 6 月到 2003 年 6 月,拟合计算的时间步长为 1 个月。

历史拟合过程中需要调参。结合本区块的具体状况,主要的调参做法如下:

(1)岩石压缩系数是影响油藏能量的主要参数,主要用于开发初期地层压力的拟合。

(2)相对渗透率曲线可作为拟合含水率和产水量的主要调整参数,调整中主要是对曲线整体移动或者对束缚水饱和度做相应调整。

(3)渗透率参数主要来自测井解释结果,调整范围较大。

(4)储层孔隙度、有效厚度数据来自测井解释资料,对井点参数一般不做调整,对井间参数可做适当修改,但是调整幅度不大。

(5)小层地层系数和污染系数的调整。调整的依据主要是产液剖面、吸水剖面测试资料,当测试资料表明分层地层系数值有变化时才做调整。

(6)构造形态不做调整。

(7)地层水、原油的 PVT 参数不做调整。

参数拟合的步骤为:先拟合地质储量,然后拟合油藏综合含水率和产量变化,在基本趋势拟合完成后,再对单井的动态进行拟合。主要对 3 类井的动态进行拟合,即目前正在生产的生产井、开发历史中曾经长时间生产的井和注水之前长时间生产的井。在单井动态拟合完成后,区块的动态自然更加符合实际动态。

1. 油藏地质储量拟合

本次拟合计算地质储量为 1 390.1×10^4 t,比原标定地质储量 1 406.1×10^4 t 减少了 16.0×10^4 t。引起储量减少的原因主要是在模拟计算中没有考虑东南部断层附近的一个小砂体,但这个小砂体与主要含油区域相距较远,相互间没有影响,所以对油藏的整体动态影响不大。拟合计算的各小层地质储量见表 8-6-1。

表 8-6-1 实例油藏主力小层数值模拟地质储量拟合

层 位	油藏精细描述储量/(10^4 t)	数值模拟计算储量/(10^4 t)	相对误差/%
1_1^1	12.2	11.3	−7.4
1_1^2	434.2	418.2	−3.7
1_1^3	172.6	174.4	1.0
1_3^1	52	53.2	2.3

层　位	油藏精细描述储量/(10^4 t)	数值模拟计算储量/(10^4 t)	相对误差/%
1_3^2	319.9	318.6	−0.4
1_3^3	228.7	227.2	−0.7
1_3^4	3.1	3.2	3.2
2_2^1	62.7	63.7	1.4
2_2^2	74.8	74.1	−0.8
2_2^3	45.9	46.2	0.7
合　计	1 406.1	1 390.1	−1.1

2. 油藏平均地层压力拟合

地层压力的大小反映油藏能量的强弱。按照数值模拟的要求,应该对实际测试的地层平均压力进行拟合。实例油藏有相对完善的测压资料,监测压力资料经过平均以后基本能反映地层能量的变化过程,因此可以作为拟合的依据。此外,该油藏具有一定能量的边水。边水的大小对油藏压力有较大影响。因此,在拟合地层压力的过程中,调整水体大小不仅对地层压力有影响,而且会影响到靠近边水附近生产井的动态。拟合结果表明,油藏外接水体体积是油藏含油孔隙体积的 60 倍,模拟结束时计算的地层压力为 14 MPa。拟合的实例油藏地层压力曲线如图 8-6-6 所示。

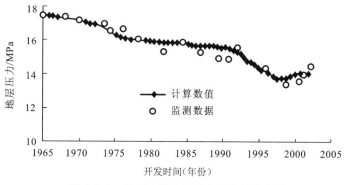

图 8-6-6　实例油藏地层压力变化拟合曲线

3. 油藏综合指标拟合

图 8-6-7 给出了实例油藏综合指标的拟合结果。综合含水率的变化主要反映油水驱替过程、油水黏度比、相渗曲线等参数的关系。对于含水率拟合来说,在开发的初始阶段,主要是边部的生产井见水,反映水体推进速度,通过调整水体性质和油藏边部渗透率的分布可以拟合含水率变化趋势,因此该阶段的拟合比较好。在转入注水开发初期,计算的含水率与实际含水率之间拟合的程度相对较差。在高速开发阶段,实际的含水率变化体现出不规则的峰值,而计算的含水率上升比较稳定。这是由于该阶段油井措施比较频繁,实际统计的含水资料规律性差。在井网调整阶段,模拟计算的含水率数值和实际数值比较一致。在高含水后期,含水率曲线拟合得比较一致。在给定日产液量的条件下,还需要拟合日产油量变化趋

势,以全面地模拟油藏开发过程和特征。

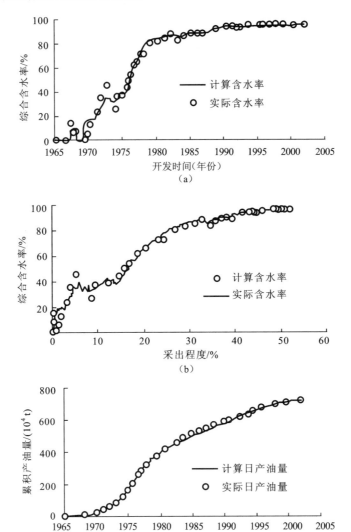

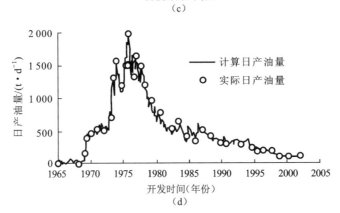

图 8-6-7　实例油藏主力小层综合指标拟合

此外,还需对累积产水量、累积注水量等指标进行拟合对比。

4.单井历史拟合

单井含水率的变化主要体现了生产井周围的初始流体分布和后期来水方向的不同。为了确保单井产油量和含水率拟合的准确性,提高历史拟合精度,首先应该认真研究单井生产历史,分析单井与周围生产井、注水井之间的关系,然后确定需要调整的参数。在单井含水率和产水量的拟合过程中,主要进行以下调整:

(1)调整局部渗透率或方向传导率,从而实现符合地下实际的注采关系;

(2)调整生产井周围的初始含油饱和度,从而拟合初始含水率和见水时间;

(3)调整表皮系数,确定合理的层间产液量分配比例,同时拟合井底压力的变化规律。

该油藏部分单井含水率的拟合曲线如图 8-6-8 所示。

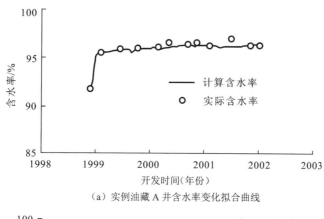

（a）实例油藏 A 井含水率变化拟合曲线

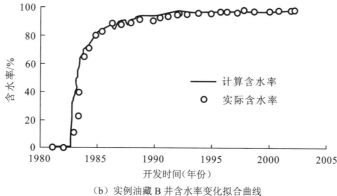

（b）实例油藏 B 井含水率变化拟合曲线

图 8-6-8　实例油藏 A 和 B 井含水率变化拟合曲线

三、历史拟合结果分析

通过对实例油藏主力小层的动态进行生产历史拟合,得到目前各个模拟小层的开发状况,模拟计算的各小层开发指标见表 8-6-2。到 2003 年 6 月,模拟计算主力小层累积产油量 720.4×10^4 t,累积产水量 $4\,642 \times 10^4$ m³,累积注水量 $4\,097 \times 10^4$ m³,累积产液量 $5\,430.1 \times 10^4$ m³,累积注采比 0.75,累积水侵量 $1\,079.6 \times 10^4$ m³,综合含水率96.2%,采出程度51.8%。

表 8-6-2　数值模拟计算主力小层开发指标汇总

层　位	储量 /(10^4 t)	采出程度 /%	地层压力 /MPa	累积注水量 /(10^4 m^3)	日产油量 /(t·d^{-1})	日产水量 /(m^3·d^{-1})	含水率 /%	日吸水量 /(m^3·d^{-1})
1_1^1	11.3	34.2	15.0	1	0.2	12	98.2	83
1_1^2	418.2	52.8	14.1	1 322	30.0	1 015	96.8	957
1_1^3	174.4	54.6	13.5	664	14.9	634	97.5	717
1_3^1	53.2	46.2	14.1	113	2.5	190	98.6	66
1_3^2	318.6	50.1	13.9	752	26.1	448	94.0	261
1_3^3	227.2	54.0	13.8	701	12.8	288	95.3	252
1_3^4	3.2	31.4	15.1	16	0.1	49	99.7	73
2_2^1	63.7	50.4	14.5	196	19.5	305	93.4	311
2_2^2	74.1	53.9	14.5	286	12.1	436	97.0	448
2_2^3	46.2	44.6	14.3	46	9.6	183	94.5	143
总计	1 390.1	51.8	14.0	4 097	128	3 570	96.2	3 310

从计算结果来看,10 个小层中,6 个小层的采出程度超过了 50%,其中 1_1^3 小层的最高,达54.6%。只有储量比较小的 1_1^1 和 1_3^4 小层的采出程度在 35% 以下,原因是这两个小层的砂体分布比较零散,油层物性比较差,井网控制程度不高。从产量指标来看,主要的产油小层是1_1^2,1_3^2 和 2_2^2,3 个小层的合计产量占整套开发层系产量的 60%。从产水指标来看,1_1^1,1_1^3,1_3^1,1_3^4 和 2_2^2 小层的含水率比较高,应该实施相应的卡封和堵水措施。

各模拟小层开发指标相对比例见表 8-6-3。可以看出,1_1^1 小层目前的日产油量比例小于储量比例,而日产水和日注水比例要高于储量比例,因此需要对高含水井进行堵水措施。1_1^2,1_1^3 小层的储量比例大于目前的日产油、日产水、日注水比例,说明潜力发挥得不够,应该适当增大井网控制程度。

表 8-6-3　数值模拟计算小层开发指标相对比例

层　位	储量比例	累产油比例	累产水比例	累注水比例	日产油比例	日产水比例	日注水比例
1_1^1	0.8	0.5	1.8	0.0	0.2	0.3	2.5
1_1^2	30.1	30.6	28.7	32.3	23.4	28.4	28.9
1_1^3	12.5	13.7	16.7	16.2	11.6	17.8	21.7
1_3^1	3.8	3.3	4.5	2.8	2.0	5.3	2.0
1_3^2	22.9	21.9	17.8	18.4	20.4	12.5	7.9
1_3^3	16.3	17.0	16.9	17.1	10.0	8.1	7.6
1_3^4	0.2	0.1	0.5	0.4	0.1	1.4	2.2
2_2^1	4.6	4.4	4.6	4.8	15.2	8.5	9.4
2_2^2	5.3	5.5	6.8	7.0	9.5	12.2	13.5
2_2^3	3.3	2.9	1.8	1.1	7.5	5.1	4.3

根据数值模拟计算结果还可以绘制模拟计算小层的剩余油饱和度分布图、剩余储量丰度分布图、剩余可采储量分布图、地下含水率分布图和地层压力分布图。根据这些图件可以分析剩余油控制因素和潜力部位。经过分析认为，控制目标油藏剩余油分布的主要因素有：

（1）层间差异对剩余油富集的控制作用。从计算结果来看，储量比较大的小层采出程度比较高，储量比较小的小层采出程度比较低。原因是储量大的小层，砂体展布好，井网控制程度高，油层物性比较好；而储量比较小的小层，砂体分布零散，井网控制程度不高，非均质比较强，其中 1_1^1 和 1_3^1 小层的采出程度远低于其他小层。在这两个小层中还有很多零散的"土豆"砂体没有井网控制，或者由于没有建立起有效的注采驱动体系，采出状况不理想。对这类储量应完善注采井网或实施单采。

（2）沉积环境对剩余油分布有重要的影响。沉积环境有利的部位，油层物性好，水驱油效果好，反之较差。

（3）井网对剩余油分布也有重要影响。由于开发历史长，井网调整变换多，在井网控制不全的区域存在大量的剩余油，这也是下一步调整的主要对象。

（4）断层控制剩余油分布。从模拟计算的结果来看，在断层边部往往是剩余油富集的区域，剩余油饱和度高，剩余储量丰度高。

四、调整措施和效果预测

根据各个小层的剩余油分布状况，结合储量丰度、可采储量分布及含水率分布，确定每个小层的挖掘潜力和具体措施，见表 8-6-4。

表 8-6-4　各模拟计算小层的潜力区域统计表

模拟层位	潜力部位	剩余储量丰度 /(10^4 t·km^{-2})	可采储量丰度 /(10^4 t·km^{-2})	原因与建议措施
1_1^1	P3-102 井处	5～10	2～5	补　孔
	P4N13 井北部	10～15	5～10	无井对应
1_1^2	P2N-20 井南部	80	30	补钻、补孔
	P4-72 井西南	30～45	10～20	补　钻
	P3-111 井北部	30	10	补　孔
1_1^3	P3-93 井附近	45～60	20～30	完善井网
	P3-111 井北部	45～60	30	补　孔
	P2S-62 井东南	45～50	20	补孔、补钻
1_3^1	P3-93 井南部	30	10	完善井网
	P3-21 井附近	15	10	补　孔
	P4-248 井附近	15	10	补　孔
1_3^2	P3-93 井南部	45～60	20	完善井网
	P2S-62 井附近	60	30	单采，含水率低
	P3x165 井西北	45～60	30	无井控制，补钻

模拟层位	潜力部位	剩余储量丰度 /(10^4 t·km^{-2})	可采储量丰度 /(10^4 t·km^{-2})	原因与建议措施
1_3^3	P2S-62 井附近	45	10~20	单采,含水率低
	P3-931 井南部	30~45	20	完善注采井网、补注
	P4N13 井东部	45~60	20	补钻、完善注采井网
	P2N-19 井西南	45	20	完善注采井网、补注
1_3^4	P4-511 井附近	10	5	补 射
2_2^1	P2N-X81 井东南	15~30	10	完善注采井网
	P1-207 井附近	20~30	10~15	单采、注采对应
2_2^2	P1-205 井南部	15~30	7~10	注采对应
	P3-157 井附近	15	5~7	单采、补孔
2_2^3	P0-304 井附近	30~45	15~25	补孔、单采、注采对应
	P2N-631 井南部	15~20	10	注采对应
	P2-212 井北部	15~20	10	注采对应

根据以上对各个模拟计算小层的分析和对比,优选出可行的措施方案,见表 8-6-5。

表 8-6-5　建议油水井措施统计表

序 号	井 号	措施说明
1	P3-102	补孔 1_1^1
2	P4-72	含水高,转采 1_1^2,1_1^3
3	P2N31	局部含水较高,靠近断层,试验采 1_1^2,1_1^3
4	P2-622	补采 1_1^2,1_1^3
5	P3-133	补充注水 1_1^2,1_1^3
6	新钻井	2-N2-20 南部补充一口新井,1_1^2
7	PN2-25	扶躺 1_1^3,1_3^1,1_3^2
8	P2N34	补充注水 1_1^3,1_3^1,1_3^2,1_3^3
9	P4-5	补充注水 1_1^3,1_3^1,1_3^2,1_3^3
10	P3-21	单采 1_3^1
11	P4-248	补采 1_3^1,1_3^2
12	P2S-62	转采 1_3^2,1_3^3
13	PN2-14	转注 1_3^2,1_3^3
14	PN2-23	补充注水 1_3^3
15	P4-511	补孔、单采 1_3^4,较低液量
16	ST2N8	转采 2_2^1,2_2^2,2_2^3 扶停产井
17	PN2-631	扶躺,2_2^1,2_2^2,2_2^3

序　号	井　号	措施说明
18	P2-212	扶躺，2_2^1，2_2^2，2_2^3 扶躺
19	PN2-65	增　注
20	P1-166	增注 2_2^1，2_2^2，2_2^3
21	P0-320	增注 2_2^1，2_2^2，2_2^3
22	P2-191	增注 2_2^1，2_2^2，2_2^3

在提供的措施中，建议钻 1 口新井，经数值模拟计算，新井效果明显，在初期产液量 50 m³/d 的情况下，含水率 78%，日产油量 11 t/d，前 3 年累计产油 7 030 t，预测新井的生产动态如图 8-6-9 所示。若按每米钻井进尺价格 1 000 元计算，该地区井深 1 800 m，每口井钻井投资 180 万元，辅助投资假设与钻井成本相同，则每口井总投资 360 万元。如果原油价格按 1 500 元/t 计算，吨油成本 500 元（参考 2002—2003 年时原油的价格和生产成本计算），新井在 3 年内完全可以收回投资，因此加密新井在经济条件上允许。

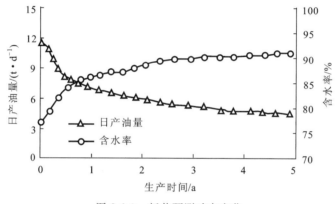

图 8-6-9　新井预测动态变化

数值模拟的最后还需要对提出的措施方案效果进行预测，比较增产效果。如果实例油藏不进行改造措施，那么数值模拟预测表明，油藏生产到综合含水率为 98% 时采收率为 56.52%。如果采取以上提供的措施，那么初期区块提高日产油量 35 t/d，前 3 年平均区块提高日产油量 25 t/d，区块含水率为 98% 时采收率为 57.23%，提高采收率 0.71%。无措施与实施调整措施情况下计算的油藏主要动态指标对比如图 8-6-10 所示。

按综合措施计算，假设平均单项措施费用 20 万元，共进行常规措施 21 项，合计投资 420 万元，加上 1 口新井的投资 360 万元，初期总投资 780 万元。按以上措施，3 年后累积增产油量 2.7×10⁴ t，按吨油利润 1 000 元计算，3 年末的产出投入比为 3.46，投资在 1 年半内可以收回，因此调整措施是有经济效益的（参考 2002—2003 年油田的生产经营状况选用经济评价参数）。

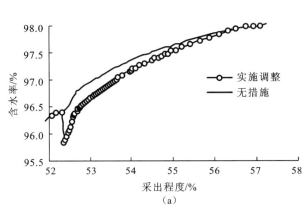

（a）

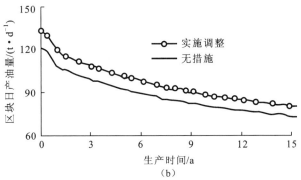

（b）

图 8-6-10　预测综合调整措施效果对比

 习　题

1. 试述建立油藏数值模型需要包括哪些内容。

2. 什么是历史拟合？历史拟合的主要指标是什么？如何调整参数？

3. 如何正确认识和分析油藏数值模拟的结果？

4. 如何在对数值模拟结果分析的基础上提出油藏改造措施？如何评价所提出措施的效果？

5. 调研近年来的文献，就人工智能技术在数值模拟中的应用范畴进行总结。

第九章　非常规油气数值模拟

我国非常规油气藏资源丰富,开发潜力巨大,其在油气资源开发中的地位日益凸显,是目前勘探开发的重要领域。实现煤层气、页岩气与天然气水合物等典型非常规油气资源的有效开发,对稳定国内油气产量、降低油气进口依存度、缓解油气供需矛盾、保障国家能源安全具有重大的战略意义。

第一节　煤层气藏数值模拟

一、煤层气藏数值模拟概况

煤层气作为一种清洁环保能源,是在成煤过程中形成并以吸附状态为主、少量以游离状态或溶解状态赋存于煤层中、以甲烷为主要成分的非常规天然气,是常规天然气的重要战略补充。煤储层主要是由基质微孔隙和天然裂隙组成的双重孔隙系统,其中基质微孔隙发育,具有极大的内表面积,是煤层气的主要赋存空间。煤储层压力的降低是导致煤层气解吸、运移的直接原因。有别于常规天然气,煤层气的产出是一个"排水—降压—解吸—扩散—渗流"的复杂过程。通常,煤层气井通过排水来降低储层压力,当储层压力降至临界解吸压力时,吸附的甲烷分子从基质内表面大量解吸后,在气体浓度差的作用下扩散进入裂隙系统,并在压力梯度作用下和裂隙中的自由水一起渗流至井筒,最终采出地面,如图 9-1-1 所示。

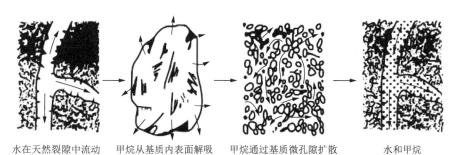

水在天然裂隙中流动　　甲烷从基质内表面解吸　　甲烷通过基质微孔隙扩散　　水和甲烷
在天然裂隙中流动

图 9-1-1　煤层气运移产出机理

与常规石油天然气储层不同,煤储层为固、气、水三相共存,同时煤层气的生成、赋存、运移和产出具有其内在规律,并且在生产过程中部分储层参数随环境条件的改变呈现复杂变化特征,因此煤层气藏的数值模拟与常规油气藏有很多不同之处。煤层气藏数值模拟是煤层气资源勘探和开发的关键技术之一,是以煤层气的赋存、运移、产出等多种理论为依据,采用数值方法求解相关数学模型,在计算机上重现煤层气吸附/解吸、扩散和多相流体渗流、产出全过程的技术,是确定煤层气藏地质、开发参数与煤层气产量之间关系的有效手段,其研究结果可为煤层气资源开发潜力评价和开发工程方案的制定提供科学决策依据。

二、煤层气藏的数值模拟模型

1. 基本假设

① 煤层是由基质微孔隙系统和裂隙宏观孔隙系统组成的双孔单渗的双重介质;② 煤体可压缩,储层非均质且各向异性;③ 煤层中的流体流动为等温流动,自由气为真实气体;④ 煤层在原始状态下被水 100% 饱和,不含游离气及溶解气,气体均以吸附态赋存在煤基质的颗粒表面;⑤ 水是微可压缩流体,由于煤基质的孔径较小,水不能进入;⑥ 气体在裂隙系统中的流动包含渗流和扩散两种形式,而水的流动仅为渗流,渗流和扩散分别服从 Darcy 定律及 Fick 第一定律。

2. 数学模型的建立

煤层气藏的完整数学模型包括描述流体流动的偏微分方程及定解条件。如前文所述,煤层气通过煤层孔隙介质产出可描述为 3 个互相制约的过程:从煤基质内表面的解吸、由基质微孔隙向裂隙的扩散和通过裂隙系统的渗流。因此,数学模型中应体现出上述过程中的各种机理。

1) 裂隙系统中气、水两相流动方程

(1) 气、水连续性方程。

在渗流场中取一个三维的微小单元体(简称微元体),如图 9-1-2 所示,中心点坐标为 (x, y, z),其长、宽、高分别为 $\Delta x, \Delta y$ 和 Δz,各个侧面分别与 x, y 和 z 轴平行,在裂隙系统中,每一个侧面的质量流速均以其侧面中心点的质量流速来代替。

假设裂隙系统中流体 l($l=$g 代表气相,$l=$w 代表水相)的密度为 ρ_l,饱和度为 S_l,孔隙度为 ϕ_l,流体质量流速在 x, y 和 z 三个方向上的分量为 $\rho_l v_{lx}, \rho_l v_{ly}$ 和 $\rho_l v_{lz}$,其中 x, y 和 z 三个方向上,流体的流入质量流速分别为 $(\rho_l v_{lx})|_{x-\Delta x/2}, (\rho_l v_{ly})|_{y-\Delta y/2}, (\rho_l v_{lz})|_{z-\Delta z/2}$,流出质量流速分别为 $(\rho_l v_{lx})|_{x+\Delta x/2}, (\rho_l v_{ly})|_{y+\Delta y/2}, (\rho_l v_{lz})|_{z+\Delta z/2}$,则 Δt 时间内,流体在 x, y, z 三个方向上流入和流出微元体的质量差分别为:

$$- \left[(\rho_l v_{lx})|_{x+\Delta x/2} - (\rho_l v_{lx})|_{x-\Delta x/2} \right] \Delta y \Delta z \Delta t \tag{9-1-1}$$

$$- \left[(\rho_l v_{ly})|_{y+\Delta y/2} - (\rho_l v_{ly})|_{y-\Delta y/2} \right] \Delta x \Delta z \Delta t \tag{9-1-2}$$

$$- \left[(\rho_l v_{lz})|_{z+\Delta z/2} - (\rho_l v_{lz})|_{z-\Delta z/2} \right] \Delta x \Delta y \Delta t \tag{9-1-3}$$

因此,在 Δt 时间内,流体流入和流出微元体的总质量差为:

$$- \left[(\rho_l v_{lx})|_{x+\Delta x/2} - (\rho_l v_{lx})|_{x-\Delta x/2} \right] \Delta y \Delta z \Delta t -$$

$$\left[(\rho_l v_{ly})|_{y+\Delta y/2} - (\rho_l v_{ly})|_{y-\Delta y/2} \right] \Delta x \Delta z \Delta t -$$

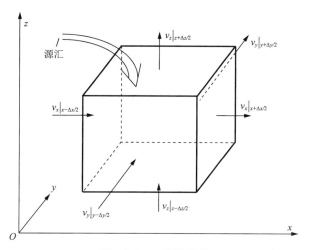

图 9-1-2　三维微元体

$$\left[\left(\rho_l v_{lz} \right) \big|_{z+\Delta z/2} - \left(\rho_l v_{lz} \right) \big|_{z-\Delta z/2} \right] \Delta x \Delta y \Delta t \tag{9-1-4}$$

假设煤体以及流体可压缩，Δt 时间内流体流入和流出微元体，导致微元体内流体质量的变化为：

$$\left(\phi_{\mathrm{f}} \rho_l S_l \Delta x \Delta y \Delta z \right) \big|_{t+\Delta t} - \left(\phi_{\mathrm{f}} \rho_l S_l \Delta x \Delta y \Delta z \right) \big|_t \tag{9-1-5}$$

在基质内部和表面之间气体浓度差的作用下，煤基质微孔隙中不断有气体扩散进入裂隙系统中，扩散的质量在气体连续性方程中可看作一个连续源分布，作为点源项来处理，其强度为 q_{mg}；同时，煤层气和水分别从单位体积煤层裂隙系统中采出，作为汇项，其强度为 q_l。因此，Δt 时间内微元体中由于源汇分布产生的流体质量变化为：

$$q_{\mathrm{mg}} \Delta x \Delta y \Delta z \Delta t - q_l \Delta x \Delta y \Delta z \Delta t \tag{9-1-6}$$

根据质量守恒原理，单位时间内微元体内流体的质量变化应等于流入和流出微元体的流体质量差加上源汇分布产生的流体质量变化量，综合以上各式，且各项同除以 $\Delta x \Delta y \Delta z \Delta t$，并令 $\Delta x \to 0, \Delta y \to 0, \Delta z \to 0, \Delta t \to 0$，取极限，即得单位时间单位体积内裂隙系统的流体质量变化的微分方程（$q_{\mathrm{mw}}=0$）：

$$-\frac{\partial \left(\rho_l v_{lx} \right)}{\partial x} - \frac{\partial \left(\rho_l v_{ly} \right)}{\partial y} - \frac{\partial \left(\rho_l v_{ly} \right)}{\partial z} + q_{\mathrm{m}l} - q_l = \frac{\partial \left(\rho_l S_l \phi_{\mathrm{f}} \right)}{\partial t} \tag{9-1-7}$$

因此有：

$$-\frac{\partial \left(\rho_{\mathrm{g}} v_{\mathrm{gx}} \right)}{\partial x} - \frac{\partial \left(\rho_{\mathrm{g}} v_{\mathrm{gy}} \right)}{\partial y} - \frac{\partial \left(\rho_{\mathrm{g}} v_{\mathrm{gy}} \right)}{\partial z} + q_{\mathrm{mg}} - q_{\mathrm{g}} = \frac{\partial \left(\rho_{\mathrm{g}} S_{\mathrm{g}} \phi_{\mathrm{f}} \right)}{\partial t} \tag{9-1-8}$$

$$-\frac{\partial \left(\rho_{\mathrm{w}} v_{\mathrm{wx}} \right)}{\partial x} - \frac{\partial \left(\rho_{\mathrm{w}} v_{\mathrm{wy}} \right)}{\partial y} - \frac{\partial \left(\rho_{\mathrm{w}} v_{\mathrm{wy}} \right)}{\partial z} - q_{\mathrm{w}} = \frac{\partial \left(\rho_{\mathrm{w}} S_{\mathrm{w}} \phi_{\mathrm{f}} \right)}{\partial t} \tag{9-1-9}$$

式中，$q_{\mathrm{g}}, q_{\mathrm{w}}$ 分别为单位体积煤储层气、水的质量流量；q_{mg} 为单位体积煤基质中煤层气扩散进入裂隙系统中的质量流量。

式（9-1-8）和式（9-1-9）分别为裂隙系统中气、水流动的连续性方程。

（2）气、水运动方程。

气相速度 v_{g} 由两部分构成：一部分是宏观渗流速度 v_{Dg}，遵从 Darcy 定律；另一部分是微观扩散速度 v_{Sg}，遵从 Fick 第一扩散定律，即

$$v_{\mathrm{g}} = v_{\mathrm{Dg}} + v_{\mathrm{Sg}} \tag{9-1-10}$$

其中：

$$v_{\mathrm{Dg}} = -\frac{k_{\mathrm{f}} k_{\mathrm{rg}}}{\mu_{\mathrm{g}}} \nabla (p_{\mathrm{fg}} - \rho_{\mathrm{g}} g H) \tag{9-1-11}$$

$$v_{\mathrm{Sg}} = -\frac{D_{\mathrm{f}}}{\rho_{\mathrm{g}}} \nabla C_{\mathrm{fg}} \tag{9-1-12}$$

$$C_{\mathrm{fg}} = \rho_{\mathrm{g}} S_{\mathrm{g}} = \frac{M}{RT} \frac{p_{\mathrm{fg}}}{Z} S_{\mathrm{g}} \tag{9-1-13}$$

式中，k_{f} 为裂隙渗透率，$10^{-3} \mu\mathrm{m}^2$；k_{rg} 为裂隙系统中气体相对渗透率；p_{fg} 为裂隙系统中气体压力，MPa；μ_{g} 为裂隙系统中气体黏度，mPa·s；ρ_{g} 为裂隙系统中气体密度，$\mathrm{g/cm}^3$；H 为距某一基准面的深度，cm；D_{f} 为裂隙系统中气体扩散系数，m^2/s；C_{fg} 为裂隙系统中游离气体质量浓度，$\mathrm{g/cm}^3$；M 为气体的摩尔质量，kg/mol；R 为摩尔气体常数，J/(mol·K)；T 为温度，K；Z 为气体压缩因子。

由真实气体定律，可得：

$$p_{\mathrm{sc}} V_{\mathrm{sc}} = n Z_{\mathrm{sc}} R T_{\mathrm{sc}} \tag{9-1-14}$$

$$p_{\mathrm{fg}} V_{\mathrm{fg}} = n Z R T \tag{9-1-15}$$

式中，下标 sc 表示标准状况；V_{sc} 为标准状况下的气体体积，m^3；V_{fg} 为气体体积，m^3。

将式(9-1-15)和式(9-1-14)两边相除得：

$$\frac{p_{\mathrm{fg}}}{Z} = \frac{1}{B_{\mathrm{g}}} \frac{p_{\mathrm{sc}} T}{Z_{\mathrm{sc}} T_{\mathrm{sc}}} \tag{9-1-16}$$

式中，B_{g} 为气体体积分数。

将式(9-1-13)代入式(9-1-12)中，得：

$$v_{\mathrm{Sg}} = -\frac{D_{\mathrm{f}} Z}{p_{\mathrm{fg}}} \nabla \left(\frac{S_{\mathrm{g}} p_{\mathrm{fg}}}{Z} \right) \tag{9-1-17}$$

将式(9-1-16)代入式(9-1-17)中，得：

$$v_{\mathrm{Sg}} = -D_{\mathrm{f}} B_{\mathrm{g}} \nabla \left(\frac{S_{\mathrm{g}}}{B_{\mathrm{g}}} \right) \tag{9-1-18}$$

因此，将式(9-1-11)和式(9-1-18)代入式(9-1-10)中，得：

$$v_{\mathrm{g}} = -\left[\frac{k_{\mathrm{f}} k_{\mathrm{rg}}}{\mu_{\mathrm{g}}} \nabla (p_{\mathrm{fg}} - \rho_{\mathrm{g}} g H) + D_{\mathrm{f}} B_{\mathrm{g}} \nabla \left(\frac{S_{\mathrm{g}}}{B_{\mathrm{g}}} \right) \right] \tag{9-1-19}$$

对各向异性煤储层，裂隙系统中气、水的运动方程在三维空间中分别为：

$$v_{\mathrm{g}x} = -\frac{k_{\mathrm{f}x} k_{\mathrm{rg}}}{\mu_{\mathrm{g}}} \frac{\partial}{\partial x} (p_{\mathrm{fg}} - \rho_{\mathrm{g}} g H) - D_{\mathrm{f}x} B_{\mathrm{g}} \frac{\partial}{\partial x} \left(\frac{S_{\mathrm{g}}}{B_{\mathrm{g}}} \right) \tag{9-1-20}$$

$$v_{\mathrm{g}y} = -\frac{k_{\mathrm{f}y} k_{\mathrm{rg}}}{\mu_{\mathrm{g}}} \frac{\partial}{\partial y} (p_{\mathrm{fg}} - \rho_{\mathrm{g}} g H) - D_{\mathrm{f}y} B_{\mathrm{g}} \frac{\partial}{\partial y} \left(\frac{S_{\mathrm{g}}}{B_{\mathrm{g}}} \right) \tag{9-1-21}$$

$$v_{\mathrm{g}z} = -\frac{k_{\mathrm{f}z} k_{\mathrm{rg}}}{\mu_{\mathrm{g}}} \frac{\partial}{\partial z} (p_{\mathrm{fg}} - \rho_{\mathrm{g}} g H) - D_{\mathrm{f}z} B_{\mathrm{g}} \frac{\partial}{\partial z} \left(\frac{S_{\mathrm{g}}}{B_{\mathrm{g}}} \right) \tag{9-1-22}$$

$$v_{\mathrm{w}x} = -\frac{k_{\mathrm{f}x} k_{\mathrm{rw}}}{\mu_{\mathrm{w}}} \frac{\partial}{\partial x} (p_{\mathrm{fw}} - \rho_{\mathrm{w}} g H) \tag{9-1-23}$$

$$v_{\mathrm{w}y} = -\frac{k_{\mathrm{f}y} k_{\mathrm{rw}}}{\mu_{\mathrm{w}}} \frac{\partial}{\partial y} (p_{\mathrm{fw}} - \rho_{\mathrm{w}} g H) \tag{9-1-24}$$

$$v_{\mathrm{w}z} = -\frac{k_{\mathrm{f}z} k_{\mathrm{rw}}}{\mu_{\mathrm{w}}} \frac{\partial}{\partial z} (p_{\mathrm{fw}} - \rho_{\mathrm{w}} g H) \tag{9-1-25}$$

式中，k_{rw} 为裂隙系统中水的相对渗透率；p_{fw} 为裂隙系统中水相压力，MPa；μ_w 为裂隙系统中水的黏度，mPa·s；ρ_w 为裂隙系统中水的密度，g/cm³。

（3）气、水渗流微分方程。

将气、水相运动方程（9-1-20）～（9-1-25）分别代入连续性方程（9-1-8）和（9-1-9）中，得到描述煤储层裂隙系统中气、水两相渗流的基本微分方程：

$$
\frac{\partial}{\partial x}\left[\rho_g\frac{k_{fx}k_{rg}}{\mu_g}\frac{\partial}{\partial x}(p_{fg}-\rho_g gH)+\rho_g D_{fx}B_g\frac{\partial}{\partial x}\left(\frac{S_g}{B_g}\right)\right]+
$$

$$
\frac{\partial}{\partial y}\left[\rho_g\frac{k_{fy}k_{rg}}{\mu_g}\frac{\partial}{\partial y}(p_{fg}-\rho_g gH)+\rho_g D_{fy}B_g\frac{\partial}{\partial y}\left(\frac{S_g}{B_g}\right)\right]+
$$

$$
\frac{\partial}{\partial z}\left[\rho_g\frac{k_{fz}k_{rg}}{\mu_g}\frac{\partial}{\partial z}(p_{fg}-\rho_g gH)+\rho_g D_{fz}B_g\frac{\partial}{\partial z}\left(\frac{S_g}{B_g}\right)\right]+q_{mg}-q_g=\frac{\partial(\rho_g S_g\phi_f)}{\partial t} \quad (9\text{-}1\text{-}26)
$$

$$
\frac{\partial}{\partial x}\left[\rho_w\frac{k_{fx}k_{rw}}{\mu_w}\frac{\partial}{\partial x}(p_{fw}-\rho_w gH)\right]+\frac{\partial}{\partial y}\left[\rho_w\frac{k_{fy}k_{rw}}{\mu_w}\frac{\partial}{\partial y}(p_{fw}-\rho_w gH)\right]+
$$

$$
\frac{\partial}{\partial z}\left[\rho_w\frac{k_{fz}k_{rw}}{\mu_w}\frac{\partial}{\partial z}(p_{fw}-\rho_w gH)\right]-q_w=\frac{\partial(\rho_w S_w\phi_f)}{\partial t} \quad (9\text{-}1\text{-}27)
$$

考虑到流体密度与体积系数的关系，方程（9-1-26）和（9-1-27）可简写为：

$$
\nabla\cdot\left[\frac{k_f k_{rg}}{\mu_g B_g}\nabla(p_{fg}-\rho_g gH)+D_f\nabla\left(\frac{S_g}{B_g}\right)\right]+q_{mvg}-q_{vg}=\frac{\partial}{\partial t}\left(\frac{\phi_f S_g}{B_g}\right) \quad (9\text{-}1\text{-}28)
$$

$$
\nabla\cdot\left[\frac{k_f k_{rw}}{\mu_w B_w}\nabla(p_{fw}-\rho_w gH)\right]-q_{vw}=\frac{\partial}{\partial t}\left(\frac{\phi_f S_w}{B_w}\right) \quad (9\text{-}1\text{-}29)
$$

式中，B_g，B_w 分别为裂隙系统中气、水相体积系数；q_{mvg}，q_{vg}，q_{vw} 分别为标准状况下单位体积煤储层中由基质微孔隙扩散进入裂隙系统的气体体积流量以及单位体积煤储层中气、水的体积流量。

2）基质系统中气体解吸-扩散方程

假设吸附与解吸是可逆过程，煤层气的解吸也可用 Langmuir 等温吸附方程描述：

$$
V_E(p_{fg})=\frac{V_L bp_{fg}}{1+bp_{fg}} \quad (9\text{-}1\text{-}30)
$$

式中，V_E 为基质表面煤层气的平衡吸附量，m³/t；V_L 为兰氏体积，m³/t；b 为兰氏压力常数。

一般情况下，由于煤基质微孔隙的孔径极小且渗透率极低，故其毛管压力很大，导致基质中的水难以流动成为束缚水。同时，相比于扩散量，煤基质微孔隙中的气体渗流量可以忽略不计。因此，一般认为煤基质微孔隙中主要存在气体扩散。在煤基质块中，只有靠近裂隙面的基质微孔隙中的气体解吸作用足够快，与游离气体处于平衡状态，而远离裂隙的基质微孔隙中的气体与裂隙中的游离气体处于非平衡状态。煤基质微孔隙系统的气体扩散可以分为非稳态扩散和拟稳态扩散两种方式，其中拟稳态扩散遵从 Fick 第一扩散定律，非稳态扩散遵从 Fick 第二扩散定律。研究表明，虽然非稳态方式能够较为客观地描述煤基质块中气体浓度的时空变化，较为准确地表征气体扩散过程，但是其求解过程复杂，计算工作量大。此外，非稳态方式与拟稳态方式的差别主要体现在煤层气井的早期预测结果上，当生产时间较长时，两种方式得到的预测结果实际上是完全相同的。因此，这里采用广泛使用的且计算效率较高的拟稳态扩散方式。

在拟稳态扩散方式中，假设煤基质块内气体在扩散过程的每一个时间段都具有一个平均浓度。根据 Fick 第一扩散定律,煤基质块内平均含气量随时间的变化率与煤基质表面吸附气体含量和煤基质块内平均含气量之差成正比,而单位时间内由单位体积煤基质块中解吸并扩散进入裂隙系统的气体量与煤基质块内平均含气量的变化率成正比,即

$$\frac{\partial V_m}{\partial t} = D_m \sigma \left[V_E(p_{fg}) - V_m \right] \tag{9-1-31}$$

且

$$q_{mvg} = - \rho_c F_G \frac{\partial V_m}{\partial t} \tag{9-1-32}$$

式中,V_m 为煤基质块内平均含气量,m^3/t;D_m 为煤基质块内的气体扩散系数,m^2/d;σ 为 Warren-Root 形状因子,与基质单元的尺寸大小和形状有关;ρ_c 为煤岩密度,t/m^3;F_G 为几何因子。

不同形态基质单元的 F_G 和 σ 取值参见表 9-1-1。

表 9-1-1　基质单元的几何因子和形状因子(据 Boyer,1982)

基质单元形状	特征参数	几何因子 F_G	形状因子 σ
块　状	半厚度 h	2	$\left(\dfrac{\pi}{2h}\right)^2$
柱　体	半径 r	4	$\left(\dfrac{2.4082}{r}\right)^2$
球　体	半径 r	6	$\left(\dfrac{\pi}{r}\right)^2$

实际应用式(9-1-31)时,通常引入吸附时间常数 τ,并将其作为参数直接引入模型中,其定义为 $\tau = 1/(D_m \sigma)$,τ 可由解吸实验直接测定。于是方程(9-1-31)可改写为:

$$\frac{dV_m}{dt} = - \frac{1}{\tau} \left[V_m - V_E(p_{fg}) \right] \tag{9-1-33}$$

3)辅助方程

为了完整地描述气、水两相在煤储层中的运移过程,除了流动方程组外,还需要辅助方程来完善数学模型。

裂隙系统气、水毛管压力(p_{cgw})方程:

$$p_{cgw} = p_{fg} - p_{fw} \tag{9-1-34}$$

裂隙系统气、水饱和度方程:

$$S_g + S_w = 1 \tag{9-1-35}$$

4)定解条件

为求解上述方程组,还需给出相应的定解条件,包括初始条件和边界条件。描述流体渗流的微分方程与定解条件一起构成描述煤储层中流体渗流的完整数学模型。

(1)内边界条件。

煤层气井生产时,若给定井的产量,则将其作为已知的源汇项,分别代入气、水相的渗流微分方程;若给定井底流压,则通常将其作为稳定流,利用下述公式计算气、水产量。

$$q_{vg} = \frac{2\pi k_{rg} k_{fh} \Delta z}{\mu_g B_g \left(\ln \dfrac{r_e}{r_w} + s \right) \Delta V} (p_{fg} - p_{wf}) \tag{9-1-36}$$

$$q_{vw} = \frac{2\pi k_{rw} k_{fh} \Delta z}{\mu_w B_w \left(\ln \dfrac{r_e}{r_w} + s \right) \Delta V} (p_{fw} - p_{wf}) \tag{9-1-37}$$

其中：

$$r_e = 0.28 \frac{\left[\left(\dfrac{k_{fy}}{k_{fx}} \right)^{\frac{1}{2}} \Delta x^2 + \left(\dfrac{k_{fx}}{k_{fy}} \right)^{\frac{1}{2}} \Delta y^2 \right]^{\frac{1}{2}}}{\left(\dfrac{k_{fy}}{k_{fx}} \right)^{\frac{1}{4}} + \left(\dfrac{k_{fx}}{k_{fy}} \right)^{\frac{1}{4}}} \tag{9-1-38}$$

$$k_{fh} = \sqrt{k_{fx} k_{fy}} \tag{9-1-39}$$

$$s = -\ln \frac{x_f}{2r_w} \tag{9-1-40}$$

式中，ΔV 为网格单元的体积，m^3；p_{wf} 为井底流压，MPa；k_{fh} 为平均渗透率，$10^{-3}\ \mu m^2$；k_{fx}，k_{fy} 为 x 和 y 方向渗透率，$10^{-3}\ \mu m^2$；r_w 为井筒半径，m；r_e 为等效供给半径，m；s 为表皮系数；x_f 为压裂裂缝半长，m。

（2）外边界条件。

外边界条件通常分为定压和定流量两种类型。定压外边界条件即已知外边界 Γ_1 上每一点在每一时刻的压力分布，在数学上称为第一类边界条件或 Dirichlet 边界条件，可表示为：

$$p_f(x,y,z,t)\big|_{\Gamma_1} = p_i(x,y,z) \tag{9-1-41}$$

式中，$p_i(x,y,z)$ 为已知压力函数。

定流量边界条件又称为第二类边界条件或 Neumann 边界条件。煤层气储层数值模拟研究中最简单、最常见的定流量边界为封闭边界，即在边界 Γ_2 上无流量通过，可表示为：

$$\frac{\partial p(x,y,z,t)}{\partial n}\bigg|_{\Gamma_2} = 0 \tag{9-1-42}$$

式中，$\dfrac{\partial p}{\partial n}\big|_{\Gamma_2}$ 为边界上压力关于边界外法向导数。

（3）初始条件。

给定煤层气藏初始时刻的煤层压力、含水饱和度以及含气量分布：

$$p_f(x,y,z)\big|_{t=0} = p_{fi}(x,y,z) \tag{9-1-43}$$

$$S_w(x,y,z)\big|_{t=0} = S_{wi}(x,y,z) \tag{9-1-44}$$

$$V_m(x,y,z)\big|_{t=0} = V_{mi}(x,y,z) \tag{9-1-45}$$

式中，$p_{fi}(x,y,z)$ 为裂隙系统的初始压力，MPa；$S_{wi}(x,y,z)$ 为裂隙系统的初始含水饱和度；$V_{mi}(x,y,z)$ 为初始含气量，m^3/m^3。

3. 数值模型的建立

在不均匀网格条件下，采用块中心差分格式，对气、水相偏微分方程的左端项进行空间差分，右端项进行时间差分。

首先，令 $\gamma_g = \rho_g g$，对气相偏微分方程（9-1-28）进行差分：

$$\frac{1}{\Delta x_{i,j,k}} \left[\left(\frac{k_{rg} k_{fx}}{\mu_g B_g} \right)_{i+1/2,j,k} \left(\frac{p_{fgi+1,j,k} - p_{fgi,j,k}}{\Delta x_{i+1/2,j,k}} - \gamma_{gi+1/2,j,k} \frac{H_{i+1,j,k} - H_{i,j,k}}{\Delta x_{i+1/2,j,k}} \right) + \right.$$

$$D_{\mathrm{f}xi+1/2,j,k} \frac{\left(\frac{S_{\mathrm{g}}}{B_{\mathrm{g}}}\right)_{i+1,j,k} - \left(\frac{S_{\mathrm{g}}}{B_{\mathrm{g}}}\right)_{i,j,k}}{\Delta x_{i+1/2,j,k}} - \left(\frac{k_{\mathrm{rg}}k_{\mathrm{f}x}}{\mu_{\mathrm{g}}B_{\mathrm{g}}}\right)_{i-1/2,j,k} \left[\frac{p_{\mathrm{f}gi,j,k} - p_{\mathrm{f}gi-1,j,k}}{\Delta x_{i-1/2,j,k}} - \right.$$

$$\gamma_{\mathrm{g}i-1/2,j,k} \frac{H_{i,j,k} - H_{i-1,j,k}}{\Delta x_{i-1/2,j,k}} \Big] - D_{\mathrm{f}xi-1/2,j,k} \frac{\left(\frac{S_{\mathrm{g}}}{B_{\mathrm{g}}}\right)_{i,j,k} - \left(\frac{S_{\mathrm{g}}}{B_{\mathrm{g}}}\right)_{i-1,j,k}}{\Delta x_{i-1/2,j,k}} \Bigg] +$$

$$\frac{1}{\Delta y_{i,j,k}} \left[\left(\frac{k_{\mathrm{rg}}k_{\mathrm{f}y}}{\mu_{\mathrm{g}}B_{\mathrm{g}}}\right)_{i,j+1/2,k} \left(\frac{p_{\mathrm{f}gi,j+1,k} - p_{\mathrm{f}gi,j,k}}{\Delta y_{i,j+1/2,k}} - \gamma_{\mathrm{g}i,j+1/2,k} \frac{H_{i,j+1,k} - H_{i,j,k}}{\Delta y_{i,j+1/2,k}}\right) + \right.$$

$$D_{\mathrm{f}yi,j+1/2,k} \frac{\left(\frac{S_{\mathrm{g}}}{B_{\mathrm{g}}}\right)_{i,j+1,k} - \left(\frac{S_{\mathrm{g}}}{B_{\mathrm{g}}}\right)_{i,j,k}}{\Delta y_{i,j+1/2,k}} - \left(\frac{k_{\mathrm{rg}}k_{\mathrm{f}y}}{\mu_{\mathrm{g}}B_{\mathrm{g}}}\right)_{i,j-1/2,k} \left[\frac{p_{\mathrm{f}gi,j,k} - p_{\mathrm{f}gi,j-1,k}}{\Delta y_{i,j-1/2,k}} - \right.$$

$$\gamma_{\mathrm{g}i,j-1/2,k} \frac{H_{i,j,k} - H_{i,j-1,k}}{\Delta y_{i,j-1/2,k}} \Big] - D_{\mathrm{f}yi,j-1/2,k} \frac{\left(\frac{S_{\mathrm{g}}}{B_{\mathrm{g}}}\right)_{i,j,k} - \left(\frac{S_{\mathrm{g}}}{B_{\mathrm{g}}}\right)_{i,j-1,k}}{\Delta y_{i,j-1/2,k}} \Bigg] +$$

$$\frac{1}{\Delta z_{i,j,k}} \left[\left(\frac{k_{\mathrm{rg}}k_{\mathrm{f}z}}{\mu_{\mathrm{g}}B_{\mathrm{g}}}\right)_{i,j,k+1/2} \left(\frac{p_{\mathrm{f}gi,j,k+1} - p_{\mathrm{f}gi,j,k}}{\Delta z_{i,j,k+1/2}} - \gamma_{\mathrm{g}i,j,k+1/2} \frac{H_{i,j,k+1} - H_{i,j,k}}{\Delta z_{i,j,k+1/2}}\right) + \right.$$

$$D_{\mathrm{f}zi,j,k+1/2} \frac{\left(\frac{S_{\mathrm{g}}}{B_{\mathrm{g}}}\right)_{i,j,k+1} - \left(\frac{S_{\mathrm{g}}}{B_{\mathrm{g}}}\right)_{i,j,k}}{\Delta z_{i,j,k+1/2}} - \left(\frac{k_{\mathrm{rg}}k_{\mathrm{f}z}}{\mu_{\mathrm{g}}B_{\mathrm{g}}}\right)_{i,j,k-1/2} \left[\frac{p_{\mathrm{f}gi,j,k} - p_{\mathrm{f}gi,j,k-1}}{\Delta z_{i,j,k-1/2}} - \right.$$

$$\gamma_{\mathrm{g}i,j,k-1/2} \frac{H_{i,j,k} - H_{i,j,k-1}}{\Delta z_{i,j,k-1/2}} \Big] - D_{\mathrm{f}zi,j,k-1/2} \frac{\left(\frac{S_{\mathrm{g}}}{B_{\mathrm{g}}}\right)_{i,j,k} - \left(\frac{S_{\mathrm{g}}}{B_{\mathrm{g}}}\right)_{i,j,k-1}}{\Delta z_{i,j,k-1/2}} \Bigg] +$$

$$q_{\mathrm{mv}gi,j,k} - q_{\mathrm{v}gi,j,k} = \frac{1}{\Delta t} \left[\left(\frac{\phi_{\mathrm{f}}S_{\mathrm{g}}}{B_{\mathrm{g}}}\right)^{n+1}_{i,j,k} - \left(\frac{\phi_{\mathrm{f}}S_{\mathrm{g}}}{B_{\mathrm{g}}}\right)^{n}_{i,j,k}\right] \tag{9-1-46}$$

方程(9-1-46)两边同乘以单元网格块(i,j,k)的体积 $\Delta V_{i,j,k} = (\Delta x \Delta y \Delta z)_{i,j,k}$,得:

$$(\Delta y \Delta z)_{i,j,k} \left[\left(\frac{k_{\mathrm{rg}}k_{\mathrm{f}x}}{\mu_{\mathrm{g}}B_{\mathrm{g}}}\right)_{i+1/2,j,k} \left(\frac{p_{\mathrm{f}gi+1,j,k} - p_{\mathrm{f}gi,j,k}}{\Delta x_{i+1/2,j,k}} - \gamma_{\mathrm{g}i+1/2,j,k} \frac{H_{i+1,j,k} - H_{i,j,k}}{\Delta x_{i+1/2,j,k}}\right) + \right.$$

$$D_{\mathrm{f}xi+1/2,j,k} \frac{\left(\frac{S_{\mathrm{g}}}{B_{\mathrm{g}}}\right)_{i+1,j,k} - \left(\frac{S_{\mathrm{g}}}{B_{\mathrm{g}}}\right)_{i,j,k}}{\Delta x_{i+1/2,j,k}} - \left(\frac{k_{\mathrm{rg}}k_{\mathrm{f}x}}{\mu_{\mathrm{g}}B_{\mathrm{g}}}\right)_{i-1/2,j,k} \left[\frac{p_{\mathrm{f}gi,j,k} - p_{\mathrm{f}gi-1,j,k}}{\Delta x_{i-1/2,j,k}} - \right.$$

$$\gamma_{\mathrm{g}i-1/2,j,k} \frac{H_{i,j,k} - H_{i-1,j,k}}{\Delta x_{i-1/2,j,k}} \Big] - D_{\mathrm{f}xi-1/2,j,k} \frac{\left(\frac{S_{\mathrm{g}}}{B_{\mathrm{g}}}\right)_{i,j,k} - \left(\frac{S_{\mathrm{g}}}{B_{\mathrm{g}}}\right)_{i-1,j,k}}{\Delta x_{i-1/2,j,k}} \Bigg] +$$

$$(\Delta x \Delta z)_{i,j,k} \left[\left(\frac{k_{\mathrm{rg}}k_{\mathrm{f}y}}{\mu_{\mathrm{g}}B_{\mathrm{g}}}\right)_{i,j+1/2,k} \left(\frac{p_{\mathrm{f}gi,j+1,k} - p_{\mathrm{f}gi,j,k}}{\Delta y_{i,j+1/2,k}} - \gamma_{\mathrm{g}i,j+1/2,k} \frac{H_{i,j+1,k} - H_{i,j,k}}{\Delta y_{i,j+1/2,k}}\right) + \right.$$

$$D_{\mathrm{f}yi,j+1/2,k} \frac{\left(\frac{S_{\mathrm{g}}}{B_{\mathrm{g}}}\right)_{i,j+1,k} - \left(\frac{S_{\mathrm{g}}}{B_{\mathrm{g}}}\right)_{i,j,k}}{\Delta y_{i,j+1/2,k}} - \left(\frac{k_{\mathrm{rg}}k_{\mathrm{f}y}}{\mu_{\mathrm{g}}B_{\mathrm{g}}}\right)_{i,j-1/2,k} \left[\frac{p_{\mathrm{f}gi,j,k} - p_{\mathrm{f}gi,j-1,k}}{\Delta y_{i,j-1/2,k}} - \right.$$

$$\gamma_{gi,j-1/2,k} \frac{H_{i,j,k}-H_{i,j-1,k}}{\Delta y_{i,j-1/2,k}} \Bigg] - D_{fyi,j-1/2,k} \frac{\left(\dfrac{S_g}{B_g}\right)_{i,j,k}-\left(\dfrac{S_g}{B_g}\right)_{i,j-1,k}}{\Delta y_{i,j-1/2,k}} \Bigg] +$$

$$(\Delta x \Delta y)_{i,j,k} \Bigg[\left(\frac{k_{rg}k_{fz}}{\mu_g B_g}\right)_{i,j,k+1/2} \left(\frac{p_{fgi,j,k+1}-p_{fgi,j,k}}{\Delta z_{i,j,k+1/2}} - \gamma_{gi,j,k+1/2} \frac{H_{i,j,k+1}-H_{i,j,k}}{\Delta z_{i,j,k+1/2}} \right) +$$

$$D_{fzi,j,k+1/2} \frac{\left(\dfrac{S_g}{B_g}\right)_{i,j,k+1}-\left(\dfrac{S_g}{B_g}\right)_{i,j,k}}{\Delta z_{i,j,k+1/2}} - \left(\frac{k_{rg}k_{fz}}{\mu_g B_g}\right)_{i,j,k-1/2} \Bigg[\frac{p_{fgi,j,k}-p_{fgi,j,k-1}}{\Delta z_{i,j,k-1/2}} -$$

$$\gamma_{gi,j,k-1/2} \frac{H_{i,j,k}-H_{i,j,k-1}}{\Delta z_{i,j,k-1/2}} \Bigg] - D_{fzi,j,k-1/2} \frac{\left(\dfrac{S_g}{B_g}\right)_{i,j,k}-\left(\dfrac{S_g}{B_g}\right)_{i,j,k-1}}{\Delta z_{i,j,k-1/2}} \Bigg] +$$

$$(q_{mvg}\Delta V)_{i,j,k} - (q_{vg}\Delta V)_{i,j,k} = \frac{\Delta V_{i,j,k}}{\Delta t}\Bigg[\left(\frac{\phi_f S_g}{B_g}\right)_{i,j,k}^{n+1} - \left(\frac{\phi_f S_g}{B_g}\right)_{i,j,k}^{n} \Bigg] \tag{9-1-47}$$

将上述方程中在两节点之间取值的参数,即下标为 $(i-1/2,j,k)(i+1/2,j,k)(i,j-1/2,k)(i,j+1/2,k)(i,j,k-1/2)(i,j,k+1/2)$ 的参数进行相应的处理,使它们都用节点的参数值表达。其中:

$$\Delta x_{i+1/2,j,k} = \frac{1}{2}(\Delta x_{i+1,j,k}+\Delta x_{i,j,k}), \quad \Delta x_{i-1/2,j,k} = \frac{1}{2}(\Delta x_{i,j,k}+\Delta x_{i-1,j,k})$$

$$\Delta y_{i,j+1/2,k} = \frac{1}{2}(\Delta y_{i,j+1,k}+\Delta y_{i,j,k}), \quad \Delta y_{i,j-1/2,k} = \frac{1}{2}(\Delta y_{i,j-1,k}+\Delta y_{i,j,k})$$

$$\Delta z_{i,j,k+1/2} = \frac{1}{2}(\Delta z_{i,j,k+1}+\Delta z_{i,j,k}), \quad \Delta z_{i,j,k-1/2} = \frac{1}{2}(\Delta z_{i,j,k-1}+\Delta z_{i,j,k})$$

绝对渗透率取调和平均值,即

$$k_{fi\pm\frac{1}{2},j,k} = \frac{(\Delta x_{i\pm1}+\Delta x_i)k_{fi,j,k}k_{fi\pm1,j,k}}{\Delta x_{i\pm1}k_{fi,j,k}+\Delta x_i k_{fi\pm1,j,k}} \tag{9-1-48}$$

$$k_{fi,j\pm\frac{1}{2},k} = \frac{(\Delta y_{j\pm1}+\Delta y_j)k_{fi,j,k}k_{fi,j\pm1,k}}{\Delta y_{j\pm1}k_{fi,j,k}+\Delta y_j k_{fi,j\pm1,k}} \tag{9-1-49}$$

$$k_{fi,j,k\pm\frac{1}{2}} = \frac{(\Delta z_{k\pm1}+\Delta z_k)k_{fi,j,k}k_{fi,j,k\pm1}}{\Delta z_{k\pm1}k_{fi,j,k}+\Delta z_k k_{fi,j,k\pm1}} \tag{9-1-50}$$

$\dfrac{k_{rl}}{\mu_l B_l}(l=g,w)$ 做上游权处理,即

$$\left(\frac{k_{rl}}{\mu_l B_l}\right)_{i\pm\frac{1}{2},j,k} = \begin{cases} \left(\dfrac{k_{rl}}{\mu_l B_l}\right)_{i+1,j,k} & (\Phi_{li+1,j,k} \geqslant \Phi_{li,j,k}) \\[3mm] \left(\dfrac{k_{rl}}{\mu_l B_l}\right)_{i,j,k} & (\Phi_{li+1,j,k} < \Phi_{li,j,k}) \end{cases} \tag{9-1-51}$$

$$\left(\frac{k_{rl}}{\mu_l B_l}\right)_{i,j\pm\frac{1}{2},k} = \begin{cases} \left(\dfrac{k_{rl}}{\mu_l B_l}\right)_{i,j+1,k} & (\Phi_{li,j+1,k} \geqslant \Phi_{li,j,k}) \\[3mm] \left(\dfrac{k_{rl}}{\mu_l B_l}\right)_{i,j,k} & (\Phi_{li,j+1,k} < \Phi_{li,j,k}) \end{cases} \tag{9-1-52}$$

$$\left(\frac{k_{rl}}{\mu_l B_l}\right)_{i,j,k\pm\frac{1}{2}} = \begin{cases} \left(\dfrac{k_{rl}}{\mu_l B_l}\right)_{i,j,k+1} & (\Phi_{li,j,k+1} \geqslant \Phi_{li,j,k}) \\[3mm] \left(\dfrac{k_{rl}}{\mu_l B_l}\right)_{i,j,k} & (\Phi_{li,j,k+1} < \Phi_{li,j,k}) \end{cases} \tag{9-1-53}$$

式中, Φ_l 为 l 相节点的流体势。

令几何因子 $F_{i\pm1/2,j,k} = (\Delta y\Delta z)_{i,j,k}$，$F_{i,j\pm1/2,k} = (\Delta x\Delta z)_{i,j,k}$，$F_{i,j,k\pm1/2} = (\Delta x\Delta y)_{i,j,k}$；传导系数 $T_{gi\pm1/2,j,k} = \left(F_G \dfrac{k_f}{\Delta x}\dfrac{k_{rg}}{\mu_g B_g}\right)_{i\pm1/2,j,k}$，$T_{gi,j\pm1/2,k} = \left(F_G \dfrac{k_f}{\Delta y}\dfrac{k_{rg}}{\mu_g B_g}\right)_{i,j\pm1/2,k}$，$T_{gi,j,k\pm1/2} = \left(F_G \dfrac{k_f}{\Delta z}\dfrac{k_{rg}}{\mu_g B_g}\right)_{i,j,k\pm1/2}$；扩散项系数 $T_{Di\pm1/2,j,k} = \left(F_G \dfrac{D_{fx}}{\Delta x}\right)_{i\pm1/2,j,k}$，$T_{Di,j\pm1/2,k} = \left(F_G \dfrac{D_{fy}}{\Delta y}\right)_{i,j\pm1/2,k}$，$T_{Di,j,k\pm1/2} = \left(F_G \dfrac{D_{fz}}{\Delta z}\right)_{i,j,k\pm1/2}$。

将几何因子、传导系数、扩散项系数代入方程(9-1-48)可得:

$$\left\{ T_{gi+1/2,j,k}\left[(p_{fgi+1,j,k} - p_{fgi,j,k}) - \gamma_{gi+1/2,j,k}(H_{i+1,j,k} - H_{i,j,k})\right] - \right.$$
$$T_{gi-1/2,j,k}\left[(p_{fgi,j,k} - p_{fgi-1,j,k}) - \gamma_{gi-1/2,j,k}(H_{i,j,k} - H_{i-1,j,k})\right] +$$
$$\left. T_{Di+1/2,j,k}\left[\left(\frac{S_g}{B_g}\right)_{i+1,j,k} - \left(\frac{S_g}{B_g}\right)_{i,j,k}\right] - T_{Di-1/2,j,k}\left[\left(\frac{S_g}{B_g}\right)_{i,j,k} - \left(\frac{S_g}{B_g}\right)_{i-1,j,k}\right]\right\} +$$
$$\left\{ T_{gi,j+1/2,k}\left[(p_{fgi,j+1,k} - p_{fgi,j,k}) - \gamma_{gi,j+1/2,k}(H_{i,j+1,k} - H_{i,j,k})\right] - \right.$$
$$T_{gi,j-1/2,k}\left[(p_{fgi,j,k} - p_{fgi,j-1,k}) - \gamma_{gi,j-1/2,k}(H_{i,j,k} - H_{i,j-1,k})\right] +$$
$$\left. T_{Di,j+1/2,k}\left[\left(\frac{S_g}{B_g}\right)_{i,j+1,k} - \left(\frac{S_g}{B_g}\right)_{i,j,k}\right] - T_{Di,j-1/2,k}\left[\left(\frac{S_g}{B_g}\right)_{i,j,k} - \left(\frac{S_g}{B_g}\right)_{i,j-1,k}\right]\right\} +$$
$$\left\{ T_{gi,j,k+1/2}\left[(p_{fgi,j,k+1} - p_{fgi,j,k}) - \gamma_{gi,j,k+1/2}(H_{i,j,k+1} - H_{i,j,k})\right] - \right.$$
$$T_{gi,j,k-1/2}\left[(p_{fgi,j,k} - p_{fgi,j,k-1}) - \gamma_{gi,j,k-1/2}(H_{i,j,k} - H_{i,j,k-1})\right] +$$
$$\left. T_{Di,j,k+1/2}\left[\left(\frac{S_g}{B_g}\right)_{i,j,k+1} - \left(\frac{S_g}{B_g}\right)_{i,j,k}\right] - T_{Di,j,k-1/2}\left[\left(\frac{S_g}{B_g}\right)_{i,j,k} - \left(\frac{S_g}{B_g}\right)_{i,j,k-1}\right]\right\} +$$
$$(q_{mvg}\Delta V)_{i,j,k} - (q_{vg}\Delta V)_{i,j,k} = \frac{\Delta V_{i,j,k}}{\Delta t}\left[\left(\frac{\phi_f S_g}{B_g}\right)^{n+1}_{i,j,k} - \left(\frac{\phi_f S_g}{B_g}\right)^n_{i,j,k}\right] \tag{9-1-54}$$

为简化方程,引入如下线性微分算子:

$$\Delta A\Delta B = \Delta_x A\Delta_x B + \Delta_y A\Delta_y B + \Delta_z A\Delta_z B \tag{9-1-55}$$

其中:
$$\Delta_x A\Delta_x B = A_{i+1/2,j,k}(B_{i+1,j,k} - B_{i,j,k}) - A_{i-1/2,j,k}(B_{i,j,k} - B_{i-1,j,k})$$
$$\Delta_y A\Delta_y B = A_{i,j+1/2,k}(B_{i,j+1,k} - B_{i,j,k}) - A_{i,j-1/2,k}(B_{i,j,k} - B_{i,j-1,k})$$
$$\Delta_z A\Delta_z B = A_{i,j,k+1/2}(B_{i,j,k+1} - B_{i,j,k}) - A_{i,j,k-1/2}(B_{i,j,k} - B_{i,j,k-1})$$

将上述算子代入方程(9-1-55)可得:

$$\Delta T_g\Delta p_{fg} - \Delta T_g\gamma_g\Delta H + \Delta T_D\Delta\left(\frac{S_g}{B_g}\right) + (q_{mg}\Delta V)_{i,j,k} - (q_{vg}\Delta V)_{i,j,k}$$
$$= \frac{\Delta V_{i,j,k}}{\Delta t}\left[\left(\frac{\phi_f S_g}{B_g}\right)^{n+1}_{i,j,k} - \left(\frac{\phi_f S_g}{B_g}\right)^n_{i,j,k}\right] \tag{9-1-56}$$

进一步整理得:

$$\Delta T_g\Delta(p_{fg} - \gamma_g H) + \Delta T_D\Delta\left(\frac{S_g}{B_g}\right) + (q_{mvg}\Delta V)_{i,j,k} - (q_{vg}\Delta V)_{i,j,k}$$
$$= \frac{\Delta V_{i,j,k}}{\Delta t}\left[\left(\frac{\phi_f S_g}{B_g}\right)^{n+1}_{i,j,k} - \left(\frac{\phi_f S_g}{B_g}\right)^n_{i,j,k}\right] \tag{9-1-57}$$

同理，令 $\gamma_w = \rho_w g$，可得水相偏微分方程(9-1-29)的差分算子方程为：

$$\Delta T_w \Delta (p_{fw} - \gamma_w H) - (q_{vw} \Delta V)_{i,j,k} = \frac{\Delta V_{i,j,k}}{\Delta t}\left[\left(\frac{\phi_f S_w}{B_w}\right)^{n+1}_{i,j,k} - \left(\frac{\phi_f S_w}{B_w}\right)^{n}_{i,j,k} \right] \quad (9\text{-}1\text{-}58)$$

令 $\Delta \Phi = \Delta(p_f - \gamma H)$，$Q_{vl} = q_{vl} \Delta V$，$Q_{mvg} = q_{mvg} \Delta V$，最终得到描述煤储层中气、水两相流体流动的差分方程组，即数值模型为：

$$\left.\begin{array}{l} \Delta T_g \Delta \Phi_g + \Delta T_D \Delta\left(\dfrac{S_g}{B_g}\right) + Q_{mvg\,i,j,k} - Q_{vg\,i,j,k} = \dfrac{\Delta V_{i,j,k}}{\Delta t}\left[\left(\dfrac{\phi_f S_g}{B_g}\right)^{n+1}_{i,j,k} - \left(\dfrac{\phi_f S_g}{B_g}\right)^{n}_{i,j,k} \right] \\[4mm] \Delta T_w \Delta \Phi_w - Q_{vw\,i,j,k} = \dfrac{\Delta V_{i,j,k}}{\Delta t}\left[\left(\dfrac{\phi_f S_w}{B_w}\right)^{n+1}_{i,j,k} - \left(\dfrac{\phi_f S_w}{B_w}\right)^{n}_{i,j,k} \right] \end{array}\right\}$$

$$(9\text{-}1\text{-}59)$$

上述方程组包括 4 个未知变量 p_{fg}，p_{fw}，S_g 和 S_w，实际上只有 2 个独立变量，其余变量可作为这 2 个独立变量的函数来处理。求解时通常选择气相压力 p_{fg} 和水相饱和度 S_w 作为独立变量进行求解。

三、实例应用

沁水盆地南部 TL-003 井自上而下依次穿过第四系(Q_4)，二叠系上统上石盒子组(P_2^1)，二叠系下统下石盒子组(P_1^2)、山西组(P_1^1)，石炭系上统太原组(C_{3t})、本溪组(C_{2t})，中奥陶统峰峰组(O_{2f})。山西组的 $3^{\#}$ 煤层和太原组的 $15^{\#}$ 煤层是该井的主要产气层，为变质程度高的无烟煤，厚度分别为 6.33 m 和 0.90 m，埋深分别为 472.37 m 和 583.26 m，两煤层垂向上间距约为 100 m，无水动力联系。$3^{\#}$ 煤层的顶、底板分别为封闭性能较好的泥岩和砂质泥岩。$15^{\#}$ 煤层的顶板为盆地内稳定发育且富含地下水的石炭系 K_2 灰岩，厚度为 9.14 m，与 $15^{\#}$ 煤层间存在水动力联系，故将其作为含水层直接参与计算；但是其底板为封闭性能较好的黏土质泥岩及铝土质泥岩。在通过注入/压降试井、煤样解吸及吸附实验获得煤储层有关参数的基础上，通过完井、压裂等强化增产措施进行生产，排采阶段获得了较为完整的产气、排水资料。采用煤层气藏数值模拟方法对沁水盆地 TL-003 井进行生产历史拟合，模拟所用参数见表 9-1-2。

表 9-1-2　煤储层模拟参数列表

模型参数		$3^{\#}$ 煤层	K_2 灰岩	$15^{\#}$ 煤层
储层压力/MPa		3.36	4.30	4.30
临界解吸压力/MPa		2.53	—	1.61
Langmuir 压力/MPa		3.17	—	2.27
Langmuir 体积/($m^3 \cdot t^{-1}$)		44.27	—	48.92
孔隙度		0.02	0.05	0.02
绝对渗透率 /($10^{-3}\ \mu m^2$)	k_{fx}	3.40	21.0	1.20
	k_{fy}	1.70	21.0	0.80
	k_{fz}	0.00	2.10	0.01
压缩系数/MPa^{-1}		0.062	0.002 9	0.062

模型参数	3# 煤层	K₂灰岩	15# 煤层
表皮系数	−3.20	−3.05	−4.55
煤体密度/(t·m⁻³)	1.375	—	1.435

利用沁水盆地 TL-003 井 1998 年 3 月 16 日—1999 年 4 月 11 日共 392 d 的排采资料进行拟合计算,其间该井因为修井维护停产 1 周。由于 3# 和 15# 煤层在平面上无限延伸并饱和水,因此将井底流压作为已知条件,对产气情况进行历史拟合。图 9-1-3 为实测的井底流压随时间变化关系图,图 9-1-4、图 9-1-5 所示为该井日产气和累产气的拟合结果。可以看出,模拟计算的日产气量和累积产气量与实际生产数据趋势相一致,较好地反映了排采过程中煤层气的动态变化过程。

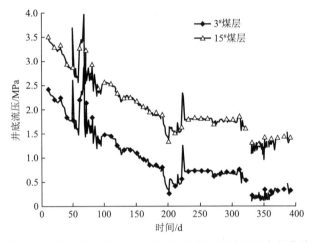

图 9-1-3 沁水盆地 TL-003 井实测井底流压随时间变化曲线

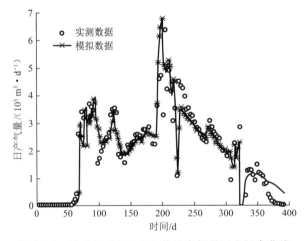

图 9-1-4 沁水盆地 TL-003 井日产气量历史拟合曲线

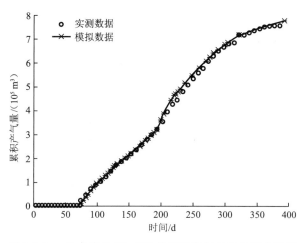

图 9-1-5　沁水盆地 TL-003 井累积产气量历史拟合曲线

第二节　页岩气藏数值模拟

一、页岩气藏数值模拟研究现状

　　页岩气是以吸附态或游离态为主赋存于暗色富有机质、极低渗透率的泥页岩中,自生自储、连续聚集的天然气藏。近年来,国内页岩气勘探开发取得了重大突破和进展,与之配套的页岩气藏渗流理论与开发技术发展迅速,国内外学者针对页岩气藏渗流数学模型、数值模拟方法开展了大量研究。与传统油气藏渗流不同,页岩气藏复杂孔缝结构导致其流动具有显著的多尺度特征,并存在吸附、扩散、应力敏感效应,建立考虑多重运移机制的页岩气藏数值模拟方法是其产能评价与预测的关键。

　　根据介质表征方法的不同,页岩气藏数值模拟模型主要分为等效连续介质模型(equivalent continuum model)、离散介质模型(discrete network model)和混合介质模型(coupled discrete-continuum model)。等效连续介质模型假设有大量的随机产状裂缝随机分布且相互连通,将发育裂缝的岩体等效成连续介质进行表征。根据基质与裂缝间的非均质特征,等效连续介质模型可进一步细分为单重孔隙介质模型、双重孔隙介质模型以及多重介质模型。离散介质模型准确描述了高度离散裂缝的渗流特征,模型保留了基质、裂缝各自节点和物理特性,可分为离散裂缝模型和嵌入式离散裂缝模型(embedded discrete fracture model)。嵌入式离散裂缝是近些年兴起的一种全新的模拟方法,通过数学处理将裂缝作为类井源"嵌入"基质中,避免了局部网格加密,运算速度和效率大幅提升。混合模型是上述等效连续介质模型和离散介质模型的有机结合,即采用离散裂缝模型显式表征裂缝,等效连续介质模型表征基岩、微裂缝等,准确表征大型水力压裂形成的复杂缝网形态,同时可满足计算精度和速度要求。

　　本节以吸附、扩散、应力敏感效应等页岩气藏典型渗流机理为例,建立页岩气藏基质气水两相渗流数学模型并进行求解。

二、页岩气藏渗流机理

1. 页岩气吸附机理

页岩气主要以游离气、吸附气和溶解气 3 种状态赋存于干酪根孔隙、裂缝和页岩微孔中,研究过程中将溶解气和吸附气归为一类,统称为吸附气。通常采用吸附模型来评价甲烷气吸附能力的强弱,以亚临界吸附模型为例,主要有 Langmuir 等温吸附模型、BET 多分子层吸附模型。常见的吸附模型见表 9-2-1。Langmuir 等温吸附模型的基本假设如下:① 气-固体系达到吸附平衡后,吸附和解吸之间不存在解吸滞后的现象;② 固体吸附剂表面光滑均匀,固体表面吸附势能均匀,活化能为零;③ 吸附气体之间不存在相互作用力;④ 吸附气体在固体吸附剂中为单分子层吸附。

表 9-2-1　页岩气吸附模型汇总表

吸附模型	表达式	适用条件
Langmuir	$\rho_s = \dfrac{\rho_{sL} p}{p + p_L}$	单分子层吸附
Brunauer-Emmett-Teller(BET)	$Q = \dfrac{Q_m c p}{(p - p_0)\left[1 + (c-1)\left(\dfrac{p}{p_0}\right)\right]}$	多分子层吸附,$0.05 < p/p_0 < 0.5$
Freundlich	$Q = k_F \left(\dfrac{p}{p_0}\right)^{\frac{1}{n}}$	气体吸附和液相吸附,$p/p_0 < 0.9$
DA-Langmuir	$Q = \omega_0 e^{-\left(\frac{\varepsilon}{E}\right)^n}$	微孔材料
Harkins-Jura	$\ln\left(\dfrac{p}{p_0}\right) = A - B\left(\dfrac{1}{Q^2}\right)$	毛细凝聚
Temkin	$Q = A\ln\left(\dfrac{Bp}{p_0}\right)$	化学吸附

注:Q—压力为 p 时吸附量,m^3/t;ρ_s—吸附气体的质量密度,kg/m^3;ρ_{sL}—储层岩石可吸附气体的最大质量密度,kg/m^3;p—气藏压力,MPa;p_L—Langmuir 压力,MPa;Q_m—Langmuir 吸附量,m^3/t;c—常数,反映吸附热;n—吸附常数,与吸附量有关,通过实验拟合获得;ω_0—微孔内吸附量;ε—吸附势;E—特征吸附能,反映吸附强度;A,B—曲线截距和斜率;k_F—Freundlich 系数;p_0—Langmuir 实验压力,即当吸附量达到最大值时对应的实验压力,MPa。

2. 页岩气扩散机理

与致密砂岩储层相比,页岩有机质孔隙的比表面积要大得多,因此任何依赖于表面积的传质过程,例如扩散和解吸都变得非常重要。富含有机质的黑色页岩层系中水动力弥散往往以分子扩散为主,其中,甲烷扩散是页岩中重要的气体运移机制。当有机质中存在溶解气浓度梯度时,扩散将会使有机质中的溶解气进入孔隙。由于页岩基质渗透率极低,所以对流通量较小,扩散通量对总质量通量的贡献十分显著。Fick 扩散方程是描述由浓度梯度引起的扩散输运模型之一,与煤层气扩散系数相似,其数学表达式为:

$$J_\alpha = -D_\alpha \nabla(\rho_\alpha) \tag{9-2-1}$$

式中，J_α 为 α 相扩散通量，D_α 为 α 相扩散系数，ρ_α 为 α 相密度。

在多孔介质系统中，需要对扩散方程(9-2-1)进行修正，通常的修正方法是将扩散系数 D_α 乘以孔隙度 ϕ 和饱和度 S_α 并除以孔径的迂曲度 τ_α。τ_α 表示多孔介质中孔隙的实际长度与流动方向介质长度的比值。因此，得到含页岩气多孔介质 Fick 扩散方程修正形式：

$$J_\alpha = -\frac{\phi S_\alpha}{\tau_\alpha} D_\alpha \nabla(\rho_\alpha) \tag{9-2-2}$$

3. 页岩储层应力敏感效应

页岩气储层孔喉细小，相对于常规砂岩，黏土含量高、压缩性强，具有明显的应力敏感特征。因此，在页岩气开采过程中，随着地层压力下降，岩石骨架物性参数会随之变化，从而影响气体的产能。常见的应力敏感效应表征模型见表 9-2-2。

表 9-2-2　页岩储层应力敏感效应模型汇总表

类　型	研究学者	模　型
Gangi 模型	Gangi(1978)	$k = k_{p_c}\left[1 - \left(\frac{\sigma_c - \alpha_B p}{\sigma_1}\right)^m\right]^3$
指数模型	Pedrosa(1986)	$k = k_i \exp[-\alpha(p_i - p)]$
幂律模型	Bernabe(1986)	$\frac{k}{k_i} = 0.989\,7 e^{\frac{1.835\,9\beta}{\sigma_c^\beta}}$

注：k—在压力 p 下储层的渗透率；k_i—在油藏初始压力 p_i 下储层的渗透率；k_{p_c}—零围压($p_c=0$)下的储层渗透率；α_B—Biot 常数；σ_1—裂缝完全闭合的最大有效应力；m—与裂缝粗糙度有关的常数；α—储层应力敏感性系数，由应力敏感性实验数据拟合获得；σ_c—有效应力；ϕ—孔隙度；β—拟合系数。

三、页岩气藏的数值模拟模型

1. 页岩气藏的渗流数学模型的建立

首先，气水两相渗流数学模型为：

$$\nabla \cdot \left[\frac{k k_{rg}}{B_g \mu_g} \nabla(p_g - \rho_g g D)\right] + q_{vg} = \frac{\partial}{\partial t}\left(\frac{\phi S_g}{B_g}\right) \tag{9-2-3}$$

$$\nabla \cdot \left[\frac{k k_{rw}}{B_w \mu_w} \nabla(p_w - \rho_w g D)\right] + q_{vw} = \frac{\partial}{\partial t}\left(\frac{\phi S_w}{B_w}\right) \tag{9-2-4}$$

式中，S_g，S_w 分别为气、水相的饱和度；ρ_g，ρ_w 分别为气、水相的密度；B_g，B_w 分别为气、水相的体积系数；k_{rg}，k_{rw} 分别为气、水相的相对渗透率；μ_g，μ_w 分别为气、水相的黏度；p_g，p_w 分别为气、水相的压力；q_{vg}，q_{vw} 分别为地面标准状况下单位时间单位体积内产出或注入气、水的体积。

（1）以 Langmuir 单分子层吸附模型为例，其数学表达式为：

$$\rho_s = \frac{\rho_{sL} p}{p + p_L} \tag{9-2-5}$$

将式(9-2-5)引入气相控制方程，得到考虑页岩气吸附的气相渗流数学模型：

$$\nabla \cdot \left[\frac{kk_{rg}}{B_g \mu_g} \nabla (p_g - \rho_g g D) \right] + q_{vg} = \frac{\partial}{\partial t} \left[\frac{\phi S_g}{B_g} + \delta_s (1 - \phi) \rho_s \right] \tag{9-2-6}$$

式中，ρ_s 为吸附气密度，将其乘以 $(1-\phi)$ 即单位质量岩石的吸附气量；δ_s 为布尔值，考虑吸附时为 1，不考虑吸附时为 0。

（2）将含页岩气多孔介质 Fick 扩散方程修正形式（9-2-2）引入气相控制方程，得到考虑扩散的页岩气渗流数学模型：

$$\nabla \cdot \left[\frac{kk_{rg}}{B_g \mu_g} \nabla (p_g - \rho_g g D) + J_g \right] + q_{vg} = \frac{\partial}{\partial t} \left(\frac{\phi S_g}{B_g} \right) \tag{9-2-7}$$

（3）将表 9-2-2 中应力敏感效应指数模型变换为应力敏应影响因子 Fa，则 $Fa = \frac{k}{k_i} = \exp[-\alpha(p_i - p)]$，将应力敏感影响因子引入气水两相控制方程，可得到考虑页岩应力敏感效应的气水两相渗流数学模型：

$$\nabla \cdot \left[\frac{F_a kk_{rg}}{B_g \mu_g} \nabla (p_g - \rho_g g D) \right] + q_{vg} = \frac{\partial}{\partial t} \left(\frac{\phi S_g}{B_g} \right) \tag{9-2-8}$$

$$\nabla \cdot \left[\frac{F_a kk_{rw}}{B_w \mu_w} \nabla (p_w - \rho_w g D) \right] + q_{vw} = \frac{\partial}{\partial t} \left(\frac{\phi S_w}{B_w} \right) \tag{9-2-9}$$

根据式（9-2-6）～式（9-2-9），可得到同时考虑页岩气吸附、扩散和应力敏感效应的气水两相渗流数学模型：

气相

$$\nabla \cdot \left[\frac{e^{\alpha(p_i - p)} kk_{rg}}{B_g \mu_g} \nabla (p_g - \rho_g g D) + \frac{\phi S_g}{\tau_g} D_g \nabla \left(\frac{\rho_g}{\rho_{gsc}} \right) \right] + q_{vg} = \frac{\partial}{\partial t} \left[\frac{\phi S_g}{B_g} + \frac{\delta_s (1 - \phi)}{\rho_{gsc}} \frac{\rho_{sL} p_g}{p_g + p_L} \right] \tag{9-2-10}$$

水相

$$\nabla \cdot \left[\frac{e^{\alpha(p_i - p)} kk_{rw}}{B_w \mu_w} \nabla (p_w - \rho_w g D) \right] + q_{vw} = \frac{\partial}{\partial t} \left(\frac{\phi S_w}{B_w} \right) \tag{9-2-11}$$

该数学模型中的未知量为 p_g, p_w, S_g, S_w。

辅助方程为：

$$S_g + S_w = 1 \tag{9-2-12a}$$

$$p_{cgw} = p_g - p_w \tag{9-2-12b}$$

式中，p_{cgw} 为气水两相之间的毛管压力。

初始条件是原始的地层压力分布和原始的气、水饱和度分布：

$$p(x, y, z, t) \big|_{t=0} = p^0(x, y, z) \tag{9-2-13}$$

$$S_w(x, y, z, t) \big|_{t=0} = S_w^0(x, y, z) \tag{9-2-14}$$

$$S_g(x, y, z, t) \big|_{t=0} = S_g^0(x, y, z) \tag{9-2-15}$$

式中，$p^0(x, y, z, t)$ 为初始条件下原始地层压力分布；$S_g^0(x, y, z)$ 为初始条件下原始地层含气饱和度分布；$S_w^0(x, y, z)$ 为初始条件下原始地层含水饱和度分布。

定义气藏外边界条件为封闭边界，内边界可以设置为定产或定流压。

$$\frac{\partial p}{\partial n} \bigg|_L = 0 \tag{9-2-16}$$

$$q_v(x, y, z, t) = q_v(t) \delta(x, y, z) \tag{9-2-17}$$

$$p_{wf}(x, y, z, t) = p_{wf}(t) \delta(x, y, z) \tag{9-2-18}$$

式中,L 为油藏外边界;$\dfrac{\partial p}{\partial n}$ 为边界外法线方向的压力梯度;$\delta(x,y,z)$ 为点源函数,有井存在时为 1,没有井存在时为 0。

2. 页岩气藏的数值求解

采用隐压显饱法对上述方程组进行求解,IMPES 求解的步骤如下:

(1)将气、水之间的毛管压力方程代入所建立的气水两相页岩气渗流数学模型方程组中,消去 p_w,得到只含有 p_g,S_g,S_w 的方程组;

(2)将气水两相的渗流方程组乘以适当的系数之后合并,消除方程中的 S_w 和 S_g 项,得到只含有气相压力 p_g 的综合方程,称为压力方程;

(3)写出压力方程的差分方程,其中传导系数、毛管压力和产量项中与时间有关的非线性项均采用显式处理方法,得到只含有变量 p_g 的线性代数方程组;

(4)求解线性代数方程组得到 p_g,然后由毛管压力方程计算出 p_w;

(5)由水相方程显式计算出水相饱和度,由饱和度辅助方程计算出气相饱和度。

压力方程的化简及差分求解过程如下:

首先,根据毛管压力辅助方程可得:

$$p_w = p_g - p_{cgw} \tag{9-2-19}$$

将式(9-2-19)代入渗流方程组(9-2-10)和(9-2-11),可以消去水相压力,得到新的气水两相渗流方程:

气相

$$\nabla \cdot \left[\lambda_g e^{\alpha(p-p_i)} \nabla(p_g - \rho_g g D) - \frac{\phi S_g}{\tau_g} D_g \nabla\left(\frac{\rho_g}{\rho_{gsc}}\right) \right] + q_{vg} = \frac{\partial}{\partial t}\left[\frac{\phi S_g}{B_g} + \frac{\delta_s(1-\phi)\dfrac{\rho_{sL} p_g}{p_g + p_L}}{\rho_{gsc}} \right] \tag{9-2-20}$$

水相

$$\nabla \cdot \left[\lambda_w e^{\alpha(p-p_i)} \nabla(p_g - p_{cgw} - \rho_w g D) \right] + q_{vw} = \frac{\partial}{\partial t}\left(\frac{\phi S_w}{B_w} \right) \tag{9-2-21}$$

其中:

$$\lambda_g = \frac{k k_{rg}}{B_g \mu_g}, \quad \lambda_w = \frac{k k_{rw}}{B_w \mu_w} \tag{9-2-22}$$

上述方程中的未知变量为 p_g,S_g,S_w。

然后对气相方程(9-2-20)进行变形:

$$\nabla \cdot \left[\lambda_g e^{\alpha(p-p_i)} \nabla(p_g - \rho_g g D) \right] - \left[\frac{\phi}{\tau_g} D_g \nabla\left(\frac{\rho_g}{\rho_{gsc}}\right) \right] \nabla \cdot S_g + q_{vg} = \frac{\phi}{B_g}\frac{\partial S_g}{\partial t} + \frac{\partial}{\partial t}\left[\frac{\delta_s(1-\phi)\dfrac{\rho_{sL} p_g}{p_g + p_L}}{\rho_{gsc}} \right] \tag{9-2-23}$$

其中:

$$\nabla \cdot S_g = \frac{\partial S_g}{\partial x} + \frac{\partial S_g}{\partial y} + \frac{\partial S_g}{\partial z} \tag{9-2-24}$$

由于:

$$\frac{\partial S_{\mathrm{g}}}{\partial x}=\frac{\partial S_{\mathrm{g}}}{\partial t}\frac{\partial t}{\partial x}=\frac{\dfrac{\partial S_{\mathrm{g}}}{\partial t}}{v_{\mathrm{g}x}} \tag{9-2-25}$$

$$\frac{\partial S_{\mathrm{g}}}{\partial y}=\frac{\partial S_{\mathrm{g}}}{\partial t}\frac{\partial t}{\partial y}=\frac{\dfrac{\partial S_{\mathrm{g}}}{\partial t}}{v_{\mathrm{g}y}} \tag{9-2-26}$$

$$\frac{\partial S_{\mathrm{g}}}{\partial z}=\frac{\partial S_{\mathrm{g}}}{\partial t}\frac{\partial t}{\partial z}=\frac{\dfrac{\partial S_{\mathrm{g}}}{\partial t}}{v_{\mathrm{g}z}} \tag{9-2-27}$$

将式(9-2-25)~式(9-2-27)代入式(9-2-24),得到新的 $\nabla \cdot S_{\mathrm{g}}$ 表达式:

$$\nabla \cdot S_{\mathrm{g}}=\frac{\partial S_{\mathrm{g}}}{\partial t}\left(\frac{1}{v_{\mathrm{g}x}}+\frac{1}{v_{\mathrm{g}y}}+\frac{1}{v_{\mathrm{g}z}}\right) \tag{9-2-28}$$

将式(9-2-28)代入式(9-2-21)与式(9-2-23),得到新的气水两相渗流方程:

气相

$$\nabla \cdot \left[\lambda_{\mathrm{g}}\mathrm{e}^{a(p-p_{\mathrm{i}})}\nabla(p_{\mathrm{g}}-\rho_{\mathrm{g}}gD)\right]-\frac{\partial}{\partial t}\left[\frac{\delta_{\mathrm{s}}(1-\phi)\dfrac{\rho_{\mathrm{s}L}p_{\mathrm{g}}}{p_{\mathrm{g}}+p_{\mathrm{L}}}}{\rho_{\mathrm{gsc}}}\right]+q_{\mathrm{vg}}$$
$$=\frac{\partial S_{\mathrm{g}}}{\partial t}\left\{\frac{\phi}{B_{\mathrm{g}}}-\left[\frac{\phi}{\tau_{\mathrm{g}}}D_{\mathrm{g}}\nabla\left(\frac{\rho_{\mathrm{g}}}{\rho_{\mathrm{gsc}}}\right)\right]\left(\frac{1}{v_{\mathrm{g}x}}+\frac{1}{v_{\mathrm{g}y}}+\frac{1}{v_{\mathrm{g}z}}\right)\right\} \tag{9-2-29}$$

水相

$$\nabla \cdot \left[\lambda_{\mathrm{w}}\mathrm{e}^{a(p-p_{\mathrm{i}})}\nabla(p_{\mathrm{g}}-p_{\mathrm{cgw}}-\rho_{\mathrm{w}}gD)\right]+q_{\mathrm{vw}}=\frac{\partial}{\partial t}\left(\frac{\phi S_{\mathrm{w}}}{B_{\mathrm{w}}}\right) \tag{9-2-30}$$

对饱和度辅助方程(9-2-12a)进行微分,可以得到:

$$\frac{\partial S_{\mathrm{g}}}{\partial t}+\frac{\partial S_{\mathrm{w}}}{\partial t}=0 \tag{9-2-31}$$

最后,将气相渗流方程式(9-2-29)乘以方程项 $\dfrac{\phi}{B_{\mathrm{w}}}$,并将水相渗流方程式(9-2-30)乘以方

程项 $\dfrac{\phi}{B_{\mathrm{g}}}-\left[\dfrac{\phi}{\tau_{\mathrm{g}}}D_{\mathrm{g}}\nabla\left(\dfrac{\rho_{\mathrm{g}}}{\rho_{\mathrm{gsc}}}\right)\right]\left(\dfrac{1}{v_{\mathrm{g}x}}+\dfrac{1}{v_{\mathrm{g}y}}+\dfrac{1}{v_{\mathrm{g}z}}\right)$,然后将两式相加消去 S_{g} 和 S_{w} 两个饱和度项,使

渗流方程式(9-2-29)和(9-2-30)变为一个只含有气相压力 p_{g} 的压力方程:

$$\left\{\frac{\phi}{B_{\mathrm{g}}}-\left[\frac{\phi}{\tau_{\mathrm{g}}}D_{\mathrm{g}}\nabla\left(\frac{\rho_{\mathrm{g}}}{\rho_{\mathrm{gsc}}}\right)\right]\left(\frac{1}{v_{\mathrm{g}x}}+\frac{1}{v_{\mathrm{g}y}}+\frac{1}{v_{\mathrm{g}z}}\right)\right\}\nabla \cdot \left[\lambda_{\mathrm{w}}\nabla(p_{\mathrm{g}}-p_{\mathrm{cgw}}-\rho_{\mathrm{w}}gD)\right]+$$
$$\left\{\frac{\phi}{B_{\mathrm{g}}}-\left[\frac{\phi}{\tau_{\mathrm{g}}}D_{\mathrm{g}}\nabla\left(\frac{\rho_{\mathrm{g}}}{\rho_{\mathrm{gsc}}}\right)\right]\left(\frac{1}{v_{\mathrm{g}x}}+\frac{1}{v_{\mathrm{g}y}}+\frac{1}{v_{\mathrm{g}z}}\right)\right\}q_{\mathrm{vw}}=\nabla\left[\lambda_{\mathrm{g}}\mathrm{e}^{a(p-p_{\mathrm{i}})}\nabla(p_{\mathrm{g}}-\rho_{\mathrm{g}}gD)\right]\frac{\phi}{B_{\mathrm{w}}}-$$
$$\frac{\phi}{B_{\mathrm{w}}}\frac{\partial}{\partial t}\left[\frac{\delta_{\mathrm{s}}(1-\phi)\dfrac{\rho_{\mathrm{s}L}p_{\mathrm{g}}}{p_{\mathrm{g}}+p_{\mathrm{L}}}}{\rho_{\mathrm{gsc}}}\right]+\frac{\phi}{B_{\mathrm{w}}}q_{\mathrm{vg}} \tag{9-2-32}$$

式(9-2-32)为化简后的压力方程。

为了方便进行压力方程建立与化简,将式(9-2-32)等号两端同时乘以网格单元体积 $V_{\mathrm{B}}=\Delta x_{i}\Delta y_{j}\Delta z_{k}$,由于方程离散项较多,这里以 $V_{\mathrm{B}}\nabla \cdot \left[\lambda_{\mathrm{w}}\nabla(p_{\mathrm{g}})\right]$ 为例进行离散。

离散过程与离散结果如下:

$$V_{\mathrm{B}}\nabla \cdot \left[\lambda_{\mathrm{w}}\nabla(p_{\mathrm{g}})\right]=V_{\mathrm{B}}\left[\frac{\lambda_{\mathrm{w},i+\frac{1}{2},j,k}(p_{\mathrm{g},i+1,j,k}-p_{\mathrm{g},i,j,k})}{0.5(\Delta x_{i+1}+\Delta x_{i})}+\frac{\lambda_{\mathrm{w},i-\frac{1}{2},j,k}(p_{\mathrm{g},i-1,j,k}-p_{\mathrm{g},i,j,k})}{0.5(\Delta x_{i-1}+\Delta x_{i})}\right]+$$

$$V_B\left[\frac{\lambda_{w,i,j+\frac{1}{2},k}(p_{g,i,j+1,k}-p_{g,i,j,k})}{0.5(\Delta y_{j+1}+\Delta y_j)}+\frac{\lambda_{w,i,j-\frac{1}{2},k}(p_{g,i,j-1,k}-p_{g,i,j,k})}{0.5(\Delta y_{j-1}+\Delta y_j)}\right]+$$

$$V_B\left[\frac{\lambda_{w,i,j,k+\frac{1}{2}}(p_{g,i,j,k+1}-p_{g,i,j,k})}{0.5(\Delta z_{k+1}+\Delta z_k)}+\frac{\lambda_{w,i,j,k-\frac{1}{2}}(p_{g,i,j,k-1}-p_{g,i,j,k})}{0.5(\Delta z_{k-1}+\Delta z_k)}\right]$$

$$=\Delta y_j\Delta z_k\frac{k_{i+\frac{1}{2},j,k}}{0.5(\Delta x_{i+1}+\Delta x_i)}\left(\frac{k_{rw}}{B_w\mu_w}\right)_{i+\frac{1}{2},j,k}(p_{g,i+1,j,k}-p_{g,i,j,k})+$$

$$\Delta y_j\Delta z_k\frac{k_{i-\frac{1}{2},j,k}}{0.5(\Delta x_{i-1}+\Delta x_i)}\left(\frac{k_{rw}}{B_w\mu_w}\right)_{i-\frac{1}{2},j,k}(p_{g,i-1,j,k}-p_{g,i,j,k})+$$

$$\Delta x_i\Delta z_k\frac{k_{i,j+\frac{1}{2},k}}{0.5(\Delta y_{j+1}+\Delta y_j)}\left(\frac{k_{rw}}{B_w\mu_w}\right)_{i,j+\frac{1}{2},k}(p_{g,i,j+1,k}-p_{g,i,j,k})+$$

$$\Delta x_i\Delta z_k\frac{k_{i,j-\frac{1}{2},k}}{0.5(\Delta y_{j-1}+\Delta y_j)}\left(\frac{k_{rw}}{B_w\mu_w}\right)_{i,j-\frac{1}{2},k}(p_{g,i,j-1,k}-p_{g,i,j,k})+$$

$$\Delta x_i\Delta y_j\frac{k_{i,j,k+\frac{1}{2}}}{0.5(\Delta z_{k+1}+\Delta z_k)}\left(\frac{k_{rw}}{B_w\mu_w}\right)_{i,j,k+\frac{1}{2}}(p_{g,i,j,k+1}-p_{g,i,j,k})+$$

$$\Delta x_i\Delta y_j\frac{k_{i,j,k-\frac{1}{2}}}{0.5(\Delta z_{k-1}+\Delta z_k)}\left(\frac{k_{rw}}{B_w\mu_w}\right)_{i,j,k-\frac{1}{2}}(p_{g,i,j,k-1}-p_{g,i,j,k})$$

$$=T_{w,x,i+\frac{1}{2},j,k}(p_{g,i+1,j,k}-p_{g,i,j,k})+T_{w,x,i-\frac{1}{2},j,k}(p_{g,i-1,j,k}-p_{g,i,j,k})+$$

$$T_{w,y,i,j+\frac{1}{2},k}(p_{g,i,j+1,k}-p_{g,i,j,k})+T_{w,y,i,j-\frac{1}{2},k}(p_{g,i,j-1,k}-p_{g,i,j,k})+$$

$$T_{w,z,i,j,k+\frac{1}{2}}(p_{g,i,j,k+1}-p_{g,i,j,k})+T_{w,z,i,j,k-\frac{1}{2}}(p_{g,i,j,k-1}-p_{g,i,j,k})$$

$$(9\text{-}2\text{-}33)$$

式中，$T_{w,x}$，$T_{w,y}$，$T_{w,z}$ 分别为水相在 x,y,z 网格间流动时的传导系数。

　　采用上述方法对建立的气相压力综合方程进行离散，形成气相压力的离散方程组，并进行求解，计算气相压力分布；然后通过气、水毛管压力方程，计算出水相压力分布；最后对气相饱和度方程进行离散，获取气相饱和度分布，结合饱和度辅助方程计算出相应的水相饱和度分布。

四、实例应用

　　国内某典型页岩气储层与流体参数见表 9-2-3。

表 9-2-3　国内某典型页岩气储层与流体数据

分　类	参数名称	数　值	单　位
储层参数	孔隙度	7	％
	含水饱和度	17	％
	渗透率	0.0009×10^{-3}	μm^2
	迂曲度	2.54	—
	气藏温度	432.5	K
	气藏压力	56	MPa
	井底流压	6.895	MPa

分　类	参数名称	数　值	单　位
流体参数	综合压缩系数	0.000 18	MPa^{-1}
	气体黏度	0.02	mPa·s
	气体摩尔质量	0.016	kg/mol
机理参数	吸附气质量密度	2.99	kg/m^3
	Langmuir 压力	10.77	MPa
	应力敏感性系数	0.004 5	—
	扩散系数	2.5×10^{-7}	m^2/s

基于上述数值模拟模型,开展考虑吸附、扩散及应力敏感效应的页岩气水两相流动数值模拟研究。随着页岩气生产的进行,气藏压力逐渐降低,解吸的吸附气体积增加,累积产气量中吸附气所占比重逐渐增大;扩散作用在渗透率和压力较低时影响程度更大;由于存在应力敏感效应,气藏压力降低会导致页岩气藏中孔隙缩小、裂缝闭合,相同有效应力作用下,页岩基质孔隙与裂缝的渗透率损害程度增加。图 9-2-1 为考虑和不考虑吸附、扩散及应力敏感效应下页岩气藏累积产气量的对比,可以看出,同时考虑上述机理影响时页岩气藏的累积产气量下降了约22%。

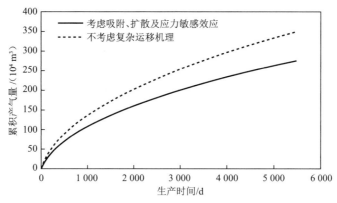

图 9-2-1　页岩气复杂运移机理对累积产气量的影响

第三节　天然气水合物藏数值模拟

天然气水合物是天然气(主要成分甲烷)和水在高压、低温条件下形成的似冰状固体化合物,广泛分布于海洋地层及永久冻土带,储量丰富。在标准状况下,1 单位体积天然气水合物大约可分解产生 164 单位体积的甲烷气体,因而被认为是 21 世纪最理想的替代能源。目前提出的水合物开采方法包括降压法、加热法、加化学剂法、CO$_2$ 置换法等,这些方法各有优缺点,可单独使用或联合使用,其中降压法和加热法被国内外学者广泛看好。迄今为止,全球只有俄罗斯的麦索雅哈水合物藏利用降压法和加化学剂法进行过水合物藏的工业性开采。加拿大的 Mallik、日本东南部沿海、美国阿拉斯加、中国神狐海域进行了水合物藏的试开采试验,其中日本及中国的海上试开采用的都是降压法。

一、天然气水合物藏数值模拟软件简介

数值模拟技术可以评价天然气水合物藏的开采潜力,有助于全面认识开发过程中各因素的敏感性,可对水合物藏的产气动态进行定量估算,为水合物藏开采方案的确定提供科学依据。

从 20 世纪 80 年代开始,随着世界各国对天然气水合物研究的日益重视,天然气水合物藏开采模拟得到了快速发展。目前国际上比较知名的天然气水合物开采模拟软件包括 MH21-HYDRES,STOMP-HYD,CMG-STARS,TOUGH+HYDRATE,HydrateResSim 等。

MH21-HYDRES 是日本企业、政府和学术界联合的甲烷水合物研究项目 MH21 第一阶段研发的大型模拟软件,可以模拟加热法、降压法以及各种联合方法开采甲烷水合物的过程。该模拟软件考虑了四相(气、水、冰、水合物)、四组分(甲烷、水、甲醇、盐),包括 4 个组分的质量守恒方程以及能量守恒方程。该模拟软件可用于三维笛卡儿坐标系或二维径向坐标系。为减少计算量,该模拟器的网格剖分一般比较粗,因此容易产生数值误差,这是该模拟软件的不足。一般通过在局部重点区域应用动态网格加密方法来减少计算量和保证计算精度。

STOMP-HYD 软件由美国西北太平洋国家实验室(PNNL)研发,用来模拟地下多相流体的运动和变化规律,可用于混合 CH_4-CO_2 水合物体系在非等温条件下的流体流动问题,可模拟平衡模型和动力学模型下水合物的生成和分解,主要用到 4 个组分(水、甲烷、二氧化碳、盐)的质量守恒方程和能量守恒方程。

CMG-STARS 软件由加拿大 CMG 公司(Computer Modelling Group Ltd.)研发,模型中考虑三相(水相、气相、油相)、三组分(水、甲烷、水合物)。该模拟软件主要用于油气田开发中稠油油藏的加热开采模拟计算,后来被扩展应用于水合物藏开采模拟计算。该模拟软件用于水合物藏数值模拟计算时有两种处理方式:一是将水合物看作黏度很大的稠油且不能流动,二是将水合物看作固体。

TOUGH+HYDRATE 是由美国劳伦斯伯克利国家实验室(LBNL)研发的 TOUGH+家族中模拟天然气水合物的软件,能模拟多组分(包括添加剂)并考虑多种相态,并不断改进和完善,目前在天然气水合物模拟方面具有较强的优势,应用也较多。1998 年,美国劳伦斯伯克利国家实验室的 Moridis 等在通用多相渗流模拟计算软件 TOUGH2 的基础上发展了模拟水合物开采的模块 EOSHYDR,该模块可以对冻土层和海洋地层中的甲烷水合物进行平衡分解模型的简单模拟。2003 年,Moridis 等对 EOSHYDR 进行了改善和增强,发布了 EOSHYDR2 模块,该模块可模拟平衡和动力学模型的水合物分解情况。2005 年,Moridis 等进一步改进模型,发布了 TOUGHFx/HYDRATE 软件,并完善了水合物生成和分解的平衡和动力学模型。该模型考虑四相(气相、液相、冰相、水合物相)、八组分(水合物、水、天然甲烷、水合物分解出来的甲烷、天然的第二种碳氢组分、水合物分解出来的第二种碳氢组分、盐、水溶性抑制剂),各组分存在于各相中,模型中考虑各组分的质量守恒,同时考虑整个体系的能量守恒。该模型可以分析降压、加热、加抑制剂等条件下水合物分解的机理,可描述在非绝热条件下水合物分解和生成的

过程,能够比较准确地刻画温度、压力等多重参数及其变化下水合物在地层中的分解变化过程。2008 年,软件升级为 TOUGH＋HYDRATE。

HydrateResSim(HRS)由美国劳伦斯伯克利国家重点实验室研发,是 TOUGH＋HYDRATE 软件的早期版本,源自 TOUGH2-EOSHYDR2 代码,并在该版本的基础上进行了很大的改进,是模拟多组分、多相流的软件。该模型考虑四相(气相、液相、冰相与水合物相)、四个质量组分(水、水合物、甲烷和水溶性抑制剂),对化学剂的影响、水合物的分解和生成、相态的变化以及相应的热效应都作了全面描述。该模型可以描述多种水合物开采方式,包括降压、加热、加化学剂等。

二、天然气水合物开采模拟的数学模型

以 HRS 数学模型为例,对天然气水合物开采的数学模型进行阐述。

HRS 包括平衡模型和动力学模型。平衡模型认为,在水合物藏中,只要温度高于相应的相平衡温度或压力低于相应的相平衡压力,水合物就会发生分解,且水合物分解速度无限大,可瞬间达到新的相平衡状态;在动力学模型中,水合物的分解不但要达到相应的温度和压力条件,而且其分解速率还要受到分解动力学的限制。在平衡模型中,水、气和可溶性盐 3 种组分分布在水相、气相、冰相和水合物相中,相和组分的关系如图 9-3-1 所示;在动力学模型中,水合物被视为一种单独的组分并只存在水合物相中,水合物体系中存在气、水、可溶性盐以及水合物 4 种组分,相和组分的关系如图 9-3-2 所示。

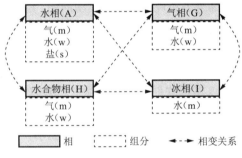

图 9-3-1 平衡模型中相和组分的关系
以及相变图

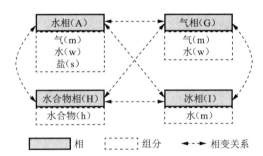

图 9-3-2 动力学模型中相和组分的关系
以及相变图

1. 质量守恒方程和能量守恒方程

HRS 中质量守恒和能量守恒遵循以下方程:

$$\frac{\mathrm{d}}{\mathrm{d}t}\int_{V_n} M^{\kappa}\mathrm{d}V = \int_{\Gamma_n} F^{\kappa}n\mathrm{d}\Gamma + \int_{V_n} q^{\kappa}\mathrm{d}V \qquad (9\text{-}3\text{-}1)$$

式中,V 为求解区域的体积,m^3;V_n 为第 n 个网格单元的体积,m^3;Γ_n 为第 n 个网格单元的表面积,m^2;M^{κ} 为质量累积项或热累积项,$\kappa=i$ 时表示组分,$\kappa=e$ 时表示能量,kg/m^3(质量守恒)或 J/m^3(能量守恒);F^{κ} 为质量流量或热流量,$kg/(m^2 \cdot s)$(质量守恒)或 W/m^2(能量守恒);q^{κ} 为质量源汇项或热源汇项,$kg/(m^3 \cdot s)$(质量守恒)或 W/m^3(能量守恒);$i=m,w,$ s,h 分别表示气组分、水组分、可溶性盐组分和水合物组分。

式(9-3-1)等号左侧为累积项,右侧第一项为流动项,右侧第二项为源汇项。

1) 平衡模型守恒方程

质量累积项 M^i：

$$M^i = \sum_{\beta=\mathrm{A,G,I,H}} \phi S_\beta \rho_\beta x^i_\beta \quad (i = \mathrm{w,m,s}) \tag{9-3-2}$$

式中，$\beta = \mathrm{A,G,I,H}$ 代表水相、气相、冰相和水合物相；ϕ 为孔隙度；S_β 为 β 相的饱和度；ρ_β 为 β 相的密度，$\mathrm{kg/m^3}$；x^i_β 为 β 相中 i 组分的质量分数。

热累积项 M^e：

$$M^e = (1-\phi)\rho_\mathrm{R} C_\mathrm{R} T + \sum_{\beta=\mathrm{A,G,H,I}} \phi S_\beta \rho_\beta U_\beta + \phi \rho_\mathrm{H} \Delta S_\mathrm{H} \Delta H^0 + \phi \rho_\mathrm{I} \Delta S_\mathrm{I} \Delta H^{\mathrm{f}} \tag{9-3-3}$$

式中，C_R 为多孔介质的比热，$\mathrm{J/(kg \cdot K)}$；ρ_R 为多孔介质的密度，$\mathrm{kg/m^3}$；U_β 为 β 相的比内能，$\mathrm{J/kg}$；ΔS_H，ΔS_I 分别为单位时间内水合物饱和度和冰相饱和度的变化；ΔH^0 为水合物相变潜热，$\mathrm{J/kg}$；ΔH^{f} 为冰的相变潜热，$\mathrm{J/kg}$。

具有流动性的只有水相和气相，因此质量流动项 F^i 为：

$$F^i = \sum_{\beta=\mathrm{A,G}} F^i_\beta \quad (i = \mathrm{w,m,s}) \tag{9-3-4}$$

其中：

$$F^i_\mathrm{A} = -k \frac{k_\mathrm{rA} \rho_\mathrm{A}}{\mu_\mathrm{A}} x^i_\mathrm{A} (\nabla p_\mathrm{A} - \rho_\mathrm{A} g \nabla D) \quad (i = \mathrm{w,m,s})$$

$$F^i_\mathrm{G} = -k \left(1 + \frac{b}{p_\mathrm{G}}\right) \frac{k_\mathrm{rG} \rho_\mathrm{G}}{\mu_\mathrm{G}} x^i_\mathrm{G} (\nabla p_\mathrm{G} - \rho_\mathrm{G} g \nabla D) \quad (i = \mathrm{w,m})$$

式中，k_rA，k_rG 分别为水相和气相相对渗透率；k 为绝对渗透率，$\mathrm{m^2}$；b 为 Klinkenberg 系数；g 为重力加速度，$\mathrm{m/s^2}$；p_A，p_G 分别为水相和气相压力，Pa。

热流动项 F^e：

$$F^e = -\left[(1-\phi)\lambda_\mathrm{R} + \phi(S_\mathrm{H}\lambda_\mathrm{H} + S_\mathrm{I}\lambda_\mathrm{I} + S_\mathrm{A}\lambda_\mathrm{A} + S_\mathrm{G}\lambda_\mathrm{G})\right]\nabla T + \sum_{\beta=\mathrm{A,G}} h_\beta F_\beta \tag{9-3-5}$$

式中，λ_R，λ_H，λ_I，λ_A，λ_G 分别为多孔介质、水合物相、冰相、水相和气相的导热系数，$\mathrm{W/(m \cdot K)}$；h_β 为 β 相的比焓，$\mathrm{J/kg}$。

质量源汇项 q^i：

$$q^i = \sum_{\beta=\mathrm{A,G}} x^i_\beta q_\beta \quad (i = \mathrm{w,m}) \tag{9-3-6}$$

式中，q_β 为 β 相的注入或产出速率，$\mathrm{kg/(m^3 \cdot s)}$。

热源汇项 q^e：

$$q^e = q_\mathrm{d} + \sum_{\beta=\mathrm{A,G}} h_\beta q_\beta \tag{9-3-7}$$

式中，q_d 为注热或产热速率，$\mathrm{W/m^3}$。

2) 动力学模型守恒方程

质量累积项 M^i：

$$M^i = \sum_{\beta=\mathrm{A,G,I,H}} \phi S_\beta \rho_\beta x^i_\beta \quad (i = \mathrm{w,m,s,h}) \tag{9-3-8}$$

热累积项 M^e：

$$M^e = (1-\phi)\rho_\mathrm{R} C_\mathrm{R} T + \sum_{\beta=\mathrm{A,G,H,I}} \phi S_\beta \rho_\beta U_\beta + \phi \rho_\mathrm{I} \Delta S_\mathrm{I} \Delta H^{\mathrm{f}} \tag{9-3-9}$$

动力学模型的质量流动项和热流动项与平衡模型相同。

质量源汇项 q^i：

$$q^i = \sum_{\beta=\mathrm{A},\mathrm{G}} x^i_\beta q_\beta + \dot{m}_\mathrm{H} x^i_\mathrm{H} \quad (i = \mathrm{w}, \mathrm{m}) \tag{9-3-10}$$

其中：

$$\dot{m}_\mathrm{H} = K_\mathrm{d}(p_\mathrm{eq} - p_\mathrm{G})\sqrt{\phi_\mathrm{e}^3/(2k)}, \quad x^\mathrm{w}_\mathrm{H} = n_\mathrm{H} M^\mathrm{w}/M^\mathrm{h}, \quad x^\mathrm{m}_\mathrm{H} = M^\mathrm{m}/M^\mathrm{h}$$

$$\phi_\mathrm{e} = \phi(1 - S_\mathrm{H} - S_\mathrm{I})$$

式中，K_d 为水合物分解速率，$\mathrm{kg/(m^2 \cdot Pa \cdot s)}$；$p_\mathrm{eq}$ 为相平衡压力，Pa；ϕ_e 为有效孔隙度；n_H 为水合指数；$M^\mathrm{w}, M^\mathrm{m}, M^\mathrm{h}$ 分别为水、甲烷和水合物的摩尔质量，$\mathrm{g/mol}$。

热源汇项 q^e：

$$q^\mathrm{e} = q_\mathrm{d} + \sum_{\beta=\mathrm{A},\mathrm{G}} h_\beta q_\beta + \dot{m}_\mathrm{H} \Delta H^0 \tag{9-3-11}$$

2. 初始条件、边界条件

1）初始条件

初始条件为：

$$p|_{t=0} = p_\mathrm{i} \tag{9-3-12}$$

$$T|_{t=0} = T_\mathrm{i} \tag{9-3-13}$$

$$S_\mathrm{A}|_{t=0} = S_\mathrm{Ai}, \quad S_\mathrm{G}|_{t=0} = S_\mathrm{Gi}, \quad S_\mathrm{H}|_{t=0} = S_\mathrm{Hi} \tag{9-3-14}$$

$$x^\mathrm{w}_\mathrm{G}|_{t=0} = (x^\mathrm{w}_\mathrm{G})_\mathrm{i}, \quad x^\mathrm{m}_\mathrm{A}|_{t=0} = (x^\mathrm{m}_\mathrm{A})_\mathrm{i}, \quad x^\mathrm{s}_\mathrm{A}|_{t=0} = (x^\mathrm{s}_\mathrm{A})_\mathrm{i} \tag{9-3-15}$$

2）边界条件

（1）内边界条件。

① 定压内边界。

定压内边界为：

$$p = p_\mathrm{wf} \tag{9-3-16}$$

此时气、水的产量为：

$$q_\beta = \frac{k k_{\mathrm{r}\beta}}{\mu_\beta} \rho_\beta (p_\beta - p_\mathrm{wf}) PI \quad (\beta = \mathrm{A}, \mathrm{G}) \tag{9-3-17}$$

$$PI = \frac{2\pi H}{\ln(r_\mathrm{e}/r_\mathrm{w}) + s - 1/2} \tag{9-3-18}$$

式中，PI 为生产指数；H 为生产井段长度，m；r_e 为供给半径，m；r_w 为井的半径，m；s 为表皮系数。

② 定产量内边界。

HRS 中既可以设定某一相的产量，也可以设定总产量。当井在多个网格进行射孔时，每个网格处的产量按照生产指数和流度进行分配。设各相总产量为 q_t，则有：

$$q_\mathrm{t} = q_\mathrm{A} + q_\mathrm{G} \tag{9-3-19}$$

式中，$q_\mathrm{A}, q_\mathrm{G}$ 分别为水相、气相的产量。

井所在的第 i 个网格的产水速率 $q_{i\mathrm{A}}$ 为：

$$q_{i\mathrm{A}} = \frac{\left(PI \dfrac{k_\mathrm{rA}}{\mu_\mathrm{A}}\right)_i q_\mathrm{t}}{\displaystyle\sum_{i=1}^{n}\left(PI \dfrac{k_\mathrm{rA}}{\mu_\mathrm{A}}\right) + \sum_{i=1}^{n}\left(PI \dfrac{k_\mathrm{rG}}{\mu_\mathrm{G}}\right)} \tag{9-3-20}$$

产气速率 q_{iG} 为：

$$q_{iG} = \frac{\left(PI\, \dfrac{k_{rG}}{\mu_G} \right)_i q_t}{\sum\limits_{i=1}^{n} \left(PI\, \dfrac{k_{rA}}{\mu_A} \right) + \sum\limits_{i=1}^{n} \left(PI\, \dfrac{k_{rG}}{\mu_G} \right)} \tag{9-3-21}$$

式中, n 为射开的网格总数。

（2）外边界条件。

当外边界条件没有特别设定时, 一般为封闭边界, 可表示为：

$$\frac{\partial p_\beta}{\partial n} = 0, \quad \frac{\partial T_\beta}{\partial n} = 0 \quad (\beta = A, G) \tag{9-3-22}$$

式中, n 为边界的法线方向。

3. 辅助方程

1）饱和度方程

水合物相、水相、冰相、气相共存于孔隙空间中, 因此饱和度方程为：

$$S_H + S_A + S_I + S_G = 1 \tag{9-3-23}$$

2）气相和水相质量分数

气相中只有气、水组分, 水相中存在气、水、盐组分, 各相中各组分的质量分数之和为 1。

$$x_G^w + x_G^m = 1, \quad x_A^w + x_A^m + x_A^s = 1 \tag{9-3-24}$$

3）NGH 分解/生成动力学方程

NGH 分解/生成动力学方程为：

$$Q_H = -K_d \exp\left(\frac{\Delta E_a}{RT} \right) F_A A\, (f_{eq} - f_V) \tag{9-3-25}$$

式中, Q_H 为水合物分解/生成速率, $kg/(m^3 \cdot s)$; K_d 为水合物分解/生成速率常数, $kg/(m^2 \cdot Pa \cdot s)$; ΔE_a 为水合物活化能, J/mol; F_A 为面积调整因子, 一般取 1; f_{eq}, f_V 为平衡温度 T 下的三相逸度和气相逸度, Pa; R 为气体常数, $R = 8.314\ J/(mol \cdot K)$; A 为参与水合物分解反应的比表面, m^2/m^3。

4）相对渗透率模型和毛管压力模型

HRS 中包含多种相渗曲线模型、毛管压力模型供使用者根据具体情况选取。以 Aziz 相渗模型为例, 有：

$$k_{rA} = \min\left\{ \left(\frac{S_A - S_{rA}}{1 - S_{rA}} \right)^{n_A}, 1 \right\} \tag{9-3-26}$$

$$k_{rG} = \min\left\{ \left(\frac{S_G - S_{rG}}{1 - S_{rA}} \right)^{n_G}, 1 \right\} \tag{9-3-27}$$

式中, S_{rA}, S_{rG} 分别为束缚水和残余气饱和度; n_A, n_G 为模型参数。

毛管压力以 van Genuchten 模型为例：

$$p_c = -\frac{g \rho_A}{a} \left[(S^*)^{-1/\lambda} - 1 \right]^\lambda$$

其中：

$$S^* = \frac{S_A - S_{rA}}{S_{maxA} - S_{rA}}$$

式中, S_{maxA} 为最大含水饱和度; a, λ 为可以设定的模型参数。

5）可溶性盐或抑制剂对 NGH 相平衡的影响

当存在可溶性盐或抑制剂时，相平衡温度的计算公式为：

$$T_s = \left[\frac{1}{T_H} - \frac{N\Delta H^f}{\Delta H^0}\left(\frac{1}{273.15} - \frac{1}{T_f}\right)\right]^{-1} \tag{9-3-28}$$

式中，T_s 为盐溶液中 NGH 平衡分解温度，K；T_H 为纯水中 NGH 平衡分解温度，K；T_f 为盐溶液的冰点，K；N 为水合指数；ΔH^f 为单位质量冰融化所需热量，cal/gmol。

6）状态方程

水相状态方程：

$$\rho_A = \rho_{A0}\left[1 + C_A(p_A - p_{A0})\right] \tag{9-3-29}$$

式中，p_{A0} 为水相参考压力；ρ_A，ρ_{A0} 分别为压力 p_A，p_{A0} 对应的水相密度；C_A 为水相压缩系数。

气相状态方程：

$$\rho_G = \frac{p_G M}{ZRT} \tag{9-3-30}$$

式中，p_G 为气相压力；ρ_G 为气相密度；Z 为气体压缩因子；M 为气体摩尔质量。

岩石状态方程：

$$\phi = \phi_0\left[1 + C_\phi\left(\frac{p_A + p_G}{2} - \frac{p_{A0} + p_{G0}}{2}\right)\right] \tag{9-3-31}$$

式中，p_{G0} 为气相参考压力；C_ϕ 为岩石孔隙压缩系数；ϕ_0 为参考压力下的孔隙度。

7）甲烷水合物相平衡方程

HRS 中包含 Kamath 和 Moridis 两种水合物相平衡模型。以 Kamath 模型为例：

$$p_e = \exp\left(e_1 + \frac{e_2}{T_e}\right) \tag{9-3-32}$$

e_1 和 e_2 取值为：

$$e_1 = \begin{cases} 38.980 & (0\ ℃ \leqslant T_e \leqslant 25\ ℃) \\ 14.717 & (-25\ ℃ \leqslant T_e < 0\ ℃) \end{cases}$$

$$e_2 = \begin{cases} -8\ 533.80 & (0\ ℃ \leqslant T_e \leqslant 25\ ℃) \\ -1\ 886.79 & (-25\ ℃ \leqslant T_e < 0\ ℃) \end{cases} \tag{9-3-33}$$

式中，p_e 为相平衡压力，kPa；T_e 为相平衡温度，K。

本模型中，天然气水合物相平衡曲线如图 9-3-3 所示。可以看出，当温度低于四相点温度时，会生成冰。当温度一定时，若实际气体压力大于对应的相平衡压力，则会生成水合物；若在水合物分解过程中发生该现象，则称为二次水合物生成。

8）NGH 相变潜热方程

$$\Delta H^0 = C_1 + C_2 T_e \tag{9-3-34}$$

C_1 和 C_2 取值为：

$$C_1 = \begin{cases} 13\ 521 & (0\ ℃ < T_e \leqslant 25\ ℃) \\ 6\ 534 & (-25\ ℃ \leqslant T_e < 0\ ℃) \end{cases}$$

$$C_2 = \begin{cases} -4.02 & (0\ ℃ < T_e \leqslant 25\ ℃) \\ -11.97 & (-25\ ℃ \leqslant T_e < 0\ ℃) \end{cases} \tag{9-3-35}$$

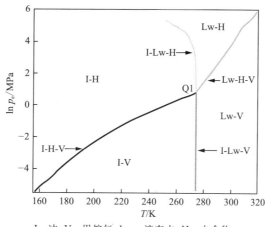

I—冰；V—甲烷气；Lw—液态水；H—水合物。

图 9-3-3　天然气水合物相平衡曲线

三、实例应用

目前对实际水合物藏的认识有限，有关水合物藏的成因、成藏模式、存在形式等还都处于研究阶段。美国劳伦斯伯克利国家实验室的 Moridis 等根据目前已探明的天然气水合物藏的赋存形式，将其分为四类。第 I 类水合物藏主要有两个分层，上面是上覆的天然气水合物层，下面是下伏的含游离甲烷气的气与水的两相区。第 I 类水合物藏又可细分为 1W 和 1G 两类，当上面的水合物层空隙结构同时含有水合物和甲烷气时，称为 1G 类水合物藏；当上面的水合物层空隙结构同时含有水合物和水时，称为 1W 类水合物藏。第 I 类水合物藏水合物稳定带的底部与水合物层的底部一致。第 II 类水合物藏也有两个分层，上面是上覆的天然气水合物层，其空隙被水合物和水填充，下面是下伏的可流动底水层，其空隙全部被水所填充。第 III 类水合物藏只含有一个水合物层，其上下地层均为不渗透地层。第 IV 类水合物藏特指水合物饱和度较低且在海洋地层中零散分布的水合物藏。在水合物开采的初期阶段，此类水合物藏不具备商业开采价值。

日本早稻田大学 Kurihara 等认为水合物藏总体可分为三类：孔隙填充型、裂隙充填型和大块结节型。其中，绝大部分水合物储量都是空隙填充型的，该类水合物藏又可按 Moridis 等对水合物藏的分类方法进行细分。有关水合物藏的分类如图 9-3-4 和图 9-3-5 所示。

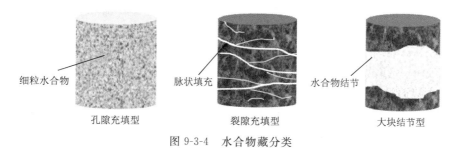

图 9-3-4　水合物藏分类

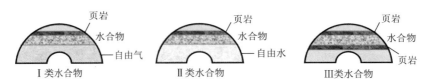

图 9-3-5　孔隙填充型水合物藏分类

由于缺少对实际水合物藏开采规律的认识,数值模拟计算是预测和分析矿场水合物藏开采动态的有效手段。到目前为止,麦索雅哈(Messoyakha)是全球唯一进行水合物商业生产的案例,因此选取麦索雅哈水合物藏的开采进行数值模拟分析。

Messoyakha 气田位于西伯利亚永久冻土带,构造规模为 19.5 km×12 km。自由气层被水合物层覆盖,为典型的第 I 类水合物藏,天然气水合物层和自由气层之间没有任何岩层的分隔,边界是一个动态平衡界面。该水合物藏的矿体产状剖面如图 9-3-6 所示。气水界面在 -804 m 处,储层厚度为 74 m,孔隙度从 16% 到 38% 不等,平均为 25%。束缚水饱和度的变化范围为 29%～50%,平均为 40%。渗透率从几 mD(1 mD$=10^{-3}$ μm^2)到 1 140 mD 不等,平均为 203 mD。矿体地层的温度在 8(顶部)～12(气-水接触处)℃内变化,初始地层压力为 7.8 MPa。

该气田自 1969 年投产以来一直断断续续地生产,在关井过程中,平均储层压力增加,气水界面没有变化,认为储层压力的增加是由于水合物的分解,而不是由于含水层的水侵。Messoyakha 气田由上部的水合物层和下部的自由气层组成,总储量为 36×10^9 m^3,其中水合物储层含气量为 12×10^9 m^3。该气田早期开采下部自由气,中后期产量主要来自水合物分解。截至 2011 年底,累产气 12.9×10^9 m^3,其中约有 5.4×10^9 m^3 来自水合物分解,占 41.8%;累产水 48×10^3 m^3,但实际上水合物分解的水多达 45×10^6 m^3。2011 年的年产气量维持在 4×10^7 m^3,几乎全部来自水合物分解。生产过程中的压力及产气量变化如图 9-3-7 所示。

Messoyakha 气田在生产过程中观察到的现象可以证实天然气水合物的存在。例如:① 关井数年平均储层压力增加;② 在过去数十年的生产中,气水接触面的高度没有变化;③ 与自由气层内的生产井相比,在水合物层内的生产井流量非常低;④ 低产量井注入甲醇后井口压力增大,产量显著提高。

Grover 等利用 TOUGH＋HYDRATE 模拟软件,对 Messoyakha 气田及上部水合物的生产动态进行了数值模拟研究。因为没有足够的数据对现场所有井的生产进行完整的模拟,所以选用了代表 Messoyakha 气田一口井的二维圆柱模型来进行模拟计算,如图 9-3-8 所示。该模型半径为 400 m(Messoyakha 井距为 500 m×1 000 m,相当于一口井的控制面积),模型厚度为 90 m。将模型离散为 100 个径向单元和 135 层。模型上下均为不透水的页岩层。根据 Moridis 前期研究结果,30 m 厚的上下盖层足以准确地表示与水合物沉积物的热交换,因此上下页岩盖层的厚度各取 30 m。模型下部不考虑含水层,因为在多年的生产过程中气-水界面没有变化。模型基本输入参数见表 9-3-1。

水合物-气界面的初始压力为 7.92 MPa,对应 Messoyakha 气田水合物层底部的静水压力。根据水合物层底部压力,温度约为 10.88 ℃(甲烷-水合物-水三相平衡条件)。初始压力、温度、含气饱和度的分布情况如图 9-3-9 所示。生产井从水合物基底以下 0.5 m 至水合物基底以下 16.5 m 进行射孔,采用定产量生产的方式,气体的体积流量为 6 MMscf/d。

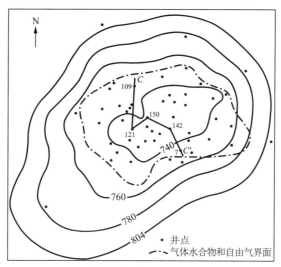

（a）构造等深线图（单位：m）

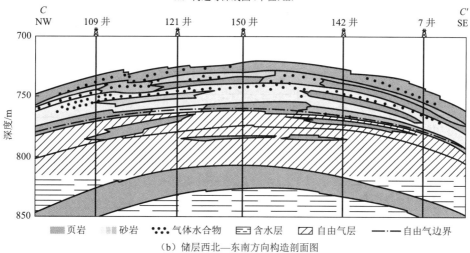

（b）储层西北—东南方向构造剖面图

CC' 为 109 井—127 井—150 井—142 井—7 井的连线。

图 9-3-6 麦索雅哈气田构造等深线图及储层西北—东南方向构造剖面图

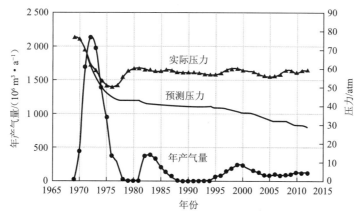

图 9-3-7 麦索雅哈地层压力及年产气量随时间变化曲线

（1 atm＝10^{-1} MPa）

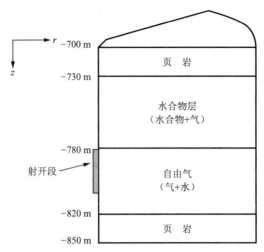

图 9-3-8　模拟采用的二维柱状模型

表 9-3-1　模型基本输入参数

参　　数	水合物层	自由气层
厚度/m	50	40
孔隙度	0.35	0.35
产气速率/(MMscf·d^{-1})	6	
绝对渗透率/mD	500	500
初始水合物饱和度	0.5	0
初始含气饱和度	0.5	0.5
初始含水饱和度	0	0.5
束缚水饱和度	0.28	0.28

注：1 MMscf/d=2.831 6×10^4 m³/d=0.327 7 m³/s。

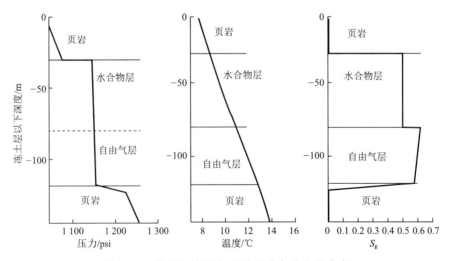

图 9-3-9　模型初始压力、温度及含气饱和度分布

（1 psi＝6.895 kPa）

根据 Messoyakha 气田的实际生产情况,模拟计算时以恒定的产气量开井生产 8 年,然后关井 3 年。图 9-3-10 和图 9-3-11 分别给出了以定产量生产 8 年过程中距井筒 50 m 处的储层压力和温度计算结果。图 9-3-10 表明,开始产气后,水合物层和下伏自由气层的压力基本一致。从图 9-3-11 中可以看出,由于水合物分解吸热,所以水合物储层温度降低明显。由于较少的热量能够持续转移到水合物层中以保障水合物的持续分解,所以温度降低是从水合物储层生产天然气的"瓶颈"问题。

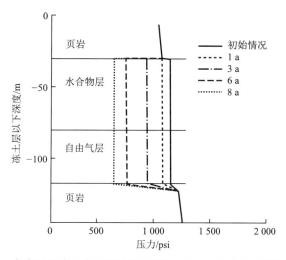

图 9-3-10　定产量生产 8 年过程中距井筒 $r=50$ m 处的压力变化计算结果

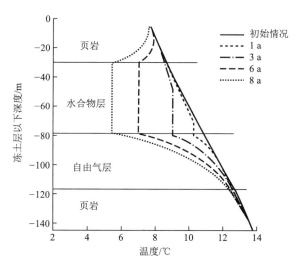

图 9-3-11　定产量生产 8 年过程中距井筒 $r=50$ m 处的温度变化计算结果

图 9-3-12 为距井筒 50 m 处水合物层顶部和底部的压力-温度热力学变化路径图。在初始情况下,水合物层-自由气层界面处的压力-温度条件与相平衡条件一致,而水合物层顶部的压力-温度远离相平衡条件。当自由气层开始产气后,由于压力降低,水合物层中的天然气水合物降压分解并补充气体到自由气层中。水合物层的压力和温度随生产的进行而逐渐靠近相平衡曲线,经过 3 年多的生产,水合物层底部的水合物完全分解。在生产停止($t=$ 8 a)后,温度开始增大,这是因为:① 地热热流从顶部和底部边界持续进入水合物层中;

② 关井后水合物分解量大幅减少;③ 流动及其相应的焦耳-汤姆逊冷却效应停止。此外,在具有固定体积的体系中,由于温度的升高、储层内部的压力平衡以及持续的水合物净分解,所以压力增大。

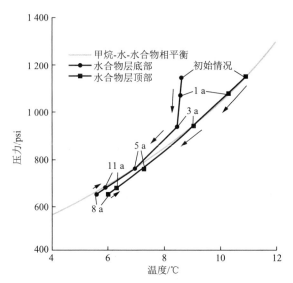

图 9-3-12　离井筒 $r=50$ m 处的压力-温度热力学变化路径图

图 9-3-13 为水合物分解释放甲烷的速率。图中峰值的剧烈变化与模型的网格划分有关。随着气体从自由气层(以恒定的速率)产出,水合物分解释放甲烷的速率持续增大,而甲烷释放速率的增大意味着天然气水合物的分解速度更大。2 880 d 时水合物分解释放甲烷的速率约为 2.5 MMscf/d,而生产井天然气产量为 6 MMscf/d。因此,从水合物藏中补充的气体约为 42%。

在模拟中观察到,在靠近水合物层-自由气体界面的射孔顶部附近形成次生水合物。在距水合物层-自由气体界面约 0.5 m 处,当气体产出时,水合物

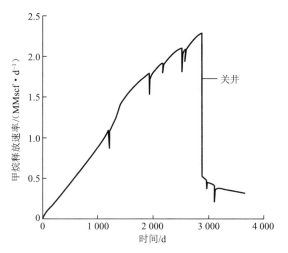

图 9-3-13　水合物分解释放甲烷速率
随时间变化曲线

分解吸热以及井筒附近气体的高速流动引起的焦耳-汤姆逊冷却作用导致在生产井附近形成次生水合物。次生水合物的形成会使射孔周围的压降升高,最终导致生产井堵塞。图 9-3-14 为生产 180 d 时生产井周围次生水合物的形成情况。由于井筒附近气体与温度相对较高的自由气层的气体混合,这种影响在生产后期并不显著,只在非常接近水合物层-自由气体界面的射孔位置,在早期生产阶段可能会在井周围形成次生水合物。

分析 Messoyakha 气田单井生产模拟结果可以得出以下认识:

(1) Messoyakha 气田储层包括水合物层、自由气层和弱含水层。

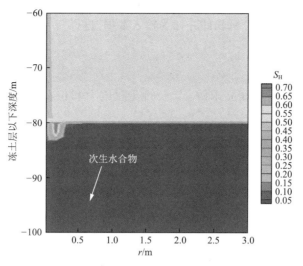

图 9-3-14　生产 180 d 时次生水合物的形成情况

（2）随着自由气层中气体的产出，压力和温度下降，早期 Messoyakha 产生的气体中多达 15％～20％来自天然气水合物的分解。

（3）如果射孔靠近水合物层-自由气体界面，由水合物分解吸热及气体产出引起的焦耳-汤姆逊冷却作用，致使射孔周围形成次生水合物（射孔堵塞）。次生水合物的形成会使渗透率降低（本质上是一个破坏区），从而导致天然气流量的快速下降。通过注入溶剂或加热分解二次水合物，可以消除这种影响。

第四节　渗流与变形耦合的数值模拟

一、渗流与变形耦合的数值模拟简介

油藏流体渗流与固体骨架变形的耦合行为体现为：油藏流体压力的变化会引起地层骨架的变形，而地层骨架的变形会引起地层内微裂缝的张开/闭合，从而进一步引起渗透率/导流能力的变化。这个渗流-变形耦合特性在以裂缝为主要导流通道的非常规油气藏的开发与生产过程中所起的作用十分明显。

在渗流与变形耦合的数值计算中，一般根据变形对渗流影响的强弱程度，采用不同的耦合计算方法，具体包括：

1）单向耦合

只考虑变形对渗流的影响，不考虑渗流对变形的影响，或者只考虑渗流对变形的影响，而不考虑变形对渗流的影响。

2）顺序耦合

分别用两种独立的软件工具计算渗流和变形，比如用传统油藏分析软件计算渗流，然后把孔隙压力场数值结果作为输入数据传递给有限单元软件进行变形分析,再把变形计算得到的应力数值解传递给油藏分析软件并作为输入数据,进行新一轮的渗流分析,直到完成整个分析过程。

3)全耦合

将渗流方程和变形方程联立求解,节点的孔隙压力和位移变量同时作为未知量进行分析。

上述 3 种耦合方法中,全耦合方法的精度最高;有时由于数值计算工具功能的限制以及分析任务的要求,顺序耦合的计算方法也有广泛的应用;单向耦合的应用在早期比较多,目前逐渐减少。

常规油藏流体渗流通常采用有限差分法进行计算,但在渗流-变形耦合计算中,由于需要用有限单元数值求解方法计算地层骨架的变形,所以渗流-变形耦合一般都采用有限单元法进行计算。

关于油藏流体渗流与地层骨架变形耦合的理论有很多文献可以参考。本节将通过一个简化的实例,首先介绍地应力场数值解的分析,然后介绍导流系数-变形依赖的函数关系,最后在给定初始地应力场基础上进行渗流-变形耦合数值计算及模型参数标定。

二、基于有限元的渗流-变形耦合计算

某气田为深层裂缝型砂岩储层,增产措施主要是酸化压裂,这是一个典型的储层渗流与变形耦合的问题。储层的生产渗流会导致储层孔隙压力降低、地层骨架有效应力增加,从而使地层发生压缩变形。而压缩变形会导致裂缝闭合,并进一步引起地层渗透率/导流能力的减小,从而影响渗流。在流体渗流和固体变形两种力学行为之间,关键点是如何准确地表述地层孔隙/裂缝的渗透率/导流能力与地层骨架变形之间的耦合关系。

确定地层孔隙/裂缝的渗透率/导流能力与地层骨架变形之间的耦合关系的方法之一是室内实验。此类实验长期以来受到很多研究者的关注,相关文献较多。大部分的相关结果为不同类型的经验公式,这些经验公式的形式繁简不一,可以根据不同的使用条件及用途选择不同的经验公式。

这里介绍的方法是结合具有渗流-变形耦合计算功能的三维有限单元数值技术,通过对产量历史进行拟合来确定地层孔隙/裂缝的渗透率/导流能力与地层骨架变形之间的耦合关系经验公式的参数取值,从而建立适用于目标区块的渗流-变形耦合模型。

首先根据区块最大水平主应力的方向分布观测结果,通过有限单元模型计算得到三维初始地应力场的分布。区块的三维有限单元简化模型采用 4 种材料,自上而下分别为:顶层、岩盐层、储层、底层。材料的弹性模量等参数的取值采用垂深依赖的方法,即同一个地层中,处于较深位置的材料点具有较大的密度和弹性模量。为了节省篇幅,这里略去初始地应力场的计算过程。

在三维有限单元分析中,孔隙渗流的表述使用了导流系数 C 的概念。导流系数 C 与渗透率 k 之间的关系为:

$$C = \frac{kg\rho}{\mu} \tag{9-4-1}$$

式中,C 为导流系数;k,g,ρ 分别为渗透率、重力加速度和天然气密度;μ 为流体的动力黏度。

利用 ABAQUS 软件进行计算,对于研究区域的裂缝型砂岩储层,上述参数的取值分别为:$k=2\times10^{-14}$ m^2,$g=9.8$ m/s^2,$\rho=0.717$ kg/m^3,$\mu=17.9\times10^{-6}$ $\text{Pa}\cdot\text{s}$。通过换算,以月为时间单位,则渗透率 $k=2\times10^{-14}$ m^2 所对应的导流系数 $C=0.020\ 62$ m/月。

根据式(9-4-1),渗透率 k 对应变 ε 的依赖关系用导流系数 C 对应变 ε 的依赖关系来代替。导流系数对应变的函数依赖关系是渗流-变形在本构关系水平上耦合的连接点。

对导流系数采用线性简化处理,即假设

$$C=C_0+b\varepsilon \tag{9-4-2}$$

式中,C_0 为油气生产之前储层初始状态时的导流系数;b 为应变-渗流耦合系数;ε 为张开应变,当应变为压应变时,该值取零。

需要说明的是:

(1) 在实际工程应用中,如果渗透率有各向异性特性,则可以将式(9-4-2)在 3 个主方向上分别设置,形成正交各向异性渗透率矩阵。

(2) 如果有实验条件,那么可以根据实验数据选择一组非线性函数作为更准确的模型来代替渗透率-应变之间的线性函数关系。

(3) 为了保持模型的简单特性,选取各向同性线性的渗透率-应变函数关系。

采用自主开发的 ABAQUS 用户子程序,把式(9-4-2)表示的渗流-变形耦合本构关系引入模型中,进行三维渗流-变形耦合模拟的计算。为了确定式(9-4-2)中导流系数初始值 C_0 和应变-渗流耦合系数 b 的值,可以根据储层静孔隙压力的变化进行初步的渗流-变形耦合计算,然后根据模拟的数值解结果,通过储层静孔隙压力这个状态参数的实测值与数值解的对比来确定 C_0 和 b 的取值。

本次计算中导流系数的初始值取前面计算的结果 $C_0=0.020\ 62$ m/月。下面介绍应变-渗流耦合系数 b 的取值计算过程。

(1) 根据给定的渗透率关系式的初始值,计算相应的储层静孔隙压力场的变化和渗透率的变化,进一步预测下一时间步的孔隙压力的数值。

(2) 将预测值和实测值进行比较,若计算值偏大,则表明渗透-变形耦合系数偏小,应加大 b;若计算值偏小,则表明渗透-变形耦合系数偏大,应减小 b;若计算值接近实测值,则表明渗透-变形耦合 b 的取值合适,可以用于下一步的预测。

按照上述方法,计算得到某井生产 6 个月后的储层静压力数值解为 104 MPa,与实测值 103.5 MPa 相比,相对误差仅为 0.5%,这说明 C_0 和 b 参数的取值是合适的。假如得到的储层静压数值解和实测值的误差较大,则需要按照前文所述的办法来调整渗流-变形耦合参数 b 的取值,使两者的相对误差满足精度要求。

随着非常规油气资源的开发以及计算技术的发展,渗流-变形耦合的油藏分析方法正在得到日益广泛的应用。对相关技术的良好掌握和熟练使用,能够为油气藏开发及生产提供重要的理论和技术支持。渗流-变形耦合数值计算是非常规油气藏数值模拟研究中的一个重要方面,涉及的内容比较多,本节只是做一个初步介绍,具体的详细理论可以阅读相关的文献。

习 题

1.与黑油模型相比,煤层气、页岩气、天然气水合物的数学模型分别需要添加什么特殊机理方程?

2.试分析页岩气藏吸附、扩散、应力敏感机理对页岩气藏产量的影响及原因。

3.水合物藏的类型有哪些?各有什么主要特征?

4.渗流与变形耦合数值模拟的关键机理是什么?

第十章　油藏数值模拟软件应用示例

第一节　Petrel RE 软件平台介绍

Petrel E&P Platform 提供了从地震解释到油藏模拟的勘探开发统一用户界面,在数据集成和团队协作方面具有很大的优势,能够使各领域专家将不同的专业知识融汇于一个以地质模型为中心的平台环境,使油藏研究所涉及的各学科之间密切协作。该平台能够方便地球物理、测井、建模、数值模拟等各领域专家交流与整合各自的信息和知识,完成从地震解释到油藏数值模拟的整个油气藏研究工作流程,实现从地球物理专家到地质专家再到油藏生产管理工程师的无缝协作,最终创建一个以表征地下信息为中心的唯一的地下知识库和油藏模型,对油气藏进行综合研究。

Petrel Reservoir Engineering(油藏工程,简称 Petrel RE)是基于 Petrel 环境的地质研究与油藏管理一体化软件平台,为油藏工程师进行数值模拟研究提供了一个前后处理功能丰富且非常完整的工作平台,旨在大幅度提高多学科融合和一体化模式背景下石油行业工作者的工作效率。Petrel RE 软件平台从静态三维地质模型开始,加入流体、岩石及生产动态数据来创建数值模拟模型,通过调用 ECLIPSE 或 INTERSECT 模拟器运算管理多个模拟结果,借助平台强大的二维、三维可视化功能完成高质量的油藏数值模拟结果分析及优化。

另外,Petrel RE 软件平台具有诸多优势特点,例如支持高保真复杂构造的 Depogrid 模型,支持历史拟合分析、敏感性与不确定性分析,支持化学驱提高采收率,支持全区水力压裂数值模拟,支持高级井设计及完井优化等高级应用,支持 Python 扩展自定义功能以及高级油田管理等。Petrel RE 软件平台为油藏数值模拟提供了强大的功能支撑,是一个非常好的学习平台。

本章以 SNAKR 油藏为例,利用 Petrel RE 软件平台作为油藏数值模拟软件 ECLIPSE 和 INTERSECT 的前、后处理工具,快速建立油藏数值模拟模型,并在此基础上进行历史拟合和方案预测研究,旨在为初学者提供一套完整的数值模拟操作流程。该流程基于 Petrel 2022 版制作,流程步骤由序号表示,文字序号与图片序号一一对应,方便实际操作。

第二节　SNARK 油藏数值模拟基本流程

一、SNAKR 油藏开采概况

1. 基础数据

SNARK 油藏纵向上划分为 12 个小层,于 1998 年 1 月 1 日投入开采。地震资料表明,该油藏南面存在一个水体。油藏中有 5 口直井(图 10-2-1),其中井 PROD1,PROD2,PROD3 和 PROD4 位于中央断块上,从属于 CENTER 井组;井 PRODUCER 位于油藏西面,从属于 WEST 井组。所有井的井径均为 0.625 ft (1 ft=0.304 8 m),表皮系数为 7.5。为了预测该油藏未来的生产动态,需要进行油藏数值模拟研究。在此使用 ECLIPSE 油藏数值模拟软件进行模拟,并借助 Petrel RE 平台作为前处理和后处理工具。该操作流程中的项目均采用 Field 单位制(数值模拟中常用的单位制有 SI 单位制、Field 单位制和 LAB 单位制)。

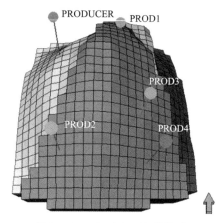

图 10-2-1　SNAKR 油藏模型

2. 模型尺寸

x,y,z 方向网格尺寸为 130 ft 左右,基于已有资料,选择使用含 12 个小层的 3D 网格模型进行模拟。模型纵向模拟小层的划分和地质认识一致,平面上使用 24×25 的网格系统,总网格数为 24×25×12＝7 200 个。

3. 油藏流体

该油藏是一个未饱和油藏,初始状态下油藏没有气顶,但是随着降压开发的进行,油藏压力降低到泡点压力之下。模拟过程中认为油藏的流体性质不发生改变,泡点压力为 1 062.2 psi,对应气油比为 973 scf/stb(1 scf/stb=0.178 m³/m³)。基于钻井资料,得到油水界面为 8 200 ft,该界面与自由水界面一致。由测井的压力分析资料可得,参考深度为 7 000 ft,对应压力为 3 035.7 psi。油藏中部断块的南面存在水体,初步估计水体体积为 10 MMstb(1 MMstb=1.59×10⁵ m³),水体的流动指数(PI)为 5 bbl/(d·psi)。该水体可以用 Fetkovich 水体来模拟,水体的参考深度定义为油水界面(OWC)深度,水体与油藏在初始条件下处于平衡状态,水体总压缩系数为 $1×10^{-5}\,psi^{-1}$。

二、基础数据文件准备

GRID.GRDECL 为地质模型网格几何属性文件,包含了角点网格 COORD 和 ZCORN,以及描述网格有效性的 ACTNUM。

PROPS. INC 为地质模型网格静态属性文件,包含 PERMX,PERMY,PERMZ,PORO。

PVT. txt 为流体高压物性数据文件,包含 DENSITY,PVTO,PVDG,PVTW,EQUIL,RSVD。

SCAL. txt 为岩石属性文件,包含 SWOF,SGOF,ROCK。

* _wellhead. TXT 为井头数据文件。

* _trj. TRJ 为井轨迹数据文件。

* _perf. EV 为射孔数据文件。

* _vol. VOL 为井的历史观测数据文件。

注:所需的基础数据文件已包含在 Includes 文件夹中。

三、将数据文件导入 Petrel RE

启动 Petrel,新建空白工区[若提示选择坐标参考系统(CRS),则选择空间未知 ⚠ Continue spatially unaware],命名为 SNARK(路径中不能使用中文或特殊字符)。本示例准备的数据文件均为英制单位,需要提前设置工程单位:单击 File→Project setup→Project setting→···→Simulation units 修改为 ECLIPSE-Field,Unit system 修改为 Field。

(1) 导入网格几何属性文件 GRID. GRDECL。如果地质模型已基于 Petrel 建立,可直接到步骤(3)。

① 点击 Ribbon 中 Reservoir Engineering 下面的 Import(图 10-2-2)。

② Files of type 自动识别网格类型 ECLIPSE keywords。

③ 选择网格几何属性文件 GRID. GRDECL,点击 Open。

④ 选择通过 ACTNUM 移除无效网格。

⑤ 点击 OK for all(图 10-2-3)。

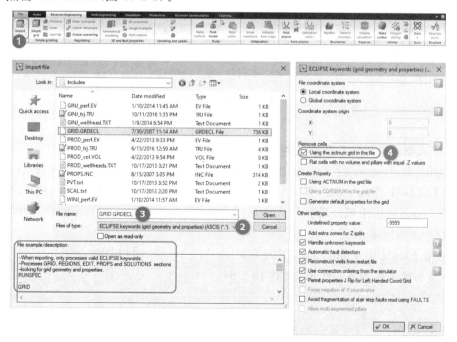

图 10-2-2　导入网格几何属性文件

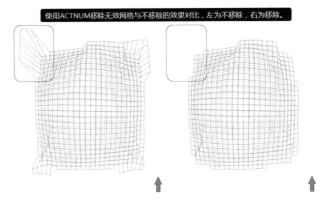

图 10-2-3　导入数据效果图

（2）导入网格静态属性文件 PROPS. INC。

① 展开导入的网格模型，在 Properties 上右键选择 Import（on selection）（图 10-2-4）；

② 选择文件类型为 ECLIPSE style keywords；

③ 选择网格静态属性文件 PROPS. INC，点击 Open；

④ 这样 Properties 下面就导入了数值模拟所需的最少 4 个静态属性。

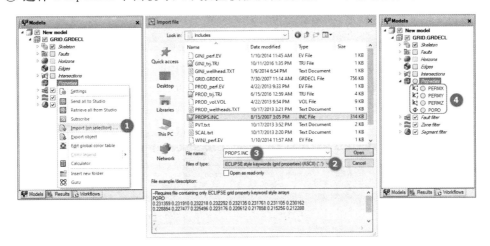

图 10-2-4　导入网格静态属性文件

（3）导入流体高压物性数据文件 PVT. txt。

① 点击 Reservoir Engineering 下 Fluids 中的 Import fluid model 按钮 打开对话框，Files of type 自动识别为 ECLIPSE fluid model，File name 选择 PVT. txt，点击 Open 导入数据（图 10-2-5）。

② 在 Input 面板上可以看到导入的气（Gas）、油（Oil 1）、水（Water）的高压物性以及初始化条件（EQLNUM_1）。

③ 点击 Fluids 中 Fluid plots 下的 Black oil-oil phase，可以直接在 Function 窗口画出高压物性及平衡条件的各曲线形态（图 10-2-6）。

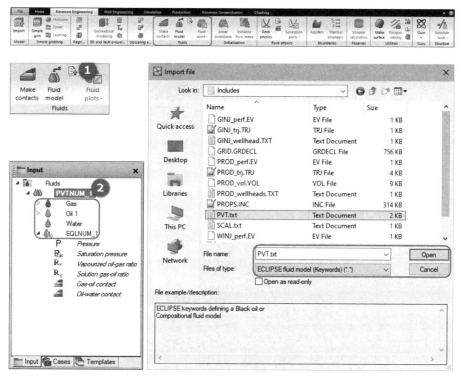

图 10-2-5　导入流体高压物性数据文件

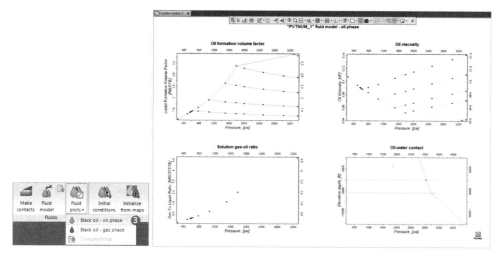

图 10-2-6　高压物性及平衡条件的各曲线形态

④ 在气体的高压物性上单击右键,选择 Fluid spreadsheet 可查看表格数据,如需修改,则可直接覆盖替换(图 10-2-7)。同理,可查看与修改原油高压物性数据(Oil 1)。

⑤ 水的高压物性通过 Fluid model 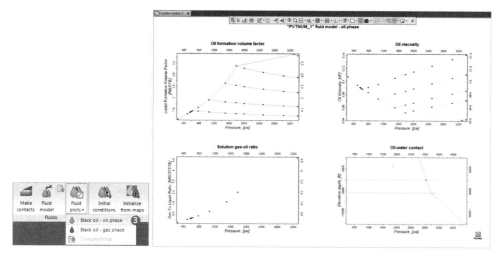 中的 Water 标签进行查看与修改。

⑥ 平衡初始化条件(EQLNUM_1)也可通过表格查看或修改溶解气油比随深度变化数据(图 10-2-8)。

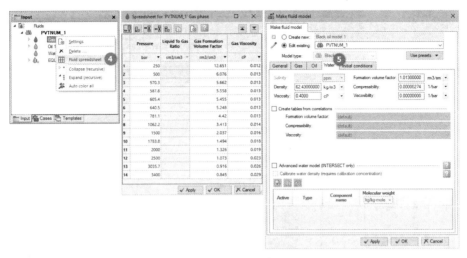

图 10-2-7　修改水的高压物性

图 10-2-8　修改初始化数据

⑦ 初始化数据通过 Fluid model 中的 Initial conditions 标签进行查看与修改(图 10-2-8)。

(4) 导入岩石属性文件 SCAL.txt。

① 选择 Reservoir Engineering 下 Rock physics 中的 Import rock physics function 按钮 打开文件导入对话框,选择 SCAL.txt,点击 Open 导入数据(图 10-2-9)。

② 在 Input 面板可以看到导入的岩石相渗 □ **Saturation function 1** 与岩石压缩系数 □ **Rock compaction 1**。

③ 点击 Rock physics 中 Saturation plots 下的 Saturation function 可直接在 Function 窗口绘制相渗曲线及毛管力曲线。

④ 右键点击 □ **Saturation function 1**,选择 Spreadsheet,可以查看或修改相渗及毛管力曲线上的具体数据(图 10-2-10)。

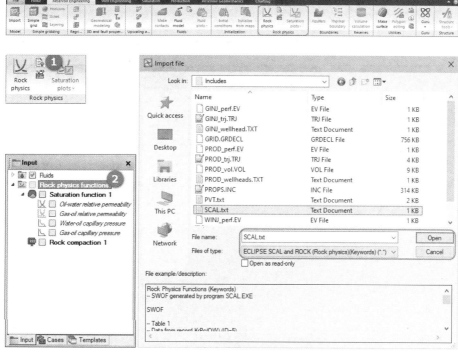

图 10-2-9　导入岩石属性文件

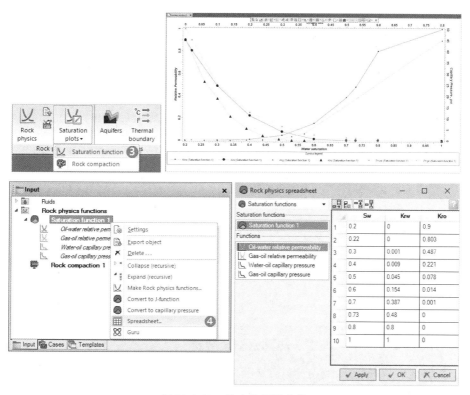

图 10-2-10　导入的相渗曲线

（5）导入生产井的井头数据文件 PROD_wellheads.TXT。

① 点击 [Well Engineering] 下的 Import 按钮，选择 [General well data]，导入生产井的井头数据 PROD_wellheads.TXT（图 10-2-11）。注意文件类型为 Well heads。

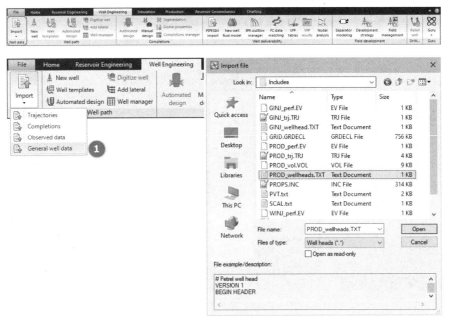

图 10-2-11　导入生产井的井头数据

② 检查导入数据是否被准确识别（图 10-2-12）。

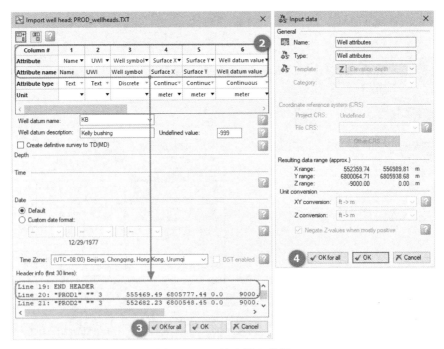

图 10-2-12　检查导入数据

③ 点击 Ok for all。

④ 点击 Ok for all。

⑤ 在 Input 面板上可以看到导入的井数据,右键选择  Insert new folder ,命名为 PROD,将导入的井头移动到此文件夹中(图 10-2-13)。

图 10-2-13 导入的井数据

(6)导入生产井的井轨迹数据文件 PROD_trj. TRJ。

① 点击 Well Engineering 下的 Import 按钮,选择 Trajectories 。

② 导入生产井的井轨迹数据文件 PROD_trj. TRJ(图 10-2-14)。

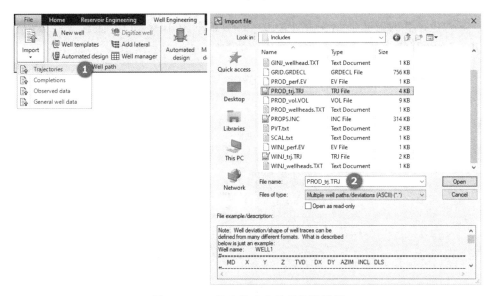

图 10-2-14 导入生产井的井轨迹数据

③ 查看井轨迹数据的识别类型与下面相应的数据列是否对应(图 10-2-15)。

④ 指定井名的前缀,注意井名前若有空格不能省略。

⑤ 指定数据行的类型:N 代表数值,S 代表字符串。

⑥ 点击 Ok for all。

⑦ 导入后,Input 面板相应的井下面会有井轨迹。

(7)导入生产井的射孔数据文件 PROD_perf. EV。

① 点击 Well Engineering 下的 Import 按钮,选择 Completions 。

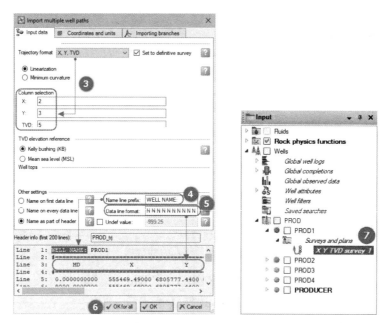

图 10-2-15　查看井轨迹数据

② 导入生产井的射孔数据文件 PROD_perf. EV（图 10-2-16）。注意文件类型为 Well event data（ASCII）。

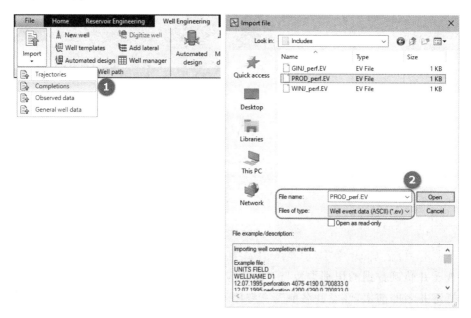

图 10-2-16　导入生产井的射孔数据文件

③ 在打开的对话框 Wells 标签下查看文件中的井名与 Petrel 中的井名是否一致。若不一致，则可以修改后再导入，或者匹配相应井名到 Petrel 中的井上（图 10-2-17）。

④ 点击 Import settings 标签（图 10-2-18）。

⑤ 选择导入的事件是新增还是替换原有事件。

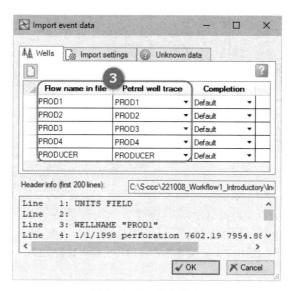

图 10-2-17　修改井名

⑥ 如果之前未单独导入套管数据文件,则可以勾选 Add casing to all wells with events。

⑦ 根据文件中事件的时间格式自定义数据格式。

⑧ 事件除了 Perforation 外,也可以是 Squeeze 等。

⑨ 点击 OK,导入后,Input 面板在全局和单井下都会有完井事件。

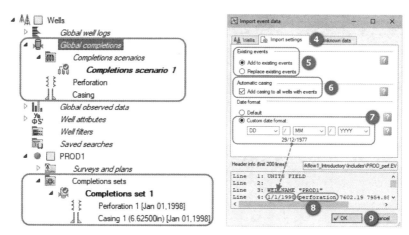

图 10-2-18　查看完井事件

(8) 导入生产井的历史观测数据文件 PROD_vol. VOL。

① 点击 Well Engineering 下的 Import 按钮,选择 Observed data ,导入生产井的历史观测数据文件 PROD_vol. VOL(图 10-2-19)。

② 注意匹配文件类型,也可以直连 OFM 工区。

③ 在打开的对话框中选择新建井的观测数据,或合并新导入的数据到已有数据上(图 10-2-20)。

④ 在 Wells 标签下查看文件中的井名与 Petrel 中的井名是否一致。若不一致,可以修改后再导入,或者匹配相应井名到 Petrel 中的井上。

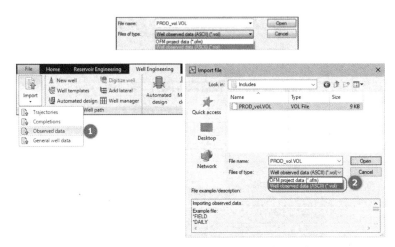

图 10-2-19　导入生产井的历史观测数据文件

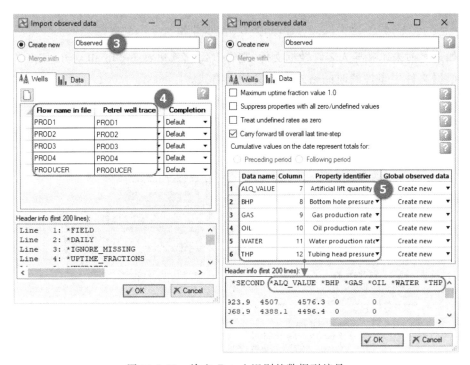

图 10-2-20　检查 Petrel 识别的数据列编号

⑤ 在 Data 标签下检查 Petrel 识别的数据列编号是否与文件中的一致。

⑥ 导入文件后,Input 面板在全局和单井下都会有相应的观测数据,如 PROD1 井(图10-2-21)。

四、制定生产井历史开发策略

(1) 点击 Well Engineering 下 Field development 中的 Development strategy 打开对话框(图10-2-22)。

（2）选择策略类型为 History。

（3）从预设 Use presets 中选择 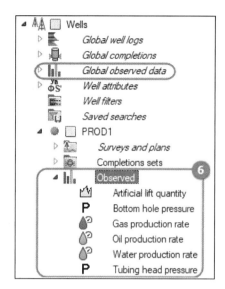，自动生成历史策略。

（4）修改策略名称为 History strategy_RESV。

（5）自动匹配历史开发时间，或者手动修改。

（6）自动导入井，自动生成 Field 井组。右键单击 Field，添加新井组 ，并将两个井组分别重命名为 CENTER* 和 WEST，将井 PRODUCER 拖到 WEST 井组下。

（7）自动生成开发规则。因为是历史策略，所以开发规则为 History rate control。通过 Reporting frequency 可以更改报告输出频率。

（8）自动为开发规则导入井文件夹及观测数据，或者手动加载。

图 10-2-21 查看观测数据

（9）选择开发控制模式为 Reservoir volume，拟合油藏压力或井底流压。

（10）点击 OK 后，井的开发策略即保存到 Input 面板中。

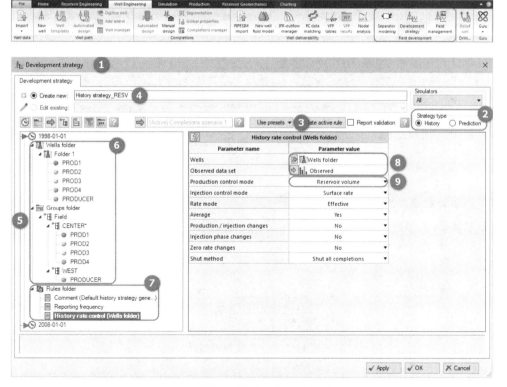

图 10-2-22 查看井的开发策略

五、运行数值模拟并查看结果

（1）运行数值模拟。

① 点击 Simulation 下 Simulation 中的 Define case，新建 case 并命名为 SNARK（图 10-2-23）。

② 选择模拟器为 ECLIPSE 100。

③ 选择模型类型。可选单孔隙度模型、双孔隙度模型或双孔双渗模型。

④ 选择网格模型。此例中只有一个地质模型，所以已经默认。

⑤ 在 Grid 标签下，从 Models 面板选中数值模拟所需的至少 4 个属性模型，通过 导入，包括 3 个方向的渗透率模型和孔隙度模型，分别匹配关键字 PERMX，PERMY，PERMZ，PORO。

⑥ 在 Functions 标签下，从 Input 面板的岩石物性文件夹 中选中相渗曲线模型 ，并通过 导入。

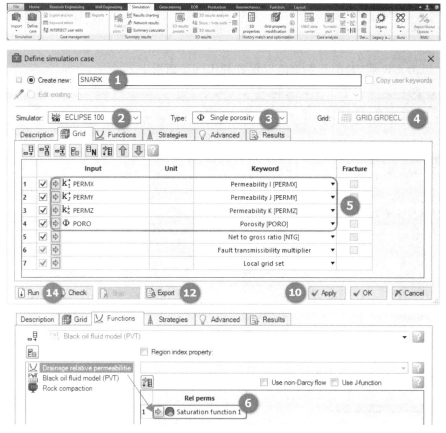

图 10-2-23　设置模型属性

⑦ 在 Functions 标签下，从 Input 面板的流体模型文件夹 中选中流体高压物性 的初始条件 ，并通过 导入。这里使用平衡法进行初始化（图 10-2-24）。

⑧ 在 Functions 标签下，从 Input 面板的岩石物性文件夹 中选中岩石压缩模型 ，并通过 导入。

⑨ 在 Strategies 标签下，从 Input 面板的 Strategies 文件夹██中选择历史开发策略ᗑ，并通过➡导入。

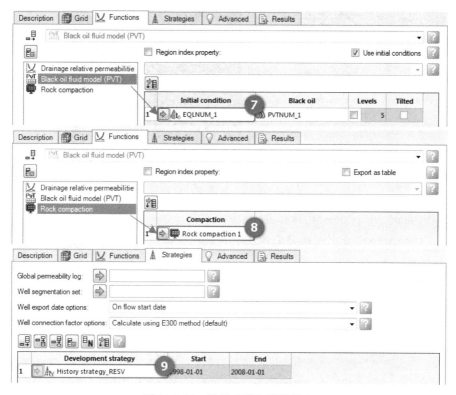

图 10-2-24　设置功能和开发策略

⑩ 点击 Apply 按钮（图 10-2-23）。

⑪ 在 Cases 标签下选择 SANRK 模型（图 10-2-25）。

图 10-2-25　选择 SANRK 模型

⑫ 点击 Export 按钮（图 10-2-23）。

⑬ 在此 Petrel 工区的数值模拟文件夹中可以看到输出的数模数据文件（图 10-2-26）。

⑭ 点击 Run 按钮（图 10-2-23）。

⑮ 进行数值模拟运算（图 10-2-26）。

（2）查看曲线结果。

① 点击 Simulation 下的 Results charting 按钮打开对话框（图 10-2-27）。

② 在 Sources 栏选择要对比的数据来源。注意：历史拟合是将数值模拟模型算出来的结果与历史开发策略的数据进行对比，而不是与观测数据进行对比。历史开发策略的数据来源于观测数据，但在时间步上进行了处理。

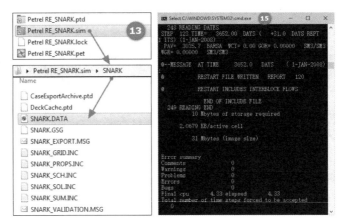

图 10-2-26　数值模拟运算

③ 在 Primary identifiers 栏选择井，如 PROD3。

④ 在 Properties 栏分别选择井底流压、产气量、产油量和产水量（图 10-2-27）。

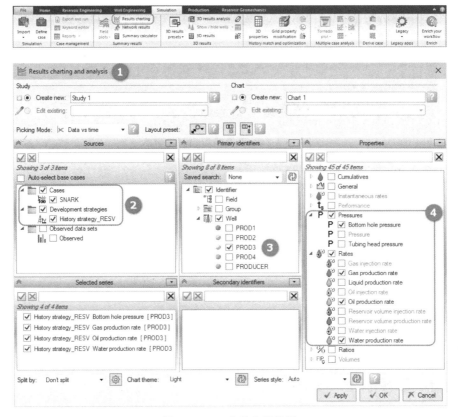

图 10-2-27　查看曲线结果

⑤ 在自动打开的 Charting 窗口界面上右键选择 ⤢ Split by → [Property] 将曲线分开显示（图 10-2-28）。

⑥ 在 Charting 窗口界面上双击打开设置，选择坐标轴按属性分组，使每条曲线按照各自的值域范围显示。

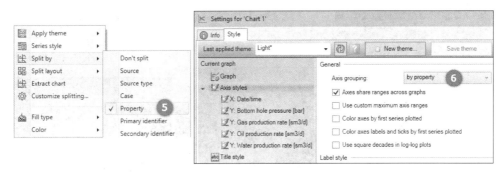

图 10-2-28　显示值域范围

⑦ 在 Charting 窗口查看压力和产量曲线（图 10-2-29）。

⑧ 可以很方便地通过图 10-2-29 中的几个井号按钮换成各井的曲线。

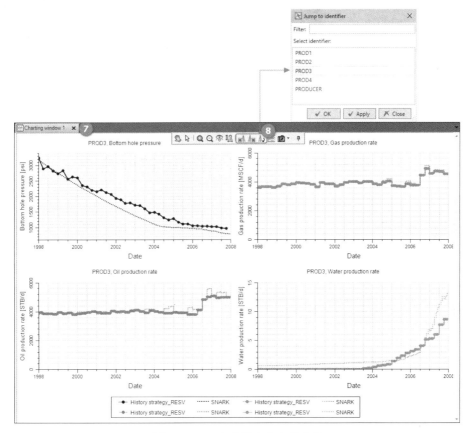

图 10-2-29　查看压力和产量曲线

（3）查看三维渗流场、饱和度场。

① 点击 Simulation 下的 3D results analysis 按钮打开对话框（图 10-2-30）。

② 选择对应结果的 case。

③ 选择要显示的三维静态或动态属性场。注意：同时显示的三维窗口是联动的，方便查看。

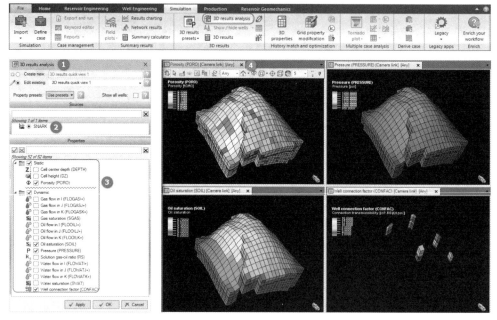

图 10-2-30　查看三维渗流场、饱和度场

第三节　SNARK 模型历史拟合

历史拟合的过程一般包括储量拟合、全油田拟合、单井拟合等阶段。从图 10-2-29 中可以看出，数值模拟计算的井底流压和产水量与历史观测数据之间存在一定的偏差，数值模拟计算的压降比观测值要大，说明模型中能量不足。由于地质工程师已经分析了油藏存在断层，并且中部断块的南面存在水体，所以需要先为 SNARK 模型建立断层传导率倍数模型以及水体模型，而且其中的参数都是可调整的变量。

一、建立断层传导率倍数模型

（1）单击 Reservoir Engineering 下的 Assign multiplier 打开对话框（图 10-3-1）。

（2）点击选中 Fault 1，由于水体在模型南面，并在左侧两个断块，所以只对 Fault 1 进行定义。

（3）反选 Use default 按钮。

（4）输入 Fault 1 的断层传导率倍数 1。

（5）点击 OK，生成的断层传导率倍数模型保存在 Models 面板中。

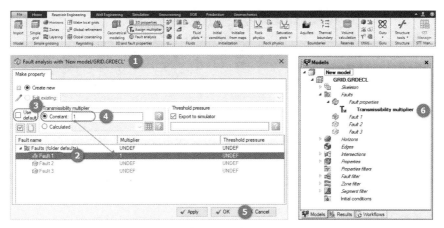

图 10-3-1　建立断层传导率倍数模型

二、建立水体模型

（1）单击 Reservoir Engineering 下的  打开对话框（图 10-3-2）。

（2）方法选择 Segment index。

（3）点击 OK，将生成的模型保存在 Models 面板中。

图 10-3-2　生成水体模型

（4）单击 Reservoir Engineering 下的（图 10-3-3）。

（5）点击 Add points to polygon。

（6）确保是新建 Polygon。如果工程中有多个 Polygon，则可能默认为编辑状态，那么点击右侧按钮即可变为 New。

图 10-3-3　新建 Polygon

（7）打开 2D 窗口显示 Segment 模型（图 10-3-4），在中央断块（深色部分）的南侧画出边界，注意：点最后一个点时双击，则可自动与第一个点闭合，或者点击 Ribbon 中新出现的 Polygon下 Tools 中的闭合边界。注意：当网格中心点包含在 Polygon 内时，此网格才会被有效地选中。

（8）新建的水体边界保存在 Input 面板中，选中并点击 F2 将其更名为 AquiferBoundary。

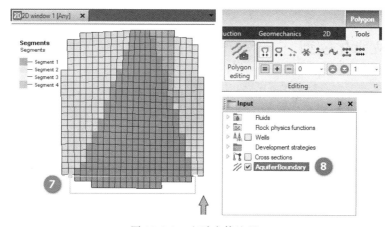

图 10-3-4　查看水体边界

（9）单击 Reservoir Engineering 下的 Aquifers 打开图 10-3-5 所示对话框。

（10）选择水体模型为 Fetkovich 水体。

（11）修改水体名称为 FET Aquifer。

（12）导入水体边界。

（13）选择与模型的连接方向。这里为边水，所以勾选 Grid edges。

（14）选择与网格的接触方向。这里为南侧（灰色为选中方向）。

（15）按照水体边界选出的网格包含整个纵向层位，这里设置水体的上限不超过油水界面（−8 200 ft）。

（16）有时水体连接的位置有死网格，可以先新建过滤器，然后在这里加载，从而使水体连接到过滤出的有效网格上。

（17）在 Properties 标签下定义水体的属性。

（18）点击 OK 后，生成的水体模型保存在 Models 面板中（图 10-3-6）。如果一个模型包含多个水体，则在搭建数值模拟模型时可以直接加载整个水体文件夹。

（19）在 3D 窗口查看所建水体，显示为连接面（图 10-3-6）。由图可以看到，水体只与中央断块南侧网格（深色网格部分）有连接，与其他断块或面没有连接，这是由第（7）步的 Polygon 控制的。还可以看到，油水界面（−8 200 ft）之上的网格没有生成水体连接，操作起来非常方便。

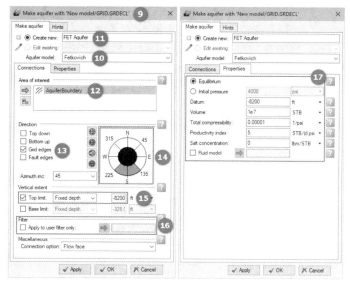

图 10-3-5　定义水体的属性

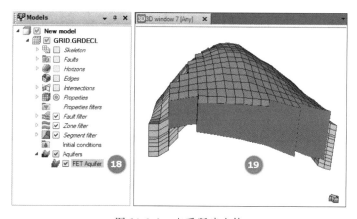

图 10-3-6　查看所建水体

三、更新数模模型进行历史拟合

（1）打开 Define simulation case 对话框（图 10-3-7）。

（2）新建 case 并命名为 SNARK_HM_RESV。

（3）将新建的断层传导率倍数模型和水体模型添加到数值模拟模型中。由于之前制定的生产井历史开发策略中选择了 RESV 作为控制方式，所以这里无须修改。

（4）依次点击 Apply，Export 以及 Run，重新进行运算。

（5）加载了基础断层传导率倍数模型和水体模型后，压力的拟合效果并没有太大的改善。

（6）针对本练习，需要调整 3 个参数，即断层传导率倍数、水体体积、水体的流动指数 PI。这样就需要对这些参数进行敏感性分析（表 10-3-1、表 10-3-2）。通过不同参数的调整尝试，拟合较好的组合为：断层传导率倍数，0；水体体积，10^9 stb；水体的流动指数 PI，50 stb/(d · psi)。

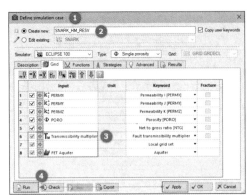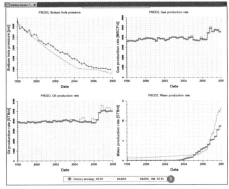

图 10-3-7　更新数模模型

表 10-3-1　单一参数敏感性分析

参数名称及取值		备注(拟合改进或者变差)
水体体积/stb	10^7	基础模型
	10^9	
	10^{11}	
断层传导率倍数	1.0	基础模型
	0.5	
	0	
水体的流动指数 PI /(stb·d^{-1}·psi^{-1})	5	基础模型
	50	
	500	

表 10-3-2　复合参数敏感性分析

断层传导率倍数＝1.0		水体体积/stb		
		10^7	10^9	10^{11}
水体的流动指数 PI /(stb·d^{-1}·psi^{-1})	5			
	50			
	500			
断层传导率倍数＝0.5		水体体积/stb		
		10^7	10^9	10^{11}
水体的流动指数 PI /(stb·d^{-1}·psi^{-1})	5			
	50			
	500			
断层传导率倍数＝0		水体体积/stb		
		10^7	10^9	10^{11}
水体的流动指数 PI /(stb·d^{-1}·psi^{-1})	5			
	50			
	500			

四、端点标定拟合见水时间

上一部分中较好组合的模拟结果如图 10-3-8 所示。以 PROD3 井为例,井底流压拟合得很好,油和气的产量相差不大,而产水量相差很大。因此,在进一步拟合中将井的开发策略改为定油量控制。

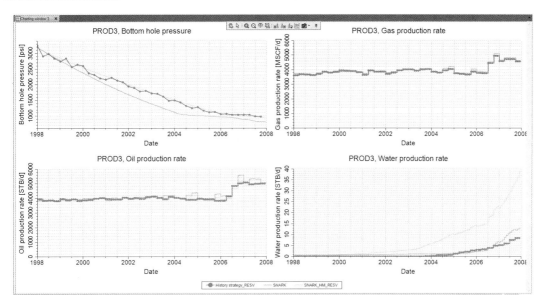

图 10-3-8　历史拟合结果

1. 改变开发策略

首先将 Input 面板中的开发策略 History strategy_RESV 复制并粘贴,改名为 History strategy_ORAT,然后执行以下操作步骤:

(1) 点击 Well Engineering 下 Field development 中的 Development strategy 打开图 10-3-9 所示对话框。

(2) 编辑新复制的开发策略。

(3) 将井控制模式修改为油量控制。

2. 端点标定

由图 10-3-10 可以看到,PROD3 井的模拟见水时间过早。查看基础数据中的相渗曲线,临界含水饱和度为 0.22,需要修改此值来拟合见水时间。

在 Petrel 中进行端点标定非常方便。例如,标定临界含水饱和度时只需要建立一个属性模型,其类型为临界含水饱和度,然后将这个属性模型加载到数值模拟模型中运算即可。由于这里的端点值是属性模型,所以基于不同网格可以给定不同的值,从而实现不同区域使用不同端点标定的效果。

(1) 打开几何模型,单击 Reservoir Engineering 下的 Geometrical modeling 打开对话框(图 10-3-11)。

(2) 选择建模方法为 Constant value。

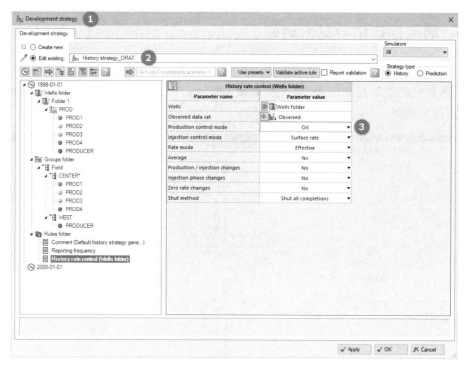

图 10-3-9　修改井控制模式

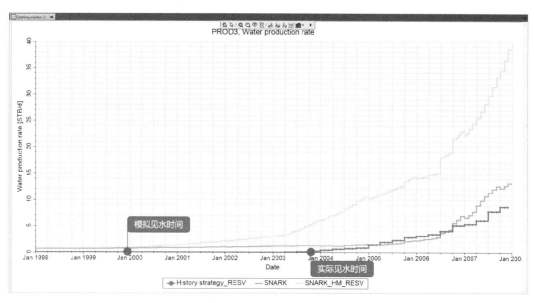

图 10-3-10　查看见水时间

（3）选择属性模板为 Critical water saturation。

（4）将 Constant value 赋值为 0.32。

（5）点击 OK，新生成的临界含水饱和度保存在 Models 面板中。

（6）点击 Simulation 下 Simulation 中的 Define case 更新数值模拟模型（图 10-3-12）。

（7）新建 case，命名为 SNARK_HM_MATCH。

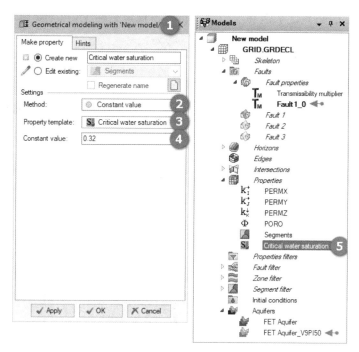

图 10-3-11　设置临界含水饱度

图 10-3-12　加载新建的临界含水饱和度

（8）加载新建的临界含水饱和度模型进行端点标定。注意：识别关键字为 SWCR,若不是则手动选择。

（9）将井控制模式修改为油量控制。

（10）调整临界含水饱和度端点后,产水曲线拟合效果变好(图 10-3-13)。

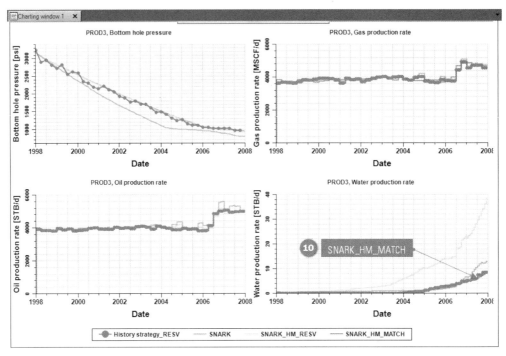

图 10-3-13 更新开发策略后的拟合曲线

至此,历史拟合部分基本完成。当然,不同的模型历史拟合考虑的因素各不相同,需要结合具体问题具体分析。本算例中主要修改的参数有断层传导率倍数、水体体积、水体流动指数 PI 以及相渗端点值,这些参数也是数值模拟过程中经常修改的参数。

良好的历史拟合效果是进行方案预测的基础,但常规的历史拟合过程需要手动调整,过程繁琐,效率不高,可能严重制约项目的进度。同时,历史拟合具有不确定性,并不是只有一套参数就能够达到拟合的效果,需要对其进行细致的分析与调整。

第四节　SNARK 模型方案预测

从生产动态来看,油藏压力很快就会降低到泡点压力以下,这意味着生产气油比会上升。因此,本次数值模拟研究工作的任务就是调整开发方案,避免出现气油比上升的问题。以前面历史拟合工作完成之后的模型为基础,设计不同的油藏开发调整方案,对不同调整方案的未来生产动态进行预测,模拟日期扩展到 2038 年 1 月 1 日。

由于实际生产中地面设备的限制,单井的生产受到以下条件约束：

（1）单井最大产液量(产油量＋产水量)只能达到 5 Mstb/d;

（2）单井井底流压最低为 250 psi；

（3）单井最低的经济极限产油量为 250 stb/d；

（4）单井含水率不能高于 60％；

（5）单井气油比不能高于 5 Mscf/stb。

当有以上任意一种情况发生时，就封堵该井生产情况最差的射孔段。在符合以上条件的情况下，设置不同的开发方案。

一、按原方案继续生产

保持历史拟合最后生产阶段的井产量不变，即不采取任何调整措施的方案（零方案），预测零方案的生产效果并将其作为与其他调整方案进行对比的基础。设置井的产量控制，见表 10-4-1。

表 10-4-1　井的产量设置

井　名	产量/(stb·d⁻¹)	井　名	产量/(stb·d⁻¹)
PROD1	3 200	PROD4	1 300
PROD2	2 400	PRODUCER	3 100
PROD3	5 000		

（1）点击 Well Engineering 下的 Development strategy 打开对话框（图 10-4-1）。

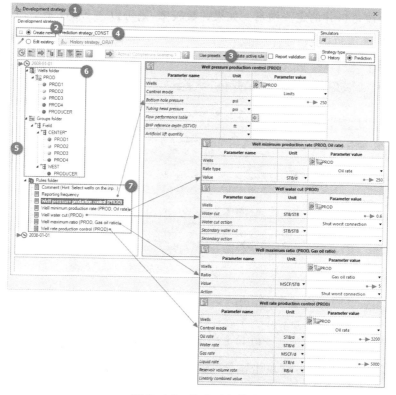

图 10-4-1　修改开发策略

（2）点击 Create new。

（3）从预设 Use presets 中选择 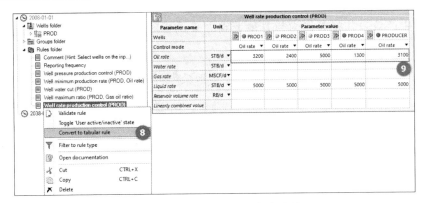 Empty prediction strategy，自动生成预测方案。注意:策略类型自动变为 Prediction。

（4）修改策略名称为 Prediction strategy_CONST。

（5）修改预测时间。

（6）通过 ➡ 导入预测方案中所需要的井,并设置井分组 CENTER 与 WEST。

（7）依次加入 Rules folder 并设置相应经济限制条件以及生产控制条件。

（8）右键点击生产控制条件 Well rate production control（PROD）并选择 Convert to tabular rule，按井名展开成表格形式（图 10-4-2）。

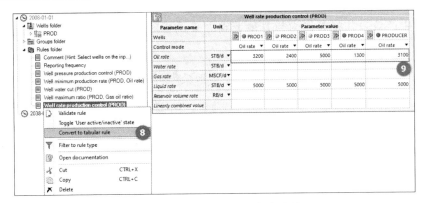

图 10-4-2　修改每口井的定产油量

（9）依次修改每口井的定产油量。如果井数较多,则可以在 Excel 中整理,然后在 Excel 中选中单元格批量粘贴。

（10）生成的井的开发策略保存在 Input 面板的 Prediction strategy_CONST（图 10-4-3）中。

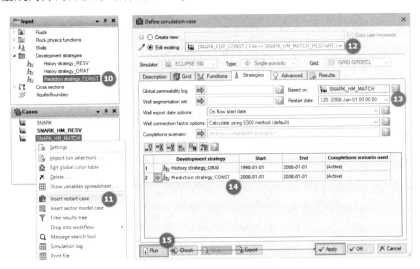

图 10-4-3　导入预测方案

（11）在 Cases 面板中右键单击 SNARK_HM_MATCH 并选择 Insert restart case,将新生成的 case 更名为 SNARK_FDP_CONST。

（12）打开 Define simulation case 对话框，编辑 SNARK_FDP_CONST。

（13）注意重启时间。

（14）在 Strategies 标签下添加一行，并导入预测方案。

（15）依次点击 Apply，Export 以及 Run 进行运算。

二、设置井组控制方案

在上一个开发方案中，生产井以固定产量控制生产，这种生产预测方式比较理想化，而油田的实际生产情况比较复杂，因而需要对生产动态进行优化。井组控制就是常用的生产优化的控制方式。这里设置整个油田的目标产量为 15 Mstb/d。

（1）复制预测方案 Prediction strategy_CONST 并重命名为 Prediction strategy_GRUP，打开 Development strategy 对话框，编辑此方案（图 10-4-4）。

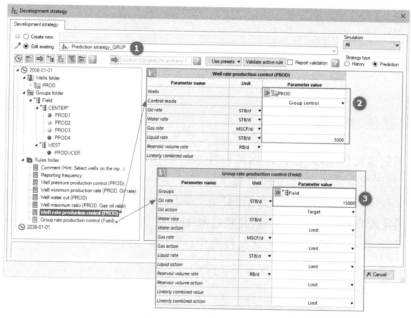

图 10-4-4 编辑预测方案

（2）将 Rules folder 下的 Well rate production control（PROD）中的控制模式换为 Group control，不设置定 Oil rate（产油量），Liquid rate 仍为 5 000 stb/d（这是单井的限制条件）。

（3）在 Rules folder 下添加 Group rate production control（Field），设置全油田目标产量为 15 000 stb/d。

（4）在 Cases 面板中右键点击 **SNARK HM MATCH** 并选择 Insert restart case，将新生成的 case 更名为 SNARK_FDP_GRUP，并打开 Define simulation case（图 10-4-5）。

（5）导入新生成的策略。

（6）依次点击 Apply，Export 以及 Run 进行运算。

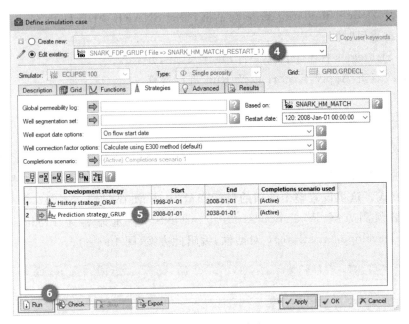

图 10-4-5　导入新策略

三、设置注水方案

根据油田的实际情况,可以再增加两口注水井以提高开采效果,所需要注水井的井头、井轨迹、套管和射孔信息等详见基础数据文件(Includes 文件夹中)。两口井的注入能力均为 7 500 stb/d,最大井底压力限制为 3 035 psi。

(1) 依次导入两口注水井的井头、井轨迹和射孔文件,并在 Input 面板的 Wells 下新建文件夹 WINJ,将两口注水井拖动到此文件夹中(图 10-4-6)。

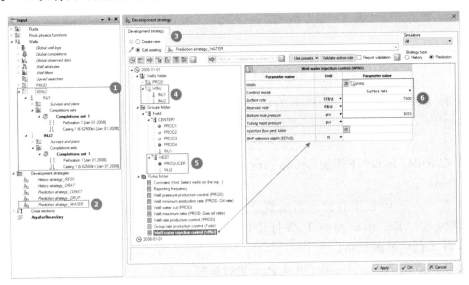

图 10-4-6　导入井组数据

（2）复制预测方案 Prediction strategy_GRUP 并重命名为 Prediction strategy_WATER。

（3）打开 Development strategy 对话框,编辑此方案。

（4）导入注水井。

（5）INJ2 属于 WEST 井组。

（6）在 Rules folder 下添加 Well water injection control。因为两口井的设置相同,所以可导入整个文件夹,控制模式为 Surface rate,设置 Surface rate 为 7 500 stb/d,Bottom hole pressure 为 3 035 psi。

（7）在 Cases 面板中右键单击 **SNARK_HM_MATCH** 并选择 **Insert restart case**,将新生成的 case 更名为 SNARK_FDP_WATER,并打开 Define simulation case(图 10-4-7)。

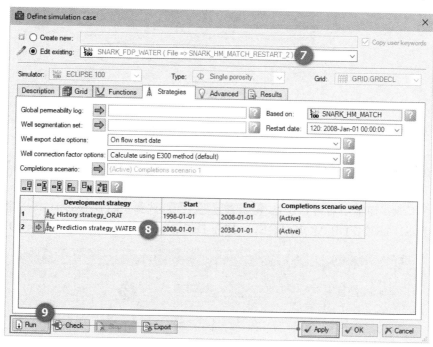

图 10-4-7　导入新策略

（8）导入新生成的策略。

（9）依次点击 Apply,Export 以及 Run 进行运算。

四、设置注采平衡控制

如果设置注水井时只考虑注水井自身的注入能力,而忽略相关生产井的生产能力,那么可能造成地层憋压等现象,从而导致优化方案不合理。因此,设置注水井时通常会考虑注采比,在一定的注采平衡条件下指导注入井的注入量。这里采用注采平衡控制,即井组注采比为 1。

（1）复制预测方案 Prediction strategy_WATER 并重命名为 Prediction strategy_VOIDAGE(图 10-4-8)。

（2）打开 Development strategy 对话框,编辑此方案。

（3）更新 Well water injection control(WINJ),控制模式改为 Group control,清空 Surface rate,保留 Bottom hole pressure,这是注入井的限制条件。

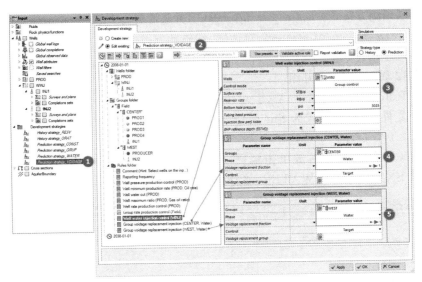

图 10-4-8　设置井组注采比

（4）在 Rules folder 下添加 Group voidage replacement injection，设置 CENTER 井组注采比为 1。

（5）在 Rules folder 下添加 Group voidage replacement injection，设置 WEST 井组注采比为 1。

（6）在 Cases 面板中右键点击 **SNARK_HM_MATCH**，选择 Insert restart case，将新生成的 case 更名为 SNARK_FDP_VOIDAGE，并打开 Define simulation case（图 10-4-9）。

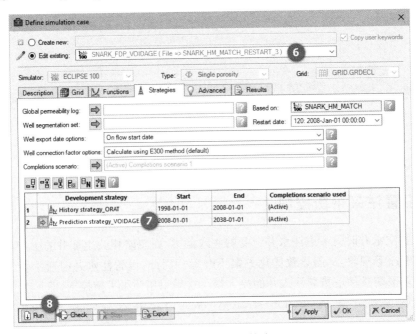

图 10-4-9　导入新策略

（7）导入新生成的策略。

（8）依次点击 Apply，Export 以及 Run 进行运算。

五、创建注气(回注)方案

除了通过注水保持地层压力外,还可以通过产出气回注来保持地层压力。要实现这个目的,就必须改进地面设施,取消其对生产井气油比的限制。产出的气体通过一口回注井重新注入地层中。

(1)依次导入回注气井的井头、井轨迹和射孔文件,并在 Input 面板的 Wells 下新建文件夹 REINJ,将注气井拖到此文件夹中(图 10-4-10)。

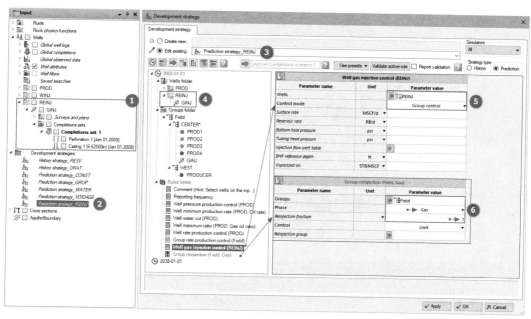

图 10-4-10　设置回注井

(2)复制预测方案 Prediction strategy_GRUP 并重命名为 Prediction strategy_REINJ。

(3)打开 Development strategy 对话框,编辑此方案。

(4)导入回注井。

(5)在 Rules folder 下添加 Well gas injection control,导入 REINJ 文件夹并设置控制模式为 Group control。

(6)在 Rules folder 下添加 Group reinjection,设置回注整个油田所有的产出气回注比例为 1。

(7)在 Cases 面板中右键点击 **SNARK_HM_MATCH** 并选择 Insert restart case,将新生成的 case 更名为 SNARK_FDP_REINJ,打开 Define simulation case(图 10-4-11)。

(8)导入新生成的策略。

(9)依次点击 Apply,Export 以及 Run 进行运算。

六、对比不同方案开采效率

打开 Results charting and analysis 对话框,选中历史拟合及各个预测方案,选择显示全油田的累产油量(Oil production cumulative)进行对比(图 10-4-12)。从最终累产油量来看,注采平衡方案(SNARK FDP_VOIDAGE)＞注水方案(SNARK_FDP_WATER)＞回注气方案(SNARK_FDP_REINJ),井组方案与单井配产方案最终结果类似(图 10-4-13)。

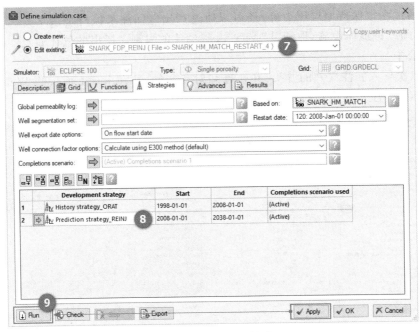

图 10-4-11　导入新策略

图 10-4-12　不同方案累产油量对比选择界面

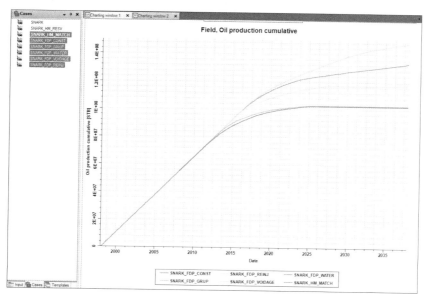

图 10-4-13　不同方案累产油量对比

参 考 文 献

[1] 陈月明. 油藏数值模拟基础[M]. 东营:石油大学出版社,1989.

[2] 李淑霞,谷建伟. 油藏数值模拟基础[M]. 东营:中国石油大学出版社,2009.

[3] 刘慧卿. 油藏数值模拟方法专题[M]. 东营:石油大学出版社,2001.

[4] 刘月田. 油藏数值模拟(富媒体)[M]. 北京:石油工业出版社,2021.

[5] 李允. 油藏模拟[M]. 东营:石油大学出版社,1999.

[6] 韩大匡,陈钦雷,闫存章. 油藏数值模拟基础[M]. 北京:石油工业出版社,1993.

[7] 张烈辉. 油气藏数值模拟基本原理[M]. 北京:石油工业出版社,2005.

[8] (美)哈利德·阿齐兹. 油藏数值模拟[M]. 袁士义,王家禄,译. 北京:石油工业出版社,2004.

[9] (美)厄特金 J,阿布-卡森 J H,金 G R. 实用油藏模拟技术[M]. 张烈辉,译. 北京:石油工业出版社,2004.

[10] 蔺学军. 油藏数值模拟入门指南[M]. 北京:石油工业出版社,2015.

[11] 张世明. 油藏数值模拟实践[M]. 北京:石油工业出版社,2021.

[12] 曹建文,潘峰,姚继锋,等. 并行油藏模拟软件的实现及在国产高性能计算机上的应用[J]. 计算机研究与发展,2002,39(8):973-980.

[13] 范学平,徐向荣. 地应力对岩心渗透率伤害实验及机理分析[J]. 石油勘探与开发,2002,29(2):117-119.

[14] 盖德林,刘春天,贾振岐. 注采井间水流优势方向的识别[J]. 大庆石油学院学报,2007,31(5):47-50.

[15] 高博禹,彭仕宓,黄述旺. 高含水期油藏精细数值模拟研究[J]. 石油大学学报(自然科学版),2005,29(2):11-15.

[16] 高大鹏,王东,胡永乐. 井筒与油藏耦合数值模拟技术现状与发展趋势[J]. 石油钻采工艺,2015,37(3):53-60.

[17] 郭平,冉新权,徐艳梅,等. 剩余油分布研究方法. 北京:石油工业出版社,2004.

[18] (日)近藤精一,石川达雄,安部郁夫. 吸附科学[J]. 李国希,译. 北京:化学工业出版社,2006.

[19] 靳彦欣,林承焰,贺晓燕,等. 油藏数值模拟在剩余油预测中的不确定性分析[J]. 石油大学学报(自然科学版),2004,28(3):22-24.

[20] 匡立春,刘合,任义丽,等. 人工智能在石油勘探开发领域的应用现状与发展趋势[J]. 石油勘探与开发,2021,48(1):1-11.

[21] 李福垲. 黑油和组分模型的应用[M]. 北京:科学技术出版社,1999.

[22] 李铁军,陈明强. 黑油模型自动历史拟合的一种方法[J]. 大庆石油地质与开发,1999,18(2):27-29.

[23] 李中锋,何顺利,门成全,等.非均质三维模型水驱剩余油试验研究[J].石油钻采工艺,2005,27(4):41-44.

[24] 刘玉山,杨耀忠.油气藏数值模拟核心技术进展[J].油气地质与采收率,2002,9(5):31-33.

[25] 陆建林,李国强,樊中海,等.高含水期油田剩余油分布研究[J].石油学报,2001,22(5):48-52.

[26] 马远乐,赵刚,董玉杰.油藏地质模型数据体粗化技术[J].清华大学学报(自然科学版),2000,40(12):37-39.

[27] 潘举玲,黄尚军,祝杨,等.油藏数值模拟技术现状与发展趋势[J].油气地质与采收率,2002,9(4):69-71.

[28] 冉启佑.剩余油研究现状与发展趋势[J].油气地质与采收率,2003,10(5):50-51.

[29] 盛茂,李根生,陈立强,等.页岩气超临界吸附机理分析及等温吸附模型的建立[J].煤炭学报,2014,39(A01):179-183.

[30] 署恒木,仝兴华.工程有限单元法[M].3版.东营:中国石油大学出版社,2015.

[31] 王洪宝,苏振阁,陈忠云.油藏水驱开发三维流线模型[J].石油勘探与开发,2004,31(2):99-103.

[32] 王圣柱.准噶尔盆地博格达地区中二叠统芦草沟组岩相类型及页岩油储集特征[J].大庆石油地质与开发,2021,40(1):1-16.

[33] 王勖成.有限单元法[M].北京:清华大学出版社,2003.

[34] 吴湘.油田不同开发阶段油藏数值模拟工作特点及发展方向[J].石油勘探与开发,1998,25(3):41-43.

[35] 谢海兵,桓冠仁,郭尚平,等.PEBI网格二维两相流数值模拟[J].石油学报,1999,20(2):57-61.

[36] 谢海兵,马远乐,桓冠仁,等.非结构网格油藏数值模拟方法研究[J].石油学报,2001,22(1):63-66.

[37] 杨耀忠,韩子辰,周维四,等.多层二维二相油藏数值模拟并行技术研究[J].油气地质与采收率,2001,8(6):52-54.

[38] 俞启泰.关于剩余油研究的探讨[J].石油勘探与开发,1997,24(2):46-50.

[39] 袁奕群,袁庆峰.黑油模型在油田开发中的应用[M].北京:石油工业出版社,1995.

[40] 张守良,沈琛,邓金根.岩石变形及破坏过程中渗透率变化规律的实验研究[J].岩石力学与工程学报,2000,19(增刊):885-888.

[41] 张腾.页岩气储层吸附机理及其影响因素研究[D].成都:西南石油大学,2016.

[42] 朱培鑫,钟家文.裂缝性页岩储层的应力敏感实验研究[J].石化技术,2018,25(10):146,175.

[43] 端祥刚,安为国,胡志明,等.四川盆地志留系龙马溪组页岩裂缝应力敏感实验[J].天然气地球科学,2017,28(9):1416-1424.

[44] ABOU-KASSEM J H,FAROUQ ALI S M,ISLAM M R. Petroleum reservoir simulations:A basic approach[M]. Houston:Gulf Publishing Company,2006.

[45] AHMED AL-HUSSEINI,SAMEERA HAMD-ALLAH. History matching of reservoir simulation model:A case study from the Mishrif reservoir,Buzurgan Oilfield,Iraq[J]. Iraqi Geological Journal,2023,56(1):215-234.

[46] BAI Y H,LI Q P. Simulation of gas production from hydrate reservoir by the combination of warm water flooding and depressurization[J]. Science China Technological Sciences,2010,53:2469-2476.

[47] WANG B,FANG Y,LI L Z,et al. Automatic optimization of multi-well multi-stage fracturing

treatments combining geomechanical simulation, reservoir simulation and intelligent algorithm [J]. Processes,2023,11:1759.

[48] BOWKER K A. Barnett shale gas production, fort worth basin: Issues and discussion[J]. AAPG Bulletin,2007,91(4):523-533.

[49] CHRISTENSEN MAX LA COUR,ESKILDSEN KLAUS LANGGREN,ENGSIG-KARUP ALLAN PETER,et al. Nonlinear multigrid for reservoir simulation[J]. SPE Journal,2016,21(3):888-898.

[50] CIVAN F,RAI C S,SONDERGELD C H. Shale-gas permeability and diffusivity inferred by improved formulation of relevant retention and transport mechanisms[J]. Transport in Porous Media,2011,86:925-944.

[51] CIVAN F. Effective correlation of apparent gas permeability in tight porous media[J]. Transp Porous Media,2010,82:375-384.

[52] CUTHBERT SHANG WUI NG,MENAD NAIT AMAR,ASHKAN JAHANBANI GHAH-FAROKHI,et al. A survey on the application of machine learning and metaheuristic algorithms for intelligent proxy modeling in reservoir simulation[J]. Computers & Chemical Engineering, 2023,170:10810.

[53] DEB P K,AKTER F,IMTIAZ S A,et al. Nonlinearity and solution techniques in reservoir simulation: A review [J]. Journal of Natural Gas Science and Engineering,2017,46:845-864.

[54] DING Y. Permeability upscaling on corner-point geometry in the near-well region[C]. SPE 81431, 2003.

[55] DOGUR A H,SUNAIDI H A,FUNG L S. A parallel reservoir simulator for large-scale reservoir simulation[J]. SPE Reservoir Evaluation and Engineering,2002,5(1):11-23.

[56] DONG L,LI Y L,WU N Y,et al. Numerical simulation of gas extraction performance from hydrate reservoirs using double-well systems[J]. Energy,2023,265:126382.

[57] FLORENCE F A,RUSHING J A,NEWSHAM K E,et al. Improved permeability prediction relations for low-permeability sands[C]. Rocky Mountain Oil & Gas Technology Symposium, OnePetro,2007.

[58] FREDDY H ESCOBAR,DJEBBAR TIAB. PEBI grid selection for numerical simulation of transient tests[C]. SPE 76783,2002.

[59] GABRIELA B,SAVIOLI M,SUSANA BIDNER. Simulation of the oil and gas flow toward a well—A stability analysis[J]. Journal of Petroleum Science and Engineering,2005,48:53-69.

[60] GANGI A F. Variation of whole and fractured porous rock permeability with confining pressure [J]. International Journal of Rock Mechanics and Mining Sciences & Geomechanics Abstracts, Pergamon,1978,15(5):249-257.

[61] GASDA S E,CELIAM A. Upscaling relative permeabilities in a structured porous medium[J]. Advances in Water Resources,2005,28:493-506.

[62] GENSTERBLUM Y,GHANIZADEH A,CUSSR J,et al. Gas transport and storage capacity in shale gas reservoirs—A review. Part A: Transport processes[J]. Journal of Unconventional Oil and Gas Resources,2015,12:87-122.

[63] GRANT CHARLES MWAKIPUNDA,ELIENEZA NICODEMUS ABELLY,MELCKZEDECK

MICHAEL MGIMBA, et al. Critical review on carbon dioxide sequestration potentiality in methane hydrate reservoirs via CO_2-CH_4 exchange: Experiments, simulations, and pilot test applications[J]. Energy & Fuels, 2023, 37(15): 10843-10868.

[64] HADIA N, CHAUDHARI L, AGGARWAL A, et al. Experimental and numerical investigation of one-dimensional waterflood in porous reservoir[J]. Experimental Thermal and Fluid Science, 2007, 32: 355-361.

[65] LI H Y, DURLOFSKY, LOUIS J. Upscaling for compositional reservoir simulation[J]. SPE Journal, 2016, 21(3): 873-887

[66] HENRIK LOF, MARGOT GERRITSEN, MARCO THIELE. Parallel streamline simulation[C]. SPE 113543, 2008.

[67] HU X, WU K, SONG X, et al. A new model for simulating particle transport in a low-viscosity fluid for fluid-driven fracturing[J]. AIChE Journal, 2018, 64(9): 3542-3552.

[68] JAVADPOUR F, FISHER D, UNSWORTH M. Nanoscale gas flow in shale gas sediments[J]. Journal of Canadian Petroleum Technology, 2007, 46(10): 55-61.

[69] LI K W, ROLAND H N. Numerical simulation with input consistency between capillary pressure and relative permeability[C]. SPE 79716, 2003.

[70] KLIKENBERG L J. The permeability of porous media to liquid sand gases[J]. American Petroleum Institute, Drilling and Production Practice, 1941, 2: 200-213.

[71] KNUT-ANDREASLIE, OLAV MØYNER. Advanced modelling with the MATLAB reservoir simulation toolbox[M]. UK: Cambridge University Press, 2021.

[72] XUE K P, LIU Y, YU T, et al. Numerical simulation of gas hydrate production in Shenhu area using depressurization: The effect of reservoir permeability heterogeneity[J]. Energy, 2023, 271: 126948.

[73] LANGMUIR I. The adsorption of gases on plane surfaces of glass, Mica and Platinum[J]. Journal of the American Chemical Society, 1918, 40(9): 1361-1403.

[74] Young L C. Compositional reservoir simulation: a review[J]. SPE Journal, 2022, 27(5): 2746-2792.

[75] HUANG M, WU L H, NING F L, et al. Research progress in natural gas hydrate reservoir stimulation[J]. Natural Gas Industry B, 2023, 10(2): 114-129.

[76] MIKES D, BARZANDJI O H M, BRUINING J, et al. Upscaling of small-scale heterogeneities to flow units for reservoir modeling[J]. Marine and Petroleum Geology, 2005, 23: 931-942.

[77] MOHSIN HAIDER KAZEM, MOHAMMED AHMED HUSSEIN, ADNAN M S, et al. The performance of streamline simulation technique to mimic the waterflooding management process in oil reservoirs[J]. Fuel, 2023, 348: 128556

[78] MORIDIS G J, BLASINGAME T A, FREEMAN C M. Analysis of mechanisms of flow in fractured tight-gas and shale-gas reservoirs[C]. SPE Latin American and Caribbean Petroleum Engineering Conference, OnePetro, 2010.

[79] PEDROSAO A. Pressure transient response in stress-sensitive formations[C]. SPE 15115, 1986.

[80] POMATAM, VALLE J E, MENENDEZ A N. Streamline-based simulator for unstructured grids[C]. SPE 107391-MS, 2007.

［81］ LI Q P,LI S X,DING S Y,et al. Numerical simulation of gas production and reservoir stability during CO_2 exchange in natural gas hydrate reservoir[J]. Energies,2022,15:8968

［82］ ROSALIND A A. Impact of stress sensitive permeability on production data analysis[C]. SPE 114166, 2008.

［83］ SAKHAEE POUR A,BRYANT S L. Gas permeability of shale[J]. SPE Reservoir Evaluation & Engineering,2012,15(4):401-409.

［84］ SALAZAR M O,VILLA J R. Permeability upscaling techniques for reservoir simulation[C]. SPE 106679,2007.

［85］ SHAHDAD GHASSEMZADEH,MARIA GONZALEZ PERDOMO,MANOUCHEHR HAGHIGHI,et al. A data-driven reservoir simulation for natural gas reservoirs[J]. Neural Computing and Applications,2021,33:11777-11798.

［86］ SRINU M. Overview of reservoir simulation and modelling[J]. International Journal of Creative Research Thoughts,2018,6(2):778-783.

［87］ SUBHRAJYOTI BHATTACHARYYA,ADITYA VYAS. A novel methodology for fast reservoir simulation of single-phase gas reservoirs using machine learning[J]. Heliyon,2022,8(12): 12067.

［88］ TAHERI E,SADRNEJAD A,GHASEMZADEH H. Application of M3GM in a petroleum reservoir simulation[J]. Research Institute of Petroleum Industry(RIPI),2017(3):801.

［89］ TUCZYŃSKITOMASZ,STOPA JERZY. Uncertainty quantification in reservoir simulation using modern data assimilation algorithm[J]. Energies,2023,16(3):1153.

［90］ WANG F P,REED R M. Pore networks and fluid flow in gas shales[C]. SPE 124253-MS,2009.

［91］ WANG X C,SUN Y H,LI B,et al. Reservoir stimulation of marine natural gas hydrate—a review[J]. Energy,2023,263:126120

［92］ HUANG W F,DONATO G D,BLUNT M J. Comparison of streamline-based and grid-based dual porosity simulation[J]. Journal of Petroleum Science and Engineering,2004,43:129-137.

［93］ LIU W L,HAN D K,WANG J R,et al. Techniques of predicting remaining oil in a mature oil field with high water cut-case study[C]. SPE 104437,2006.

［94］ WU S H,XU J C,FENG C S,et al. A multilevel preconditioner and its shared memory implementation for a new generation reservoir simulator[J]. Petroleum Science,2014(4):540-549.

［95］ YAO J,SUN H,FAN D Y,et al. Numerical simulation of gas transport mechanisms in tight shale gas reservoirs[J]. Petroleum Science,2013(4):528-537.

［96］ YU DING,GERARD RENARD,LUCE WEILL. Representation of wells in numerical reservoir simulation[J]. SPE Reservoir Evaluation & Engineering,1998,1(1):18-23.

［97］ YU R Z,BIAN Y N,ZHOU S,et al. Nonlinear flow numerical simulation of low-permeability reservoir[J]. J. Cent. South Univ. ,2012,19(7):1980-1987.

［98］ YU W,SEPEHRNOORI K,PATZEK T W. Modeling gas adsorption in marcellus shale with Langmuir and BET isotherms[J]. SPE Journal,2016,21(2):589-600.

［99］ YUCEL AKKUTLU I,FATHI E. Multiscale gas transport in shales with local kerogen heterogeneities[J]. SPE Journal,2012,17(4):1002-1011.

［100］ ZHANG R,NING Z,YANG F,et al. Impacts of nanopore structure and elastic properties on stress-dependent permeability of gas shales[J]. Journal of Natural Gas Science and Engineering,2015,26(26):1663-1672.

[101] ZHANG R H,CHEN M,TANG H Y,et al. Production performance simulation of a horizontal well in a shale gas reservoir considering the propagation of hydraulic fractures[J]. Journal of Petroleum Science & Engineering,2023,221:111272.

[102] LI Z Y,LEI Z D,SHEN W J,et al. A Comprehensive review of the oil flow mechanism and numerical simulations in shale oil reservoirs[J]. Energies,2023,16:3516.

[103] ZIENKIEWICZ O C,TAYLOR R L. The finite element method:Solid mechanics[M]. Boston:Butterworth-heinemann Elsevier,2000.